《疏勒河志》修纂委员会

名誉主任　栾维功

主　　任　陈兴国

委　　员　黄建平　王玉福　陈显宏　马乐平　张宏桢　李　龙　谭徐明　王忠静
　　　　　王希隆　王俊莲　陈乐道　杨红伟　张景平　杜新红　王治泉

总 修 纂　张景平　王玉福

疏勒河志

SHU LE HE ZHI

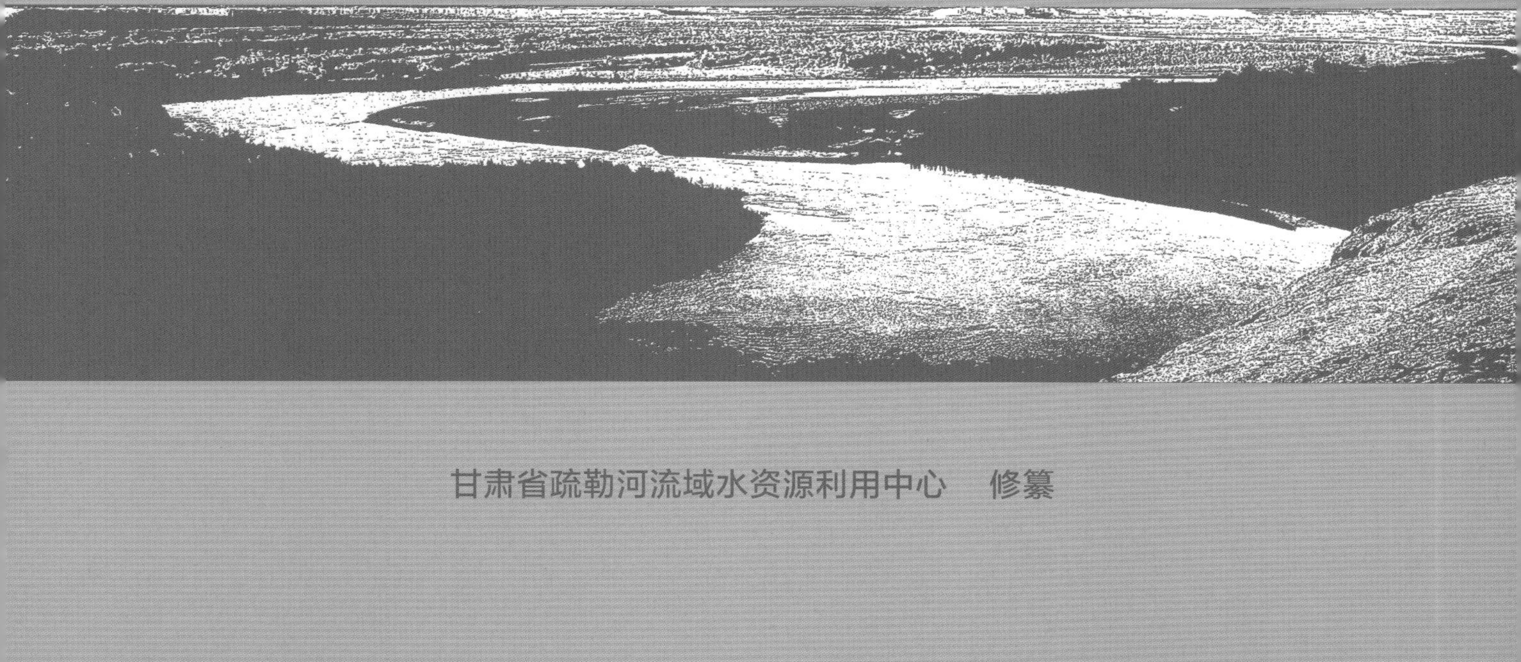

甘肃省疏勒河流域水资源利用中心　修纂

兰州大学出版社
LANZHOU UNIVERSITY PRESS

图书在版编目（CIP）数据

疏勒河志 / 甘肃省疏勒河流域水资源利用中心修纂
. -- 兰州 : 兰州大学出版社, 2022.12
ISBN 978-7-311-06152-4

Ⅰ. ①疏… Ⅱ. ①甘… Ⅲ. ①水利史—甘肃 Ⅳ.
①TV-092

中国版本图书馆CIP数据核字(2021)第272010号

责任编辑 牛涵波
封面设计 汪如祥

书　名	疏勒河志
作　者	甘肃省疏勒河流域水资源利用中心　修纂
出版发行	兰州大学出版社　(地址:兰州市天水南路222号　730000)
电　话	0931-8912613(总编办公室)　0931-8617156(营销中心) 0931-8914298(读者服务部)
网　址	http://press.lzu.edu.cn
电子信箱	press@lzu.edu.cn
印　刷	陕西龙山海天艺术印务有限公司
开　本	890 mm×1240 mm　1/16
印　张	21(插页74)
字　数	532千
版　次	2022年12月第1版
印　次	2022年12月第1次印刷
书　号	ISBN 978-7-311-06152-4
定　价	136.00元

序

善为国者必先治水。对以农业立国的中国而言，水利常被研究者赋予超越工程建设之外的政治意义与社会意义。川泽无言，但历史总会记存关于河流、关于水利的点点滴滴。在祁连山下干旱少雨的广袤戈壁上，河流之于文明的演进有着特殊重要的作用。疏勒河作为河西走廊主要内流河之一，起汉唐、迄明清，从雪山到荒漠，哺育了广袤的绿洲与田园。千百年来，疏勒河流域风云变幻，不同人群在此繁衍生息，不同文化在此碰撞交融。源远流长的水利建设历史，为这条与丝绸之路相伴西行的大河两岸赋予了活力，在干旱的亚欧大陆腹地镶嵌出一片片绿色的家园，成就了以敦煌文化为代表的世界文明瑰宝。

两千多年的疏勒河历史，就是一部治水安邦、兴水惠民的奋斗史。中华人民共和国成立以来，特别是改革开放以来，疏勒河流域的水利建设进入了全新的历史时期，一大批骨干工程相继建成，水利保障能力和水资源利用效率明显提升，现代化灌区建设稳步推进，为流域乡村振兴、区域经济、国防能源、民族团结、生态文明提供了坚实的水资源保障。长久以来，疏勒河流域一直是中国干旱区水利事业发展颇具代表性的区域之一。

承载着辉煌历史赋予的使命，肩负着新时代给予的责任，坚定文化自信、传承水利文脉、厚植文化根基是摆在当代疏勒河水利人面前的一项重要任务。志书具有存史资政的功用，修纂《疏勒河志》、全景式记录汉代以来特别是中华人民共和国成立以来疏勒河流域水利开发建设的历史，为河流“编家谱”“续文脉”，满足行业精神教育、水情教育、爱国主义教育的需求，是甘肃省疏勒河流域水资源利用中心全体同仁一直以来的期盼。经过三年艰苦努力，在中华人民共和国水利部、甘肃省水利厅的关心指导下，在各级兄弟水利机构以及地方志、档案部门的帮助支持下，在专家学者和社会各界的鼎力协助下，由甘肃省疏勒河流域水资源利用中心与兰州大学联合修纂的《疏勒河志》行将付梓，这是中国干旱区水利史上的一件盛事。在此，我谨代表甘肃省疏勒河流域水资源利用中心，向为本志修纂提供指导、帮助的各位领导、专家、同仁以及全体修纂人员表示衷心感谢。

抚今追昔、饮水思源，大河西去、生生不息。《疏勒河志》满载老一辈疏勒河水利人的功勋与奉献，写满新时代疏勒河水利人的忠诚与担当。志以载道、鉴往知来。我相信，创造了历史的疏勒河水利人一定会站在新的起点，不断谱写新的华章，步入新的辉煌。

是为序。

甘肃省疏勒河流域水资源利用中心

党委书记　主任

《疏勒河志》修纂委员会主任

2021年9月16日

凡　例

一、《疏勒河志》以马克思列宁主义、毛泽东思想、邓小平理论、“三个代表”重要思想、科学发展观、习近平新时代中国特色社会主义思想为指导，遵循历史唯物主义的基本原则，综合当代中国地方志以及江河水利志的有关规范修纂而成。

二、《疏勒河志》记述的空间范围为自然地理意义上的疏勒河水系、苏干湖水系以及马鬃山无流区，政区范围包括甘肃省玉门市、瓜州县、敦煌市、阿克塞哈萨克族自治县、肃北蒙古族自治县全部，以及青海天峻县、冷湖市各一部。

三、《疏勒河志》记述的时间范围上起远古，原则上截止于2019年底。因某些官方统计数据与普查资料并非按年度进行，故以其最近年度为截止时间。个别内容为阐明全过程或因果关系，其叙事亦可酌情下延。

四、《疏勒河志》在人名地名异体字、数字、纪年、度量衡单位等方面，皆以相关国家标准或惯例为依据。古今地名差异、单位机构因改名造成的差异不做全文统一，依据叙事时间段分别标注。

五、《疏勒河志》作为一部江河志，以记载河流水系与水利开发为主，兼顾部分生态内容，对与上述内容非密切相关的政治、经济、文化、民族等内容不做专门叙述。

六、《疏勒河志》依次由概述、大事记、正文、辑录、索引五部分组成，其中正文分四编二十章。作为当代地方志中必备的“表”散入各部分，“传”列为第二十章。

七、《疏勒河志》修纂以简明扼要为核心原则，因结构问题造成同一内容需多次出现的仅出现一次，其余各处均以“参见”指示位置；辑录中原始文献已充分呈现的内容，正文部分点到为止，亦以“参见”指示位置，不再进行二次转述。

八、《疏勒河志》修纂以“厚今薄古”为重要特征，侧重于保存现当代史料，在记述重点方面更为偏重于现当代部分，古代部分则侧重厘清线索、分析典型，以此形成与《河西走廊水利史文献类编·疏勒河卷》的合理分工。

九、根据当代地方志修纂的一般惯例，《疏勒河志》的参考文献一律不出注。在相关内容的修纂中，不同程度地参考了流域各类新修方志以及《甘肃省水利志》《甘肃石窟志》《酒泉市水利志》《酒泉市林业志》等专业志的内容。

十、针对部分史实存在学术争议的问题，《疏勒河志》不做观点辨析；一般选择其中最为通行者展开陈述，部分重要观点如“疏勒”河名的原始意涵等系经修纂委员会认定。

目　录

第二编　水利工程建设

第三编　水利管理与生态治理

第四编　水文化

概　述

一、疏勒河流域政区沿革

疏勒河流域位于河西走廊西段，东以嘉峪关为界，西与新疆维吾尔自治区毗邻，南起祁连山与青海省相邻，北与内蒙古自治区和蒙古国接壤，流域面积17万平方千米。疏勒河流域分为北部疏勒河水系和南部苏干湖水系两部分，流域面积分别为14.89万平方千米和2.11万平方千米。疏勒河水系自东向西由白杨河、石油河、疏勒河干流、榆林河、党河等组成。这些河流均发源于祁连山区，除白杨河、石油河以玉门市花海盆地干海子为归宿外，其他支流皆汇入疏勒河干流，尾闾消失于敦煌西湖国家级自然保护区。疏勒河流域年平均气温7～9℃，年平均降水量20～50毫米，年蒸发量为3033～3246毫米，气候极为干旱。流域内分布着高山峡谷、戈壁荒漠、风蚀荒地，多数区域不适宜人类生存；少数历史悠久的绿洲区域土地肥沃、水草丰美，是流域之精华所在。

疏勒河流域在上古属羌戎地，春秋战国时，乌孙、月氏游牧于其间；秦至汉初，匈奴驱走乌孙、月氏，使浑邪王统领之。西汉，霍去病攻取河西，汉武帝元狩二年（公元前121年）建酒泉郡，其后分酒泉郡西部置敦煌郡。汉代疏勒河流域即包括酒泉郡西部及敦煌郡全部，二郡俱隶凉州刺史部。此种格局一直延伸至西晋。

十六国时期，疏勒河流域先后为前凉、前秦、后凉、西凉、北凉政权属地。东晋永和元年（345年），前凉张骏将敦煌、晋昌、高昌三郡和西域都护、戊己校尉、玉门大护军三营合并为沙州，治敦煌，沙州全境在疏勒河流域。东晋隆安四年（400年），李暠建立西凉政权，定都敦煌。至北魏，魏太武帝废敦煌郡，置敦煌镇。孝明帝时罢镇（516—518年），以敦煌地置瓜州，旋改义州。孝明帝正光五年（524年）复改设瓜州，疏勒河全流域皆在治下。此后直至隋代，疏勒河流域东部的肃州或酒泉郡设置不常，但西部的沙州、瓜州或敦煌郡始终保持完整的政区建制。

唐代，疏勒河流域分属沙州、瓜州、肃州三州地。沙州治敦煌，瓜州治晋昌（今瓜州县锁阳城），肃州治酒泉（今酒泉市肃州区）。大历元年（766年），瓜州、肃州为吐蕃占领。贞元二年（786年），沙州敦煌亦入吐蕃。大中五年（851年），沙洲人张议潮起义，疏勒河流域复归于唐。其后流域基本为归义军政权控制，直至宋景祐三年（1036年）被西夏攻占。13世纪上半叶，蒙古攻灭西夏，后建立元朝，在疏勒河流域设沙州路，后归甘肃等处行中书省统辖。

明初，朝廷以嘉峪关为界，在关西只设置羁縻卫所，称“关西七卫”，疏勒河流域属七卫中的沙州卫、赤斤蒙古卫、安定卫、罕东左卫管辖。清初，朝廷沿袭明制，亦未将疏勒河流域纳入郡县体制。康熙末年到雍正时期，朝廷为在疏勒河流域大兴屯田，设置赤金卫、靖逆卫、柳沟千户所（后升为卫）、安西卫、沙州千户所（后升为卫）等卫所，除军队直接耕种外，还大量招徕汉族移民，并安置了从吐鲁番迁来的维吾尔族群众。乾隆二十五年（1760年），流域内卫所裁撤，设置玉门、敦煌两县与安西直隶州，统归安西直隶州统辖。民国初，安西直隶州改安西县，1938年在流域上游增设肃北设治局，与三县同属甘肃省第七区行政督察专员公署（治酒泉县）管辖。

中华人民共和国成立后，疏勒河流域的敦煌、安西、玉门三县隶属甘肃省酒泉专区管辖。1954年，阿克塞哈萨克族自治县成立。1955年，肃北蒙古族自治县成立；同年，地级玉门市在老君庙成立，旋改为县级市，原玉门县城所在地改名玉门镇。1955年，酒泉专区撤销并入张掖专区，1961年恢复。1969年，酒泉专区改称酒泉地区。1987年，敦煌县改为县级敦煌市。1998年，阿克塞哈萨克族自治县县城由博罗转井镇迁至红柳湾镇。2002年，酒泉地区改为地级酒泉市。2003年，玉门市委、市政府迁至玉门镇办公。2006年，安西县更名为瓜州县。2018年，流域内共有玉门市、瓜州县、敦煌市、肃北蒙古族自治县、阿克塞哈萨克族自治县五个县级行政区，皆隶属甘肃省酒泉市管辖，构成流域的绝对主体区域；另有源头小片区域属于青海省海西蒙古族藏族自治州天峻县管辖，大苏干湖西部一隅属于青海省海西蒙古族藏族自治州茫崖市管辖，人口极为稀少。2018年，流域内甘肃五县（市）共有人口53.4万人，实现国内生产总值348.3亿元。

二、疏勒河流域的历史与现实地位

疏勒河流域位于古丝绸之路的咽喉地段，是中原通往新疆乃至中亚、西亚的必经之地，亦是联结青藏高原与蒙古草原的重要枢纽之一，在中外文明交流史中具有重要而特殊的历史地位。考古证据表明，距今4000年前左右，疏勒河流域就是小麦与青铜冶炼技术由西方传入中原的重要通道。丝绸之路开通后，疏勒河干流及各支流孕育了大量绿洲，为穿越这一亚洲大陆腹地的极旱地区提供了重要补给，张骞、班超、法显、鸠摩罗什、玄奘、马可波罗等中外文化交流史上的著名历史人物皆曾经行疏勒河流域。敦煌作为中古时代“华戎之交一都会”，是依托疏勒河最大支流党河兴起的绿洲城市，物产丰足、商业发达、文化昌盛。

疏勒河流域自古以来就是多民族交流融合的摇篮，多种文化、多种宗教和谐共处。古代的疏勒河流域，粟特、回鹘、吐蕃、党项等民族与汉族长期共处、逐渐融合。明代关西七卫中的各族人民，长期在疏勒河流域得到朝廷的保护。清代康熙至乾隆时期，原居住于吐鲁番一带的维吾尔族群众为躲避战乱，曾迁居至疏勒河流域的瓜州一带居住数十年，直至西域战争平息。中古时期，疏勒河流域形成以佛教为主的宗教信仰格局，道教、基督教聂斯托利派（景教）、祆教、摩尼教等宗教同时并存。

自汉代开始，疏勒河流域作为历代王朝经略西域的门户，就有大量古代长城、城池、关隘遗址。瓜州、敦煌境内，汉塞、烽燧与疏勒河比邻而行，形成了长城与河水、人工与自然相融合的独特塞防景观。著名的玉门关、阳关亦位于疏勒河流域境内，其中西汉与唐代玉门关均伫立于疏勒河干流岸边，唐代著名边塞诗人岑参吟咏过的苜蓿烽亦临河而立。疏勒河沿岸分布着数十座古城，涵盖除都城以外的州城、县城、卫城、障城、驿站等各种级别、各种功能的古城形态，使流域素有“中国古城博物馆”之誉。其中，西汉玉门关遗址小方盘城、汉代敦煌附近重要驿站悬泉置遗址、唐瓜州治所所在的锁阳城遗址均被列入世界文化遗产“丝绸之路：长安—天山廊道的路网”名录。

疏勒河流域沟通中西的地理位置，孕育了举世闻名的敦煌文明。以莫高窟为代表的石窟寺是敦煌文明的主要载体与代表，敦煌境内的诸多石窟均修筑在疏勒河干流及大小支流之旁的河岸崖壁上。石窟寺内保存有大量珍贵壁画、塑像、题记，反映出佛教艺术中国化的生动历程，体现了疏勒河流域古代工艺美术家的高超技艺，保留了与中国古代建筑、服装、音乐等方面相关的大量鲜活图像资料。1900年，莫高窟藏经洞被发现，数万件中古时代的珍贵文书重见天日，其内容全面反映出5—11世纪之间敦煌地区政治、经济、文化、社会、军事等方面的各种历史信息，为推动中国古代历史文化的研究起到了不可替代的作用，并由此诞生了国际化的“显学”——敦煌学。

20世纪以来，疏勒河流域的现代化历程逐渐开启。交通方面，甘新公路、兰新铁路、连霍高速公路、兰新高铁、东西部油气大通道等相继贯通，疏勒河流域成为“一带一路”陆上通道的汇聚之地。借助独特的文化资源与自然风貌，以敦煌为代表的疏勒河流域已经成为闻名世界的旅游目的地。疏勒河流域光照条件好、可耕地资源多，经过长期建设，如今已是我国西北地区重要的特色农产品基地之一。尤其值得一提的是，疏勒河流域经过近一个世纪的发展，已成为我国重要的能源基地之一。

早在抗日战争期间，在疏勒河一级支流石油河畔，中国自主开发的第一座现代油田玉门油矿诞生。它的出现有力地支援了战争前线，对抗衡日本侵略者的资源封锁具有重要意义。以“铁人”王进喜为代表的新中国第一代“石油人”从疏勒河畔走向全国，成为新中国第一批石油工作者中的中坚力量。石油诗人李季曾赋诗：“苏联有巴库，中国有玉门。凡有石油处，皆有玉门人。”20世纪50年代，疏勒河畔建成我国第一座原子能联合企业，为我国核武器研发与核工业发展做出了重要贡献。1964年，中国第一颗原子弹的核心部件在这里制造完成。新时期以来，这座原子能工业基地仍然为我国核电工业发展提供着重要的支持。

疏勒河流域拥有丰富的风力与太阳能资源，其中瓜州县有“亚洲风库”之美誉，敦煌等地的年均日照时间亦处于全国前列。新世纪以来，疏勒河流域的风力发电与太阳能发电蓬勃兴起，其中风电装机容量在全国率先突破1000万千瓦，以“陆上三峡”之名为全国新能源领域所瞩目。目前，疏勒河流域正在建设数条特高压输电线路，建成后将把清洁电能源源不断地送向华北与长江流域。疏勒河流域已经成为中国举足轻重的清洁能源生产基地。

三、疏勒河流域水利事业发展概况

干燥少雨的自然环境，决定了水利建设是疏勒河流域各项事业开展的前提。疏勒河流域的水利事业拥有悠久的历史传统。出土简牍资料显示，汉代疏勒河流域已经有了较为成熟的灌溉网络。在水利技术方面，汉代先民已经懂得在疏勒河流域大小支流上筑堰；在水利管理方面，汉代实行隶属大司农系统的垂直化水利管理制度，设有一系列专门的水利职官。依托水利建设，疏勒河流域迎来历史上的第一次移民高潮。疏勒河流域出土的汉代简牍记载了移民的籍贯，包括河南、山东，甚至江淮。移民的辛勤劳动促进了农业与畜牧业的繁荣，时有“凉州之畜为天下饶”的美誉。两汉之际，保据河西的窦融集团全力支持刘秀，对其巩固中原、进军陇西起到了重要作用，东汉得以进一步“得陇望蜀”、灭公孙述、统一全国。

4世纪，西晋王朝灭亡，中原陷入战乱，大批难民进入河西走廊避难求存。疏勒河流域作为难民西迁的重要目的地之一，迎来第二次移民高潮，水利建设相应推进。在中国北方持续一个多世纪的动乱中，疏勒河流域保持了安宁与繁荣，人们传习儒家典籍、实行中原律法，敦煌附近成为维系中华文化的重要根据地，得到了后世史家的高度评价。

隋唐时期，疏勒河流域的水利建设在前代基础上得到了持续发展。1900年，敦煌藏经洞发现了我国最早的水利法规实物《水部式》和最早的基层灌溉章程文书。《水部式》是唐代通行全国的法律，条例明晰而细致，展现出古代中国水利管理的严格与细密。基层灌溉章程文书被学者命名为《沙州敦煌县行用水细则》或《敦煌水渠》，详细描述了唐代敦煌复杂的灌溉渠系网络，并记载了各渠系的具体灌溉规则。这两件文书是疏勒河流域水利开发史的杰出象征，奠定了疏勒河流域在中国水利史，特别是在中国干旱区水利史上的重要地位。此外，其他敦煌文书中也蕴含有相当多的水利信息，显示水利活动已经与赋役征收等密切联系，作为政权的统治支柱之一介入到了民众的日常生活中。

西夏与元代，疏勒河流域水利事业仍得到了进一步发展。明代与清初，受朝廷西北边疆政策的影响，疏勒河流域水利事业遭遇重大挫折，除在干流中游今玉门市与瓜州县布隆吉等处有少量灌溉活动外，其余地区的灌溉事务全部废弛。18世纪初，清廷为收复西域，在疏勒河流域大兴屯田、生产军粮。在清代名臣岳钟琪等人的相继推动下，疏勒河流域的水系分布格局被人为塑造，出现了一批以黄渠（皇渠）为代表的大型干渠，并由此开启了第三次移民浪潮。当代疏勒河流域主要灌区的雏形及主要城镇分布格局均于此阶段形成，流域内亦逐渐形成社会力量主导的敦煌水利管理模式及政府主导的安西水利管理模式。晚清民国时期，疏勒河流域水利事业停滞不前，水利管理体制遭到破坏，水资源利用水平低、灌溉矛盾严重。

中华人民共和国成立后，党和政府高度重视疏勒河流域的开发建设，先后建成包括双塔、赤金峡、党河、昌马等骨干水库和总长超过1000千米的干支渠道，形成以蓄、调、引、灌、排为主的水利骨干工程体系，建成包括玉门市、瓜州县、敦煌市、肃北蒙古族自治县、阿克塞哈萨克族自治县以及甘肃农垦诸多国营农场在内，总灌溉面积超过1000平方千米的甘肃省最大的自流灌区。特别是20世纪90年代以来，利用世界银行贷款的甘肃省疏勒河农业灌溉暨移民安置综合开发项目落地实施，极大地提升了流域水利事业的现代化水平。得益于良好的水利保障，流域内现代农业迅速发展。2013年，疏勒河畔的玉门市昌马乡创造了万亩（1亩≈666.7平方米）春小麦平均亩产665.3千克的全国纪录。2016年，疏勒河灌区农民人均纯收入13300元，高于全国平均水平。依托成熟的水利工程建设，疏勒河地区接纳了数万名来自甘肃东部干旱山区的各族民众，新一代移民很快摆脱贫困、步入快速发展阶段。疏勒河流域已成为当今中国干旱区水利保障程度较高的代表区域。

与70余年来的现代化水利工程建设同步，现代水资源管理体制也在疏勒河流域逐渐建立。20世纪50年代，疏勒河流域建立起流域、市（县）、灌区各级水利管理机构；经过长期发展，形成以甘肃省疏勒河流域水资源利用中心为主体，各河流、各市（县）水务部门各司其职的水资源管理模式。在疏勒河干流，依托水利信息化建设，形成“从河源到田间”的全过程水资源管理新模式，在全国独树一帜。党的第十八次全国代表大会以来，疏勒河流域先后被水利部确定为全国7个水权试点区域之一与6个水流产权确权试点区域之一，成为中国干旱区水权体制改革的先行者。

疏勒河流域气候干燥、生态脆弱。位于疏勒河下游的敦煌西湖国家级自然保护区是阻止塔克拉玛干、库姆塔格两大沙漠合拢的最后一道防线，是历史文化名城敦煌的最后生态屏障。近几十年来，在各种自然与人为因素的作用下，疏勒河流域生态环境一度面临严重危机。2011年10月，国务院批复了《敦煌水资源合理利用与生态保护综合规划》，以国家法规的形式确定了“水源绿洲稳定、经济生态均衡”的流域治理要求。疏勒河流域各级政府，特别是水利部门根据《敦煌水资源合理利用与生态保护综合规划》要求，大力实施种植结构调整、灌区节水改造、有序生态调水，在不到十年的时间内一举扭转流域生态持续恶化的趋势。疏勒河中下游大片的胡杨林、红柳林等天然植被得到有效保护，湿地扩展、湖泊恢复，地下水位上升明显，著名的敦煌月牙泉水位不断提升。

总而言之，疏勒河是中国内流区具有重要地位的河流，疏勒河流域是“一带一路”沿线具有重要历史与现实意义的区域，疏勒河流域水利事业是中国干旱区水利事业的代表之一。

大事记

先秦时期

约公元前1700年

玉门火烧沟文化种植大量谷物，或已标志疏勒河流域具有原始灌溉活动。

两汉时期（公元前202—公元220年）

汉武帝元狩二年（公元前121年）

置酒泉郡，开始在河西走廊西部移民、修筑长城、开发水利，在疏勒河流域逐步设立都水史、平水等民事水利职官，并出现穿渠校尉、河渠卒等军事水利管理人员。

汉武帝元鼎六年（公元前111年）

戍卒暴利长在疏勒河流域的渥洼池捕获“天马”一只，汉武帝作《天马歌》；同年，分酒泉郡置敦煌郡，并在党河进入敦煌绿洲处修建马圈口堰。

汉宣帝甘露元年（公元前53年）

酒泉太守辛武贤在疏勒河下游开凿都护井并整治党河河渠，希望能贯通往罗布泊的水运路线，未获成功。

魏晋南北朝时期（220—581年）

三国魏齐王嘉平三年（251年）

敦煌太守皇甫隆教民耧犁及灌溉之法。

前秦建元二年（366年）

高僧乐僔开启莫高窟的营建。

东晋隆安四年（400年）

法显经疏勒河下游，越白龙堆，西行求法。

北魏武帝太平真君二年（441年）

五月，诏河西修水田，通渠灌溉。

北魏孝文帝太和十二年（488年）

五月丁西，诏云中（今山西大同县）、河西（今甘肃河西走廊一带）及关内六郡，各修水田，通渠灌溉。

隋唐五代时期(581—960年)

隋炀帝大业五年（609年）

隋炀帝巡视河西，扩展疆域，大开屯田。

唐太宗贞观三年（629年）

玄奘从唐玉门关（今双塔水库附近）以东十里（1里＝0.5千米）左右之地渡过疏勒河，西行求法。

唐玄宗开元十五年（727年）

瓜州都督张守珪整修战乱中遭受严重破坏的疏勒河锁阳城灌区。

唐玄宗开元时期（713—741年）

唐王朝制定并颁布《水部式》，敦煌莫高窟藏经洞保存有残卷。

唐宣宗太中五年（851年）

沙州（今敦煌市）人张议潮趁吐蕃内乱，逐走吐蕃守将，摄州事，奉表入朝，唐宣宗诏令张议潮为归义军节度使。张议潮严整军备，率领军民兴修水利，开辟农田，发展农业生产，十数年间，河西安定富庶。

唐代后期（755—907年）

敦煌地区形成系统完备的灌区管理制度，同时出现灌溉事务中的互助组织“渠社”。

宋夏元时期(960—1368年)

西夏景宗天授元年至末主宝义二年（1038—1227年）

西夏继续在疏勒河流域维持较大规模的灌溉体系。

元世祖至元元年（1264年）

郭守敬主持修缮改造原西夏境内灌溉系统。

元武宗至大二年（1309年）

疏勒河流域瓜、沙二州屯田扩大。

明清时期（1368—1912年）

明英宗正统六年（1441年）

在今玉门市区附近修筑苦峪城安置沙州卫部众，或有附属渠道之修筑。

明世宗嘉靖三年（1524年）

封闭嘉峪关，迁徙关西七卫民众到关内，疏勒河流域水利活动基本废弛。

清圣祖康熙五十六年（1717年）

开始在疏勒河流域大兴屯田，设置卫所，广开渠道。

清圣祖康熙五十八年（1719年）

昌马河靖逆、柳沟民户就划分疏勒河水源发生冲突，开启后世持续两百年的安西玉门分水博弈。

清世宗雍正三年（1725年）

负责西北军务的名将岳钟琪尝试疏浚疏勒河下游河道，并使之与党河交汇，欲以皮筏运粮，旋因水流过于激烈而放弃。

清世宗雍正八年（1730年）

安西兵备道王全臣疏浚从双塔堡下游直达瓜州的三条古渠道，分别长二百余里、一百余里、五十余里。

清世宗雍正十年（1732年）

安西兵备道王全臣开始在疏勒河中游的大规模渠道建设，开挖黄渠，将大部分疏勒河径流引入至桥湾以西。

清世宗雍正年间（1723—1735年）

敦煌县（今敦煌市）阳关开大沟渠，距城一百四十五里，灌田一千二百五十亩。

清高宗乾隆年间（1736—1795年）

由十条干渠构成的敦煌灌区建成，灌溉农田十万亩以上。

清宣宗道光年间（1821—1850年）

安西、玉门间形成十道口岸分水制度。

赤金、花海之间就分配石油河灌溉水源形成定制。

清德宗光绪二十六年（1900年）

敦煌莫高窟藏经洞被发现。

民国（1912年至1949年10月）

民国十五年（1926年）

安西县（今瓜州县）知事李芹友携耆老赴玉门查勘，发现玉门官民私开口岸八道，将安西之水尽皆堵截；随即会同玉门方面将口岸填平，就此重整分水制度，严禁玉门侵占安西水利。

民国二十八年（1939年）

玉门油田开始建设流域第一套自来水设备。

民国三十一年（1942年）

是年，蒋介石视察玉门，关注河西水利，每年从中央拨专款1000万元。

民国三十三年（1944年）

疏勒河流域始设水文站。

民国三十五年（1946年）

甘肃省政府正式出台玉门、安西两县划分疏勒河径流的有关办法。

民国三十七年（1948年）

疏勒河流域第一部现代流域规划《疏勒河流域灌溉工程规划书》由水利部河西水利工程总队编定，总队长黄万里亲自审核。

中华人民共和国(1949年10月以来)

1950年

3月，甘肃省农林厅水利局勘测队进驻疏勒河流域，开启中华人民共和国成立后甘肃省最早的农田水利测绘任务。年末，完成玉门镇至安西段2685平方千米的万分之一地形图测绘任务。

是年，疏勒河流域各县普遍开展“破除村建水规运动”，并着手系统解决历史遗留是纠纷。

1951年

推广使用解放式水车。甘肃省水利局从西安订购解放式水车34部，分配酒泉专区40部，是为疏勒河流域第一次较大规模使用提水设备。

1953年

是年，西北军政委员会水利部派出测量队赴疏勒河流域进行地形测量，为编制流域水利规划做准备。

1954年

饮马农场第一批军垦农场开始在疏勒河流域兴建。

1955年

11月，根据甘肃省农林厅水利局提出的《对甘肃省水利机构编制意见》，疏勒河流域各县成立水利机构，玉门、敦煌、安西三县设水利局，编制9人。

是年，中华人民共和国成立后疏勒河流域第一部规划开始编制。

1956年

1月，全国水利会议召开，昌马河灌溉工程被列为甘肃省重点项目。

8月，昌马河总干渠动工兴建。渠首位于玉门县昌马峡口以下7千米的河谷末端，设计流量为每秒56立方米，设计灌溉面积56万亩。总干渠全长43千米，衬41千米，中间设落差5米的陡坡54座和跨城河渡槽1座。这是中华人民共和国成立后，甘肃兴建的第一处大型自流灌溉工程。

是年，玉门市、安西县、敦煌县设立水利科，玉门市的石油河、巩昌河、城河、柴坝、小昌马河，安西县的双塔，敦煌县的党河、南湖相继成立了水利管理所。

1958年

3月，玉门赤金峡水库开工建设。水库位于玉门市赤金镇境内石油河中游的峡谷中。工程于1959年9月停工，仅可蓄水460万立方米，即投入运行。

5月23日，甘肃省防汛指挥部恢复。酒泉专、县、乡、社设有防汛指挥部、所、组等，由当地党政领导人担任领导职务。

7月，疏勒河总干渠渠首工程（昌马大坝）与渠道工程基本竣工，全线试通水。

7月6日，安西双塔水库动工兴建。水库位于疏勒河下游，安西县城以东48千米处，坝高26.8米，总库容2亿立方米，于1960年3月建成蓄水。由于当时形势所迫，坝基未彻底处理，坝后渗水严重，成为险库，所以于1978年6月至1984年进行加固处理，之后成为大型灌溉调节水库。

10月30日，中国人民解放军生产建设兵团农业建设第十一师（简称“农建十一师”）正式组建。该师由中央和甘肃省双重领导，疏勒河流域农垦事务全部划归该师负责。

1964年

3月21日，甘肃省水利厅会同有关单位召开了河西地区初步流域规划座谈会，决定以现有资料为主，配合必要的实地调查，于8月底前，对各河流进行水土平衡计算，提出今后水利建设发展指标及主要工程部署，特别要对近几年的水利工程建设作出安排和具体实施步骤规划，提出详细规划报告及规划概要，并附二十五万分之一工程和灌区布置图，同时作了任务分工，其中河西建设规划委员会负责完成疏勒河流域规划（包括党河、踏实河、昌马河、赤金河、白杨河等）。

4月，甘肃省河西水利建设指挥部成立，加强了河西地区的水利建设。

是年秋，昌马河河系管理处撤销，酒泉专区疏勒河流域水利管理处成立。安西县双塔水库管理所、昌马河水利管理所和玉门市昌马河水利管理所同时并入疏勒流域水利管理处。布隆吉泉水灌区设河东水利管理所，对泉水进行统一管理，并从西干渠向泉水灌区补充部分河水。

是年，农建十一师组建农建十一师工程团，负责全师下辖各农场的水利工程建设，团部设在玉门镇。

1966年

4月，疏勒河流域水利管理处划归农建十一师管理，更名为“中国人民解放军生产建设兵团农业建设第十一师疏勒河流域水利管理处”。

1969年

4月5日，甘肃省革命委员会生产指挥部根据省革命委员会的决定，将疏勒河流域水利管理处移交酒泉专员公署领导，酒泉地区建立党委和革命委员会。

11月，以农建十一师疏勒河团场为基础，组建兰州生产建设兵团第一师。

1970年

敦煌县党河水库动工兴建。党河水库位于敦煌县城南34千米处，是以灌溉为主、结合发电的中型水库。主坝高58米，总库容4350立方米，涉及保灌面积32万亩。

1972年

是年，酒泉地区革命委员会水利电力局筹建小组组建。

1974年

7月25日，根据甘肃省革命委员会决定，双塔水库由疏勒河流域水利管理处移交安西县管理。

是年，赤金峡水库完成了溢洪道改建工程，新建3孔、单孔宽3米的溢洪道一处，泄洪流量112立方米每秒。

是年，敦煌党河水库建成并投入使用。水库坝高46米，坝顶长221米，总库容量1560万立方米。

1975年

1月，兰州生产建设兵团第一师撤销建制，所属团场划归酒泉地区管理；相应水利工程移交酒泉地区管理。

是年，党河水库电站建成投产。年发电量1220万度。敦煌县架设10千伏线路210多千米，低压线路380多千米，90%的大队和80%的生产队通了电。

1978年

10月，中国科学院兰州冰川冻土研究所冰川考察队结束了对祁连山冰雪水资源的考察，初步查明祁连山共有现代冰川3306条，面积达2062平方千米，储水量约1320亿立方米，冰川的总出水量达72.6亿立方米。冰川70%以上分布在祁连山北坡，属大陆性冰川。

1979年

年初，疏勒河流域水利管理处进行机构改组，撤销革命委员会，恢复“酒泉地区疏勒河流域水利管理处”的名称。

7月25日至27日，党河水库以上党城湾以下区间突降暴雨（降雨量103毫米），发生特大洪水，入库最大流量达660立方米每秒。至7月27日凌晨1时30分，洪水造成敦煌县党河水库副坝洪水漫顶溃决失事的惨重事故，使副坝左侧形成一个顶宽96平方米、底宽20米、深25米的大缺口，洪水带着大量泥沙直冲坝下河床，使坝后水电站、总干渠道均被淹没，敦煌县城进水，大部分城区房屋、建筑被洪水冲毁，给国家和人民财产造成2000余万元的损失。

7月28日，玉门市降暴雨92.5毫米，昌马河总干渠首停止引水，但戈壁滩就地汇流起水超过80立方米每秒，涌进只能输水35立方米每秒的总干渠，将昌马总干渠彻底摧毁，冲毁干渠22千米、陡坡22座，造成直接经济损失400多万元。

7月30日，玉门石油河也发生较大洪水，赤金峡水库最大入库洪峰流量823立方米每秒。由于管理部门措施有力，水库安全无恙。

1980年

是年，安西县在农田水利建设中，率先试行了投资包干、定额包干、合同制等经济管理办法，开流域先河。

1981年

3月，酒泉地区水电处水质化验室建立，对全区5个农业县的79眼地下水观测井进行水质、水温、水位检测，以8大离子、矿化度、酸碱度、总硬度的化验分析。1996年交嘉峪关水文局。

是年，酒泉地区在肃北蒙古族自治县组建了酒泉地区水利电力处党河流域管理处，确定了敦煌、肃北用水比例为96∶4，肃北蒙古族自治县在党河的年引水量不超过1800万立方米。

1984年

是年，按照甘肃省水利厅的统一部署，流域各乡镇都设立水利管理站。管理站属县（市）水电局的派出机构、乡镇的办事机构，实行双重领导。

是年，双塔水库第一次除险加固竣工。

是年，赤金峡水库将心墙加高0.65米，至此水库工程始达到设计规模，坝高28.5米，总库容2090万立方米。距开工建设已历26年。

1985年

6月，昌马河新总干渠开工兴建，该工程位于玉门镇西南36千米，与总干渠左岸间距150米平行而下，全长32.5千米，设计流量30立方米每秒。1988年8月建成，9月试运行，1989年4月正式通水。

8月18日，敦煌水电公司交地区水电处管理。与党河流域管理处合并成立酒泉地区党河流域水电公司，承担党河流域水利管理、水能开发和肃（肃北蒙古族自治县）阿（阿克塞哈萨克族自治县）敦（敦煌县）三县市发电、供电工作。

9月，玉门疏花干渠开工兴建。疏花干渠是由昌马总干渠向赤金峡水库调引疏勒河水、开发花海灌区的专用工程。1988年11月竣工，建成渠首1座、干渠1条，长43.3千米。工程的建成实现了近期调水3800万立方米、发展灌溉面积10万亩、远期调水6000万立方米、发展灌溉16万亩的《疏勒河水东调花海整体规划》。

1987年

1月2日，甘肃省政府颁发《甘肃省水利工程水费计收标准和管理使用办法》。12月23日，省政府办公厅又转发了省水利厅《关于农业水费计收标准及水费管理使用办法实施意见的报告》。两个文件规定，全省自流灌区农业水费标准为每立方米水收费10厘（1厘=0.001元），从斗口计算；每亩每年收基本费1元。工业用水从取水点计算，每立方米水收费50厘；灌流水及循环水每立方米收费30厘。

6月，党河水库二期扩建加固工程开工兴建，历时5年，大坝加高12米（包括防浪墙1.2米）达到58米，总库容由1560万立方米增加到4640万立方米。

1990年

12月18日，敦煌县被水利部批准列为全国第二批电气化试点县。

1991年

4月2日，甘肃省政府批复了1985年开始编制的《甘肃省疏勒河流域规划》，是为1949年后流域的第三部规划。

7月19日，党河水库二期扩建加固工程竣工。

1992年

5月6日，甘肃省委、省政府决定，实施甘肃省疏勒河农业灌溉暨移民安置综合开发项目（以下简称“疏勒河项目”），以解决甘肃中南部11个县20万人的贫困问题，并申请世界银行贷款项目。

1994年

1月10日，国务院公布第三批国家重点风景名胜区名录，鸣沙山–月牙泉风景名胜区入选。

8月，世界银行组织项目准备团首次到疏勒河流域考察。

10月16日，赤金峡水库第一次除险加固竣工。

1995年

4月，世界银行组织项目预评估团到疏勒河流域实行预评估。

5月18日，甘肃省委、省人民政府决定成立甘肃省河西走廊（疏勒河）农业灌溉暨移民安置综合开发建设管理局，为正厅（局）级事业单位；任命张根生为甘肃省河西走廊（疏勒河）农业灌溉暨移民安置综合开发建设管理局局长。

10月，世界银行组织正式评估团到疏勒河流域实行考察和评估。

12月19日，水利部组织专家组对疏勒河项目核心工程昌马水库初设方案进行终审。

12月24日，世界银行正式致函，同意为疏勒河项目提供贷款。

1996年

3月20日，国务院批准疏勒河项目可行性研究报告并正式立项。

5月22日，疏勒河项目正式开工建设。

是年，甘肃省人民政府与世界银行、财政部先后签署了疏勒河项目有关项目与贷款协议。确定项目总投资为26.73亿元人民币，其中世界银行贷款1.5亿美元（12.6亿元人民币），国家配套资金2亿元，省内配套资金12.13亿元，建设期为10年。

1998年

6月18日，装机总容量3000千瓦的疏勒河新河口水电站竣工并投入运营。

1999年

3月3日，甘肃省人民政府任命谢信良为甘肃省河西走廊（疏勒河）农业灌溉暨移民安置综合开发建设管理局局长。

2000年

6月17日，昌马水库枢纽工程在昌马峡谷成功截流。

7月2日，疏勒河流域水利管理处撤销，成立酒泉地区疏勒河流域水资源管理局。

是年，为实现水资源统一管理、利用、可持续发展，酒泉地区水电处在阿克塞哈萨克族自治县进行改革试点。9月26日通过省、地验收，正式成立阿克塞哈萨克族自治县水务局。

2002年

是年，敦煌党河灌区计量管理信息自动化系统建成。敦煌党河灌区1999年投资45万元，与长江水利委员会水文测验研究所协作安装了输水自动化测报系统，采用网络访问、包交换、前向纠错、反馈重发、携带传输等多项先进技术，实现了灌区自动化管理的关键一步。计量不准、收费不公、受益不均的问题有望解决。

2003年

9月15日，由瑞典、丹麦、英国部分大学教授、博士组成的欧盟水利专家考察组，到阿克塞哈萨克族自治县大小苏干湖，对生态环境、水资源状况进行了考察。

2004年

4月2日，甘肃省人民政府办公厅下发《关于疏勒河项目有关问题的会议纪要》，确定组建甘肃省疏勒河流域水资源管理局，并对疏勒河项目的土地开发规模、移民数量和项目总投资进行调整。其中，移民规模由20万人调减为7.5万人，新建移民乡由16个调减为6个，新开耕地由81.9万亩调减为40.82万亩，森林覆盖率由11%调增为15%。

6月16日，国家防总西北抗旱防汛检查组一行7人到敦煌市检查防汛抗旱工作。

6月17日，甘肃省人民政府决定，将酒泉市疏勒河流域水资源管理局整建制并入甘肃省河西走廊（疏勒河）农业灌溉暨移民安置综合开发建设管理局，组建甘肃省疏勒河流域水资源管理局，与甘肃省河西走廊（疏勒河）农业灌溉暨移民安置综合开发建设管理局一套机构两块牌子，事业性质，地级建制。

12月17日，甘肃省人民政府决定，杨成有任甘肃省疏勒河流域水资源管理局、甘肃省河西走廊（疏勒河）农业灌溉暨移民安置综合开发建设管理局局长。

12月22日，甘肃省疏勒河流域水资源管理局被甘肃省委、省政府授予“省级文明单位”称号。

12月28日，经甘肃省人民政府批准，疏勒河流域水资源管理局在玉门市新区挂牌成立。

2005年

3月2日，双塔灌区管理处北干渠灌溉管理所北干女子管理段被中华全国妇女联合委员会命名为“全国巾帼文明岗”。

5月5日，昌马灌区管理处工会被中华全国总工会命名为“全国模范职工小家”。

6月24日，疏勒河项目信息化系统工程初步设计报告审查会在兰州举行。

7月3日，甘肃省疏勒河流域水资源管理局召开一届一次职工暨会员代表大会。全局101名职工代表参加大会。与会代表听取、审议了甘肃省疏勒河流域水资源管理局工作报告、工会工作报告，选举产生了甘肃省疏勒河流域水资源管理局第一届工会委员会、经费审查委员会和女工委员会。

12月2日，酒泉市政府决定，成立酒泉市党河流域工程建设管理局，为正县级事业单位，隶属酒泉市水利电力局，办公地点设在敦煌市；党河流域水利管理处整体并入党河流域工程建设管理局，市水电局领导兼任局长。

12月25日，疏勒河项目自愿移民交接签字仪式在酒泉市举行。

2006年

7月14日，国家农业综合开发办公室“面向贫困人口农村水利改革项目”现场暨培训会议在安西县召开，来自财政部和全国13个省、市的96名代表参加会议。

9月3日，水利部副部长胡四一一行到敦煌调研水资源及生态环境保护、节水型社会建设情况。

12月22日，甘肃省疏勒河流域水资源管理局被国家水利部命名为“全国水利文明单位”。

2007年

1月17日至18日，甘肃省水利厅、省水利管理局、省环境科学设计研究院（以下简称“环科院”）及有关专家组成的省节水灌溉（日元贷款）项目竣工验收组到敦煌市，检查验收农业节水灌溉项目工程。

1月19日，甘肃省人民政府召开会议，就疏勒河项目2007年收尾工程建设资金、世界银行贷款偿还、农垦辖区移民移交问题进行专题研究，并形成《关于疏勒河项目有关问题的会议纪要》。

1月22日，昌马灌区管理处总干渠工程管理所被全国创先争优活动领导小组授予“2006年度全国学习型先进班组”称号。

7月8日，第二批全国节水型社会建设试点规划审查会在敦煌市召开。

8月10日，疏勒河项目工程竣工档案通过了由甘肃省档案局主持，甘肃省水利厅、甘肃省疏勒河流域水资源管理局、项目设计单位、项目施工单位、项目监理单位代表组成的档案专项验收组验收。

8月15日，双塔灌区管理处被国家水利部评为“全国水利管理先进单位”。

8月22日，水利部总工程师庞进武到敦煌市、阿克塞哈萨克族自治县考察党河流域综合治理暨“引哈济党”水利工程工作。

10月，甘肃省疏勒河流域水资源管理局“甘肃省河西地区原生盐碱地改良技术试验研究与推广项目”获水利部大禹水利科学技术奖奖励委员会“大禹水利科技奖三等奖”。

11月20日，花海灌区管理处赤金峡水利风景区被国家旅游景区质量等级评定委员会评定为国家AAA级旅游风景区。

2008年

1月22日，甘肃省委、甘肃省人民政府召开甘肃省河西走廊（疏勒河）项目农垦辖区移民移交问题专题会议，决定疏勒河项目农垦辖区3个整建制安置的移民分场24896名移民按属地化管理原则，以甘肃省政府批准的疏勒河项目中期调整方案概算和建设内容为依据，交由酒泉市管理；黄花、饮马农场安置的5个插花移民村，交由甘肃农垦集团公司管理。

2月11日，水利部在北京召开专题会议，听取甘肃省水利厅、清华大学等单位关于《敦煌市水资源综合利用与生态保护综合规划》编制情况汇报。

3月26日至29日，受水利部委托，黄河水利委员会组织对昌马水库工程的竣工技术预验收，并形成了《昌马水库工程竣工技术预验收工作报告》。

4月22日，甘肃省疏勒河流域水资源管理局“硅粉浆混凝土性能研究及在昌马水库排沙泄洪洞泵送混凝土工程中的应用”项目被甘肃省人民政府评为“甘肃省科学技术进步奖二等奖”。

8月28日，疏勒河项目独山子分场移民移交签字仪式在玉门市举行。疏勒河独山子分场7470名东乡族移民、新开发的32149亩农田及社区服务设施整体移交玉门市管理。

9月28日，甘肃省疏勒河流域水资源管理局举行“清华大学水沙科学与水利水电工程国家重点实验室甘肃疏勒河流域实验站”揭牌仪式。

10月27日，疏勒河项目沙河乡、梁湖乡移交签字仪式在瓜州县举行。甘肃省疏勒河流域水资源管理局将15624名移民、72044.64亩农田及配套工程整体移交瓜州县管理。

12月24日，“甘肃省疏勒河灌区信息化系统工程研究及应用”项目通过省级鉴定。

2009年

2月11日，水利部在北京召开专题会议，听取甘肃省水利厅、清华大学等单位关于《敦煌市水资源综合利用与生态保护综合规划》编制情况汇报。

5月13日，由甘肃省政治协商委员会组织的“酒泉市移民生产生活情况调研汇报会”在酒泉召开，专门就疏勒河流域移民事项进行了讨论。

7月16日，甘肃省疏勒河流域水资源管理局党委书记、局长杨成有被中华慈善总会授予“中华慈善事业突出贡献先进个人”称号，甘肃省疏勒河流域水资源管理局被授予“中华慈善事业突出贡献单位（企业）奖”。

12月19日，甘肃省人民政府决定，李峰同志任甘肃省疏勒河流域水资源管理局局长。

2010年

1月8日，昌马灌区管理处东北干渠灌溉管理所被国家人力资源和社会保障部、水利部评为“全国水利系统先进集体”。

4月7日，“甘肃省疏勒河灌区信息化系统工程研究及应用”项目荣获甘肃省科技进步一等奖。

7月30日，甘肃省人民政府在敦煌市召开全省高效节水农业现场会议。

11月18日，《疏勒河流域水资源管理条例（二次修改稿）》立法座谈会在兰州西北宾馆召开。会议由甘肃省人民政府法制办公室主持。会议对《疏勒河流域水资源管理条例（二次修改稿）》进行了充分讨论。

2011年

1月6日，昌马水库枢纽工程荣获“2010年中国水利工程优质（大禹）奖”。

2月24日，昌马灌区管理处东北干渠管理所川北镇女子管理段被全国妇女巾帼建功活动领导小组授予“全国巾帼文明岗”称号。

5月30日，水利部中国灌溉排水发展中心、甘肃省水利厅共建的酒泉高效节水灌溉技术推广工作站成立。

6月12日，国务院正式批准《敦煌水资源合理利用与生态保护综合规划》。

7月13日至15日，甘肃省河西走廊（疏勒河）农业灌溉暨移民安置综合开发项目水土保持设施通过了由水利部组织的专项竣工验收。

10月12日，酒泉市党河流域水资源管理局成立，隶属酒泉市政府管理。

2012年

1月6日，中华人民共和国环境保护部对甘肃省河西走廊（疏勒河）农业灌溉暨移民安置综合开发项目竣工环境保护予以验收通过。

3月24日，《敦煌水资源合理利用与生态保护综合规划》疏勒河干流项目联席会议暨实施协议签字仪式在甘肃省疏勒河流域水资源管理局举行。

5月20日，《敦煌水资源合理利用与生态保护综合规划》疏勒河干流2012年实施项目初步设计报告通过了甘肃省发展与改革委员会批复。

8月27日，甘肃省河西走廊（疏勒河）农业灌溉暨移民安置综合开发项目全部通过甘肃省发展和改革委员会竣工验收。

11月28日，甘肃省疏勒河流域水资源管理局因在敦煌生态保护中做出重要贡献，荣获联合国环境规划基金会和国家环境保护协会“绿色中国2012·环保成就奖”的“杰出环境治理工程奖”。

2013年

5月23日，甘肃省疏勒河流域水资源管理局编制完成了《疏勒河流域水资源管理条例（草案）》，并上报甘肃省人民政府法制办公室、甘肃省水利厅。

7月10日，甘肃省发展和改革委员会批复了《敦煌水资源合理利用与生态保护综合规划》疏勒河干流灌区2013年第二批实施项目。

7月13日，疏勒河向下游排放生态水启动仪式在甘肃省疏勒河流域水资源管理局双塔水库举行。

8月6日，由甘肃省疏勒河流域水资源管理局和玉门市委、市政府共同举办的首届赤金峡漂流文化节暨经贸洽谈会在国家AAAA级旅游景区——赤金峡风景区开幕。

2014年

3月10日至12日，水利部中国灌溉排水发展研究中心在瓜州县召开《敦煌水资源合理利用与生态保护综合规划》灌区节水改造2013—2014年度工程可行性研究报告复核会议。

7月2日，甘肃省水利厅、甘肃省发展和改革委员会决定，将疏勒河灌区作为农业用水实行超定额累进加价试点单位。

2015年

2月16日，水利部、甘肃省人民政府正式批复《甘肃省疏勒河流域水权试点方案》。

2月28日，甘肃省疏勒河流域水资源管理局被中央精神文明建设指导委员会授予第四届“全国文明单位”称号。

2016年

5月11日，甘肃省人民政府决定，栾维功任甘肃省疏勒河流域水资源管理局、甘肃省河西走廊（疏勒河）农业灌溉暨移民安置综合开发建设管理局局长。

10月25日至27日，甘肃省疏勒河流域水资源管理局组织设计、监理、施工、质量监督和运行管理等单位代表组成的验收工作组，对《敦煌水资源合理利用与生态保护综合规划》昌马灌区节水改造2013—2014年度部分骨干工程共16个标段进行了合同完工验收。

12月20日至22日，甘肃省发展改革委员会、甘肃省水利厅对甘肃省疏勒河流域水资源管理局组织实施的《敦煌水资源合理利用与生态保护综合规划》项目2011—2012年度骨干工程4个子项目、疏勒河昌马渠首除险加固工程、疏勒河干流昌马渠首段河道治理工程进行了竣工验收。经竣工验收委员会综合评审，6个工程项目顺利通过验收。

2017年

1月9日至12日，甘肃省疏勒河流域水资源管理局组织设计、监理、施工和运行管理等单位代表组成的验收工作组，对《敦煌水资源合理利用与生态保护综合规划》昌马灌区节水改造2013—2014年度部分骨干工程共21个标段进行了合同完工验收。

3月30日，酒泉市人民政府同意对疏勒河灌区的农业水价进行适度调整，农业供水价格由0.111元每立方米调整为0.132元每立方米，调整后的水价标准自文件下发之日起执行。

9月11日，水利部、国土资源部、甘肃省人民政府联合批复了《甘肃省疏勒河流域水流产权确权试点实施方案》。

11月17日，甘肃省疏勒河流域水资源管理局经中央精神文明建设指导委员会复查合格，继续保留“全国文明单位”荣誉称号。

12月17日，由水利部水情教育中心、中国水利报社等单位联合主办的首届全国“寻找最美家乡河”大型主题活动在陕西西安揭晓。疏勒河作为甘肃省唯一的代表荣膺2017年度首届全国十条“最美家乡河”之一。

2018年

4月28日，双塔灌区管理处双塔水库管理所团支部被共青团中央命名为“2017年度全国五四红旗团支部”。

6月28日，甘肃省疏勒河流域水资源管理局被甘肃省脱贫攻坚帮扶工作协调领导小组评为“2017年全省帮扶工作先进帮扶单位”。

8月18日，中国共产党甘肃省疏勒河流域水资源管理局第一次代表大会隆重开幕。

10月28日，甘肃省人民政府决定，甘肃省疏勒河流域水资源管理局改称甘肃省疏勒河流域水资源局。

2019年

6月14日，昌马灌区被水利部、国家发展改革委员会授予“全国水效领跑者”称号。

10月19日，由中国灌区协会主办的全国大中型灌区泵站建设管理回顾与展望交流大会在甘肃兰州市召开，甘肃疏勒河灌区被中国灌区协会授予“最具时代精神的魅力灌区”称号。

2020年

5月18日，水利部专家组对疏勒河流域水权试点灌区斗口水量计量设施更新改造及实时在线监测系统项目进行现场技术评估。

7月20日，甘肃省人民政府任命陈兴国为甘肃省疏勒河流域水资源局局长。

2021年

6月19日，甘肃省疏勒河流域水资源局更名为甘肃省疏勒河流域水资源利用中心。

第一编

流域地理与水资源

第一章　自然地理

第一节　地形地貌

疏勒河流域地形地貌复杂，从南到北依次可划分为祁连山-阿尔金山区、疏勒河中下游平原区和马鬃山区。地势由西南向东北倾斜，海拔高度均在1000米以上。

一、祁连山-阿尔金山区

祁连山-阿尔金山位于青藏高原东北边缘，疏勒河干流及各支流上游。其构造系发育可追溯到加里东期或更早的震旦系，受加里东期海相两期运动的影响，以地槽沉降为主，古生代以后，在燕山和喜马拉雅山两次大的造山运功的作用下，地壳急剧上升而形成褶皱带的地形地貌。祁连山-阿尔金山由一系列北西—南东走向的山岭、沟谷、宽台和盆地组成。山势高耸陡峻，岩石裸露，海拔3000米以上，相对高差数百米，最大高差千米以上。山峦重叠，峡谷并列，宽台、盆地相间，河床落差大，水流湍急，主要山体海拔都在4000米以上，山脊狭窄呈鱼脊状，4200米为常年积雪线，现代冰川遍布，是疏勒河流域各河流主要水源。

疏勒河流域内的祁连山-阿尔金山区处于褶皱地带，具有山川重叠、峡谷并列、盆地相间的复杂地形。地势由东南向西北倾斜，山体呈西北东南走向，自北而南为野马山-大雪山、托勒南山、野马南山-疏勒南山、阿尔金山-党河南山、赛什腾山-土尔根达坂山。山脊多在4000米以上。相对高度在1000米以上，山体高度自北向南递增，山势高耸挺拔，群峰竞立，最高峰系疏勒南山的宰吾结勒（团结峰），海拔5808米，为流域最高峰。

祁连山-阿尔金山区阴坡海拔4700米、阳坡海拔4800米为雪线，海拔5000米以上分布有现代冰川。冰川主要分布于高山区的山脊、阶地、冰斗以及冰川槽谷，高处岩石裸露，下为冰渍物，终年为冰雪覆盖，寒气逼人。

祁连山-阿尔金山区海拔3800～4800米为高山区，所处地形多为高山地分水岭脊，古冰斗和冰渍平台。高山区主要为剥蚀构造地形，山势较陡，多见尖棱状山峰、鱼脊状山脊、“V”形峡谷。土壤主要为高山草原土与高山寒漠土。海拔3800～4200米有毡状草皮层分布，4200米以上植被渐形稀疏，4500米以上植被几乎绝迹。

祁连山-阿尔金山区中低山地带中山高度为3000～3800米，有的下线可上移至3200米，坡度平缓，有的呈丘陵地貌，相对高差在100米至200米之间。中山地带所处的地形主要是比较平缓的分水岭，古冰渍台呈山原面和夷平面，植被覆盖度在50%之间。低山地带土壤水分较少，植被稀疏、覆盖度差，多为开阔地。

祁连山–阿尔金山区分布有诸多山间盆地、宽谷与峡谷。盆地、宽谷多位于山区深处，海拔3000～4000米，地势平坦舒缓。主要包括苏干湖盆地、野马滩盆地、石包城南滩盆地，大井泉盆地、鱼儿红盆地、盐地湾盆地等，宽谷主要有疏勒河谷地、野马河谷地、党河谷地等。疏勒河各支流贯穿盆地、宽谷，水草丰美。峡谷主要位于山区边缘各河流出山口，地形狭窄崎岖、地势坡降较大，包括疏勒河峡谷、石包城水峡口、石油河峡谷，党河峡谷等。

二、疏勒河中下游平原区

疏勒河干流及各支流中下游主要流经平原区，该区域位于南部祁连山–阿尔金山区和北部马鬃山区之间，东隔宽台山–干峡山与酒泉盆地相望，西经阿其克谷地与罗布泊相连，是河西走廊的最西端。

疏勒河中下游平原区由南、北两山向中间倾斜，南缘海拔高2200～2700米，北缘海拔高1200～1700米，中部海拔高1000～1500米。平原中分布有若干剥蚀构造低山地貌，为基岩中低山地，包括截山子、三危山、鸣沙山、独山及疏勒河下游北部低山等，以坡积残积物为特征。这些中低山地将平原区划分为若干相对独立的区域，河流切穿这些中低山地形成的谷地为天然交通孔道。位于瓜州县境内的截山子（又名乱山子）为疏勒河中下游分界线，截山子峡谷为双塔水库大坝所在。鸣沙山则为沙丘所覆盖，可视为库姆塔格沙漠。

从其成因看，疏勒河中下游平原区可分为山前倾斜平原与中部冲积平原两类。山前倾斜平原又可分为两类：一类为河流出山后形成的一系列巨大洪积扇独立构成或联合形成，地表多覆盖巨厚松散的砂砾卵石，多分布在南部山前，以卫星地图上清晰可见的疏勒河中游洪积扇（昌马洪积扇）最为著名；另一类为低山丘陵地形被强烈风剥蚀形成，多呈现岩漠、砾漠景观，此即所谓戈壁，尤以瓜州、肃北境内的“黑戈壁”最为著名。山前倾斜，平原植被稀少，风物苍凉。与之相反，中部冲积平原位于洪积扇边缘或河流下游地区，地下水位较高、泉眼众多，多湖泊、沼泽等湿地景观，水草丰美，亦有部分区域存在盐碱地带。因水源条件较好，加之土层深厚，冲积平原成为流域绿洲主要分布区，也是玉门、瓜州、敦煌三县市城区所在地。冲积平原受河流改道等影响，地面颇有起伏，槽状洼地、碟形低地和梁状缓岗较为常见。

疏勒河中下游平原区亦分布有大量风蚀地貌以及沙丘地貌。风蚀地貌以敦煌雅丹、瓜州布隆吉、玉门妖魔山等地最为著名。沙丘地貌大抵分为东西两个部分，东部为瓜州境内兔胡芦以南，吴家沙窝至锁阳城、西沙窝和东湖以北地区，除部分为流动的新月形沙丘、龙岗状沙梁外，其他多为固定、半固定沙丘。西部主要为敦煌南部沙丘地带，包括鸣沙山以及阳关绿洲南部，主要为固定、半固定沙丘。疏勒河干流末梢已接近库木塔格沙漠，此即古籍中常见之“三垄沙”。

三、马鬃山区

马鬃山区位于疏勒河流域北部，处于天山–内蒙褶皱系北山褶皱带。基岩构造为前震旦系变质岩和海西期花岗岩、砂砾岩，经两次大的造山运动后呈显著的东西块断裂，而后长期稳定，进行了剧烈的干燥剥蚀和堆积、冲积作用。该区域主要地貌类型为低山残丘、山间盆地、冲积形成的沙质和石戈壁、倾斜平原和洪积滩地。地形呈中部高，南北低，一般海拔1500～2000米，山地占30%。

马鬃山区是天山东延的余脉，是在天山西海地槽构造基础上发育形成的低山丘陵。主要由变质岩，花岗岩组成。山势西高东低，以滚坡泉为起点向南、向北。较大的山体有马鬃山、大红山、垒墩山、大交瑞、七一东山、七一跌矿山、火石山、马庄山、破城山和自头山。其中马庄山海拔高度为2668米，七一东山2600米，大交瑞2588米，马鬃山2583米。本区大小山体属干燥剥蚀的低山残丘，多为裸岩分化砾石，其相对高度为100～500米。

马鬃山区主要分布有七大盆地，分别为骆驼泉盆地、后红泉盆地、驼马滩盆地、一百二十井及白湖盆地、马鬃山南盆地、马鬃山盆地、苦水井盆地。除此之外，沙砾质戈壁、倾斜平原，砾石戈壁倾斜高平原（古河床）是马鬃山的主要地貌特征。

此外，东南和西南部为基岩戈壁高原与滩地。地质构造以前震旦系变质岩海西期花岗岩为主。主要地貌类型有剥蚀低丘，基岩戈壁高地、砂砾戈壁倾斜平原，还有山间盆地、剥蚀洪堆积滩地等。北部为准平原低山区，其地貌类型有剥蚀低山残丘、基岩戈壁高地、山间剥蚀倾斜高平原、砂砾戈壁倾斜平原和流动沙丘。全北山区低山残丘连绵，戈壁遍布。西南高而东南和东北低，以北部扎根浩来的扎木霍罗依谷地为最低，海拔仅1165米。沟谷在大雨后可出现暂时性洪流及泥石流。剥蚀低山、盆地、戈壁、准平原化高地，构成了马鬃山地区的地貌特征。

第二节　地质

疏勒河流域地层除太古宇外，长城系至第四系共16个系均有分布。三叠系及其以前地层以海相为主，兼有活动型、稳定型和过渡型沉积，其后皆为陆相地层。流域境内地层分属三个地层（天山-内蒙古、塔里木、华北）分区，从老至新依次介绍如下：

下元古界　分布于敦煌古陆、阿尔金山和祁连山区，包括敦煌群和野马南山群，统归前长城系，为变质碳酸岩至火山岩建造和变质火山硅质岩建造，组成变质结晶基底。

中元古界　北山和祁连山均有分布，可划分为上、下两部分。下部为长城系，包括白湖群和党河群，为海相陆源碎屑岩建造和海相火山-铁硅质岩建造；上部为蓟县系，包括平头山群和托勒南山群，为海相藻礁碳酸盐岩建造和海相含铁复理石建造。

上元古界　北山和祁连山均有分布，可划分为上、下两部分。下部为青白口系，包括大豁落山群、通畅口群、大柳沟群和龚岔群，为一套海相藻礁碳酸盐岩建造和海相碎屑岩，碳酸盐岩夹膏盐建造；上部为震旦系，包括洗肠井群、白杨沟群和多若诺尔群，分别为冰碛岩碎屑岩碳酸盐建造、冰碛岩海相碎屑岩建造和海相碎屑岩-火山岩建造。不整合于青白口系之上。

寒武系　分布于北山和祁连山，上、中、下统出露齐全。祁连山区缺失下统。下统，只见于北山，为双鹰山组浅海相硅质岩、灰岩。中统，包括大豁落井组、格尔莫沟群、香山群和黑茨沟群，分别为海湾相硅质岩夹灰岩建造、浅海相碎屑岩碳酸盐建造、浅海相复理石建造和浅海相火山岩碎屑岩建造。祁连山区与中寒武世中基性火山喷发岩有关的矿产有铁、锰和黄铁矿型多金属矿。上统，包括西双鹰山组和香毛山群，分别为海湾相硅质岩、灰岩建造和浅海相碎屑岩火山岩建造。

奥陶系 北山和祁连山均有分布，上、中、下统出露齐全。下统为阴沟群，分布在祁连山区，为浅海相火山岩、碎屑岩建造。下-中统未分为砂井群，分布在北山，为浅海相碎屑岩建造。中统，包括花牛山群、中堡群、车轮沟群、吾力沟群和盐池湾群，分别为浅海相板岩灰岩玄武岩、浅海相火山岩碎屑岩、浅海相碎屑岩火山岩、浅海相火山岩夹灰岩和浅海相碎屑岩建造。上统包括锡林柯傅组、白云山组、南石门子组和妖魔山组，分别为浅海相碳酸盐岩碎屑岩、浅海相碎屑岩、浅海相碎屑岩火山岩和浅海相碳酸盐岩建造。

奥陶-志留系 分布于北山墩城山-二断井以南、玉门关-桥湾以北的无化石不均匀变质岩系(其时代至今尚有争论)。据黄尖丘实测剖面可划分为上、中、下三个岩组。上岩组以变质的碎屑岩为主夹灰岩，沿走向常见有中酸性火山岩和硅质岩；中岩组出现较多的为灰岩及大理岩；下岩组主要为混合岩、斜长片麻岩等。该套地区由于受到区域低温动力变质作用和区域动力热流变质作用的迭加，而表现出明显的递增变质现象，尽管依据现有的古生物资料和变质作用的理论，将该套地层暂归奥陶-志留系具有合理部分，但由于构造复杂、变质作用的不均一性及混合岩化作用等，仍不能排除有更古老地层的可能性。

志留系 北山和祁连山均有分布，属活动型沉积，可划分为上、中、下三统。下统，包括黑尖山组、小石户有肮脏沟组，为浅海相碎屑岩建造；中统，包括滚坡泉群和泉脑沟山群，分别为浅海相火山岩夹碳酸盐岩建造和浅海相细碎屑岩碳酸盐岩建造；上统，包括碎石山群和旱峡群，分别为浅海相火山岩及碎屑岩建造和滨海相紫红色碎屑岩建造。

泥盆系 包括海相和陆相两大类型，海相沉积分布于北山区，陆相沉积分布于祁连山区，具有沉积厚度大、岩性单一、接触面清楚的特点。下-中泥盆统，包括雀儿山群、三个井群和雪山群（老君庙砾岩），分别为浅海相碎屑岩火山岩建造、海陆交互相碎屑岩夹火山岩建造和山麓至河湖相粗碎屑岩（磨拉石）夹火山岩建造；上统，包括墩墩山群、沙流水群和阿木尼克组，分别为陆相中酸性火山岩建造、河湖相紫红色碎屑岩火山岩建造，其与下-中统为不整合接触。

石炭系 北山区为活动型海相沉积，以碎屑岩火山岩、灰岩为主，沉积厚度巨大。其中黑鹰山小区下统发育，中、上统次之。红柳园小区，缺失早石炭世早期沉积，中、上统发育齐全。祁连区为稳定型海陆交互相沉积，以碎网岩、灰岩为主，厚度不大，为主要成煤期之一。下统可划分为上、下两部分，下部包括绿条山组、前黑山组和城墙沟组，前者为浅海相碎屑岩建造，后两者为海湾相碎用岩、碳酸盐岩夹石膏建造；上部包括白山组、红柳园组、臭牛沟组和怀头他拉组，分别为浅海相含铁火山-复理石建造、浅海相碎屑岩建造、海陆交互相含煤建造和海陆交互相含煤碎屑岩、碳酸盐岩建造。中统可划分为上、下两部分，下部包括石板山组和靖远组，分别为浅海相碳酸盐岩碎屑岩建造和海陆交互相含煤建造；上部包括芨芨台子组和羊虎沟组，分别为浅海相碳酸盐岩建造和海陆交互相含煤建造。上统包括芨芨台子组和羊虎沟组，分别为浅海相碳酸盐岩建造和海陆交互相含煤建造。上统包括干泉群和太原组，分别为滨海-浅海相火山岩碎屑岩建造和海陆交互相含煤夹黏土岩建造。

二叠系 在北山区发育齐全。下统自下而上为双堡塘组、菊石滩组和金塔组，为活动型海相沉积，以碎屑岩为主，碳酸盐岩次之，早期和晚期并有大量的基性火山岩。上统为陆相沉积，北山北带红岩井群为河湖相碎屑岩，北山南带方山口组为陆相酸性火山岩碎屑岩。在祁连山区，北祁连为陆相碎屑岩含煤沉积，南祁连则为稳定型海相碎屑岩碳酸盐岩沉积。北祁连下统下部为山西组湖沼相含煤建造夹黏土岩建造；下统上部包括大黄沟组和下石盒子组，为河湖相灰绿色碎屑岩建造；上统下部包括窑沟组和红泉组，为河湖相紫红色碎屑岩建造；上统上部包括肃南组和大泉组，为河湖相灰绿色碎屑岩建造。南祁连下统为巴音河群浅海相碎屑岩碳酸盐岩建造，上统诺音河群为浅海相灰绿色碎屑岩建造。

三叠系　北山为小型山地盆地沉积，下、中统二断井群为山麓河流相紫红色粗碎屑岩建造，上统珊瑚井群为河湖相灰绿色细碎屑岩建造。北祁连下、中统西大沟群为山麓河流相或河湖相碎屑岩建造，上统南营儿群为湖沼相砂泥岩含煤建造。南祁连三叠系属稳定的海盆沉积，下、中统下部阳康群为滨海相碎屑岩建造，下、中统上部郡子河组为浅海相碎屑岩建造，上统默勒群为海陆交互相碎屑岩建造。

侏罗系　均属陆相沉积。北山发育较齐全，下统芨芨沟群为河流相碎屑岩建造，仅见于红柳大泉；中统分布较广，是境内主要含煤地层，中统下部中间沟组为河湖相含煤建造，中统上部新河组为河湖相碎屑岩建造，中统未分青土井群为湖相含煤建造；上统沙枣河群为河湖相红色碎屑岩建造。北祁连山区，侏罗系属山间盆地型沉积，下统大山口群为河沼相碎屑岩建造，大西沟群为山麓相碎屑岩建造；中统下部为中间沟组，上部为新河组；上统为河湖相碎屑岩建造。南祁连属小型山间盆地河流相沉淀，下、中统为砂砾岩夹炭质岩、泥页岩建造，上统为山麓洪积相红色砂砾岩建造。

白垩系　下统发育，层序齐全，分布较广，北山、走廊、祁连山均有分布，其古生物、岩性、岩相、沉积环境等特征基本相似，均为陆相沉积。除赤金桥-新民堡一带的下白垩统自下而上划分为赤金桥组、下沟组、中沟组三个岩组外，其余统为新民堡群，为湖相碎屑岩，局部夹石膏建造。上统缺失。

第三系　北山、走廊、祁连山都有分布，北山缺失古新统、始新统、渐新统和中新统沉积，只见上新统泉组河湖相橘红色碎网岩沉积。走廊区和祁连山区出露齐全，古新统-始新统为火烧沟组山麓相碎屑岩建造；渐新统为白杨河组河湖相碎屑岩夹石膏建造；中新统-上新统为疏勒河组河湖相碎屑岩建造。

第四系　境内第四系沉积发育，分布广，沉积类型多样。北山区第四系主要为洪积物和风积物，其次为残坡积物及湖沼堆积物，少见化学汇积。走廊区沉积类型繁多，南缘以洪积和冰碛为主，颗粒较粗，向北变细，以间冰期堆积为主，属河湖相，厚度较大。祁连山区以山间冰积、洪积物为主，有少量河流堆积物及坡积物，颗粒粗大，磨圆度差。

第三节　气候

一、流域气候环境的形成

疏勒河流域地处河西走廊西端，境内新生代地层发育良好，古代动物生存和人类繁衍生息的条件优良，动物化石和人类文化遗存丰富。考古资料证明，约6亿年以前，流域境内为海洋所覆盖，藻类植物普遍繁殖。距今4.4亿至4亿年，由于地壳运动，逐渐向陆地演变。距今4亿年左右，出现镰蕨、鳞木等蕨类陆上植物，有低矮植被覆盖地表。距今3.5亿年的石炭纪，流域境内温暖潮湿，出现大面积的沼泽、森林。至距今2.7亿年的二叠纪，疏勒河流域及周边地区陆地开始上升。至侏罗纪（距今1.8亿年），流域境内的海洋环境已不复存在，陆地植被茂盛，气候温暖，恐龙类普遍出现。2004年9月，中国科学院古脊椎动物与古人类研究所在马鬃山等地发现禽龙类、蜴脚类、鹦鹉嘴龙和肉食类恐龙以及其他多种哺乳动物的化石，还发现热河生物群的典型分子三尾拟蜉蝣和东方叶肢介以及硅化木等。这些恐龙化石埋藏在约1.2亿至1.1亿年前的河流和湖泊沉积的地层中，其层位大致相当于热河生物群九佛堂组，说明约在1.2亿至1.1亿年前的早白垩世晚期，疏勒河流域气候环境温暖潮湿，植被繁茂，湖泊密布，以恐龙为代表的各种古代生物在这里繁衍栖息。距今4000万年左右，疏勒河流域境内有广阔的草原。距今2500万年左右，流域境内气候温暖湿润，长鼻类动物繁多，独角犀、铲齿象多有分布。上新世（距今1200万年）以来，受地壳运动影响，青藏高原北端一直处于上升趋势。由于地势升高，印度洋暖气流被阻，疏勒河流域气候向半干旱型发展。到第四纪，出现沙漠边缘及亚热带稀疏草原环境。至中更新世，青藏高原海拔持续上升，达到海拔4000米以上，印度洋温湿气流完全被阻隔。加上第四纪冰川期及西伯利亚强冷气流的影响，酒泉逐渐形成夏季炎热、冬季寒冷、气候干燥、降雨稀少的温带大陆性气候。

二、日照

1. 日照时数

境内年均日照3030.6～3269.8小时，属全国日照时数较长的地区，比同纬度的北京年均多433.4～516.0小时。日照时数的地理分布基本为西北多、东南偏少，日照高中心区是肃北县马鬃山地区，年均日照3269.8小时（表1-1）。日照时数按季节分布，从高到低依次为夏季、秋季、春季、冬季。夏季是一年中的高值季节，冬季是一年中的低值季节，境内大部分地方5—6月份日照最充足。

耐寒作物生长季（日平均气温≥0℃）内日照时数在2000～2500小时之间，约占全年日照时数70%；喜温作物生长季（日平均气温≥10℃）内日照时数在1400～1850小时之间。安敦盆地地势低，热量条件最好，是各种作物生长的理想之地。

表1-1　疏勒河流域累年各月日照时数统计表(单位:小时)

站名	1月	2月	3月	4月	5月	6月	7月	8月	9月	10月	11月	12月	全年
马鬃山	229.5	231.6	267.3	287.3	319.1	301.6	305.8	303.4	298.0	277.4	232.1	216.7	3269.8
敦煌	219.0	218.5	254.9	282.4	320.2	313.6	318.9	316.1	296.1	280.8	230.4	206.8	3257.7
瓜州	209.0	210.9	248.1	270.8	304.7	300.7	305.1	303.7	292.5	269.4	218.2	196.9	3130.0
玉门	221.9	214.1	248.5	274.8	314.5	312.0	311.0	306.9	292.4	276.2	229.7	212.0	3214.0

2. 日照百分率

境内年日照百分率为68.6%～74.3%，各地日照百分率空间分布基本与日照时数相一致。但由于云量和降水的季节变化，日照百分率10月最高，7月最低，冬季和春季居中（表1-2）。

表1-2　疏勒河流域累年各月日照百分率统计表(单位:%)

站名	1月	2月	3月	4月	5月	6月	7月	8月	9月	10月	11月	12月	全年
马鬃山	78	78	72	72	71	66	67	71	80	81	79	77	74.3
敦煌	73	73	69	71	72	70	70	75	80	82	77	71	73.6
瓜州	70	70	67	68	68	67	67	72	79	78	74	68	70.7
玉门	75	71	67	69	71	70	68	72	78	80	77	74	72.7
肃北	72	70	67	69	68	65	64	70	7	79	75	70	70.5

3. 生理辐射

生理辐射又称光能辐射，是植物进行光合作用过程中所能吸收太阳辐射中的可见光，是植物生长发育不可缺少的能源，波长为0.38～0.71微米。境内各地生理辐射为每平方厘米298.5～315.7千焦。因受温度条件影响，敦煌、瓜州光热资源最丰富，其余各地依次为玉门、肃北（表1-3）。

表1-3　疏勒河流域累年各月生理辐射统计表(单位:千焦／厘米²)

站名	1月	2月	3月	4月	5月	6月	7月	8月	9月	10月	11月	12月	全年
马鬃山	14.2	18.0	23.9	29.3	33.9	37.3	37.7	33.9	28.1	22.6	17.6	12.6	309.1
敦煌	14.7	18.0	25.5	30.6	36.8	37.3	36.4	34.3	28.5	23.4	15.9	13.4	314.8
瓜州	14.2	17.6	25.5	30.6	36.8	37.7	36.8	34.3	28.5	23.0	15.5	13.0	313.5
玉门	15.7	18.0	25.5	30.6	36.8	38.1	36.4	33.9	28.5	23.4	15.9	13.4	316.2
肃北	15.1	18.0	23.4	29.7	32.7	33.9	33.9	33.5	28.1	23.4	18.4	13.8	303.9

4. 阴天、晴天日数

根据日平均总云量小于2为晴天、大于8为阴天、介于2～8为多云天气的标准统计，境内各地年均晴天在96.1～120.1天之间，约占全年天数的26.3%～32.9%；年均阴天在43.9～94.5天之间，约占全年天数的12%～25.9%（表1-4）。

表1-4　疏勒河流域平均阴天、晴天日数统计表(单位:天)

站名		1月	2月	3月	4月	5月	6月	7月	8月	9月	10月	11月	12月	全年
玉门	阴	1.8	4.1	6.6	6.5	6.0	5.6	5.8	4.1	3.2	1.3	1.5	1.2	47.7
	晴	13.3	9.1	6.3	5.0	6.0	5.5	7.9	10.6	12.2	16.1	14.2	13.9	120.1
瓜州	阴	1.8	4.0	6.0	5.4	5.3	5.6	5.3	4.1	2.7	1.1	1.1	1.5	43.9

续表1–4

站名		1月	2月	3月	4月	5月	6月	7月	8月	9月	10月	11月	12月	全年
	晴	12.5	9.0	6.4	5.4	5.8	5.6	7.6	10.7	12.5	16.2	14.1	13.3	119.1
敦煌	阴	2.2	3.7	6.3	5.9	5.4	5.6	5.2	4.1	2.9	1.7	1.7	2.2	46.9
	晴	11.3	8.4	5.3	5.0	5.6	5.6	7.1	10.9	11.7	15.1	12.5	11.8	110.3
肃北	阴	5.3	7.8	12.8	11.2	11.5	10.9	9.4	7.7	6.0	4.5	3.1	4.3	94.5
	晴	10.0	6.5	3.9	4.4	4.3	4.5	6.8	9.5	10.1	13.5	11.6	11.0	96.1
马鬃山	阴	2.2	4.4	4.2	5.9	5.3	6.8	8.1	5.7	3.7	1.4	2.3	1.8	51.8
	晴	12.1	8.3	6.9	4.9	5.9	4.0	4.6	7.8	10.1	15.7	13.5	12.8	106.6

三、温度

1.温度分布

流域各县（市、区）所处纬度差异不大，一般海拔1300米以下的地方年平均气温在8℃以上；海拔2500米的地方年平均气温小于4℃。海拔高度相近的地区年平均气温因下垫面性质不同而有差异。

境内各地年平均气温由低到高依次为：马鬃山4.0 ℃，肃北6.8℃，玉门7.1℃，瓜州8.8℃，敦煌9.5℃。

境内气温季节变化明显。春季气温回升很快，夏季平均气温多在20℃以上。秋季气温下降快，昼夜温差大，自古有“早穿棉袄午穿纱，抱着火炉吃西瓜”的民谚。冬季平均气温多在零下5℃以下。气温年差较大，除肃北为26.3℃外，其余地方均在30℃以上，瓜州达33.9℃（表1–5）。

表1–5 疏勒河流域月平均气温统计表(单位:℃)

站名	1月	2月	3月	4月	5月	6月	7月	8月	9月	10月	11月	12月	年平均
马鬃山	−11.5	−9.2	−3.0	5.2	11.7	16.9	18.5	17.6	11.6	3.8	−4.3	−9.8	4.0
敦煌	−8.3	−3.4	4.3	12.5	18.6	22.7	24.6	23.1	17.0	8.6	0.5	−6.4	9.5
瓜州	−9.5	−4.4	3.3	11.8	18.4	22.5	24.4	23.0	17.1	8.3	−0.8	−8.1	8.8
玉门	−9.8	−5.9	1.1	9.4	15.8	19.9	21.7	20.5	14.9	7.0	−1.3	−7.8	7.1
肃北	−7.2	−4.6	0.9	8.0	13.8	17.4	19.1	18.5	14.0	6.8	0.0	−5.1	6.8

2.界线温度

日平均气温稳定通过0℃的初始日在3月7日至3月31日之间，敦煌最早，马鬃山最迟。终止日在10月25日至11月16日之间，马鬃山最早，敦煌最迟。初始日与终止日的间隔在209.0～255.3天之间，马鬃山最短，敦煌最长。

日平均气温稳定通过5℃的初始日在3月23日至4月26日之间，敦煌最早，马鬃山最迟。终止日在10月8日至10月25日之间，马鬃山最早，敦煌最迟。初始日与终止日的间隔在166.7～217.8天之间，马鬃山最短，敦煌最长。

日平均气温稳定通过10℃的初始日在4月15日至5月13日之间，敦煌最早，马鬃山最迟。终止日在9月20日至10月10日之间，马鬃山最早，敦煌最迟。初始日和终止日的间隔在131.0～179.8天之间，马鬃山最短，敦煌最长。

3.积温

境内日均气温0℃间的活动积温平均值在2627.8～4085.3℃之间，日均气温5℃间的活动积温平均值在2421.7～3934.4℃之间，日均气温10℃间的活动积温平均值在2081.5～3611.3℃之间。活动积温地域分布与各地界限温度持续日数相一致。走廊南北两侧山区是活动积温低值区，中部川区是活动积温高值区，其中安敦盆地是高值中心。活动积温最多与最少年份相差590～1300℃（表1-6）。

表1-6　疏勒河流域各地界限温度积温历年平均值统计表

积温	项目	瓜州	敦煌	肃北	马鬃山
0℃	初始日（日／月）	11/3	7/3	20/3	31/3
	终止日（日／月）	10/11	16/11	12/11	25/10
	持续日数（天）	244.5	255.3	238.1	209.0
	活动积温（℃）	4041.6	4085.3	2994.8	2627.8
5℃	初始日（日／月）	27/3	23/3	15/4	26/4
	终止日（日／月）	24/10	25/10	16/10	8/10
	持续日数（天）	212.4	217.8	184.6	166.7
	活动积温（℃）	3867.6	3934.4	2781.5	2421.7
10℃	初始日（日／月）	17/4	15/4	9/5	13/5
	终止日（日／月）	9/10	10/10	1/10	20/9
	持续日数（天）	176.7	179.8	146.2	131.0
	活动积温（℃）	3582.9	3611.3	2389.3	2081.5

4.地温

分地面、浅层、深层3种。地温变化与气温变化密切相关，但地温具有明显的滞后性和相对稳定性（表1-7）。耕作层范围内的温度变化较大，随土层加深，地温变化越来越小。境内各地5～10厘米土壤日平均温度稳定通过5℃的平均日期在3月中、下旬，是耐寒作物春小麦大面积播种时期；5～10厘米土壤日平均温度稳定通过10℃的平均日期在4月上、中旬，是喜温作物玉米、棉花播种时期（表1-8，表1-9）。

表 1-7 疏勒河流域各月地面平均温度统计表(单位:℃)

站名	1月	2月	3月	4月	5月	6月	7月	8月	9月	10月	11月	12月	全年
玉门	-8.0	-4.9	1.7	10.8	18.2	23.3	25.4	24.1	18.6	9.9	0.6	-5.9	9.5
瓜州	-5.5	-3.0	2.0	10.9	18.4	24.0	27.1	26.3	20.7	11.8	2.6	-3.6	11.0
敦煌	-6.2	-2.5	5.3	14.6	22.1	27.3	29.4	28.2	22.3	13.0	3.0	-4.2	12.7
肃北	-6.1	-3.9	1.7	9.3	15.6	19.4	21.0	20.5	16.1	8.8	1.0	-4.3	8.3

表 1-8 疏勒河流域各月 5 厘米土壤平均温度统计表(单位:℃)

站名	1月	2月	3月	4月	5月	6月	7月	8月	9月	10月	11月	12月	全年
玉门	-10.6	-5.9	2.2	12.1	20.6	25.9	27.5	24.8	17.4	7.5	-2.2	-8.8	9.2
瓜州	-9.6	-4.2	4.2	14.5	23.1	28.7	30.7	27.9	20.3	9.4	-1.1	-8.4	11.3
敦煌	-8.6	-3.1	6.0	16.0	24.4	30.0	31.5	29.0	21.1	10.4	0.3	-7.0	12.5
肃北	-8.2	-4.2	3.3	12.7	20.4	24.3	25.8	24.2	17.5	8.0	-0.9	-6.9	9.7
马鬃山	-11.9	-7.7	-0.5	9.4	18.0	23.7	25.5	23.1	15.8	5.8	-4.0	-9.9	7.3

表 1-9 疏勒河流域各月 10 厘米土壤平均温度统计表(单位:℃)

站名	1月	2月	3月	4月	5月	6月	7月	8月	9月	10月	11月	12月	全年
玉门	-8.8	-5.1	2.2	11.5	19.2	24.4	26.3	24.5	18.4	9.2	-0.5	-7.0	9.5
瓜州	-6.8	-3.4	2.7	12.0	19.7	25.4	28.4	26.9	20.6	11.0	1.2	-5.2	11.0
敦煌	-7.1	-2.6	5.8	15.4	23.2	28.6	30.3	28.8	22.3	12.2	1.9	-5.4	12.8
肃北	-6.8	-4.0	2.1	10.0	16.7	20.3	21.6	20.9	16.1	8.4	0.3	-5.2	8.4
马鬃山	-11.9	-7.7	-0.5	9.4	18.0	23.7	25.5	23.1	15.8	5.8	-4.0	-9.9	7.3

5. 冻土

冻土与地温密切相关，酒泉市10月出现土壤夜冻昼消现象，10厘米土壤平均冻结期在11月中旬末至下旬初，30厘米土壤平均冻结期在11月下旬至12月上旬。11月下旬起土壤进入稳定冻结期，大地开始封冻，随气温不断降低，冻土层逐渐加厚，到翌年2月末至3月上旬，厚度达105～180厘米。马鬃山最厚冻土大于400厘米，为全流域之最。3月上旬（最早2月下旬）冻土层上、下限开始解冻，直到4月底、5月初，冻土完全解冻（表1-10）。

表 1-10　疏勒河流域各月冻土深度统计表(单位:厘米)

站名	7月	8月	9月	10月	11月	12月	1月	2月	3月	4月	5月	6月	年最大
马鬃山	0	0	10	34	67	123	159	＞400	181	178	14	0	＞400
敦煌	0	0	0	10	37	90	126	128	122	9	0	0	128
瓜州	0	0	0	8	33	75	99	105	105	87	0	0	105
玉门	0	0	0	13	51	93	136	146	146	135	4	0	146
肃北	0	0	0	14	45	88	115	124	128	125	7	0	128

四、降水

参见本志第三章第三节。

五、蒸发

境内日照充足，降水少，蒸发量大，大气格外干燥。各地年均蒸发量在2005.2～3523.9毫米之间。戈壁、沙漠地带蒸发量最大，年均3523.9毫米，肃州区年均蒸发量2005.2毫米，为全流域最小。海拔分布基本为南少北多，东少西多；季节分布为冬季最少，夏季最多。其中12月至翌年2月，月平均蒸发量不足100毫米。5—8月气温最高，是一年中蒸发量最大的时段，占全年蒸发量的53%～60%（表1-11）。

表 1-11　疏勒河流域各月平均蒸发量统计表(单位:毫米)

站名	1月	2月	3月	4月	5月	6月	7月	8月	9月	10月	11月	12月	全年
玉门	46.4	76.6	175.5	314.9	388.3	355.6	345.5	340.9	265.5	190.6	102.4	51.1	2653.3
瓜州	39.1	74.3	185.8	301.9	386.5	354.7	356.5	340.8	257.3	167.0	76.6	36.9	2577.4
敦煌	38.5	70.0	174.0	293.0	364.6	347.4	362.9	332.0	242.7	162.8	77.3	39.9	2505.1
肃北	71.7	80.5	146.2	256.6	345.9	331.8	323.6	322.9	272.5	207.2	119.1	81.7	2559.7
马鬃山	58.3	79.5	164.8	294.2	436.0	462.6	446.9	428.2	293.2	214.6	100.5	60.8	3039.6

六、灾害性天气

1.寒潮

日平均气温24小时内下降幅度≥10℃或48小时内降温幅度≥12℃，且日最低气温≤5℃为一次寒潮天气过程。

境内寒潮，主要是西北寒流入侵所致，范围广，强度大，降温快，危害严重。一般年份第一次强寒潮在10月下旬发生，最后一次强寒潮在翌年5月上、中旬结束，但反常年份6月和9月偶有寒潮发生，强度小，有一定危害。据气象部门以肃北县气象站监测资料代表南部片区和以马鬃山气象站监测资料代表北部片区分析，南部发生寒潮天气时段为10月至翌年3月，年均1.6次；北部发生寒潮天气时段为9月至翌年6月，年均2.8次。有时冬季寒潮时最低气温会降至零下30℃以下，使工农业生产遭受重大损失；春季寒潮会造成幼畜大量死亡，豆类、玉米、棉花、胡麻等喜温农作物和水果减产，甚至绝收；秋季寒潮会造成晚熟农作物减产。

2.春寒和倒春寒

若3—5月连续两个月平均气温距平值≤-0.6℃，且其中一个月距平值≤-1℃，则为一个春寒年。若3月气温回升正常，4月起连续两个月负距平值达到上述标准，则为倒春寒年。由于近年气候变暖，所以流域近20年无春寒、倒春寒天气发生。

3.冰雹

境内发生冰雹次数少，面积小，但大小冰雹几乎每年都在不同地域发生，一旦出现，则危害较大，严重时可使局部农作物绝收。4月下旬至9月中旬为冰雹发生时段，多在午后至傍晚，且有一定移动路径，大致为西北东南走向，俗称“雹打一条线”，山区多于川区（表1-12）。

表1-12 疏勒河流域各月平均降雹日数统计表(单位:次)

站名	1月	2月	3月	4月	5月	6月	7月	8月	9月	10月	11月	12月	年最大
玉门	0.6	128.0	122.0	9.0	0.0	0.0	0.1	0.2	0.1	0.1	0.1	0.0	128.0
瓜州	0.2	105.0	105.0	87.0	0.0	0.0	0.0	0.0	0.1	0.1	0.0	0.0	105.0
敦煌	0.2	146.0	146.0	135.0	4.0	0.0	0.0	0.0	0.1	0.1	0.0	0.0	146.0
肃北	1.4	116.0	113.0	10.0	4.0	0.0	0.0	0.3	0.5	0.2	0.2	0.2	＞333.0
马鬃山	0.6	124.0	128.0	125.0	7.0	0.0	0.0	0.0	0.1	0.2	0.2	0.1	128.0

4.大雨、暴雨

境内夏季局部地区偶降大雨或暴雨，主要在祁连山、阿尔金山、党河南山等南山区及沿山地区。川区局部地方也有大雨或暴雨天气出现，次数少，时间短，但强度大，降水集中，危害甚大。

5.霜冻

无霜期即农作物不受霜冻危害的间隔日期，是衡量一地热量条件的重要指标，分白霜（可见霜）无霜期和黑霜（不见霜，地面最低温度≤零下2℃）无霜期。黑霜无霜期对农作物尤为重要。境内平均无霜期为131～177天，且随年际、地域不同变化较大。霜冻对喜温农作物损害严重。

（1）秋季早霜冻（初霜）

玉门以东包括马鬃山，平均初霜日期在9月下旬，初霜最早年份在9月2日至3日，初霜最晚年份在10月中旬。玉门以西地区平均初霜日期在10月上旬和下旬初，初霜最早年份在9月底和10月初，初霜早晚年份在10月下旬。最早与最晚相差近2个月。

（2）春季晚霜冻（终霜）

平均终霜期，敦煌以南在4月下旬，玉门、马鬃山、瓜州在5月上旬。终霜最早年份，瓜州、敦煌及以南在4月上旬，玉门、马鬃山在4月中旬；终霜最晚年份，敦煌以南和马鬃山在5月中旬，玉门在5月下旬，瓜州在6月上旬。

6.干热风

干热风是发生在6月中旬至7月中旬，由高温、低湿伴偏东风或静风，危害小麦、棉花等作物高产稳产的灾害性天气。

安敦绿洲灌溉农业区是河西走廊干热风天气过程最多、强度最大的地区，年均1.7～2.1次，中、强干热风10年7.0～7.4遇。玉门花海地区年均1.4次，中、强干热风10年3.6遇；玉门地区年均0.7～0.8次，中、强干热风10年2.6～3.0遇。

干热风危害的关键期是小麦扬花、灌浆、乳熟期，以及棉花结蕾、开花、挂铃期，会造成小麦穗粒减少5%～10%、千粒重下降4%～10%，棉花大量落花、落蕾，棉桃减少。

7.大风、沙尘暴

流域地处河西走廊西端，地形特殊，南有祁连山，北有北山，西、北、东三面有大面积沙漠、戈壁。雨雪、河流很少，干旱缺水，植被稀疏。3—5月冷暖空气活动最频繁，是大风、沙尘暴发生的主要时段，占年均大风天气总数的30%～50%。近30年气象资料显示，境内年均大风日数在13.5～45.3天之间，1968年，安西曾达到105天（表1-13）。大风天气常引起浮尘和沙尘暴发生，但不同地域各有差异。年均沙尘暴天气在1.5～17.6天之间（表1-14）。有时周边地区大风也会给当地无大风地区带来沙尘天气。

大风、沙尘暴天气比其他灾害性天气的危害更严重，会造成大面积农作物埋苗、露根、倒伏、断株、脱粒、落果，揭去表土、种子和肥料，加剧蒸发，使土壤干旱，畜群不能出牧或难以控制，风蚀表土，植被破坏，土地沙化，沙丘移动，淹埋农田、草场、渠道、道路，并造成其他损失。大风和沙尘暴平均每年给全流域造成近千万元经济损失，且随经济总量增长呈增加趋势。

表1-13　疏勒河流域各月平均大风日数统计表(单位:天)

站名	1月	2月	3月	4月	5月	6月	7月	8月	9月	10月	11月	12月	全年
玉门	2.5	2.3	5.3	6.7	5.2	4.0	3.1	1.9	1.4	2.2	3.1	2.9	40.6
瓜州	2.9	3.8	6.3	6.3	5.3	3.5	2.5	3.0	2.1	1.7	2.0	2.1	41.5
敦煌	0.4	0.5	2.0	2.1	2.4	1.9	1.4	1.4	0.3	0.3	0.4	0.4	13.5
肃北	3.9	2.0	1.8	1.1	1.3	0.9	0.4	0.3	0.3	1.0	2.9	4.0	19.9
马鬃山	1.6	1.9	2.8	6.3	6.8	5.6	4.5	4.3	3.0	1.9	3.2	3.4	45.3

表1-14　疏勒河流域各月平均沙尘暴日数统计表(单位:天)

站名	7月	8月	9月	10月	11月	12月	1月	2月	3月	4月	5月	6月	年最大
玉门	0.4	0.6	2.0	1.0	1.2	0.8	0.5	0.4	0.3	0.3	0.3	0.3	8.1
瓜州	0.8	0.4	1.7	0.8	0.8	0.9	0.4	0.6	0.1	0.1	0.3	0.3	7.2
敦煌	0.5	0.7	1.9	1.8	1.6	1.2	0.8	0.8	0.4	0.2	0.3	0.4	10.6
肃北	0.0	0.2	0.5	0.6	0.8	0.6	0.3	0.4	0.2	0.1	0.0	0.0	3.7
马鬃山	0.0	0.1	0.0	0.5	0.5	0.2	0.0	0.0	0.0	0.1	0.0	0.1	1.5

第四节　植物

一、野生植物

古生代石炭纪时期，河西走廊均为海域。在二叠纪时期，祁连山北部在金塔运动后海水退出，成为陆盆，在晚侏罗世发生了燕山运动，海水全部退出，到白垩纪时期，祁连山地和北山山地形成，当时气候为热带-亚热带温湿气候，植物生长茂盛。到新生代第三纪发生了喜马拉雅运动，使甘肃大地迅速抬升，植被基本上属于大陆性的亚热带野生植被。到第四纪发生了冰期和间冰期，植被发生了重大演化，亚热带孑遗植物逐渐绝迹，同时木本植物由多变少，草本植物却由少变多。到晚全新世，气候又向旱化发展，湖泊干涸，植物稀少，呈现荒漠景观。

疏勒河流域位于东疆荒漠、青藏高原、黄土高原和蒙古高原的过渡地带，生态地域复杂，植被具中纬度山地和平原荒漠植被的特征。流域属温带荒漠植被东部和荒漠草原西部相衔接地带，在植被地理规律和种属地理时空分布上分异明显，具有古老和现代的特征。酒泉境内地形、气候、水、土壤等因素的复杂性决定了植被类型的多样性，植被以草原、荒漠为主，另有草甸、灌丛和阔叶林等。因受东南季风的波及和北部祁连山西部高山区的作用，地带性植被在分布上受很多非地带性条件的限制，打乱了部分地带性分布的规律。

南部祁连山区的植被类型大致分为7个植被型组、37个植被群系和51个群丛。7个植被型组为温带落叶阔叶林、山地和河谷灌丛、草原、荒漠、高山垫状植被、草甸、沼泽和水生植被类型。37个植被群系为荒漠河岸胡杨林群系、河谷小叶杨群系、小叶金露梅灌木群系、西北沼委陵菜灌木群系、线叶柳灌木群系、河谷沙棘灌木群系、沙生针茅群系、戈壁针茅群系、紫花针茅群系、冰草群系、赖草草甸群系、和头草荒漠群系、红砂荒漠群系、垫状短舌菊荒漠群系、裸果木荒漠群系、驼绒藜荒漠群系、猫头刺荒漠群系、珍珠猪毛菜荒漠群系、蒿叶猪毛菜荒漠群系、盐爪爪盐生群系、怪柳群系、膜果麻黄荒漠群系、芨芨草草原荒漠群系、垫状驼绒藜群系、垫状蚤缀群系、垂穗披肩草草甸群系、芦苇沼泽化草甸群系、扁穗草沼泽草甸群系、黑褐苔草沼泽草甸群系、芨芨草盐化草甸群系、赖草盐化草甸群系、矮蒿草高寒草甸群系、线叶蒿草高寒草甸群系、粗壮满草高寒草甸群系、丛生苔草沿泽群系、芦苇沼泽群系、细叶眼子菜群系。

河西走廊内部和北部山区的植被类型大致分为阔叶林、草原、荒漠、灌丛和草甸5个植被型组；温带阔叶林、温带荒漠草原、高寒草原、温带荒漠、高寒荒漠、温带灌丛、高寒灌丛和盐化草甸8个植被型；温带荒漠落叶阔叶林、丛生禾草荒漠草原、半灌木荒漠草原、杂类草荒漠草原、丛生禾草高寒草原、小乔木荒漠、灌木荒漠、半灌木、小半灌木荒漠、盐生小半灌木荒漠、盐地沙生灌丛、落叶阔叶灌丛、禾草盐化草甸和杂类草盐化草甸13个植被亚型；胡杨群系、沙生针茅群系、戈壁针茅群系、无芒隐子草群系、蓍状亚菊群系、灌木亚菊群系、多根葱群系、紫花针茅群系、梭梭群系、膜果麻黄群系、泡泡刺群系、裸果木群系、蒙古沙拐枣群系、红砂群系、蒿叶猪毛菜群系、木本猪毛菜群系、合头草群系、星毛短舌菊群系、沙蒿群系、盐穗木群系、尖叶盐爪爪群系、垫壮驼绒藜群系、多枝柽柳群系、大白刺群系、小叶金露梅群系、芨芨草群系、芦苇群系、花花柴群系、胀果甘草群系和骆驼刺群系30个群系。

流域内的种子植物（包括被子植物和裸子植物）共有55科231属521种（不含栽培植物），其中裸子植物7种，被子植物504种。植物种在20种以上的有7科，即菊科（34属84种）、禾本科（33属71种）、藜科（18属59种）、豆科（13属34种）、十字花科（19属32种）、毛茛科（8属21种）、蔷薇科（8属21种）。这7个科的植物占酒泉植物总种数的61.8%，在植物区系组成中起主要作用。流域内的木本植物有90种。流域内的乔本植物只有杨柳科的胡杨和胡颓子科的沙枣两种，小乔木为藜科梭梭的一种，其余大部分为灌木、半灌木和小半灌木。2008年的森林资源规划设计调查结果显示，分布面积较大的灌木主要以柽柳（俗称红柳）为主，约有442万亩，其次为合头草418万亩，其余还有红砂、白刺、梭梭、木本猪毛菜、细叶盐爪爪、麻黄、金露梅等分布面积较小的小灌木、半灌木和小半灌木，国家重点保护的植物有裸果本、胡杨和梭梭3种。裸果木尤为珍贵，是第三纪的孑遗植物，保护研究价值较高。

1. 国家保护植物

国家保护植物有发菜、胡杨、梭梭、裸果木、绵刺、肉苁蓉、蒙古扁桃、沙冬青8种（表1–15）。

表1–15　疏勒河流域国家保护植物

植物名称	中国分布地区	流域分布地区
发菜	蒙、宁、甘、青、新	玉门、瓜州、敦煌、肃北、阿克塞
胡杨	蒙、宁、甘、青、新	玉门、瓜州、敦煌、肃北、阿克塞
梭梭	蒙、宁、甘、青、	敦煌、肃北、阿克塞
裸果木	蒙、宁、甘、青、新	玉门、瓜州、敦煌、肃北、阿克塞
绵刺	蒙、宁、甘、新	玉门、瓜州、敦煌、肃北
肉苁蓉	蒙、宁、甘、陕、新	敦煌
蒙古扁桃	蒙、宁、甘、新	玉门、肃北
沙冬青	宁、甘、	瓜州

2. 经济植物

经济植物有55科225属511种，其中有经济价值的资源植物按性质和用途可分为4类：主要森林资源及防护造林植物，15种（表1–16）；野果野菜，11种（表1–17）；优良牧草，68种（表1–18）；药用植物，52种（表1–19）。

表1–16　疏勒河流域主要森林资源及防护造林植物

植物名称	适宜生长环境	利用部位	主要用途
梭梭	流沙、半固定沙丘	全株、枝	防风固沙、饲用
胡杨	河岸、湖盆边缘林	全株、树脂	防风固沙、药用
多枝柽柳	河漫滩、河岸、湖岸、沙地	全株	防风固沙

续表1-16

植物名称	适宜生长环境	利用部位	主要用途
细穗柽柳	河漫滩、河岸、湖岸、沙地	全株	防风固沙
刚毛柽柳	盐碱较重土壤	全株	防风固沙
球果白刺	山前平原、戈壁滩	全株	防风固沙
小果白刺	盐渍化沙地、湖盆边缘	全株	防风固沙
沙拐枣	流动沙地、半固定沙地	全株	防风固沙
羽毛三芒草	流动沙地、半固定沙地	全株	防风固沙
木本猪毛菜	砾石荒漠、砾石山坡	全株	防风固沙
裸果木	砾石荒漠、干河床	全株	防风固沙
沙枣	河漫滩、沙地、河岸	全株、果实	防风固沙
沙棘	河漫滩、山坡、沙地	全株、枝叶	防风固沙
柠条(柠条锦鸡儿)	河漫滩、湖盆边缘	全株	防风固沙
花棒(细枝沿黄芪)	河漫滩、沙地、半固定沙丘	全株	防风固沙

表1-17 疏勒河流域野果野菜

植物名称	利用部位	主要用途	植物名称	利用部位	主要用途
沙棘	果实	制果酱及饮料	大白刺	果实	食用
鹅绒委陵菜(蕨麻)	块根	食用	白刺	果实	食用、药用
沙葱	茎、叶	食用	小果白刺	果实	食用
镰叶韭(扁葱)	茎、叶	食用	籽蒿	果实	食用
藜(灰条)	嫩茎、叶	食用	发菜	茎	食用
苦菜	嫩茎、叶	食用	—	—	—

表1-18 疏勒河流域优良牧草

植物名	利用部位	适口性	植物名	利用部位	适口性
狭颖鹅观草	全草	优	芒箔草	全草	良
垂穗鹅观草	全草	优	毛穗赖草	全草	良
冠毛草	全草	优	赖草	全草	优
早熟禾	全草	优	藨草	全草	优
中华早熟禾	全草	优	芦苇	全草	优

续表1-18

植物名	利用部位	适口性	植物名	利用部位	适口性
藏北早熟禾	全草	优	异针茅	全草	良
小早熟禾	全草	优	短花针茅	全草	优
开展早熟禾	全草	优	紫花针茅	全草	优
中亚早熟禾	全草	优	沙生针茅	全草	优
疏化早熟禾	全草	优	西北针茅	全草	优
草地早熟禾	全草	优	碱葱	叶、花序	优
西藏早熟禾	全草	优	多枝黄芪	叶	良
扁穗草	全草	良	红花岩黄芪	叶、花	良
黑褐苔草	全草	优	紫花苜蓿	枝、叶、花	优
丛生苔草	全草	优	红砂	嫩枝、叶	良
无脉苔草	全草	优	圆穗蓼	叶、花序果实	良
中间型荸荠	全草	良	珠芽蓼	叶、花序果实	良
线叶蒿草	全草	优	鹅绒委陵菜	块根、茎、叶	良
矮生蒿草	全草	优	小叶金露梅	嫩枝、叶	良
粗壮蒿草	全草	优	驼绒藜	枝、叶	良
镰叶韭	全草	优	垫状驼绒藜	枝、叶	良
沙葱	全草	优	梭梭	嫩枝	良
芨芨草	全草	良	羽毛三芒草	秆、叶	优
冰草	全草	优	洽草	全草	良
沙生冰草	全草	优	高原早熟禾	全草	优
拂子茅	全草	良	冷地早熟禾	全草	优
假苇拂子茅	全草	优	中亚细柄茅	全草	良
穗发草	全草	良	疏花针茅	全草	优
圆柱披碱草	全草	优	座花针茅	全草	优
披碱草	全草	优	戈壁针茅	全草	优
垂穗披碱草	全草	优	石生针茅	全草	优
羊茅	全草	优	钝基草	全草	良
大麦草	全草	优	籽蒿	嫩枝、叶	良
紫野麦草	全草	优	内蒙古旱蒿	嫩枝、叶	良

表1-19 疏勒河流域药用植物

药材名	植物名	药用部位	功效
芨芨草	芨芨草	花序、秆的基部	清热利湿、止血
白草	白草	根茎	清热凉血、利尿
芦根	芦苇	根茎、花序	清热生津、止呕、利尿、止血
角茴香	细果角茴香	全草	解毒,退烧,治流感、咳嗽
葶苈子	腺独行菜	全草、种子	清热利尿、祛痰定喘
麻黄	中麻黄	全草及根	发汗、止咳平喘、利尿;根止汗
西河柳	多枝柽柳	枝叶	解毒、祛风、透疹、利尿
阿尔泰紫菀	阿尔泰狗娃花	根、花、全草	散寒润肺、止咳化痰、利尿
黑果枸杞	黑果枸杞	根、果实	清肺热、镇咳
苦豆子	苦豆子	全草、种子、根	清热燥湿、止痛、杀虫,有毒
蕨麻	鹅绒委陵菜	根、全草	清热、止痢、收敛
滨草	赖草	根	清热、止血、利尿
白花甜蜜蜜	白花枝子花	带花全草	清咳、清肝火、散瘀结
胡杨泪	胡杨	树脂、叶、根、花	清热解毒、制酸、止痛
补血草	黄花补血草	花	补血、调经、止痛
安胎灵	细叶马兰	根、种子	安胎养血
锁阳	锁阳	全草	补肾壮阳、润燥滑肠
苦马豆	苦马豆	全草、果实、根	补肾、利尿、消肿、固精、止血
酸胖	白刺	果实	健脾胃、助消化
沙棘	沙棘	果实	健脾胃
药王茶	金露梅	叶、花	清暑热、调经、花治赤白带下
醉马草	小花棘豆	全草	麻醉、镇静、止痛,有毒,慎用
叉枝鸦葱	叉枝鸦葱	汁液	消肿散结,有毒,仅外用
刺蒺藜	蒺藜	果实	散风明目、疏肝理气、行血
狗尾草	狗尾草	全草	消积除胀、清热明目
雪莲花	水母雪莲	全草	祛风除湿、通经活络,有强心作用
唐古特雪莲	唐古特雪莲	全草	清热退烧,治流感、咽肿痛
青海大戟	青海大戟	根	治癣、黄水疮,有毒,仅外用
糙果紫堇	糙果紫堇	块茎	治流感、伤寒
马尿泡	马尿泡	种子	镇痛散肿,治毒疮、癌,有毒

续表1-19

药材名	植物名	药用部位	功效
铁棒锤	铁棒锤	块根	止痛、祛风除湿，有剧毒，慎用
单花翠雀花	单花翠雀	花、全草	清热解毒、止泻、敛疮
白兰翠雀花	白兰翠雀	花、全草	清热解毒、止泻、敛疮
红景天	唐古红景天	花、主根及根茎	退烧、利肺、活血止血
绢毛菊	绢毛菊	全草	清热解毒、止痛
小秦艽	达乌里龙胆	根	除风湿、退湿热
拟耧斗菜	拟耧斗菜	全草	退烧止痛、催产止血、下死胎
车前状垂头菊	车前状垂头菊	全草	祛痰止咳、宽胸利气
雪灵芝	甘肃雪灵芝	根	清热化痰、润肺止咳、降血压
卡蜜	小果白刺	果实	健脾胃、活血、调经
沙前胡	硬阿魏	根、种子	根宜散风热、镇咳祛痰，种子理气健胃
沙拐枣	沙拐枣	根、果实	清热解毒、利尿
蓝花茶	蒙古莸	全草	芳香化湿、祛风湿、解毒
蓝刺头	砂蓝刺头	根	清热解毒、通乳
罗布麻	罗布麻	花、全草	清热泻火、平肝熄风、养心安神
甘草	胀果甘草	根状茎及根	补脾益气、清热解毒、止咳润肺
蒙紫草	假紫草	根	清热凉血、消肿解毒、润燥通便
蒲公英	蒲公英	全草	清热解毒、消肿散结
肉苁蓉	肉苁蓉	全草	补肾壮阳、润燥滑肠
蒲黄	香蒲	花粉	除热、行血消瘀、利水、炒炭止血
霸王根	霸王	根	行气散满、治腹胀
骆驼刺	骆驼刺	花、种子、分泌物	涩肠、止痛

3.珍稀野生植物

珍稀野生植物主要有胡杨、梭梭、柽柳、红砂（枇杷柴）、猪毛菜、合头草（黑柴）、裸果木、盐穗木、盐爪爪、麻黄、中麻黄、沙拐枣、假木贼、驼绒藜、西北沼委陵菜、金露梅、骆驼刺、锦鸡儿、红花岩黄芪、细枝岩黄芪、泡泡刺、白刺、霸王、罗布麻、大叶白麻、黑果枸杞、灌木亚菊、中亚紫菀木、甘草、锁阳。

胡杨　拉丁学名*Populus ephratica* Oliver。被子植物。杨柳科杨属。高10～15米，乔木，稀灌木状。树皮淡灰褐色，下部条裂；芽椭圆形，光滑，褐色，长约7毫米。苗期和萌枝叶披针形或线状披针形，全缘呈不规则的疏波状齿牙缘；叶形多变化，卵圆形、卵圆状披针形、三角状卵圆形或肾形，两面同色；叶柄微扁，约与叶片等长。花药紫红色，花盘膜质，边缘有不规则齿牙；

苞片略呈菱形，长约3毫米，上部有疏齿牙；雌花序长约2.5厘米，果期长达9厘米，花序轴有短绒毛或无毛，子房长卵形，被短绒毛或无毛，子房柄约与子房等长，柱头3、2浅裂，鲜红或淡黄绿色。蒴果长卵圆形，长10～12毫米，2～3瓣裂，无毛。花期5月，果期7—8月。胡杨是干旱大陆性气候条件下的树种，喜光、抗热、抗大气干旱、抗盐碱、抗风沙，为绿化干旱盐碱地带的优良树种。酒泉境内有大量人工栽培胡杨。胡杨广泛分布在流域境内的河道湿地，天然胡杨林主要分布于瓜州望杆子一带的疏勒河下游沿岸、敦煌西湖疏勒河故道等地。

梭梭 拉丁学名*Haloxylon ammodendron*（C.A.Mey.）Bunge。藜科梭梭属。小乔木，有时呈灌木状，高1～4米；树皮灰黄色，干形扭曲；枝对生，有关节，当年生枝纤细，蓝绿色，直伸，节间长4～8毫米，2年生枝灰褐色，有环状裂缝。叶退化成鳞片状，宽三角形，对生，稍开展，先端钝，腋间有绵毛。花小，两性，单生于2年生枝条的侧生短枝叶腋；小苞片宽卵形，边缘膜质；花被片5片，短圆形，花后增大，果时自背部先端之下1/3处生膜质翅；翅半圆形至近圆形，宽5～10毫米，斜伸或平展，有黑褐色纵脉纹，全缘或稍有缺刻，基部心形；花被片在翅以上部分稍内曲，并围抱果实，胞果半圆球形，顶部稍凹，果皮暗黄褐色，肉质；种子扁圆形，直径2.5毫米。梭梭不仅能生在干旱荒漠地区地下水位较高的风成沙丘、丘间沙地和淤积、湖积龟裂型黏土及中轻度盐渍土上，也能生长在基质极端粗糙、水分异常缺乏的洪积石戈壁和剥蚀石质山坡及山谷。梭梭具有冬眠和夏眠的特性，喜光性很强，不耐蔽荫，抗旱力极强，根系发达，在气温高达43℃和地表温度高达60～70℃甚至80℃的情况下，仍能正常生长。抗盐性很强，幼树在固定半固定、土壤含盐量0.2%～0.3%的沙丘上生长良好，而在含盐量0.13%以下的土壤中反而生长不良。花期7月，果期9月，10—11月种子成熟。酒泉全境都有分布，天然梭梭林主要集中分布在肃北马鬃山和阿克塞安南坝。梭梭材质坚重而脆，燃烧火力极强，且少烟，号称“沙煤”，是产区的优质燃料，又是重要药材肉苁蓉的寄主，还可用来防风固沙，故具有重要的经济价值。

柽柳 俗称红柳，柽柳科柽柳属。在流域分布有11个种，除防风固沙外，亦可供观赏。落叶灌木或小乔木；小枝纤弱，圆柱状；叶鳞片状，抱茎；花小，无柄或具短柄，为侧生或顶生的穗状花序或总状花序，白色或淡红色；萼片和花瓣5片，很少4片；雄蕊4～10个，离生；子房1室，基部为多少分裂的花盘所围绕；花柱2～5个，顶端扩大；胚珠多数；果为1蒴果，3～5瓣裂；种子多数，微小，顶部有束毛。常见的有：多枝柽柳（红柳）*Tamarix ramosissima* Ledeb.，密花怪柳 *Tamarix arceuthoides* Bge，长穗柽柳 *Tamarix elogata* Ledeb.，甘肃柽柳 *Tamarix gansuensis* H.Z. Zhang，刚毛柽柳 *Tamarix hispida* Willd，短毛柽柳 *Tamarix karelinii* Bge，短穗柽柳 *Tamarix laxa* Willd，细穗怪柳 *Tamarix leptostachys* Bge。

红砂（枇杷柴） 拉丁学名*Reaumuria soongorica*（Pall.）Maxim.。柽柳科红砂（枇杷柴）属。小灌木，高10～50厘米，多分枝。叶肉质，圆柱形，常3～5簇生，长1～5毫米，宽约1毫米，先端钝，浅灰绿色。花单生于叶腋或在小枝上集生为稀疏的穗状花序；苞片3，披针形；花萼钟形；花瓣5，粉红色或淡白色。蒴果长椭圆形，长约5毫米，3瓣开裂，含种子3～4粒，种子长圆形。红砂的根系发达，主根可深达地下90厘米以下，水分条件良好时，可生长不定根，为优良固沙植物。在流域沙地、戈壁和荒漠上广为分布。

猪毛菜 拉丁学*Salsola collina* Pall.。名藜科，猪毛菜属。常见有木本猪毛菜和珍珠猪毛菜。在流域的沙地、戈壁和荒漠上广为分布。毛毛菜有两种：一种叫木本猪毛菜*Salsola arbuscula* Pall.，小灌木，高40～100厘米，多分枝，老枝灰褐色，有纵裂纹，幼枝苍白色，有光泽。叶互生，半圆柱形，长0.5～3厘米，宽1～2毫米，肉质，灰绿色或绿色。穗状花序，生于枝顶部；苞片条形，小苞片长卵形，长于花被；花被片5，矩圆形，翅膜质，黄褐色，花被片翅以上部分向外反折，呈莲座状；花药顶部有附属物，狭披针形；柱头钻形。胞果倒圆锥形，果皮膜质，黄褐色。种子横生，直径2～2.5毫米。耐盐旱生小灌木，在适宜的条件下可长成1.5米的灌丛。流域广为分布，在肃北石包城和鱼儿红乡分布较为集中。另一种叫珍珠猪毛菜*Salsola passerina* Bunge，半灌木。高15～30厘米，根粗壮。茎弯曲，常劈裂，枝皮灰色或褐色，嫩枝黄褐色，密被鳞片状丁字毛。叶互生，锥形或三角形，肉质，叶腋和短枝着生球状芽。花序穗状，花被片5，果实自背侧中部横生于膜质翅，翅黄褐色或淡紫红色，其中3个较大，2个较小。胞果倒卵形，种子褐色，圆形，横生或直立。别名珍珠柴。流域广为分布，常和红砂伴生形成灌木荒漠。

合头草（黑柴）　拉丁学名*Sympegma regelii* Bunge。藜科合头草属，俗称黑柴。半灌木，茎直立，通常高20～70厘米。根粗壮，黑褐色。老枝多分枝，黄白色至灰褐色，通常有纵条裂；当年生枝灰绿色，略有乳头状突起，具多数腋生小枝；小枝有一节间，长3～8毫米，基部具关节，易断落。叶互生，长4～10毫米，宽约1毫米，先端急尖，基部收缩。花两性，通常1～3朵簇生于小枝的顶端，花簇下通常具1对基部合生的苞状叶，状如头状花序；花被片直立，革质，具膜质边缘，果时背部的翅宽卵形至近圆形，不等大，淡黄色；花药伸出花被外；柱头有颗粒状突起。胞果淡黄色。种子黄绿色。花果期7—10月。流域广为分布，在阿克塞红柳湾和安南坝等地分布较为集中。

裸果木　拉丁学名*Gymnocarpus przewalskii* Maxim.。石竹科裸果木属。落叶灌木，高20～80厘米；多分枝，幼枝赭红色，老时暗灰色，节部膨大。叶稍肉质，近无柄，线形，长5～12毫米，宽1～1.5毫米，先端急尖，具小尖头；托叶膜质，花单生或2至数朵排成腋生聚伞花序；苞片白色，膜质，椭圆形，长约8毫米；花萼管短，裂片5，倒披针形，先端有芒尖，外被短柔毛；无花瓣；雄蕊10个，与萼片对生的5枚有花药，另5枚无花药；心皮3个，子房上位，近球形，花柱1个，顶端3裂。瘦果包藏于宿存的萼内，具1种子。分布区具有干旱、多风，夏季酷热，冬季寒冷，昼夜温差较大的大陆性气候。裸果木植株矮小，根系发达，枝干木质化程度高，十分坚硬。喜光性强，耐干旱、寒冷和瘠薄土壤，抗风能力强，多生在干旱的灰棕色荒漠土或棕色荒漠土的砾石戈壁或低矮的剥蚀残丘下部，在地表径流处或低洼处常形成单优势种群落。花期5—6月，果期6—7月。裸果木为古地中海区旱生植物区系成分，对研究我国西北、内蒙古荒漠的发生、发展、气候的变化以及旱生植物区系成分的起源，有较重要的科学价值。流域广为分布，在阿克塞安南坝和肃北一百四戈壁等地分布较为集中。

盐穗木　拉丁学名*Halostachys caspica*（Bieb.）C. A. Mey.。藜科盐穗木属。半灌木，高50～200厘米。茎直立，多分枝；枝对生，小枝肉质，蓝绿色，有关节，叶鳞片状，对生先端尖，基部联合。花序穗状，有柄，圆柱形，长1.5～3厘米，直径2～3毫米；花两性，腋生，每3花生于1苞片内，苞片鳞片状；花被合生；倒卵形，顶端3浅裂，裂片内弯；雄蕊1，子房卵形，两侧扁；柱头2，钻状，胞果卵形；种子直立，卵形，直径6～7毫米，红褐色；胚半环形，有胚乳。流域内主要集中分布在敦煌北湖一带。

盐爪爪　拉丁学名*Kalidium foliatum*（Pall.）Mog.。藜科盐爪爪属。主要有细枝盐爪爪、盐爪爪、尖叶盐爪爪和黄毛头。尖叶盐爪爪*Kalidium cuspidatum*（Ung. -Sternb.）Grub.，小半灌木，高10～40厘米。自基部分枝，枝较密，直立或斜伸，灰褐色或黄褐色，小枝黄绿色。叶卵圆形，长1.5～3毫米，宽1～1.5毫米，肉质，顶端急尖，稍内弯，基部下延，半抱茎。穗状花序生于枝条上部，长5～15毫米，宽2～3毫米；每1苞片内有3朵花，排列紧密；花被合生，上部扁平成盾状，盾片成五角形，有狭窄的翅状边缘。种子近圆形，淡红褐色，有乳头状小突起。花果期7—9月。生于荒漠及草原类型的盐碱地及盐湖边。常为盐土荒漠群落的优势种。黄毛头（变种）*Kalidium cuspidatum* var. sinicum A. J. Li，小灌木，高20～40厘米。茎自基部分枝；枝近于直立，灰褐色，小枝黄绿色。叶片卵形，长1.5～3毫米，宽1～1.5毫米，顶端急尖，稍内弯，基部半抱茎，下延。花序穗状，生于枝条的上部，长5～15毫米，直径2～3毫米；花排列紧密，每1苞片内有3朵花；花被合生，上部扁平成盾状，盾片成长五角形，具狭窄的翅状边缘。胞果近圆形，果皮膜质；种子近圆形，淡红褐色，直径约1毫米，有乳头状小突起。花果期7—9月。盐爪爪*Kalidium foliatum*（Pall.）Moq.，别名着叶盐爪爪、灰碱柴，半灌木。高20～60厘米，茎直立，斜升或平卧，多分枝，老枝灰褐色，幼枝带黄白色。叶互生，圆形，长4～10毫米，宽1～2.5毫米，先端钝或稍尖，基部下延，半抱茎，肉质，灰绿色。穗状花序圆柱状或卵形，长8～15（20）厘米，直径3～4毫米，每3朵花生于一鳞状苞片内；雄蕊2个，伸出于花被外；子房卵形，柱头2，钻状。胞果圆形，直径约1毫米，红褐色，密被乳头状突起。种子与胞果同形。细枝盐爪爪*Kalidium gracile* Fenzl，小灌木。高20～40厘米，茎直立，多分枝，互生，老枝灰黄色，秋季红褐色，幼枝纤细，黄绿色或黄褐色。叶不发达，疣状，肉质，黄绿色，先端钝，叶基狭窄，下延。穗状花序顶生，细弱，圆柱状，长1～3厘米，直径1.5毫米左右，每一鳞片状苞内着生1朵花。胞果皮膜质，密被乳头状突起。种子卵圆形，两侧压扁，胚马蹄形，淡红褐色。生长在荒漠草原和荒漠地区的盐土或盐渍化土壤。在盐湖畔、低洼盐碱地、河谷低地常为建群种。盐爪爪在流域广为分布，分布较为集中的有敦煌北湖和肃北石包城等地。

麻黄 拉丁学名*Ephedra*。裸子植物。麻黄科麻黄属。常见的有膜果麻黄、中麻黄和木贼麻黄。膜果麻黄*Ephedra przewalskiis* Stapf，灌木。叶多为3裂并混有少数2裂，裂片短三角形或三角形，先端钝尖或渐尖，几乎全为红褐色。苞片干燥，具膜质缘。雌球花珠被管直立、弯曲或卷曲。种子常为3粒，少有2粒，包于干燥膜质苞片内，深褐色，顶端成细尖突状，表面有细而密的纵皱纹。

中麻黄 拉丁学名*Ephedra intermedia* Schrenkexmey。灌木，高20～100厘米或更高。根粗壮，基部多分枝，小枝密集，对生或轮生，绿色或有时黄绿色，具明显的纵条纹，节间长2～6厘米。叶膜质鞘状，下部2/3合生，上部2或3裂，裂片宽或狭三角形，先端锐尖或渐尖。雌雄异株，雄球花无梗或具短梗，通常数个密集于节上呈团簇状或2～3对生及轮生于节上，具5～7对交互对生或轮生的苞片，雄蕊5～8个，伸于苞片和假花被之外，花丝合生，花药无梗；雌球花2～3对生或轮生于节上，通常无梗或梗极短，苞片3～5对交互对生，最下1对极小，向上各对逐渐增大，边缘膜质，每雌球花内含2～3个雌花，雌花的珠被管长达3毫米，常呈螺旋状弯曲。雌球花成熟时红色，浆果状（由于苞片的肉质化），椭圆形、卵圆形或长圆状卵形；种子2～3粒，包含于肉质苞片内，形状变化较大，通常为卵圆形或卵状长圆形，长5～6毫米，暗褐色，两侧及背面有明显的肋。花期5—6月，果期7—8月。生物碱供药用，但含量较木贼麻黄和麻黄低。中麻黄主要分布在北部马鬃山一带和阿克塞安南坝地区。

沙拐枣 拉丁学名*Calligonum*。蓼科沙拐枣属。灌木。叶互生，线状、锥状或退废；鞘状托叶短；花两性，单生或数朵排成疏散的花束；花被片5片，扁平；雄蕊12～18对；子房四角形；

坚果突出，四角形，角有翅、刺毛或鸡冠状凸起；种子长椭圆形、圆柱状或四棱形。

流域全境都有分布，常见有沙拐枣 *Calligonum eaputmedusae*、壁沙拐枣 *Calligonum gobicum*（Bge.）A. Los、甘肃沙拐枣 *Calligonum chinense* A. Los、河西沙拐枣 *Calligonum potaninii* A. Los、青海沙拐枣 *Calligonum kozlovi*A.Los等。

假木贼　拉丁学名 *Anabasis*。藜科假木贼属。流域全境都有零星分布，常见有无叶假木贼和短叶假木贼。

无叶假木贼，拉丁学名 *Anabasis aphylla*。半灌木，高20～100厘米。茎多分枝，枝灰白色，当年生枝绿色，无毛，有关节；节间长6～25毫米。叶极小，对生，略成三角状突起，基部彼此合生成鞘状，腋内生绵毛。花两性，1～3朵生于叶腋，多数排列成穗状圆锥花序；小苞片2，舟形，边缘膜质；花被片5片，膜质；果期外轮3个花被片背部下方生横翅，翅膜质，扇形或圆形，黄褐色或粉红色，内轮2个花被片椭圆形，无翅或生较小的翅。胞果多汁，近球形，暗红色，光滑；种子直立。生于荒漠、戈壁干旱山坡或沙丘等处。

短叶假木贼，拉丁学名 *Anabasis brevifolia* C. A. Mey.。小半灌木，高5～20厘米。茎多分枝，当年枝多成对发自小枝顶端，通常具4～8节，不分枝或上部有少数分枝；节间平滑或有乳头状突起。叶条形，半圆柱状，长3～8毫米，宽1.5～2毫米，开展并向上呈弧曲状，先端钝或锐尖，有半透明的短刺尖，叶基部合生成鞘，腋内生绵毛。花两性，单生叶腋，有时叶腋内同时具含2～4花的短枝，形似数花簇生；小苞片卵形；花被片5，卵形，外轮3片花被的翅肾形或近圆形，内轮2片花被的翅较狭小，圆形或倒卵形。胞果卵形至宽卵形，长约2毫米。

驼绒藜　驼绒藜科驼绒蔡属。流域分布有驼绒藜和垫状驼绒藜。

驼绒藜，拉丁学名 *Ceratoides latens*（J. Fire Walls. Gmel.）Revealet Holmgren.。半灌木，高30～100厘米，多分枝，有星状毛。叶互生，条形，长圆形或披针形，长1～2厘米，宽2～5毫米，先端尖或钝，基部楔形或矩圆形，全缘。花单性，雌雄同株，雄花在枝端集成穗状花序；雌花腋生，无花被；苞片2，合生成管，果期管外具4束与管长相等的长毛。胞果椭圆形直立，被毛。种子与胞果同形。

垫状驼绒藜，拉丁学名 *Ceratoides compacta*（Losinsk.）Teienet C. G. ma。小灌木，高8～15厘米，密集分枝株丛呈垫状。老枝短、粗壮，密被残存的黑色叶柄，当年生枝1.5～3厘米。叶小，密集，椭圆形或长椭圆状倒卵形，长约1厘米，宽约3毫米，先端圆形，密被星状毛，基部渐狭，边缘向背部卷折。叶柄较长，舟状，抱茎，后期叶片脱落，叶柄下部宿存。雄花序短而紧密，头状；雌花管矩圆形，长约0.5厘米，上端裂片兔耳状，长度与管长相等或较管稍长，先端圆形，向下渐狭，果时管外被短毛。果椭圆形，被毛。植株矮小，是高寒超旱生垫状小灌木，为高寒荒漠及高寒荒漠草原的建群种。主要分布在肃北、阿克塞的高海拔地区。

西北沼委陵菜　拉丁学名 *Comarum salesovianum*（Steph.）Ascherset Graebn。蔷薇科沼委陵菜属。亚灌木，高30～100厘米；茎直立，有分枝，幼时有粉质蜡层，具长柔毛，红褐色，冬季仅残留木质化基部。奇数羽状复叶，连叶柄长4.5～9.5厘米，叶柄长1～1.5厘米，小叶片7—11，纸质，互生或近对生，长圆披针形或卵状披针形，稀倒卵状披针形，长1.5～3.5厘米，宽4～12毫米，越向下越小，先端急尖，基部楔形，边缘有尖锐锯齿，上面绿色、无毛，下面有粉质蜡层及贴生柔毛，中脉在下面微隆起，侧脉4～5对，不明显；叶轴带红褐色，有长柔毛；小叶柄极短或无；托叶膜质，先端长尾尖，大部分与叶柄合生，有粉质蜡层及柔毛，上部叶具3小叶或成单叶。聚伞花序顶生或腋生，有数朵疏生花；总梗及花梗有粉质蜡层及密生长柔毛，花梗长1.5～3厘米；苞片及小苞片线状披针形，长6～20毫米，红褐色，先端渐尖；花直径2.5～3厘米；萼筒倒圆锥形，肥厚，外面被短柔毛及粉质蜡层，萼片三角卵形，长约1.5厘米，带红紫色，先端渐尖，外面有短柔毛及粉质蜡层，内面贴生短柔毛，副萼片线状披针形，长7～10毫米，紫色，先端渐尖，外被柔毛；花瓣倒卵形，长1～1.5厘米，约和萼片等长，白色或红色，无毛，先端圆钝，基部有短爪；雄蕊约20，花丝长5～6毫米；花托肥厚，半球形，密生长柔毛；子房长圆卵形，有长柔毛。瘦果多数，长圆卵形，长约2毫米，有长柔毛，埋藏在花托长柔毛内，外有宿存副萼片及萼片包裹。花期6—8月，果期8—10月。主要分布于肃北县境内的沟谷地带，当地人俗称“喷嚏草”。

金露梅 拉丁学名*Potentilla fruticosa*L.。蔷薇科沼委陵菜属。落叶灌木，高0.5～2米。多分枝，树皮纵向剥落。小枝红褐色，幼时被长柔毛。羽状复叶，通常有小叶5，稀3，上面1对小叶基部下延与叶轴合生；叶柄被绢毛或疏柔毛；小叶长圆形、倒卵状长圆形或卵状披针形，长7～20毫米，宽4～10毫米，先端锐尖，基部楔形，全缘，两面疏被绢毛、柔毛或脱落无毛；托叶膜质，披针形。单花或数朵生于枝端成伞房状，花梗密被长柔毛，花直径1.5～3厘米；萼片卵形，外被疏绢毛；花瓣黄色，宽倒卵形，比萼片长。瘦果卵形，褐棕色，长1.5毫米，密被长柔毛。分布于肃北、阿克塞的高山地区。

骆驼刺 拉丁学名*Alhagi Maurorummedic. Var. Sparsifoliom*（Shap. Yakovl）。豆科骆驼刺属。半灌木，高50～100厘米。茎多分枝，灰绿色，具沟槽，有稀疏的绵毛，多细刺，顶端变硬呈针状，斜生呈45°角，光滑。叶单生于刺腋部，长圆形或椭圆形，长1.5～2.5厘米，宽0.4～0.8厘米，顶端钝圆，具细小尖，基部收缩，边缘全缘；两面均有稀疏的白柔毛，中脉明显，灰绿色；叶柄短，有稀疏毛。花散生在顶端枝条刺上，3～8朵，花梗长0.3厘米左右，有附生的白毛，有时光滑；苞片2，线形，光滑；萼钟状，萼齿5，宽三角形，稍明显或不明显；花冠蝶形，紫红色，红色或紫色；旗瓣长0.7～0.9厘米，宽0.5～0.6厘米，顶端微裂，基部收缩，具短爪，翼瓣长圆状，长0.7～0.8厘米，宽0.3～0.4厘米；雄蕊10，9合1离，花药长圆形，淡黄色，微伸出花冠；雌蕊1，短于雄蕊，子房线形，光滑。荚果念珠状，弯曲或直立，光滑；种子肾形，褐色。花期5—7月，果期8—10月。广泛分布于流域境内干旱的石质滩地及荒漠盐土上。

锦鸡儿 豆科锦鸡儿属。常见有白皮锦鸡儿和荒漠锦鸡儿，主要分布于北部马鬃山地区。

白皮锦鸡儿，拉丁学名*Caragana leucophloea* Pojark，灌木，高1～1.5米。树皮黄白色或黄色，有光泽；小枝有条棱，嫩时被短柔毛，常带紫红色。假掌状复叶有4片小叶，托叶在长枝者硬化成针刺，长2～5毫米，宿存，在短枝者脱落；叶柄在长枝者硬化成针刺，长5～8毫米，宿存，短枝上的叶无柄，簇生，小叶狭倒披针形，长4～12毫米，宽1～3毫米，先端锐尖或钝，有短刺尖，两面绿色，稍呈苍白色或稍带红色，无毛或被短伏贴柔毛。花梗单生或并生，长3～15毫米，无毛，关节在中部以上或以下；花萼钟状，长5～6毫米，宽3～5毫米，萼齿三角形，锐尖或渐尖；花冠黄色，旗瓣宽倒卵形，长13～18毫米，瓣柄短，翼瓣向上渐宽，瓣柄长为瓣片的1/3，耳长2～3毫米，龙骨瓣的瓣柄长为瓣片的1/3，耳短；子房无毛。荚果圆筒形，内外无毛，长3～3.5厘米，宽5～6毫米。花期5—6月，果期7—8月。

荒漠锦鸡儿，拉丁学名*Caragana roborvskyi* Kom.，灌木，高0.3～1米，直立或外倾，由基部多分枝。老枝黄褐色，被深灰色剥裂皮；嫩枝密被白色柔毛。羽状复叶有3～6对小叶；托叶膜质，被柔毛，先端具刺尖；叶轴宿存，全部硬化成针刺，长1～2.5厘米，密被柔毛；小叶宽倒卵形或长圆形，长4～10毫米，宽3～5毫米，先端圆或锐尖，具刺尖，基部楔形，密被白色丝质柔毛。花梗单生，长约4毫米，关节在中部到基部，密被柔毛；花萼管状，长11～12毫米，宽4～5毫米，密被白色长柔毛，萼齿披针形，长约4毫米；花冠黄色，旗瓣有时带紫色，倒卵圆形，长23～27毫米，宽12～13毫米，基部渐狭成瓣柄，翼瓣片披针形，瓣柄长为瓣片的1/2，耳线形，较瓣柄略短，龙骨瓣先端尖，瓣柄与瓣片近相等，耳圆钝，小；子房被密毛。荚果圆筒状，长2.5～3厘米，被白色长柔毛，先端具尖头，花萼常宿存。花期5月，果期6—7月。

红花岩黄芪 拉丁学名*Hedysarum multijugum* Maxim.。豆科岩黄芪属。又名红花岩黄芪，半灌木或仅基部木质化而呈草本状，高40～80厘米，茎直立，多分枝，具细条纹，密被灰白色短柔毛。叶长6～18厘米；托叶卵状披针形，棕褐色干膜质，4～6毫米长，基部合生，外被短柔毛；叶轴被灰白色短柔毛；小叶通常15～29，具约长1毫米的短柄；小叶片阔卵形、卵圆形，一般长5～8毫米，宽3～5毫米，顶端钝圆或微凹，基部圆形或圆楔形，上面无毛，下面被贴伏短柔毛。总状花序腋生，上部明显超出叶，花序长达28厘米，被短柔毛；花9～25朵，长16～21毫米，外展或平展，疏散排列，果期下垂，苞片钻状，长1～2毫米，花梗与苞片近等长；萼斜钟状，长5～6毫米，萼齿钻状或锐尖，是萼筒的1/4～1/3长，下萼齿稍长于上萼齿或为其2倍，通常上萼齿间分裂深达萼筒中部以下，亦有时两侧萼齿与上萼间分裂较深；花冠紫红色或玫瑰状红色，旗瓣倒阔卵形，先端圆形，微凹，基部楔形，翼瓣线形，长为旗瓣的1/2，龙骨瓣稍短于旗瓣；子房线形，被短柔毛。荚果通常2～3节，节荚椭圆形或半圆形，被短柔毛，两侧稍凸起，具细网纹，网结通常具不多的刺，边缘具较多的刺。花期6—8月，果期8—9月。主要分布于肃北、阿克塞县的亚高山地带。

细枝岩黄芪 拉丁学名*Hedysarum scoparium* Fisch. etmey.。豆科岩黄芪属。又名细枝岩黄芪，半灌木，高约80～300厘米。茎直立，多分枝，幼枝绿色或淡黄绿色，被疏长柔毛，茎皮亮黄色，呈纤维状剥落。托叶卵状披针形。褐色干膜质，长5～6毫米，下部合生，易脱落。茎下部叶具小叶7～11，上部的叶通常具小叶3～5，最上部的叶轴完全无小叶或仅具1枚顶生小叶；小叶片灰绿色，线状长圆形或狭披针形，长15～30毫米，宽3～6毫米，无柄或近无柄，先端锐尖，具短尖头，基部楔形，表面被短柔毛或无毛，背部被较密的长柔毛，总状花序腋生，上部明显超出叶，总花梗被短柔毛；花少数，长15～20毫米，外展或平展，疏散排列；苞片卵形，长约1～1.5毫米；具2～3毫米的花梗；花萼钟状，长5～6毫米，被短柔毛，萼齿长为萼筒的2/3，上萼齿宽三角形，稍短于下萼齿；花冠紫红色，旗瓣倒卵圆形，长14～19毫米，顶端钝圆，微凹，翼瓣线形，长为旗瓣的一半，龙骨瓣通常稍短于旗瓣；子房线形，被短柔毛。荚果2～4节，节荚宽卵形，长5～6毫米，宽3～4毫米，两侧膨大，具明显细网纹和白色密毡毛；种子圆肾形，长2～3毫米，淡棕黄色，光滑。花期6—9月，果期8—10月。酒泉全境都有分布，细枝岩黄芪为优良固沙植物。

泡泡刺 拉丁学名*Nitraria sphaerocarpa* Maxim.。蒺藜科白刺属。灌木，具木质化的根状茎，暗褐色。全株被绢状白色柔毛。茎自基部分枝，直立或斜升，高5～12厘米，干旱生境中则匍匐地面。单数羽状复叶，小叶7～13，小叶片先端常二裂，顶生小叶常三裂，基部楔形，全缘，两面被伏柔毛；托叶膜质。聚伞花序顶生，具花3～15朵；萼片矩圆形，副萼片条形，花冠鲜黄色，直径12～15毫米，雄蕊多数，雌蕊多数。瘦果，近椭圆形，长约2毫米，褐色。常于基部产生病态的营养体变性，形成红紫色或肉红色的组织增生，形似鸡冠。关于此变态的发生，说法不一：一说是人畜践踏使植物体受伤，流出红色汁液结痂形成；一说是菌或虫寄生，刺激植物体发生变态增生；还有一说是基部幼芽密集簇生，形成红紫色垫状幼芽丛。酒泉境内的荒漠上广泛分布，俗称“白刺”，瓜州又称“拖秧刺”。

白刺 拉丁学名*Nitraria tangutorum* Bobr.。蒺藜科白刺属。灌木，高1～2米。多分枝，平卧，先端针刺状。叶通常2～3片簇生，宽倒披针形或倒披针形，长18～25毫米，宽6～8毫米，先端钝圆或平截，全缘。聚伞花序生于枝顶，较稠密；萼片5，绿色；花瓣5，白色；雄蕊10～15个；子房3室。核果卵形或椭圆形，熟时深红色，长8～12毫米，直径8～9毫米；果核窄卵形，长5～6毫米，先端短渐尖。广泛分布于酒泉全境。

霸王 拉丁学名*Zygophyllum xanthoxylum*（Bge.）Maxim.。蒺藜科驼蹄瓣（霸王）属。灌木，高70～150厘米。枝疏展，呈“之”字弯曲，小枝先端刺状。复叶具2小叶，在老枝上簇生，在嫩枝上对生，小叶肉质，椭圆状条形或长匙状，长0.8～4.5厘米，宽3～5毫米，先端圆，基部渐狭。花单生于叶腋，萼片4，花瓣4，黄白色。蒴果通常具3宽翅，不开裂；种子肾形，黑褐色。分布于酒泉全境。

罗布麻 拉丁学名*Apocynum venetum* L.。夹竹桃科罗布麻属。直立半灌木，高1～2米，具白色乳汁；上部分枝，枝条通常对生，无毛，淡褐色或紫红色。叶对生，在分枝处近对生；叶片长圆状披针形至卵状长圆形，长2～8厘米，宽0.5～2厘米，叶缘有细齿。花等5深裂，裂片卵状披针形，两面有短毛；花冠紫红色或粉红色，圆筒形钟状，5裂，裂片卵形，两面有颗粒突起；雄蕊5个；子房由2离生心皮组成，叉生，下垂，等状圆筒形；种子小，顶端有一簇白色种毛。花期6—7月，果期7—8月。生于撂荒地、沙地、盐碱地及河流两岸。酒泉全境内均有分布，农田地埂上较为常见。

大叶白麻 拉丁学名*Poacynum hendersonii*（Hook. F.）Woodson。夹竹桃科白麻属。直立半灌木。成株茎高0.5～2.5米，含乳汁，多分枝，枝条倾向茎的中轴，无毛。叶互生，叶片椭圆形至卵状椭圆形，长3～4.3厘米，宽1～1.5厘米，缘具细牙齿。圆锥状聚伞花序顶生；花萼5裂，裂片卵状三角形；花冠下垂，檐部直径1.5～2厘米，外面淡红色或白色，内面稍带紫色，有深色脉纹，宽钟状，裂片5，稍反折；两面均有颗粒状突起；副花冠生于花冠筒基部；雄蕊5枚，花药箭头状；花盘肉质，环状。实子蓇葖果双生倒垂，长10～30厘米，直径3～4毫米；种子卵状长圆形，顶端具白色绢质种毛。花期4—9月，果期7月至翌年2月。根芽及种子繁殖，生长于盐碱荒地、沙漠边缘、河流两岸冲积平原及水田和湖泊的周围。基皮纤维为纺织、造纸原料，被誉为“野生纤维之王”。分布于我国新疆、青海和甘肃等省区，广泛分布于酒泉境内的冲积平原上，中亚也有分布。

黑果枸杞 拉丁学名*Lycium ruthenicum* Murr.。茄科枸杞属。灌木，多棘刺。小枝顶端成棘刺状，节间短缩，每节有长2～20毫米的棘刺。叶2～6枚簇生于短枝上；在幼枝上单叶互生，肉质，条形、条状披针形或近棒形。花1～2朵生于短枝上；花萼狭钟状，不规则的2～4浅裂，花冠漏斗状，浅紫色。浆果球形，直径4～9毫米，成熟时黑紫色，汁液呈紫色。种子肾形，褐色。花果期5—10月。分布于酒泉境内的荒漠盐碱地、盐化沙地、河湖沿岸地带。

灌木亚菊 拉丁学名*Ajania fruticulosa*（Ledeb.）Poljak.。菊科亚菊属。头状花序较小，直径在5厘米以下。叶羽状或掌状。生于荒漠或荒漠草原、海拔550～4400米的低山及丘陵石质坡地。

果期6—10月。中等饲用植物。分布于肃北、阿克塞的亚高山地带。

中亚紫菀木　拉丁学名*Asterothamnus centrali-asiaticus Novopokr*。菊科紫菀木属。矮小半灌木，高8～15厘米，全株被白色蛛丝状短绒毛。自基部起有分枝，分枝细短，茎直立或稍斜升，下部木质，外皮淡红褐色，上部草质。叶磊，极小，长圆状倒披针形，无柄，顶端短渐尖，基部渐狭，长6～8毫米，宽2～3毫米，边缘常反卷，两面被白色蛛丝状绒毛，上面顶部多少脱毛，具1条脉。头状花序较小，在茎端单生，或数个排列成伞房花序，具较少数的花；总苞宽倒卵形，长6～7毫米，宽12～13毫米，总苞片3层，覆瓦状，背面被蛛丝状短绒毛，外层短小，卵状披针形，中层和内层长圆形，全部革质，具1条脉，顶端稍钝，具白色宽膜质的边缘。外围有6个舌状花，舌片开展，淡蓝色，长8毫米，宽约1毫米，中央的两蜂花12个，花冠管状，黄色，长5～6毫米，檐部有5个披针形的裂片。瘦果长圆形，长3毫米，被白色密长毛，冠毛白色，糙毛状，顶端稍增粗，长约5毫米。分布于流域境内的沙质土地上。

甘草　拉丁学名*Glycyrrhiza*。豆科甘草属。多年生草本，高30～70厘米，茎直立。叶互生，奇数羽状复叶，小叶7～17枚，椭圆形卵状。总状花序腋生，淡紫红色，蝶形花，长1.5～2.2厘米。长圆形荚果，宽0.6～0.8厘米，有时呈镰刀状或环状弯曲，密被棕色刺毛状腺毛。扁圆形种子。花期6—7月，果期7—9月。根呈圆柱形，表面有芽痕，断面中部有髓。气味微甜而特殊，长25～100厘米，直径0.6～3.5厘米。外皮松紧不一。表面红棕色或灰棕色，具显著的纵皱纹、沟纹、皮孔及稀疏的细根痕。质坚实，断面略显纤维性，黄白色，粉性，形成层环明显，呈放射状，有的有裂隙。根和根状茎入药，补益脾胃，清热解毒，润肺止咳，调和诸药，治胃、十二指肠溃疡，支气管炎，尿道炎，新生儿黄疸，痢疾，肝炎，各种肿毒。常见的有甘草（乌拉尔甘草）*Glycyrrhiza uralensis* Fisch.、黄甘草*Glycyrrhiza eurycarpa* P. C. Li、光果甘草*Clycyrrhiza glabra* L.、胀果甘草*Glycyrrhiza inflata* Bat.。分布于酒泉境内干旱、半干旱的荒漠草原、沙漠边缘地带。

锁阳　拉丁学名*Cynomorium songaricum* Rupr.。锁阳科锁阳属。寄生草本，全株肉质，高10～30厘米。茎暗褐色或褐色，直立，圆柱状，下部有密集贴生的小鳞片，鳞片长圆状三角形。穗状花序顶生，肉质，棒状暗紫红色；苞片鳞片状，散生；花杂性；雄花花被片为线状匙形，雄蕊1个，具粗壮的花丝，花药2室，退化，退化雌蕊不显著或有时呈倒卵状白色突起；雌花花被片线棍棒形，雌蕊1个，子房下位或半下位，花柱棒形，柱头单一。坚果球形。花期5—6月，果期6月。性喜干旱和食盐碱的沙地，常寄生于白刺属（*Nitraria*）和柽柳属（*Tamarix*）植物的根上。全草入药，补肾壮阳，强腰膝，益精润肠，治阳痿、遗精、早泄、肾虚腰痛、腿软。广泛分布于流域境内的沙化土地上，常与白刺、泡泡刺等伴生。

二、主要农业作物

酒泉农作物生产起源较早，远在新石器时期已种植谷类作物。汉代栽培作物发展到麦、糜、谷、豆4大类10种。清代后期，粮食作物有18种。

1949年，粮食作物有小麦、玉米、大麦、蚕豆、大豆、豌豆、马铃薯、高粱、糜子、谷子等10种，其中春小麦种植面积最大。同年，粮食作物播种面积87.9万亩，占农作物播种面积的91.4%。1980年，粮食作物播种面积130.34万亩，占农作物播种面积的84.34%。1980—1996年间，粮食种植面积在113.5万～135.02万亩之间，其后粮食种植面积不断下降，平均亩产则稳步提高。

小麦 疏勒河流域是小麦从西域传入中原的必经之地。早在公元前1700—前1500年，疏勒河流域先民已种植小麦。西汉时期，流域已用“溲种法”“雪汁治种法”处理加工小麦种子。清代以来，小麦播种面积和产量长期居流域内粮食作物之首，是区域所谓“夏粮”的绝对主体。1990年，流域内小麦种植面积突破90万亩。其后因大力推广经济作物等原因，小麦播种面积逐年下降，但亩产逐年增加。2013年，玉门市昌马乡万亩示范片春小麦平均亩产达到665.3千克，创造全国春小麦亩产最高纪录。

玉米 据记载，清道光年间，敦煌地区率先出现种植玉米的行为。民国时期，玉米作为新鲜辅助食品，各县农民在田埂零星种植。20世纪60年代，我国开始大面积推广玉米种植。20世纪80年代，我国开始广泛施行玉米间套带种与地膜覆盖种植技术，玉米亩产大幅提高。20世纪90年代，我国推广玉米、小麦带状种植技术，玉米亩产再次大幅度提高。1997年开始，玉米亩产稳定超过800千克。20世纪90年代开始，制种玉米兴起，2004年玉米制种面积11.43万亩，占当年玉米种植面积的52.41%，生产种子5.85万吨。

豆类 西汉时期，疏勒河流域即有大豆、豇豆、红豆、小豆、豌豆、蚕豆、绿豆等豆类种植，豆类既可充作食物，又可充当马匹饲料。由于豆类播种较小麦为晚，因此如果流域遭遇春旱而小麦灌溉失时，则可大量补种豆类，并以夏季汛期洪水灌溉作为补充，故清代、民国时期，豆类成了流域内“秋粮”的主体。1985年，流域内仅蚕豆一项播种即达5.24万亩，总产3.02万吨。其后播种面积迅速下降，21世纪后已不再是主要粮食作物。

大麦 大麦亦是流域内古老作物，自汉代起即有种植。在酒泉俗称皮大麦、连皮大麦、啤酒大麦。大麦生育期较短、耐盐碱，除食用外，亦可用于酿酒、酿醋。清代、民国时期，流域内大麦年种植面积均在万亩左右。1980年后，啤酒大麦种植面积和产量逐年增加，至1994年达到9.49万亩，总产3.52万吨，其后播种面积起伏不定。

高粱 高粱因其耐寒抗旱的特性，自西汉时期起在疏勒河流域即有栽培，但始终不占主要地位。清代、民国时期，流域内以敦煌种植面积较大、产量较高，分别在万亩、万石（1石≈6.35千克）水平。1949年后，流域内种植面积极小，主要作辅助酿酒之用。

棉花 唐五代起，棉花由新疆传入疏勒河流域，主要为非洲棉和黑子棉，在敦煌、瓜州地区有少量种植，在流域内不占主要位置。民国31年（1942年），甘肃省政府将全省棉花种植区划分为6个，将流域内敦煌单列为敦煌棉区、瓜州县划入高台棉区。1949年后，通过不断引进良种与改善灌溉、耕作条件，敦煌、瓜州两县棉花种植面积逐渐扩大，至2012年已超过60万亩。2011年国务院批复《敦煌地区水资源合理利用与生态保护综合规划》后，棉花因其耗水较高的特点而受到严格种植限制，之后播种面积逐年下降。

胡麻 汉代，胡麻自西域传入疏勒河流域，其种子可榨油，其纤维为纺织原料。1949年，流域内胡麻种植主要集中于瓜州与敦煌两县，种植面积均不足万亩。1949年后，胡麻播种面积稳步提升，玉门取代敦煌，与瓜州一起成为胡麻的主要种植区域。至1985年，玉门和瓜州播种面积均在2万亩以上，其后逐渐下降，至21世纪后不足万亩。

油菜 油菜，古代称作芸薹。清代、民国时期，油菜在流域内有少量种植，总面积不超过千亩。1949年后播种面积逐步扩大，1999年流域内种植面积达到近3万亩，其后逐年下降。

蔬菜 疏勒河流域栽培蔬菜的历史悠久。敦煌文书中出现的本地蔬菜有23种，清代乾隆年间《重修肃州新志》记载蔬菜种类有36种。1949年后，特别是20世纪90年代以来，流域内蔬菜种植面积不断扩大，品种不断增多，主要种类包括萝卜、茄子、番茄、辣椒、白菜、莴苣、生菜、油麦菜、大葱、洋葱、芹菜等。进入21世纪后，流域内蔬菜种植中使用温室的比例不断上升，设施农业进一步发展。

瓜果　自西汉时期以来，疏勒河流域内一直盛产瓜果，唐代已有葡萄、梨、柰（苹果）、桃、杏、枣等重要水果。18世纪前半叶，吐鲁番一带维吾尔族群众为躲避战乱迁入瓜州一带，将新疆地区的哈密瓜等甜瓜品种引入流域，至民国时期，流域内已有瓜类近10种。1949年后，流域大力引入各类瓜果新品种。敦煌地区大力发展葡萄种植，并引入毛杏品种培育出著名的“李广杏”。玉门则积极发展人参果、西瓜等特色瓜果。进入21世纪后，疏勒河流域日益成为我国重要的瓜果生产基地。

第五节　动物

一、野生动物

疏勒河流域动物资源较为丰富。根据历史资料记载和近年来进行的各类野生动物资源调查及其他林业调查，生活或迁徙经过疏勒河流域的陆生野生脊椎动物约有425种。其中，列入国家一级重点保护动物名单的陆生动物有15种，即雪豹、蒙古野驴、藏野驴、野马（普氏野马）、野骆驼（双峰驼）、白唇鹿、野牦牛、豺、黑鹳、金雕、胡兀鹫、黑颈鹤、草原雕、秃鹫、猎隼；列入国家二级保护动物名单的有15种，即棕熊、兔狲、猞猁、藏原羚、鹅喉羚、岩羊（青羊）、盘羊、北山羊、赤颈鸊鷉、大天鹅、苍鹰、红隼、藏雪鸡（淡腹雪鸡）、高山雪鸡（暗腹雪鸡）、灰鹤。现介绍国家一级保护动物如下。

雪豹　拉丁学名*Panther auncia*，哺乳纲食肉目猫科雪豹属。通体灰白色，全身布有环状黑斑，头部的斑形小而密，躯干黑斑向后渐大，耳基有较大形黑斑。体背黑斑排列成三道纵线，直达尾基，颌下、胸部、腹部、四肢内侧及尾腹面均为白色。体长1.3米左右，尾长近1米，体重可达80千克。体形中等，形似金钱豹，头小而圆，耳小，四肢短而健壮，爪甲锋利，尾粗而长，尾毛长而柔软。雄兽个体略大于雌兽。幼雪豹绒毛散乱，身上黑环不明显，似黑斑状。眼虹膜呈黄绿色，强光照射下，瞳孔为圆状。舌面长有许多端部为角质化的倒刺，舌尖和舌缘的刺形成许多肉状小突。前足5趾，后足4趾。前足比后足宽大，趾端具角质化硬爪，略弯，尖端锋利。趾间、掌垫与趾间均具有较浓而长的粗毛。腹下有3对乳头。肛门部有一对乳腺孔。雪豹是高山动物，栖息于3000～5000米的高山裸岩和高山石质坡地，白天在雪线下的高山地带活动或休息，夜间到低山区取食，以岩羊、盘羊、北山羊、白唇鹿、雪鸡、野兔等为食，也常常袭击家羊。在天峻、肃北、阿克塞县高山裸岩地区有分布，生境面积约6800平方千米，数量不详。

蒙古野驴　拉丁学名*Equus hemionus*，也叫亚洲野驴，哺乳纲奇蹄目马科马属。大型有蹄类动物，外形似骡。体长可达260厘米，肩高约120厘米，尾长80厘米，体重约250千克。吻部稍细长，耳长而尖，尾细长，尖端毛较长，棕黄色。四肢刚劲有力，蹄比马小，但略大于家驴，颈背具短鬃，颈的背侧、肩部、背部为浅黄棕色，背中央有一条棕褐色的背线延伸到尾的基部，颌下、胸部、体侧、腹部黄白色，与背侧毛色无明显的分界线。野驴属典型荒漠动物，栖居于海拔3800米左右的高原开阔草甸和荒漠草原、半荒漠、荒漠地带。集群，日行性，营迁移生活。性机警，善持久奔跑，喜水浴、会游泳。耐干渴，冬季主要吃积雪解渴，以禾本科、莎草科和百合科草类为食。分布于肃北县马鬃山一带。

藏野驴 拉丁学名*Equus kiang*，哺乳纲奇蹄目马科马属。大型有蹄类动物，颈的背侧、肩部、背部为黄棕色，在冬季则变成浅棕色或棕褐色；颈的腹侧、胸、体侧、腹均为白色，与背侧毛色有明显的分界线。藏野驴是大型草食动物。外形与蒙古野驴相似，头部较短；耳较长，能够活转动；吻端圆钝，颜色偏黑。全身被毛以红棕色为主，耳尖、背部脊线、鬃毛、尾部末端被毛颜色深，吻端上方、颈下、胸部、腹部、四肢等处被毛污白色，与躯干两侧颜色界线分明。外形似骡，体形和蹄子都较家驴大许多，显得特别矫健雄伟，因此在当地人们常常把它们叫作“野马”。成年的藏野驴体长可达2米多，肩高1.3米，体重300～400千克，和家养的小毛驴相比，可以说是“高头骏驴”。生活于高寒荒漠地带，夏季到海拔5000多米的高山上生活，冬季则到海拔较低的地方。好集群生活，擅长奔跑，警惕性高。喜欢吃茅草、苔草和蒿类。在干旱的环境中会找到合适的地方用蹄刨坑挖出水来饮用，水坑中的水还可以供藏羚等有蹄类动物饮用。主要分布在天峻县、阿克塞县和肃北县。

野马（普氏野马） 拉丁学名*Equus przewalskii*，哺乳纲奇蹄目马科马属。大型有蹄类动物，体长200～300厘米，肩高10厘米以上，体重200多千克。头部长大，颈粗，耳比驴耳短，蹄宽圆。整体外形像马，但额部无长毛，颈鬃短而直立。夏毛浅棕色，两侧及四肢内侧色淡，腹部乳黄色；冬毛略长而粗，色浅，两颊有赤褐色长毛。栖草原、丘陵、沙漠。冬季群大，夏季群小，集群，日行性，由母马率领。听觉和视觉敏锐，性情凶猛。白天活动，体壮善跑，无固定栖息地。吃植物，冬季挖取雪下枯草和苔藓充饥。3～5岁性成熟，寿命25～35年。野马耐渴，可3天才饮水1次。感官敏锐，性机警、凶野，耐饥渴，善奔跑。以野草、苔藓等为食，喜食芨芨草、梭梭、芦苇，冬天能刨开积雪觅食枯草。6月份交配，次年4—5月份产仔，每胎1仔，幼驹出生后几小时就能随群奔跑。野马原分布于中国新疆北部准噶尔盆地北塔山及甘肃、内蒙古交界的马鬃山一带。

野骆驼（双峰驼） 拉丁学名*Camelus bactrianus*，哺乳纲偶蹄目骆驼科骆驼属。大型偶蹄类动物，颈长弯曲如鹅，背有二十三角脂肪，突起如峰，尾短，四肢细长，足大如盘，足底皮膻厚，特称胼体。野骆驼和家驼相比，驼峰矮小，峰上毛短，蹄盘也小。颈部鬣毛、颈下毛、前肢肘毛都短，耳亦比家驼小，前肢足底无胼胝体，头顶亦无簇毛。体毛沙棕褐和白垩土色，吻部毛色稍灰，每年3月开始脱毛。野骆驼分布在阿克塞安南坝、敦煌西湖国家级自然保护区和新疆维吾尔自治区。现已被列入国家一级保护野生动物和世界濒危物种红皮书。

白唇鹿 拉丁学名*Cervus albirostris*，哺乳纲偶蹄目鹿科鹿属。外形似马鹿。成年雄鹿的体重一般达200千克多，肩高120～130厘米。成年鹿雌的体重一般在150千克左右，肩高110～120厘米。通体呈黄褐色。没有黑色背线和白斑，鼻唇周围及下颌为白色，臀斑淡棕色且包绕尾基，鼻端及唇白色，眶下腺显著，与马鹿有区别，仅雄性有角，成体雄鹿角基粗大，据肃北县标本，每叉距角基仅15厘米，向前伸出长约14厘米。第二叉距眉叉约35厘米，第三叉长25厘米，主干在分出第三叉后复分二小枝。鹿角每年换一次，初生鹿角富毛细血管，称鹿茸，至八月份后骨化，表皮脱落。冬毛粗硬有髓心且厚实，有些个体肩部背部毛多反转向前。体毛黄褐色，鼻端两侧、上下唇、颜部、喉部的毛色纯白色，臂斑土黄色。栖息于海拔3500～5000米的高山草甸区，喜群居生活，除交配季节外，雌雄成体均分群活动。9月份以后随着气温的下降，又迁往海拔较低的地方生活。白唇鹿9—10月份进行交配，怀胎9～10个月。翌年6—7月份产羔，每胎1羔。以沙生针茅、早熟禾、苔草、扁葱、骚缀、红景天等植物为食。分布在肃北县盐池湾一带。

野牦牛 拉丁学名*Bos grunniens mutus*，哺乳纲偶蹄目牛科牛属。野牦牛体长可达3米，肩高130～200厘米，但雌性通常较小。头形狭长，颜面较直而平，唇鼻处及耳壳均较小。雌雄均具角，肩部中央有明显的隆凸肉峰，颈下垂肉缺或短小。体背毛长，尤其肩、臀、肋和胸腹等处披毛甚为密长，可卧冰雪，但头脸、体背和四肢下端毛被短而致密。尾毛蓬松。毛色为黑、深褐或染黑白花斑。四肢短健。属典型高寒动物，栖海拔3000～6000米人迹罕至地的高山寒漠和高山草甸地区，主要以各种高原植物为食。野牦牛的发情期为9—11月份，怀孕期为8～9个月，翌年6—7月份产仔，每胎产1仔。幼仔出生后半个月便可以随群体活动，第二年夏季断奶， 3岁时达到性成熟。寿命为23～25年。野牦牛在流域的分布范围比较狭小，只分布在天峻县花儿地、肃北县盐池湾和阿克塞县大小哈尔腾河上游地带，数量稀少。

豺 拉丁学名*Cuon alpinus*，食肉目犬科豺属。吻较狼短而头较宽，耳短而圆，身躯较狼为短。四肢较短，尾比狼略长，但不超过体长的一半，其毛长而密，略似狐尾。背毛红棕色，毛尖黑色，腹毛较浅淡。下臼齿每侧仅2枚。肉食，性凶猛，群居活动，多分布于山地，在流域内主要活动于肃北、阿克塞南部山区以及玉门干海子一带。

黑鹳 拉丁学名*Ciconia nigra*，鹳形目鹳科鹳属。体大，黑色，下胸、腹部及尾下白色，嘴及腿红色。眼周裸露皮肤红色，虹膜褐色，嘴红色，脚红色，亚成鸟上体褐色，下体白色。黑色部位具绿色和紫色的光泽。飞行时翼下黑色，仅三级飞羽及次级飞羽内侧白色。夏候鸟，栖于沼泽地区、池塘、湖泊、河流沿岸及河口。在天峻、敦煌、阿克塞有分布。

金雕 拉丁学名*Aquila chrysaetos*，隼形目鹰科雕属。体大（85厘米）的浓褐色雕。头具金色羽冠，嘴巨大。飞行时腰部白色明显可见。尾长而圆，两翼呈浅“V”形。与白肩雕的区别在于肩部无白色，虹膜褐色，嘴灰色，脚黄色。亚成鸟翼具白色斑纹，尾基部白色。栖于崎岖干旱平原、岩崖山区及开阔原野，捕食雉类、土拨鼠及其他哺乳动物。随暖气流作壮观的高空翱翔。流域全境都有分布。

胡兀鹫 拉丁学名*Gypaetus barbatus*，隼形目鹰科胡兀鹫属。体大（110厘米）的皮黄色鹫。黑色粗大贯眼纹与灰白色的头成对比。下体黄褐，上体褐色具皮黄色纵纹。具髭须，成鸟具红色裸露眼圈。飞行时两翼尖而直与楔形长尾为其识别特征。虹膜黄色或红色，嘴灰色，脚灰色。骚扰野羊群及家禽，等野外动物在悬崖上摔倒受伤或在冬季被冻死后，把小型猎物及较大猎物的骨头衔起摔到大岩石上成碎片，然后进食。分布于天峻、肃北、阿克塞的高山地区。

黑颈鹤 拉丁学名*Grus nigricollis*，鹤形目鹤科鹤属。体高（150厘米）的偏灰色鹤。头、喉及整个颈黑色，仅眼下、眼后具白色块斑，头顶和眼先裸出部分红色，尾、初级飞羽及形长的三级飞羽黑色。虹膜黄色，嘴角质灰色或绿色，近嘴端处多些黄色，脚黑色。飞行如其他鹤，颈伸直，呈“V”字编队，有时成对飞行。种群数量稀少。分布于天峻、肃北、阿克塞。

草原雕 拉丁学名*Aquila nipalensis*，隼形目鹰科雕属。体大（65厘米）的全深褐色雕。容貌凶狠，尾形平。成鸟与其他全深色的雕易混淆，但下体具灰色及稀疏的横斑，两翼具深色后缘。

有时翼下大覆羽露出浅色的翼斑似幼鸟。与乌雕相比，头显得较小而突出，两翼较长，翼指雕展开度较宽。飞行时两翼平直，滑翔时两翼略弯曲。幼鸟为咖啡奶色，翼下具白色横纹，尾黑，尾端的白色及翼后缘的白色带与黑色飞羽形成对比。翼上具两道皮黄色横纹，尾上覆羽具“V”字形皮黄色斑。尾有时呈楔形。虹膜为浅褐色；嘴灰色，蜡膜黄色；脚黄色。分布于流域全境。

秃鹫 拉丁学名*Aegypius monachus*，隼形目鹰科秃鹫属。体形硕大（100厘米）的深褐色鹫。具松软翎颌，颈部灰蓝。幼鸟脸部近黑，嘴黑，蜡膜为粉红；成鸟头裸出，皮黄色，喉及眼下部分黑色，嘴角质色，蜡膜为浅蓝。幼鸟头后常具松软的簇羽，飞行时更易与深色的雕属（*Aquila*）的雕类相混淆。两翼长而宽，具平行的翼缘，后缘明显内凹，翼尖的七枚飞羽散开呈深叉形。尾短呈楔形，头及嘴甚强劲有力。虹膜深褐；嘴角质色，蜡膜蓝色；脚灰色。食尸体，但也捕捉活猎物。进食尸体时优先于其他鹫类。常与高山兀鹫混群，高空翱翔可达几个小时。分布于天峻、肃北、阿克塞的高山地区。

猎隼 拉丁学名*Falco cherrug*，隼形目隼科隼属。体大（50厘米）且胸部厚实的浅色隼。颈背偏白，头顶浅褐。头部对比色少，眼下方具不明显黑色线条，眉纹白。上体多褐色而略具横斑，与翼尖的深褐色成对比。尾具狭窄的白色羽端。下体偏白，狭窄翼尖深色，翼下大覆羽具黑色细纹。翼比游隼形钝而色浅。幼鸟上体褐色深沉，下体满布黑色纵纹。与游隼的区别在于尾下覆羽白色。有些北方游隼甚似猎隼。阿尔泰隼*F. c. altaicus*比亚种*milvipes*色深而多青灰色，翼覆羽具棕色带，且下体纵纹较多。虹膜褐色；嘴灰色，蜡膜浅黄；脚浅黄。具有高山及高原大型隼的特性。分布于流域全境。

二、主要蓄养动物

疏勒河流域内主要蓄养的动物有马、黄牛、耗牛、绵羊、驴、骆驼、猪等。

马 汉武帝元鼎四年（公元前113年），戍卒暴利长在敦煌渥洼池捕获“天马”一匹上献朝廷，开辟疏勒河流域养马业的先河。其后历代，流域内皆有不同规模的养马事业。清代，流域内各民族除从事农业生产外，几乎每个家庭都要饲养一定数量的马、牛、羊等牲畜作为农业生产的补充。民国时实行“以马代丁”政策（交2～3匹马代替1名壮丁），大量征集军用马匹。1949年后，流域内养马业进一步发展，形成肃北、阿克塞和安西三大主产区，1985年时三县有马1.32万匹。至2004年，农业耕作机械化程度增大，马匹在农业耕作中的作用逐步丧失，马匹改良终止，许多役马被屠宰肉用。流域内古代马品种有大宛马、周马、棠古马、汉马、唐马，现代品种有蒙古血统后裔土种马、哈萨克马，从国内引入的品种有伊犁马、山丹马、河曲马，从国外引入的品种有顿河马、卡巴金马、卡拉巴依马、阿尔登马等。生产和役用品种以蒙古马为主。

黄牛 距今3000多年前的四坝文化时期，疏勒河流域即有黄牛养殖，其后黄牛一直作为流域内主要耕作畜力，在流域内以家庭为单位分散养殖。1956年，高级农业生产合作社建立，包括黄牛在内的大牲畜折价入社。1982年后，集体耕牛折价归农户饲养。1995年后，专业化、工厂化养牛兴起，肉牛取代耕牛成为养殖对象。地方黄牛品种有安西牛、蒙古牛，国内引入品种有秦川牛、鲁西黄牛、早胜牛、三河牛、南阳牛，国外引入品种有科斯特勒牛、海福特牛、夏洛来、西门塔尔、德国黄牛、利木赞、皮埃蒙特、夏洛来等。现饲养的主要品种系当地黄牛与引入品种的杂交种。

牦牛　疏勒河流域南部山区牧民长期蓄养牦牛。1954年，肃北蒙古族自治县从青海、西藏购入一批牦牛，与本地牦牛杂交，形成流域常见畜牧牦牛种群。

绵羊　疏勒河流域蓄养绵羊的历史可追溯至四坝文化时期。清代以来，流域内各种绿洲、湿地及各类荒漠草原普遍蓄养绵羊，绵羊成为流域内重要的家畜。目前地方品种有蒙古羊、西藏羊及在其分布区连接交错地带的混血羊，如蒙藏混血羊、蒙摊混血羊等。在阿克塞和肃北马鬃山、阿尔金山一带，分布有一定数量的哈萨克羊。引入品种有甘肃高山细毛羊、新疆细毛羊、小尾寒羊、高加索细毛羊、罗姆尼-马尔土半细毛羊（简称“罗姆尼羊”）、美利奴羊、无角道赛特羊、夏洛来羊、萨福克羊、特克赛儿羊、杜泊羊等。

驴　驴在疏勒河流域的饲养至迟自汉代开始，已有着悠久的饲养历史，长期以来是流域内重要的牵引驮运牲畜。20世纪50年代，疏勒河流域引入关中驴和庆阳驴与当地驴进行杂交改良，存栏数迅速扩大。1990年后，因农业生产与农村运输中大量使用拖拉机等机械，驴在农业生产中的作用越来越小，存栏数锐减，2000年后转为肉用为主。

骆驼　古称橐驼，是温带沙漠地区主要的运输用畜力。疏勒河流域是双峰驼种的原产地之一，历史时期流域内普遍大量蓄养骆驼，骆驼承担驮挽、骑乘功能，甚至用于征战。民国35年（1946年），中华民国政府国防部为巩固西北沙漠边防、确保玉门油矿安全，成立“陆军独立骆驼兵团”，有驼、马4000峰（匹）。1949年后，流域内普遍进行双峰驼改良，1983年在安西县踏实乡成立双峰驼改良育种点。1990年，流域内骆驼存栏15000峰，其后逐年下降，主要改为旅游观光使用及肉用。

猪　距今3700年前，疏勒河流域四坝文化的先民就开始蓄养猪，历代普遍养殖，长期采用家庭分散圈养。20世纪70年代，规模化养猪场开始出现，最初为生产队集体猪场；20世纪80年代末开始，各种所有制下的大型养猪场开始出现，进而出现千头、万头猪场，并不断引进新品种。截至2015年，流域内有约克夏、长白、苏大白、巴克夏、荣昌等品种猪，因全面推广瘦肉型三元杂交猪生产，故生猪纯种繁殖停止。

第二章 水系

第一节 疏勒河干流

“疏勒”一名来自西部蒙古语，意为来自雄伟大山的河流。疏勒河干流汉时称南籍端水，唐时称冥水，今瓜州县布隆吉一带河道称窟窿河、葫芦河，中游向左岸歧出流至今瓜州县桥子湿地一带的支津有都河、独利水等名称。元、明、清时期，疏勒河干流即有素尔河、苏来河、苏赖河、苏勒河等名，而其中自昌马堡至桥湾一段干流称为昌马河。民国时期开始，流域全河段统称疏勒河，而中游仍同时使用昌马河之名。

疏勒河干流发源于青海省天峻县苏里乡境内祁连山脉疏勒南山与托来南山之间的纳嘎尔当大纵谷东端。从发源地向西流50千米转向西北，再流经约170千米，经查干波布尔嘎斯沟、花儿地流至甘肃省肃北蒙古族自治县以下折向北流，流经约40千米进入玉门市昌马盆地，始称昌马河。其左岸由恰来布曲、屑来日吾曲、埃叶合勒木曲、措达林曲等8条支流和由疏勒南山冰川流下的苏里曼堂、纳贡达、嘎巴玛尔当、深沟、盆沟、硫磺山沟、黑刺沟、大西沟、小昌马河等23条支流汇入；右岸由希尔陇、日木才尔贡玛、白水沟、鱼儿红沟、红柳沟、石墩沟等20条支流汇入。疏勒河干流从南至北纵穿昌马盆地后进入昌马水库，源头至昌马水库坝址为上游，全长280千米。

疏勒河干流出昌马水库后切穿照壁山，至昌马大坝进入昌马冲积洪积扇。干流沿扇缘东北流，称玉门河，沿黑崖子至玉门镇城南约7千米的新河口又分成巩昌河和城河。巩昌河由城南向东北流，经东渠、沙地、下东号、下西号、塔尔湾村，以下流经东黄花营、十墩至北石河流入玉门市东北部的干海子。城河沿城西向北流，经玉门镇、南阳镇、川北镇、黄闸湾折向西流。城河在黄闸湾以下复称疏勒河。疏勒河干流在昌马冲积洪积扇上大量下渗形成泉水，泉水出露后与汛期洪水汇合，在冲积洪积扇上形成十条沟道，自东至西分别命名为头道沟至十道沟，其中二道沟以西属瓜州县、以东属玉门市，十道沟在蘑菇滩逐渐汇入疏勒河干流，经饮马农场、桥湾后进入瓜州县境内，经布隆吉、潘家庄，注入双塔水库。疏勒河干流自昌马水库至双塔水库为中游，全长134千米。

疏勒河干流自双塔水库以下为季节性河道。双塔水库大坝修建于疏勒河干流切穿乱山子山地形成的峡谷之上，干流河道经此西行，经小宛等地至瓜州县城北大桥，复经瓜州县西湖乡进入敦煌市境内，在双墩子附近接纳第一大支流党河，向西注入终端湖哈拉淖尔。疏勒河干流自双塔水库至哈拉淖尔为下游，全长223千米。2017年开始，根据国务院批准的《敦煌地区水资源合理利用与生态保护综合规划》要求，双塔水库开始经新疏浚的下游河道输送生态水，疏勒河干流河道自哈拉淖尔湖盆向西延伸，经过汉玉门关故址，穿过敦煌西湖国家级自然保护区北部，每年有数月时间可流至甘肃、新疆两省区交界处的阿克齐谷地，下游河道向西最远延伸131千米。

疏勒河干流中下游水系在历史上曾发生较大变化，主要体现在中游河道在昌马冲积洪积扇上的摆动及其造成的河湖变迁。汉唐时期，疏勒河在昌马冲积洪积扇上存在多条干流，其中以西北流向的干流为最大，遂在疏勒河中游形成一个西起瓜州县桥子湿地、东至玉门市花海镇一带的巨大水域，包括湖泊与湿地景观，史书称为冥泽、大泽。汉唐时期疏勒河干流出山后，大部分来水皆流向西北进入这一水域，并通过芦草沟进入今瓜州县、敦煌县之间形有成古绿洲；仅有少部分向北、东北经乱山子峡谷进入今下游河道。元代之后，在自然与人为要素的共同作用下，疏勒河干流在昌马冲积洪积扇上逐渐归束为一股，并逐步向扇缘东北部移动，至18世纪初最终形成今日中游河道走向。河流的改道导致汉唐时代的冥泽-大泽水域急剧缩减，其西部地区大多沦为荒漠，但18世纪初其北部、东北部仍有湖泊存在，其中以位于玉门市青山农场至饮马农场一带的布鲁湖为大。后因为下游安西地区提供灌溉水源的需求，清雍正年间在中游地区进行了以“黄渠”（后称为“皇渠”）为骨干的大规模渠系建设，致使原本流入布鲁湖等处的地表径流与地下水大量被引入渠道输送至下游，乱山子峡谷过流量明显增大，致使中游布鲁湖迅速干涸，而下游哈拉淖尔湖迅速扩大，于18世纪中叶正式成为现代疏勒河终端湖。

疏勒河下游河道也曾发生较大变化。地质时代，疏勒河下游可流入古罗布泊湖盆，随着流域气候日益干旱化以及罗布泊东部地势的抬升，疏勒河干流与罗布泊之间的水力联系逐渐消失。自汉唐时期，由于疏勒河干流主要被消耗于中游的冥泽-大泽水域，敦煌以北的疏勒河下游河道来水稀少，无大型湖泊出现。清代哈拉淖尔水面扩大并成为疏勒河终端湖之后，丰水年份则有疏勒河水溢出湖盆向西流入今敦煌西湖国家级自然保护区境内。由于双塔水库的修建，哈拉淖尔于1960年干涸。

疏勒河径流主要由冰雪融水、大气降水和地下渗流构成。冰川分布在疏勒南山、大雪山及托来南山一带。疏勒南山覆雪山峰平均高度为5300～5500米，团结峰5826.8米，是祁连山最高峰。以这些高大山峰为冰川中心，共有冰川639条，面积589.64平方千米，储水量283.4亿立方米，冰川融水量3.27亿立方米，冰川融水占河流中径流量的38.95%。经实测资料统计，昌马峡年平均径流量为9.98亿立方米（表2-1）。

表2-1 昌马水库1954年—2019年年径流量统计分析表

年份(年)	年径流量(亿立方米)	年份(年)	年径流量(亿立方米)	年份(年)	年径流量(亿立方米)
1954	7.47	1962	7.49	1970	8.71
1955	7.68	1963	7.9	1971	10.43
1956	4.13	1964	10.2	1972	13.99
1957	6.71	1965	7.09	1973	6.51
1958	10.82	1966	9.88	1974	8.43
1959	7.81	1967	8.86	1975	8.29
1960	7.19	1968	6.37	1976	5.96
1961	7.96	1969	7.54	1977	10.15

续表2-1

年份(年)	年径流量(亿立方米)	年份(年)	年径流量(亿立方米)	年份(年)	年径流量(亿立方米)
1978	8.16	1993	8.45	2008	10.87
1979	8.53	1994	8.79	2009	12.87
1980	7.27	1995	7.45	2010	16.99
1981	12.36	1996	9.30	2011	11.83
1982	10.04	1997	7.97	2012	13.08
1983	11.08	1998	10.44	2013	12.31
1984	7.51	1999	12.85	2014	10.19
1985	8.02	2000	11.45	2015	13.58
1986	8.50	2001	11.19	2016	16.83
1987	8.04	2002	15.98	2017	16.86
1988	8.12	2003	9.96	2018	19.11
1989	11.29	2004	9.86	2019	17.47
1990	7.52	2005	14.11	2020	11.41
1991	8.88	2006	14.02		
1992	8.15	2007	13.61		

第二节　疏勒河主要支流

一、党河

党河为疏勒河最大支流。西汉时名为氐置水，十六国西凉时称为甘泉水，唐朝时称为都乡河，元、明两朝时名为西拉噶金河，又名哈尔金水。清代时名为党金果勒，“党金”是蒙古语对敦煌南境大雪山的称谓，即今阿尔金山，“果勒”是蒙古语“河流”之谓，“党金果勒”即“党金山流来的河”。清雍正以来，将“党金果勒”简称为“党”，复将蒙古语“果勒”回译为“河”，遂有党河之名。

党河有南北两源，均位于甘肃省肃北蒙古族自治县境内。南源巴音泽尔肯果勒出祁连山脉党河南山北坡的巴音泽日肯乌勒、诺干诺尔的冰川群，北源克腾果勒出祁连山脉疏勒南山南坡的崩坤大坂、宰力木克冰川群。南北二源最初均为地下潜流，至乌兰窑洞始以泉水形式涌出地面，经肃北盐池湾、党城湾、芦草沟、浪湾流向西北，经沙枣园进入敦煌市境内，入党河水库。出库后，河道折向东北，沿鸣沙山麓流至敦煌市区西南，折而向北，至双墩子汇入疏勒河。河流全长390千米，年平均径流量2.99亿立方米。其中，乌兰窑洞以上为上游，沙枣园以下为下游。

历史时期，党河多数河段变动不大，唯下游河道是否与疏勒河存在水力联系，在不同时期有不同情况。在18世纪20年代，经清代川陕总督岳钟琪疏导，党河与疏勒河合流；至20世纪70年代后，因敦煌绿洲灌溉发展特别是党河水库修建，党河与疏勒河失去水力联系。2011年，国务院批准《敦煌地区水资源合理利用与生态保护综合规划》，确立“北通疏勒”的水系治理方针后，党河下游河道经人工疏导与生态放水，再次与疏勒河连通。

二、榆林河

榆林河发源于甘肃省肃北蒙古族自治县境内祁连山脉大雪山北坡冰川群，融雪水渗入洪积层，经长距离调蓄，在石包城一带以泉水出露，汇集成泉水河流入瓜州县，向北经万佛峡至蘑菇台入榆林河水库。水库下泄水量灌溉踏实一带农田，汛期泄洪水量汇入芦草沟，流入瓜州、敦煌之间的盐沼滩。榆林河全长118千米，年平均径流量5184万立方米。

三、石油河

石油河，唐代名为石脂水，因其流经祁连山北麓的原油溢出带，其水上常浮油脂得名。明、清时期，其流经赤金堡一段的河道称为赤金河。民国时期因玉门油田开发，改名石油河。发源于甘肃省肃北蒙古族自治县境内祁连山脉海拔5010米的石油河脑。河水从雪山而下，行经35千米左右到风水梁山，从风水梁山及其周围山口流出即渗入地下潜流，经20千米又形成几股泉水出露地面，最大者为野马大泉，复汇流形成地表径流，至柏树洼进入玉门市境内，流至上赤金，分为小石河子、东河、西河、清水河数股，因灌溉与渗漏，其以下河道常年无水，只有在大洪水时方可沿地表河床流向下赤金。下赤金一带泉水涌出，又汇流成河，经赤金堡向北流入赤金峡，进入赤金峡水库。河流自赤金峡水库下泄，经天津卫进入花海盆地，汇入疏勒河东支流北石河，最终流入干海子湖盆。石油河全长190千米，年平均径流量4580万立方米。

四、白杨河

白杨河全境位于甘肃省玉门市境内。主要水源有白杨河和鸦儿河两支。白杨河发源于祁连山吊大板沟天宝窗子冰川，海拔5052米，有石墩子河、红石拉排沟、吊大阪沟、西水峡沟等支流汇入。出山后约10千米渗入地下形成潜流，经20余千米至大泉口以下红石嘴子处，以泉水出露形成地面河。另一源头鸦儿河，发源于海拔4924米的鸦儿河脑冰川，有支流小雅儿河汇入。鸦儿河总长约28千米，潜流一段后在红石嘴子以下4千米处与白杨河相交，流经石门子、柳树嘴子，过天生桥到白杨河村、窑洞地、骟马城、下沟，在宽台山以下流入花海盆地干海子。天生桥以上河床很窄，柳树嘴子（白杨河水库）河床平均宽220～260米，河岸高40～80米。天生桥以下3千米即出山，河床逐渐开阔向戈壁滩过渡，到骟马城低山丘岭区又形成冲沟河槽。白杨河全长50千米，年平均径流量0.483亿立方米。

五、敦煌西部泉水河水系

1. 西水沟

西水沟又名宕泉河、大泉河，由三危山西南麓地下水溢出汇集而成，流经莫高窟，年径流量500万立方米。

2. 东水沟

发源于三危山北麓，东水沟正常流量为47.5升每秒，年径流量150万立方米。

3. 崔木土沟

源于党金山北藏，属于季节性河流。

4. 南湖泉水

党河水从肃北流出山后经沙枣园一带渗漏，在南湖上湖、大沟、山水沟、西头沟等处形成泉水，年径流量9902.3万立方米，分别汇集黄水坝、新工坝、西头沟坝和山水沟坝，以引水灌溉农田。

5. 吊吊水

位于距甜水井南三四千米的山坡上，水流不远渗入地下，可供少量人畜饮水，水味甘美。

第三节　苏干湖水系

苏干湖水系位于阿尔金山与祁连山脉的党河南山、吐尔根达坂山与赛什腾山的环抱中，虽与疏勒河流域无水利联系，但在流域规划等方面一般被纳入疏勒河水系。

一、大哈尔腾河

苏干湖水系第一大河流。位于甘肃省阿克塞哈萨克族自治县境内。发源于甘肃、青海两省交界处野牛脊山（最高峰海拔4904米）及夭果吐乌兰山（最高峰海拔4724米），由东向西流，全长144千米，流域面积5967平方千米。

河水主要由冰雪融水和泉水汇流而成，多年平均年径流量2.98亿立方米。河源头有冰川158条，冰川面积266.83平方千米，冰储量165.59亿立方米，雪线海拔4820～5100米。

大哈尔腾河上源由两条源流汇合而成，西源野马沟，南源阿里亚马特郭勒。二源汇合后向西流动，左岸先后纳入青马沟、三道沟、头道沟、克希塔斯乌增等支流，右岸依次纳入玉勒昆且尔干德、红庙沟等支流，前行且行且渗入戈壁，部分水量又于塔喀尔巴斯陶、当中泉一带以泉水露出地面，继续西流15千米后再次渗入戈壁，而于苏干湖西侧的湿地出露。地表水与地下水两次转化，最终汇入苏干湖和小苏干湖。

流域属于高山草原-草甸地带，由山地、海子沼泽、荒漠、戈壁等组成，多荒漠草原牧场。流域属高寒气候带，干旱少雨。多年平均气温-0.9～3 ℃，多年平均年降水量121.3毫米，多年平均年水面蒸发量1000毫米，年无霜期80～90天。水质类型Ⅱ类（中上游），矿化度0.23克每升。河流水力资源理论蕴藏量4.307万千瓦。

二、小哈尔腾河

苏干湖水系第二大河流。位于甘肃省阿克塞哈萨克族自治县境内，发源于土尔根达坂山。由东向西流，与大哈尔腾河平行流动，全长60千米，流域面积1320平方千米。

河水主要由冰雪融水和泉水汇流而成，于哈尔腾口子渗入戈壁，潜流40千米后，由于努呼

图一带受基底为南北向隐伏断裂的影响，以泉水露出地面，再流经10千米后又渗入地下。潜流40千米后又于阿克塞哈萨克族自治县民主乡一带第二次露出地面。地表水与地下水经两次转化，最终汇入苏干湖和小苏干湖。多年平均年径流量0.662亿立方米。

小哈尔腾河源头有冰川76条，面积40.7平方千米，冰储量13.512亿立方米，雪线海拔4830～4990米。

流域属于高山草原-草甸地带，由山地、海子沼泽、荒漠、戈壁等组成，多荒漠草原牧场。流域属高寒气候带，干旱少雨。多年平均气温-0.9～3 ℃，多年平均年降水量121.3毫米，多年平均年水面蒸发量1000毫米，年无霜期80～90天。水质类型为Ⅱ类（中上游），矿化度0.28克每升。河流水力资源理论蕴藏量7080千瓦。

三、苏干湖

苏干湖又称大苏干湖，位于阿尔金山、党河南山与赛什腾山之间的花海子-苏干湖盆地的色尔腾（海子）草原西北端，为盆地最低处，北距甘肃省阿克塞哈萨克族自治县城80千米。湖中心地理坐标为东经93°52、北纬38°52。

苏干湖地跨甘肃省和青海省，湖泊水主要来源于大哈尔腾湖、小哈尔腾河潜流。水域面积108平方千米。平均水深2.84米，蓄水量1.72亿立方米，湖水矿化度20～25克每升，属咸水湖。水质类型为Ⅴ类（东端）和劣Ⅴ类（西端），不能饮用、灌溉。

苏干湖湖盆为山间断陷盆地，海拔2795～2808米。该地区气候属内陆高寒半干旱气候。多年平均气温零摄氏度，多年平均年降雨量18.8毫米，多年平均年水面蒸发量1400毫米。

四、小苏干湖

位于苏干湖的北部、甘肃省阿克塞哈萨克族自治县境内，湖中心地理坐标为东经94°13′、北纬39°04′。两湖之间相距20千米，水道相通，湖水通过齐力克河流向苏干湖。入湖水源是盆地东部大哈尔腾湖和小哈尔腾湖潜流。

水域面积11.6平方千米，平均水深0.6米，蓄水量0.24亿立方米，矿化度1.0～1.2克每升，属微咸水湖。水质类型为Ⅳ类。

湖盆为山间断陷盆地，海拔2795～2808米。该地区气候属内陆高寒半干旱气候。多年平均气温零摄氏度，多年平均年降雨量18.8毫米，多年平均年水面蒸发量1400毫米。

第三章　水资源

第一节　地表水资源

疏勒河流域位于河西走廊西端，有7条常年有水河流。其中疏勒河水系5条，包括白杨河、石油河、榆林河、党河、疏勒河；苏干湖水系2条，包括大哈尔腾河、小哈尔腾河。疏勒河水系出山口多年平均径流量为15.632亿立方米，苏干湖水系出山口多年平均径流量为4.267亿立方米。

各河径流均产生于祁连山区，出山后由于截流灌溉和河床渗漏，径流时断时有，成为间歇性河流。径流的统计和估算均以河流出山口位置为准。全流域7条常年有水河流，有测站的6条，即白杨河、石油河、疏勒河、榆林河、党河、大哈尔腾河，没有测站的1条，即小哈尔腾河。前山坡各小沟，除安南坝有短期观测站外，其余均无测站。各河流多年平均径流量及频率50%和75%的径流量统计分析见表3-1。

表3-1　疏勒河流域地表水径流量统计(单位:亿立方米)

河川名称	测站名称	多年平均径流量	频率50%径流量	频率75%径流量	说明
玉门市		10.951			
白杨河	天生桥	0.470	0.477	0.433	
石油河	老君庙	0.360	0.358	0.318	
疏勒河	昌马峡	9.948	9.840	8.550	玉门市区划资料
前山各沟	山口	0.173			甘肃省水文站估算
安西县		0.550			
榆林河	蘑菇台	0.550	0.550	0.523	
敦煌市		3.060			沙枣园站平均径流2.867亿立方米
党河	党城湾	3.060	3.020	2.960	

续表3-1

河川名称	测站名称	多年平均径流量	频率50%径流量	频率75%径流量	说明
肃北县、阿克塞县		1.068			
前山各沟	山口	1.0336			甘肃省水文站估算，自榆林河西至新疆界。各沟下游的东巴兔、东水沟、千佛洞沟南湖、崖木土沟、多坝沟等处露头泉水为1.209亿立方米
安南坝	安南坝	0.0347			
苏干湖水系		4.267			
大哈尔腾河	山口	2.980	2.950	2.622	
小哈尔腾河	山口	0.662	0.649	0.563	
南北山各沟	山口	0.625			南山为土尔根达板西端、赛什腾山北坡。北山为党河南山、阿尔金山南坡

疏勒河流域所有河流均发源于祁连山，径流由冰川、地下水、降水三部分组成。自东向西，降水在径流补给中的比例逐渐降低，冰川融水与地下水在径流补给中的比例逐渐升高。其中，以冰川地下水为主要补给的河流，洪水小，年内和年际变化都小，党河、榆林河、白杨河属这一类型。冰川、地下水和降雨都有较大比重的大河，冬春基流较大，夏季洪水也多，年际和年内变化较大，疏勒河干流属这一类型。流域主要河流的变差系数见表3-2。

表3-2　党河、疏勒河径流变差系数表

河流名称	年径流量变差系数	月径流变差系数
党河（沙枣园）	0.07	0.372
疏勒河（昌马峡）	0.21	0.968

疏勒河流域各河流泥沙主要来自洪水期，除悬移质外还有大量的推移质，设计时常按悬移质的20%估算。泥沙的变化规律是，上游河段较少，越到下游越多。深山区降雨多，植被好，人为破坏轻，是泥沙较少的原因。随着高度降低，降雨减少，植被稀疏，加上过度放牧和人工樵采，植被遭到破坏，土地流失严重，加大了河流泥沙量。进入走廊区后，风大沙多，也加大了河流含沙量。

疏勒河流域各河流在11月中旬到12月上旬先后结冰封面，冰厚0.6～0.7米。有地下水补给的山区河段，整个冬季冰下都有水流动，出山进入走廊区，因无地下水补给，河水全部冻结成冰，冰下断流。翌年二月下旬和三月初开始解冻，从出山口逐步向上游融化，产生较大的消冰径流，消冰水一般在5月上旬结束。

第二节　地下水资源

一、地下水的储存与分布

根据流域的地形、地貌、水文及水文地质特性，地下水资源分为中部走廊平原区、南部祁连山区及北部低山丘陵区三个单元，这三个单元的地下水补给来源及存储条件各异。

1.走廊平原区地下水

地下水分别储存于金塔-花海盆地、赤金-白杨盆地、玉门-踏实盆地、瓜州-敦煌盆地、阿克塞前山盆地。其天然补给源80%以上来自河川径流入渗，其余由祁连山地下径流和走廊区降雨与大气凝结水补给。地下水仅有部分露出地表形成泉水，其余大部分消耗于蒸发与蒸腾作用。

2.祁连山区地下水

祁连山区一系列高山峻岭之间夹有河谷盆地，形成了独立的水文地质单元。各盆地沉积着很厚的砂砾、卵石层，埋藏着大量的孔隙水，为地下水补给、储存、径流创造了有利条件。广大山体、构造裂隙十分发育，分布着裂隙水，较大的沟谷沉积着松散物，埋藏着少量孔隙水。

3.低山丘陵区地下水

地下水是降雨直接渗入补给和降雨形成洪流入渗补给的。该地区降水量年仅60～80毫米，而蒸发量却很大，入渗有限，加上地形复杂，很少有大量的存储区，水分散储存在基岩裂隙、沟谷、盆地的砂砾层中。

二、地下水资源总量及特点

流域地下水资源总量0.58亿立方米（不与地表水资源重复），分为中部走廊平原区、南部祁连山区及北部低山丘陵区三个水文地质单元，地下水补给来源及存储条件特点各异，现分区说明如下：

1.走廊平原区地下水

走廊区地下水的主要含水层是中上更新统-全新统和上新统-下更新层。水质主要受到两个过程影响：一是水流渗入，径流的过滤作用；二是大陆盐渍化过程中的蒸发浓缩作用。一般埋藏很浅的地下水不同程度受到蒸发浓缩，矿化度增高，埋藏较深的地下水更多地受到径流和流程影响。

疏勒河流域沿山的赤金-白杨灌区、昌马灌区、党河灌区的上游地区，具有厚度200～1000米的地下淡水，矿化度0.21～0.96克每升，水质与出山泉水极为接近。含盐量较多的山岩裂隙水，进入洪积扇后含盐量显著减少，变为淡水（矿化度0.2～0.3克每升），SO_4^{2-}、Na^+含量降低，反映了河水入渗过程中通过富钙的包气带产生了钙离子、钠离子的吸附、交换作用。地下淡水从南向北流动进入灌区后，埋深变浅，潜水蒸发使含盐量增加。灌溉渗水、降雨渗水、凝结水下渗，均会将表层盐带给地下水，使表层5～20米浅水层含盐较大，并有上大下小的规律。下部的承压水、半承压水受隔水层保护，矿化度很低（0.26～0.82克每升）。在扇形底北部，即使在盐沼卤水之下，也有淡的承压水分布。在各河下游，如讨赖河、疏勒河、党河，地下水经过长期运移后，盐分累计，表层盐渍化加重。下部承压水、半承压水的含盐量也增加到1～3克每升。化学成分也变得复杂，出现五元水、六元水，水中SO_4^{2-}、Na^+含量也增加。矿化度小于1克每升的淡水，在较深的地方才有分布。

在大河下游的终止地带，如瓜州西湖（包括敦煌北湖），在地表水以下200～300米均是矿化度1～10克每升的微咸水，且上部水的矿化度大于下部水，淡水仅存于河、渠冲淡的浅层含水层或降水形成的沙漠浅层含水层中。

以上主要含水层的水质变化，取决于地下水的径流条件和水流交替以及与之相伴的盐分搬运累计过程。以内陆盐分平衡的特征而言，南部大厚度淡水是盐分溶滤携出区，灌区北部的咸水区为盐分累计区，表咸下淡的灌区和荒区有溶滤也有累计。这种天然盐分的搬运、累计过程，在灌区受到灌溉、地下水开采、土壤改良等人类活动的影响。

2.祁连山区地下水

海子盆地的地下水主要由大小哈尔腾和土尔根达板山北坡及党河南山、阿尔金山南坡各沟的季节性洪水渗漏补给。肃北、阿克塞前山盆地的地下水由阿尔金山、党河南山、野马山西段北坡的地表水径流渗漏补给，北流至截山子、南截山、三危山、南湖红山口（龙头山）、崔木土山及多坝沟夹山等处，受基岩阻挡，露出地表形成东巴兔、吊吊水、东水沟、千佛洞沟、上泉子、南湖、崔木土沟、多坝沟等地的泉水。

3.低山丘陵区地下水

山区水位较浅，一般在5～30米之间，矿化度小于2.5克每升，单井涌水量大于100吨每日。沟谷潜水全石均有分布，其特点是：埋深浅、含水层薄，矿化度沿地形从高到低走向逐步增加，上游一般为1～3克每升，下游5～10克每升。

以上三种类型的地下水，虽然都有降水和冰川融水补给，但是又很快外泄补给河流。前述各河出山口的径流资源均包括这部分地下水，是各河基流的唯一水源，所以总资源中再不重复计算祁连山区的地下水。其中，山区降水量比较多，沿祁连山边缘多年平均降水量为：阿克塞179毫米，肃北153.8毫米，安南坝93.1毫米，昌马堡100毫米，石包城87毫米。盆地内由于山脉阻隔，降水量较少，山脉随地形开高，降水量随之增大，多年平均降水量为：大哈尔腾口子102.6毫米，花庄77.6毫米，鱼儿红135.2毫米，花儿地153.7毫米，朱龙关176.9毫米，老虎沟400毫米以上。

三、地热水资源

地热作为一种清洁的可再生资源，尤其是浅层地热能，越来越受到人们的重视。地球地壳深、浅部具有形成热能的条件、产生热能聚集后，不断循环的深部地下水是热的唯一载体，从而形成了地下热水（简称“地热水”），地热水涌出地表后就形成了温泉。目前，在酒泉境内发现的地热水有10多处，按热源条件主要分为隆起断裂型地热水和沉降盆地型地热水两类；按水温主要分为中低温地热水和低温地热水。

隆起断裂型地热水主要分布在北山一带，已知有北山南带赋存在海西期花岗岩中的大奇山温泉（水深55米，水温32.5 ℃）。

沉降盆地型地热水在疏勒河流域主要集中在安西-敦煌盆地（简称“安敦盆地”）和花海盆地、酒泉盆地。安敦盆地内从南到北依次有新店台（水深48米，水温18 ℃）、西水沟（水深49米，水温19 ℃）、孟家井（水深51米，水温16.5 ℃）、城湾三站（水深50米，水温16.5 ℃）。

安敦盆地中以2000年打出的敦煌市五墩乡伊塘湖温泉最为出名。该地地热水异常，有很好的利用价值，井深1600米时，水温可达到52 ℃。化学分析显示，伊塘湖温泉矿物元素含量达到了温泉水质标准，且伊塘湖地处距313国道100米左右处，距敦煌市区20千米，距莫高窟10千米，临近敦煌机场，作为敦煌新兴开发的旅游资源，建设条件非常优越。另外，花海盆地中有一处条件也比较理想，主要是水温较高，位于玉门市花海乡。井深500米时，水温34～41 ℃；井深1500米时，水温50～70 ℃；井深2500米时，水温84～95 ℃。

第三节　降水　冰川

一、降水

1.降水的年际变化

疏勒河流域降水年际变化较大，年平均降水量在42.2～151.4毫米之间。流域中下游呈现出不同的变化趋势。流域中游自2000年以后降水增加趋势明显（图3-1），流域下游降水则大致以10年为单位呈现出增减周期（图3-2）。

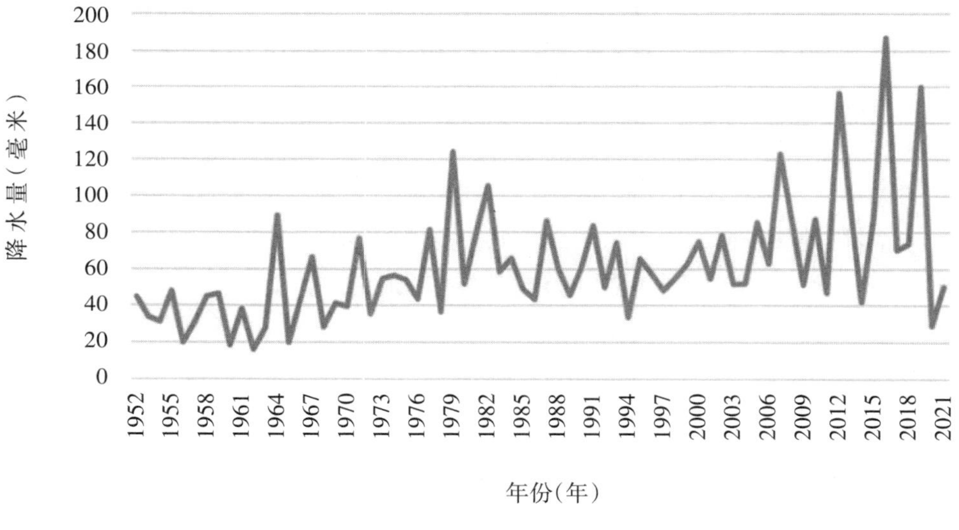

图3-1　1952—2021年玉门市年降水量演化趋势图

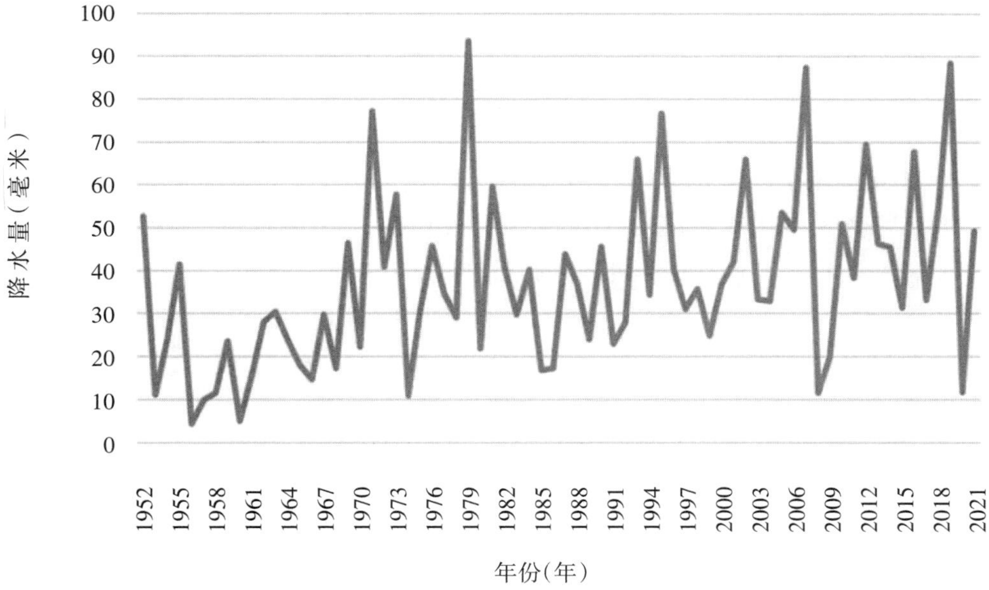

图3-2　1952—2021年敦煌市年降水量演化趋势图

2. 月平均降水量

流域降水量月季变化明显。冬半年（10月至翌年3月），气候干燥，降水稀少；夏半年（4—9月），空气较为湿润，降水多而集中（表3-3）。

表3-3　疏勒河流域各地月平均降水量(单位:毫米)

地名	1月	2月	3月	4月	5月	6月	7月	8月	9月	10月	11月	12月	全年
酒泉	1.2	1.4	4.8	3.7	7.9	14.8	20.5	19.7	8.8	2.3	1.6	1.1	87.8
玉门镇	1.0	1.3	4.1	4.3	6.7	12.9	13.9	12.5	4.8	2.1	2.1	1.1	66.8
安西	0.9	0.6	3.0	3.7	3.3	10.3	13.3	11.3	2.4	2.0	1.5	1.3	53.6
敦煌	0.8	0.8	2.1	2.4	2.4	8.0	15.2	6.3	1.5	0.8	1.3	0.8	42.4
肃北	3.0	2.9	7.1	8.0	11.8	40.9	35.7	26.6	6.6	3.0	2.4	3.4	151.4
马鬃山	0.6	0.7	2.6	1.5	5.6	14.4	17.8	13.4	3.2	2.0	0.9	0.6	63.3

3. 降水日数及一日最大降水量

降水日数冬季少，夏季多；降水强度夏季强，冬季弱。流域年平均降水（≥0.1毫米）日数21.0～44.7天，≥10.0毫米的年平均降水日数为0.7～3.8天。以肃北最多，敦煌最少，且基本上都出现在4—9月。流域各地一日最大降水量在27.1～59.9毫米之间。流域较大降水一般以阵性降水为主，出现大暴雨可造成局地山洪暴发、洪涝灾害。冬季降雪量较少，但亦有大到暴雪，2005年3月14日至15日，安西以东地区出现大到暴雪，降水总量7.7～18.8毫米，突破历史记录。

二、冰川

流域境内河流补给水源的冰川，主要分布在祁连山中西段及阿尔金山东段海拔4200米以上的高山地区，以疏勒南山、大雪山的冰川分布规模最大，最为集中，托赖南山、党河南山、土尔根达坂山、察汗鄂博图岭的冰川分布比较零散。冰川分布明显受地势、气候及坡向影响。山地南北坡冰川分布不相对称，北坡冰川一般较南坡冰川长、密度大。冰川多以高峰为中心呈星状分布，山谷冰川多分布在高峰北坡，南坡主要为冰斗冰川和悬冰川。冰川沿山脊两侧呈羽状形式分布。零星分布冰川多在北坡，呈斑点状。境内有冰川1225条，冰川面积1171.84平方千米。其中面积大于10平方千米的冰川有15条，6条分布在哈尔腾河上游，7条分布在疏勒河上游，大雪山南北侧各1条。祁连山最大的山谷冰川——老虎沟20号复式山谷冰川，位于大雪山北麓、小昌马河上游，长10.1千米，面积21.91平方千米，冰川覆盖厚度70～80米，最厚可达100～120米。流域冰川资源较丰富，储冰量643.176亿立方米，折合储水量（按0.85折算）546.6亿立方米（表3-4）。冰川储量相当于河川径流量的32倍，具有“高山多年调节水库”的作用。冰川融水对河流有重要补给作用，冰川融水径流每年从6月份开始，7、8月份最大，9月份减弱，冰川融水补给量占河川年径流量的16.46%（表3-5）。特别是枯水年补给量较大，丰水年补给量相对较小，起着平衡和调节多年径流变化的作用，有利于提高水资源开发利用程度。大多数冰川退缩性不强，而且有逐年减缓的趋势，个别冰川表现为前进性质。大雪山老虎沟20号冰川从1959年9月6日至10月5日共30天，在海拔4400米处的冰舌运动了2.46米，平均每天8.2厘米，据此推算1年运动约30米。

表3-4 疏勒河流域冰川资源一览表

水系	河流	冰川条数	冰川面积（平方千米）	储冰量（亿立方米）	储水量（亿立方米）	备注
疏勒河	疏勒河	639	589.64	33.456	283.4	
	党河	336	259.74	123.904	105.3	包括阿尔金山部分
苏干湖	哈尔腾河	250	322.46	185.816	157.9	
合计		1225	1171.84	643.176	546.6	

表3-5 疏勒河流域各水系冰川融水量统计表

水系	山区径流量(亿立方米)	冰川融水量(亿立方米)	冰川融水量占径流量比重(%)
疏勒河	16.0	4.6918	29.3
苏干湖	4.27	1.535	35.5
合计	56.97	9.3758	16.46

第四章　自然灾害

第一节　水灾

疏勒河流域降水稀少，各河流径流不丰，水灾发生频率较低。虽然夏季祁连山区时有强降雨，会形成巨量洪峰，但持续时间一般较短，加之流域内长期缺乏防洪堤坝建设，所以会造成河水溢出，冲毁田地、漂没房屋。还有一些洪水灾害虽不会直接造成淹没之患，却会对渠道造成短期内无法修复的损害，致使田禾受旱，遂形成一种特殊的水灾后遗症。20世纪80年代后，随着防洪工程不断兴建、防洪标准不断提高，流域水灾危害大为减少，但日渐增多的极端天气仍使流域面临一定的防洪压力。疏勒河流域水灾的历史文献记载较少，主要记载自清代始有明确出现，现列举主要水灾如下：

清雍正十一年（1733年）6月19日晚，党河突发洪水，冲决永丰渠口、漫入敦煌北门，冲塌民房近600间。

清光绪二十八年（1902年）夏，敦煌地区持续降雨，党河水数度暴涨，冲毁桥梁及渠道取水口，致水不归渠、禾苗枯死。

民国九年（1920年）6月14日，党河河水暴涨，淹没敦煌安化坊附近土地300余亩。

民国十七年（1928年）夏，玉门、敦煌等地山洪暴发，冲没部分农田、民房，人、畜有损。

民国三十二年（1943年）7月，祁连山区连降阴雨，引起玉门山洪暴发，地处石油河畔的炼油厂被冲毁，7人死亡。

1951年5月27日，玉门花海乡遭受水灾，洪水淹没苗地510亩，冲毁房屋36间。

1959年6月23日，祁连山区骤降暴雨，4小时降雨量达25.8毫米，形成山洪，使玉门鸭儿峡油矿遭受严重损失：冲坏房屋318间，损伤汽车22辆，大量建筑器材和1000多名职工的衣物被褥被水冲走；死亡13人，轻、重伤91人。另冲垮玉门赤金马家沟小型水库1座，毁坏花海干渠多处。市区也遭洪水袭击。

1966年8月15日，祁连山区连降暴雨，降雨量39.1毫米。由玉门市区通往西山、东站的公路多处被洪水冲毁。

1967年5月15日，玉门连降大雨，玉门镇一带降水量达32.1毫米。洪水冲毁桥梁5座、林带105亩、灌渠450米，受灾农田12668亩，死、伤牲畜33头，倒塌房屋21间，玉门镇一带交通一度中断。7月28日，敦煌大雨，山洪暴发，南湖公社山水沟水坝溃决，百余亩庄稼被冲毁，部分麦场被淹没，22户农民受灾。灾后50多户200多人全部搬迁至郭家堡公社墩湾农场。

1971年7月7日，敦煌持续6天降水60.1毫米，使东水沟决堤45米，毁坏土石工程17820立方米，淹没农田1085亩，电讯、交通中断，县城进水，310多间房屋倒塌，小麦因出芽霉变损失150多万千克；西湖因下暴雨，羊死亡419只。7月9日，祁连山区暴雨，玉门白杨河水库临时溢洪道土坝被冲垮。在抢险过程中，死亡3人。

1973年6月22日，肃北蒙古族自治县党城湾一带出现暴雨，日降水量44.0毫米，雨后河水猛涨，党河水流量由平时10个水流量猛加至82个流量。据石包城、党城湾统计，洪水冲毁渠道9条（长2400米）、蓄水地5座、分水闸1座、跌水1处、滚水坝1处；淹地883亩，毁苗2亩，毁大桥1座；淹死人1个、牛6头、驴3头、马5匹、骆驼2峰、山绵羊372只，并使部分社员财产受损。

1974年7月29日，祁连山区暴雨。玉门清泉乡遭洪水袭击，洪水淹没粮田245亩，冲垮小水库1座，冲坏大小桥梁8座，冲断公路5处。

1979年6—7月，疏勒河流域普降大雨。6月30日、7月16日、7月26日，肃北蒙古族自治县南部地区连降大雨、暴雨，日降水量达40.9毫米，造成特大洪水灾害。遭到破坏的干渠、支渠各3条，小水电站3座，房屋倒塌15间，畜棚倒塌25间；洪水冲坏公路4条、桥4座，冲毁截留坝1处，损坏水泥10吨，冲淹汽车2辆，冲走和冻死牲畜2000只，受害农作物1279亩。全县经济损失111.23万元。至7月27日00：30，党河洪峰推进至敦煌党河水库，副坝漫顶决口，洪水冲毁敦煌县房屋4815间，冲毁总干渠3686米、拦河坝1140米；党河沿岸6个公社所属19个大队、40个生产队、12个林场和园艺场受灾，受灾面积1.2万亩。这次水灾造成城乡经济损失2487万元，粮食减产182.8千克，棉花减产70万千克，死亡4人，失踪1人。同日南湖公社山洪暴发，使3个大队、3个林场遭受水灾，冲毁粮食作物3362亩、其他作物120亩，有51户农民受灾，430间房屋倒塌，粮食减产61万多千克，经济损失96.9万多元，敦煌城区内一半房屋不同程度被淹。7月29日至31日，玉门降雨量41.7毫米，主要河道均发洪水，其中疏勒河洪水流量达419立方米每秒，石油河流量301立方米每秒。赤峡水库34小时内进水800万立方米。全流域137个生产队受灾，洪水淹没农作物14632亩，其中绝收8016亩；冲毁干渠44.4千米、支渠39.8千米、塘坝4个、桥梁18座、渡槽24个、大型水闸和防洪坝5个；倒塌房屋1276间；死亡3人，受伤5人；伤亡牛56头，骡马27匹，骆驼43峰，羊5587只，猪180口；城市居民房、商店、学校及输电线路也遭到不同程度的破坏。全流域损失折价320.66万元。

1980年6月20日，玉门白杨河上游一带连降暴雨54时8分，洪水冲毁白杨河干渠及窑洞地支渠4.53千米，渠道断流10天，使4000亩农作物受旱减产。

1981年7月31日至8月5日，玉门连续阴雨6天，过程雨量22.6毫米，使部分成熟的小麦出芽。

1982年8月26—31日，玉门连续阴雨6天，过程雨量20.8毫米，使部分成熟的小麦出芽。

1983年7月17日，玉门东部猛降暴雨，小马莲泉沟、干沟、石油沟、火石山沟均出现洪水，洪水冲垮白杨河干渠0.72千米、渡槽3个、涵洞1处。

1984年6月25日，玉门4小时内市区雨量55毫米，暴雨2小时后即暴发山洪。市区厂矿、学校等企事业单位损失折价15万元，清泉乡11个生产队损失折价12万元，赤金乡死亡2人。

1986年3月25日8时30分，敦煌南湖乡黄水坝水库园湖子坝漫顶垮坝，使该乡阳关、营盘村81户300多人受灾。洪水冲毁房屋560间、耕地2581亩、渠道56条26300米，造成经济损失

31.9万元。

1995年7月12日晚9时许，敦煌莫高窟以南山区局地暴雨，发生特大洪水，造成经济损失74.6万元。

1995年7月13日，敦煌南湖（今阳关镇）西土沟以南一带降暴雨，发生特大洪水，洪峰流量达150～200立方米每秒。

1996年7月22日至8月1日，敦煌党河上游的阿克塞、肃北地区连降暴雨，使党河11日内洪水来量频繁、来势凶猛，超过200立方米每秒的洪峰就有11次，造成经济损失57.8万元。

1996年7月26—30日，敦煌南湖（今阳关镇）西土沟连续发生四次洪水，造成直接经济损失8万元。

1996年7月30日晚7时许，敦煌五墩乡部分村组遭受洪水灾害，造成直接经济损失82.55万元。

2007年6月14—16日，肃北、阿克塞等地区降水较大，使敦煌遭受水灾，造成直接经济损失313.1万元，农业经济损失35万元。洪水冲毁公路4千米、防洪坝2260米、桥梁4座。

2011年6月15日，党河流域普降暴雨，上游肃北最大降水量81.4毫米，阿克塞最大降水量79.7毫米，敦煌最大降水量57.1毫米。这次天气过程造成全流域3个县7个乡镇3073人受灾，农作物成灾283.66公顷；敦煌火车站站前广场被洪水冲刷，16.3千米铁路线路不均匀下沉，8千米拦水坡被冲坏；国道、省道及县（乡）道路23.9千米受损；洪水冲毁防洪堤坝8.8千米，冲毁渠道5.26千米，通信缆沟20千米12处电力系统受损；洪水造成莫高窟北区窟区进水，淹没在建的游客中心，冲毁大桥1座，损坏月牙泉管理处办公房屋。共造成直接经济损失14012.75万元。

2012年6月4—5日，敦煌及党河上游地区出现强降水天气，造成敦煌市大泉河、党河、山水沟、西土沟等主要河流均出现洪水。肃北五个庙降水量66.1毫米，肃北县降水量102.5毫米。上游大暴雨引起的洪水造成敦煌市6个乡镇5461人受灾，农作物受灾面积587.4公顷。洪水还造成阳关镇多处道路被洪水冲断，造成交通中断。莫高窟公路线冲毁路基4千米。莫高镇、莫高窟景区、阳关镇等多处通讯光缆被冲断，73个基站受损通讯信号中断。

第二节　旱灾

自古以来，旱灾始终是困扰疏勒河流域的主要自然灾害。流域上游阿克塞、肃北地区以牧业为主，降水偏少会导致草场退化，导致牲畜死亡。流域中下游地区自然降水稀少，旱灾发生的主要原因是每年春夏灌溉时期河流来水偏少、不敷灌溉。河流来水偏少的原因主要与祁连山区气候有关，山区气温偏低导致冰川融水减少或山区降水减少皆可能造成诸河来水偏少。20世纪80年代后，随着水利保障能力的不断提高，疏勒河流域中下游主要农业区虽时有旱情发生，但已不至于造成灾害。根据文献记载，历史时期流域主要旱灾如下：

西汉建昭二年（公元前37年），敦煌郡发生低温、旱灾。

东汉汉安元年（142年），敦煌等地大旱致灾。

北魏太和二十年（496年）六月，河西各县大旱，民饥。

唐贞元二年（786年），沙州、瓜州等地旱。

后晋天福七年（942年），瓜州、沙州大旱，人民流徙、饿殍甚多。

西夏崇祯十年（1110年）九月，沙、瓜等州遭遇旱灾，农业、畜牧业受灾严重，流亡者甚众，赤地数百里。

西夏天盛十三年（1161年），疏勒河流域遭遇严重旱灾。

元世祖中统三年（1262年）闰九月，沙州受旱乏食。

元至治二年（1322年）三月，河西诸县旱，民饥。

元至顺元年（1330年）八月，玉门旱，民饥。

明正统九年（1444年）四月，疏勒河流域东部旱灾。

明正德二年（1507年），疏勒河流域旱灾。

清乾隆二十一年（1756年），玉门、安西旱，民饥。

清乾隆三十年（1765年），玉门、安西旱，民饥。

清乾隆三十三年（1768年），河西各县旱，粮歉收。

清嘉庆六年（1801年），玉门夏、秋均旱，粮歉收，民甚饥。

清宣统元年（1909年），玉门大旱，民大饥。

民国十三年（1924年），春至夏河西各县大旱，民甚饥。

民国十七年（1928年），河西大旱，春不能下种，全年无收。旱灾延至次年，伴蝗灾、瘟疫，民众妻离子散、哀鸿遍野。

民国十八年（1929年），敦煌遭大旱，秋又遭雹灾，夏秋均歉收，人畜死者不计其数。

民国二十一年（1932年），玉门、高台等县大旱，田禾枯槁，收成大减，饥民逃亡者甚众。

民国二十二年（1933年），玉门持续大旱，田禾枯萎，人民生计甚困，逃亡者甚众。

民国二十三年（1934年）夏，安西天旱水乏，夏禾歉收。

民国三十一年（1942年），玉门春、夏均旱，田禾枯槁，草木萎黄，收成大减，民流亡逃外者相继。

民国三十六年（1947年），玉门旱情严重，伴有风灾，民大饥。

民国三十六年（1947年），河西各县遭旱、风、雹等灾，旱灾最为严重，有些地区无收。

1952年10月，玉门旱情严重，全县粮食减产，减免公粮63.4万千克。

1961年，玉门旱灾，伴有风、虫灾。全流域受灾农田26824亩，粮食减产57.45万千克，损失棉花3.49万千克、油料3.24万千克、蔬菜12.63万千克。

1962年，玉门旱灾。伴有风、虫、冻、雹等灾。全流域受灾农作物21299亩，其中减产5成以上者12467亩。

1966年冬、春季，阿克塞哈萨克族自治县因缺雪少雨，居民及牲畜被迫撤出，造成转场途中死亡牲畜5600头（只）。

1968年，敦煌全县受旱灾9650亩，虫灾1.5万亩。12.9万亩粮食作物亩产减少39.5千克，总产减少573.5万千克。

1978年，敦煌旱灾严重，造成11.8万亩农作物受旱，平均粮食亩产减少20千克，5.9万亩棉花亩产减少5.5千克。

1978年，阿克塞大、小哈尔腾河口一带，因冬季（10—12月）降雪稀少，人畜饮水困难。县委县政府组织车辆拉水救灾，有15群羊（约1.2万多只）和1000匹马借用青海草场放牧。

1982年，瓜州秋旱严重，双塔水库库容量下降，环城、瓜州、南岔、西湖等公社3.5万亩秋季作物少浇1轮水。

1984年，瓜州夏季旱情严重，三道沟、河东、布隆吉等乡5万亩小麦浇二水时，迟灌10～15天，致使部分禾苗萎蔫或枯死，一般禾苗较正常生育期提早了10～15天。

第三节　风灾

疏勒河流域风力资源丰富，瓜州县素有“亚洲风库”之誉。但春季大风，常伴随沙尘暴与霜冻，对农业生产造成破坏，部分靠近沙漠的区域会导致流沙压没农田；夏季则有干热风，造成作物减产。近几十年来，随着水利工程的广泛修建，大风对水利工程造成较为明显的威胁。如初春水库蓄满，大风引发巨浪，对水库安全造成隐患。瓜州县某些区域，大风推动流沙，会导致渠道淹没。21世纪以来，随着防护林建设加速、各项基础设施防风能力增强，风灾对于流域的影响逐渐减小。历史文献中，流域主要风灾记录集中于明代以来，列举如下：

明正德十六年（1521年）十二月，赤斤蒙古卫（今玉门赤金镇）一带狂风为灾。

清乾隆二十二年（1757年），玉门、安西等地暴风飞沙，压没田禾甚多。

民国十七年（1928年），敦煌夏季干热风甚剧。

民国十八年（1929年）八月十四，玉门暴发沙尘暴。

民国二十一年（1932年）五月三日，玉门大风，损坏房屋甚多。

民国二十三年（1934年），玉门多次狂风，灾情甚重。

民国二十八年（1939年）夏，玉门发生干热风，田禾收成大减。

民国三十三年（1944年），玉门赤金、花海乡多次遭遇风灾，黑穗病严重。

民国三十四年（1945年）八月，玉门昌马乡风灾伴虫灾，半数麦苗枯萎。

1953年3月19日至24日，安西大东风5日，部分区域受灾严重，已下种的小麦籽种、肥料被风刮走。

1955年3月18—23日、4月8—11日，安西先后刮大东风2次，风力达8～9级，伴有强沙暴。刮走地表沃土，损失肥料46万多车，刮折树木800多棵，刮倒房屋10间，重种小麦8000余亩，给全县农业生产造成很大损失。5月11日敦煌大风，风后1150亩小麦被沙子埋压，812亩棉苗被吹摧毁。8月14日，玉门镇10级西风，瞬间最大风速28米每秒；其中玉门镇附近各乡为12级飓风，瞬间最大风速36米每秒，损坏树木2万多株，最大直径49公分；全县损失粮食94.5万千克。

1956年6月下旬至8月中旬，敦煌出现两次干热风强过程，夏秋粮减产减收，夏粮受害面积达2.4万亩，平均亩减产13.5千克；秋粮受害面积3.1亩，平均亩减产55千克，棉花也大减产：水果减产45.8万千克，减收231.8万元。

1959年5月19—20日，敦煌大风持续18小时，部分棉苗被吹毁，果树落果严重。

1960年4月9日，安西刮起11级东风，历时9小时，风后有细雨小雪，气温猛降。全县受灾面积4605亩，刮倒民房24间，冻死大牲畜75头，冻死羊羔64只，刮倒树木34棵，损失其他物资65件，水坝决堤5处，损失水4980立方米。同年5月24日—27日，玉门连刮4天8级大风，花海乡正出苗的600亩棉田受损，200亩地的甜菜籽被刮出地面。

1962年5月，敦煌大风，4.369万亩作物受风灾，14.39万亩粮食作物平均亩产降至70.5千克，3.275万亩棉花平均高产皮棉仅5.5千克。

1963年8月6日，玉门7～8级东风，损失小麦13.5万千克。

1964年7月25日至8月3日，敦煌出现干热风强过程，棉花落铃严重，秋粮大幅度减产。

1965年3月17—19日，安西刮东风，持续72小时，最大风力10～11级，竟达36小时。狂风来后尘土飞扬，能见度急剧下降，桥子南坝决堤倒水。全县农田受灾面积21890亩，损失肥料13万车，丢失牛50头、骆驼50峰、羊3群。同年4月25日，安西复刮起10级以上东风，全县失踪1人，农田受灾面积11720亩，刮倒大树8棵，损失大牲畜5头。

1965年5月20—24日，安西刮起10级东风，全县农田成灾面积21910亩，占全县播种面积的18%，刮倒房屋33间，刮折树木255棵，丢失羊7只。5月24—27日，敦煌大风持续25.35小时，果树落果严重，风口地段棉花严重减产。

1969年4月16—17日，敦煌大风持续20小时，转渠口乡五圣宫、东沙门等地段的小麦被风沙埋压3300多亩。

1972年8月6日至8日，敦煌大风三日，敦煌全县棉花减产，皮棉减产22.5万千克，秋粮减产36万千克。

1974年7月24日，玉门刮起7～8级东风，损失小麦30万千克。下西号乡受灾为甚。

1975年7月17日，敦煌持续6小时的大西风（瞬间最大风速26米每秒），使全县55348商已黄熟小左严重脱粒，损失137.2万千克，7.02万亩玉米倒伏，约减产166.3万千克。

1977年4月22日，特大沙尘暴袭击疏勒河流域。敦煌瞬间风速最大达26米每秒，最小能见度不足300米，全县12738亩小麦受灾。玉门瞬间最大风速40米每秒，能见度不足50米，全市2.9万亩春小麦受灾，市区停电3小时。

1980年5月19日，安西刮10级以上西风，持续2天。全县受灾面积42124亩，其中重灾14327亩。8月8日，玉门9—10级西风，瞬间最大风速31米每秒，伴有沙尘暴，损失小麦11.7万千克、玉米85万千克，吹倒和折断的树木达3000多株，最大直径80厘米。

1981年5—6月，疏勒河流域遭遇严重沙尘暴。其中5月10—11日，敦煌大风伴有沙尘暴持续21小时，瞬间最大风速26米每秒，最小能见度200米；安西刮10级以上东风持续36小时，瞬间最大风速31米每秒。流域中受灾面积约30万亩，农作物大量减产。

1986年5月18—19日，疏勒河流域遭遇严重沙尘暴。全流域30%的耕地不同程度减产，经济损失3000余万元。7月20—26日，敦煌出现强干热风危害，最高气温达到41.5 ℃，农作物大量减产。

1990年3月22—26日，敦煌遭遇大风，瞬间风速达20米每秒，风沙淹没农田1739.8亩。

1996年5月29—30日，敦煌遭遇强沙尘暴，大风持续10小时，最大风速27米每秒，能见度小于100米，造成5人死亡，各项经济损失7205万元。

2001年4月8日，疏勒河流域先后出现沙尘暴、寒潮、降雪天气。24小时内，流域平均气温下降了12～15 ℃，降雪量5～11毫米。流域内各县市普遍受灾，总经济损失超过5000万元。

2005年4月5日，疏勒河流域各市县出现大风、沙尘暴、降雪、强降温过程，流域内各县市普遍受灾，敦煌李广杏几乎绝收。

2009年4月22日，疏勒河流域遭遇特强沙尘暴，瞬间最大风力达10级，最低能见度不足20

米。流域各市县近30万亩耕地不同程度受灾。

第四节　地震

疏勒河流域位于祁连山地震带，历史上多次发生强烈地震，给人民生命财产造成重大损失。地震往往会改变河流走向，新形成的断层会改变原有地下水运动规律，造成泉水干涸，这些均会对水利事务造成影响。特别是1932年昌马地震，造成疏勒河中游泉眼干涸，引发局部社会危机。20世纪80年代后，疏勒河流域水利设计建设中，均把抗震防震作为重要考量。根据历史文献记载，疏勒河流域破坏性地震灾害如下：

东晋义熙十三年（417年）3月，敦煌郡效谷县地震。8月，效谷县地裂。

东晋元熙元年（419年）春、夏，敦煌郡地震5次。

唐至德元年（756年）11月，河西地震有声。地裂陷，房舍有损。

唐大中三年（849年）10月，河西地震。

宋绍兴十三年（1143年）3月，河西地裂泉涌出黑沙，逾月不止。.

元顺帝至元二十六年（1289年），沙州地震，城坏。

明建文元年（1399年）1月，赤今蒙古卫一带地震。

明万历三十七年（1609年）6月12日子时，赤今蒙古卫地震8次，倾倒民房460余处，死620余人。

清乾隆五十年（1785年）三月初十日酉时，玉门县地震有声，至次日辰刻连动数次。惠回堡、白杨河等处受灾242户，震倒民房506间，压死36人。县城一带兵营、衙署的房屋及民房、仓库、城楼等多有倒塌。

清道光十二年（1832年）7月，玉门昌马一带地动山摇，颓圮石岩千佛庙（今水峡村石窟）。其附近地区亦受较大破坏。

清道光五十年（1850年），敦煌地震。

清光绪二十四年（1898年）9月，玉门地震。

民国十六年（1927年）4月23日，玉门地震。

民国二十一年（1932年）12月25日，玉门昌马（东径经95°0′，北纬39°9′）发生里氏7.5级强烈地震，历时约5分钟，山崩地裂，河水断流。800余户民房全部荡平，挖出人尸体278具，牲畜死亡500头以上。县城城垛倒塌，城楼屋瓦掉落，县府及民房倒10余处，死2人。大震后不时小震，半年后方息。

民国二十二年（1933年）1月17日，玉门昌马一带发生5.5级地震。

1951年12月27日，肃北别盖乡境内的老虎沟一带发生6级地震，人畜无损伤。

1952年1月23日，肃北土大坂一带发生5.5级地震。2月6日，肃北红柳峡一带发生5.5级地震，无经济损失记载。

1970年6月7日23时25分，玉门老君庙油田31号井区发生地表塌陷。塌陷区长500米，宽150米，下沉最大深度20米。石油河河岸斜坡河床下滑20米。该区9口油井停产，地面设备遭受不同程度破坏。

1.疏勒河上游风光（王亚虎　摄）

2.疏勒河天生桥（文彦祥　摄）

3.疏勒河古道桥湾段(巨有玉　摄)

4.疏勒河下游河道(王亚虎　摄)

14.农田航拍(王亚虎　摄)

16.玉门市城区(岑文喆　摄)

17.敦煌市区(邱亮　摄)

18.甘肃肃北县城(孟根朝力　摄)

19.阿克塞县城(王涛　摄)

20.胡杨特写(王亚虎　摄)

21.梭梭(赵一君　摄)

22.藏野驴(巨有玉　摄)

23.普氏野马(孙志成　摄)

24.藏原羚(巨有玉　摄)

25.沙尘暴(邱亮　摄)

第二编

水利工程建设

第五章　流域水利规划

第一节　1949年之前的水利规划

清雍正（1722—1735年）年间，安西兵备道王全臣为解决下游瓜州一带维吾尔族移民的灌溉水源问题，在疏勒河中游进行了以“黄渠”（清末时讹为“皇渠”）为中心的大规模渠道建设与河道改造，深刻改变了流域中下游的河湖布局与渠道系统。在进行营造之前，王全臣曾对地势、水情进行详细踏勘，已具有流域水利规划的萌芽。

1947年，河西水利工程总队编制《疏勒河流域灌溉工程规划书》，是为流域第一部现代意义上的水利规划。该规划书由整理旧渠、截引地下水两部分组成。限于当时的财力与施工技术，未规划大型水库，主要着眼改造玉门昌马河灌区及敦煌党河灌区，将渠首由一年一修的柴稍坝改建为永备工程，并改造渠线、增加衬砌；同时，该规划书还计划在流域内广泛建设集水井以截引地下水。该规划计划在流域内增加荒地开垦20万亩，同时保障既有40万亩耕地的灌溉。规划按1947年12月物价计算，需投资法币21665.16亿元，预计增产小麦1877000市石（1市石＝0.1立方米），并计划酌情建设若干小型电站和水磨设备。此部规划未实施。

第二节　1949年之后的各版水利规划

1949年后，疏勒河流域水利规划工作逐渐步入正轨，先后于1955年、1964年、1966年和1984年分别编制完成了《昌马河流域工程规划》《甘肃省河西地区疏勒河流域初步规划》及《甘肃省疏勒河流域规划》。

1950—1955年，有关部门疏勒河流域进行了广泛的土壤、水文调查。1955年，甘肃省农林厅水利局负责编制《疏勒河流域规划概要》，1956年得到水利部批复。此规划期限为1956—1965年，内容简略，只是提出一些原则性的设想，如昌马水库、双塔水库等骨干水库以及昌马灌区、双塔灌区建设方向，并强调发展军垦。依据此规划精神，1957年相继编制《昌马河流域工程规划》与《安西双塔水库工程规划》，明确了投资额度、设计标准、工程收益等指标。后因“三年困难时期”造成的国家基建收缩调整，《疏勒河流域规划概要》在1960年后终止执行，当时除昌马水库一度尝试局部建设后停办外，多数骨干工程基本建成，但发挥效益未达到规划要求。

1964年，甘肃省河西建设规划委员会主持编制了《甘肃省河西地区疏勒河流域初步规划》，规划时段为1964—1980年。计划到1980年时，工矿企业和铁路用水1.48亿立方米，农业灌溉用水10.15亿立方米，流域灌溉面积达到177.6万亩（其中，军垦农场113万亩，人民公社64.6万亩），保证灌溉面积达到164.1万亩，水利工程总投资1亿4530万元人民币，农场基建1亿5237万元人民币。规划主要内容包括：在疏勒河水系5条河流上，规划新建、扩建、加固水库6座，蓄水总库容达到4.77亿立方米；新建引水枢纽3处、总干渠及干渠14条340千米，改建总干渠、干渠3条100千米；新建、改建支干渠20条238千米，支渠309条1252千米；改建灌区11处。该规划于1966年又进行了修订，调整了部分指标，进一步突出了军垦作用。1964版流域规划编制时，因基础数据不完善及所处时代的特殊性，多数指标设置过高，到1980年时均未能实现，尤其是昌马水库未能建成。

1984年，甘肃省“两西”农业建设指挥部和水利厅组织酒泉地区水利处、甘肃省农垦设计院、甘肃省地矿局地质科学研究所、甘肃省水利水电勘测设计院等单位共同编制《甘肃省疏勒河流域规划》，计划到2000年流域规划工业用水8300万立方米，规划总灌溉面积达到147.3万亩。规划新建昌马水库、新总干渠、西总干渠、总干渠新渠首、疏花干渠、三道沟输水渠，系统升级昌马、花海、双塔灌区，兴建昌马、花海、双塔三灌区的机井配套工程及输电线路，兴建昌马水库电站、昌马大坝电站及玉门镇电站，计划安置甘肃省中部和南部贫困地区移民20万人，规划估算静态总投资6.58亿元人民币。甘肃省人民政府于1991年5月开始实施该规划。与1955年版、1964年版流域规划相比，1984年版流域规划有下述几个鲜明特点：其一，格外注重盐碱地的改良、兴建排水工程系统，坚持以工程措施为主，农业措施、生物措施和管理措施等相结合的综合治理方法；其二，首次将生态目标纳入规划范围，由以农为主过渡到农、林、草并重；其三，将移民扶贫置于更为重要的地位，首次明确提出积极争取世界银行贷款。

1996年，在世界银行支持下的甘肃省疏勒河农业灌溉暨移民安置综合开发项目正式实施，《甘肃省疏勒河农业灌溉暨移民安置综合开发》规划出台，1984年 版规划不再执行，详见本志第八章。

第六章　水库工程

1949年之前，疏勒河流域仅有少数汇集泉水用的塘坝，无大中型水库工程，其代表者为瓜州县桥子东坝水库，参见本志第十七章第一节。1949年后，水库建设在流域蓬勃兴起，流域相继建成双塔、赤金峡、党河、昌马4个骨干水库及大量小型水库。本章集中介绍水库工程有关情况。

第一节　双塔水库

一、基本工程规模

双塔水库又名双塔堡水库，位于疏勒河中游瓜州县城以东48千米的乱山子峡口，水库以上流域面积34440平方千米，主要拦蓄疏勒河尾水及汛期洪水。多年平均径流量2.97亿立方米，总库容2亿立方米，其中灌溉调节库容1.2亿立方米，是一座可供灌溉、防洪综合利用的大型水库，为二等工程。防洪标准按百年一遇洪水设计，千年一遇洪水校核，万年一遇洪水保坝。地震烈度按6度设防。主体工程由主坝、副坝、围堤、输水洞、溢洪道、非常溢洪道、泄洪渠组成。

1. 主坝

黏土心墙砂砾坝壳，最大坝高26.8米，坝顶高程1332.8米，坝顶长1040米，坝顶宽6.5米，设防浪墙，高1.2米。迎水面用浆砌块石护坡，背水面为干砌块石护坡，下游坡脚设贴坡式排水。

2. 主坝基础处理

初建阶段，桩号0+567.3至0+895.0米处，因覆盖层太深，未做防渗处理，蓄水后渗漏严重，之后在加固改建阶段，增设混凝土防渗墙，截断坝基砂砾层，最深处达14米，并嵌入基岩深度不小于0.5米，全长328.1米，墙厚0.8米，墙顶浇筑高程1327.0米。另在桩号0+050至0+120米处及0+240至0+390米处两段，增设水泥帷幕灌浆，前段为双排孔，后段为单排孔；孔距单排孔为1.5米，双排孔上排1.5米，下排2米，灌浆最大深度进入基岩8米。

3. 副坝

坝型同主坝，位于主坝北侧，最大坝高17.3米，坝顶长199米，坝顶宽5米，迎水面在加固阶段改为浆砌块石护坡，背水面增加干砌块石护坡。

4. 围堤

位于副坝北侧，第一围堤长463米，第二围堤长774米，合计全长1237米，最大堤高5.7米，堤顶宽3米。原建堤身为砾石土均质堤，无防渗心墙，在加固阶段将迎水面改建为浆砌块石护坡，并在坡脚处嵌入基岩。

5. 输水洞

原建输水洞位于副坝中部，为坝下埋管式涵洞，马蹄形断面，高、宽均为2.6米，钢筋混凝土衬砌，进口为2孔，设框架式启闭塔。1968年框架受冰压力推移断裂，输水洞衬砌质量较差，加之岩石裂隙水矿化度高，混凝土侵蚀严重，洞身大面积漏水，危及运行安全。1969年10月，在主坝北端新开输水洞一处，洞长78米，进口高程1313.4米，圆拱直墙式断面，高、宽均为3米，进口引水渠长240米，出口输水渠长400米，设计最大泄流40立方米每秒。1971年10月新洞竣工通水，1973年12月旧洞用细粒混凝土灌砌块石封闭停用。

6. 溢洪道

位于副坝北侧，正常溢洪道为8孔，每孔宽3米，闸底堰顶高程1327.5米，闸后设挑流鼻坎消能，安装8扇钢木平板闸门，并设一台活动门型吊启闭。非常溢洪道净宽18米，堰顶高程1326.2米；保坝工程净宽25米，堰顶高程1325.5米；非常溢洪道和保坝工程平时填筑黏土心墙砂砾坝挡水子堤，若水位超过设计洪水位1330.6米，则依次挖开子堤，确保水库安全。

7. 泄洪渠

溢洪道和非常溢洪道下接泄洪渠，全长4260米，平行于疏勒河北岸，尾部仍投入疏勒河。0+000至1+100米段，渠底宽度在0+466米以上的为35米宽，以下渐变为20米宽，南边坡采用浆砌块石衬砌，保证总干渠安全。1+100至4+260米段，全部开挖底宽为20米的砂砾石梯形断面。

8. 其他工程

架设通往安西县永久通讯线路50千米，铺设库区内外沥青公路9千米，与兰新公路连接；坝后河床及总干渠北侧开垦林地1015亩，植树39万多株；泄洪渠0+450米处新建跨径32米对外公路桥一座；主坝北端新建值班室，管理区新建自来水系统和永久管理房屋1355平方米。

水库从1958年6月开工初建，到1984年底加固改建全部竣工。总计完成土石方333.3万立方米，其中，石方18.3万立方米，混凝土1.9万立方米；耗用水泥1.16万吨、钢材524吨、木材3950立方米；投入劳力607.3万工日；国家投资2496.1万元。

二、初建经过

20世纪50年代，安西县人民政府曾上报修建水库的计划，甘肃省农林厅水利局即着手进行水库的勘测工作，在乱山子峡谷中段先后选定三个坝址进行比较，1956年对第三坝址进行钻探。1958年2月甘肃省农林厅水利局完成水库初步设计，同年3月经国家计划委员会审批同意，同年4月完成水库扩大初步设计。设计坝高26.8米，总库容2.4亿立方米，二等工程，按百年一遇洪水设计、千年一遇洪水校核，设计灌溉面积65万亩。全部工程由主坝、副坝、围堤、输水洞、溢洪道、泄洪渠组成。工程委员会经甘肃省计划委员会审核批准成立，由张掖专区专员高鹤龄任主任委员，由省水利厅调派技术人员，由李桂荣工程师负责。甘肃省劳改工作管理局第一水利工程支队承担施工。1958年7月6日正式开工，1960年2月竣工，1960年2月23日通过验收，交付使用。本期工程完成土石方206.9万立方米，其中，石方4.9万立方米，混凝土1347立方米；耗用水泥954吨、钢材137吨、木材1898立方米；投入劳力487.3万工日；国家投资663.1万元。

三、新建输水洞

1968年，旧输水洞进口框架启闭塔受冰压力推移断裂，虽用角钢加固，仍不能保证安全，输水洞衬砌质量也较差，加之岩石裂隙水矿化度高，混凝土侵蚀严重，洞身大面积漏水，不但影响洞身安全运行，而且危及副坝安全。同年6月，甘肃省革命委员会生产指挥部召集有关单位研究决定新建输水洞，同时对旧洞进行加固处理。1969年元月，甘肃省河西建设规划委员会水利勘测规划队提出新输水洞设计，在主坝北端新开输水洞工程。同年10月，酒泉地区革命委员会组织地县有关单位组成工程指挥部，徐廉身任指挥，动员灌区及农建十一师工程团劳力开工。1971年10月竣工通水。完成土石方5万立方米，其中，混凝土2432立方米；耗用水泥954吨、钢材147吨、木材279立方米；投入劳力29万工日；国家投资100万元。1973年12月，旧输水洞被封堵停用。

四、第一次改建

双塔水库兴建于“大跃进”时代，设计与施工都存在许多缺陷。土坝断面在施工中做了较大修改，坝坡较陡致使坝体不够稳定，主坝河槽段有320多米，因砂砾覆盖层较深，排水困难，又因工期紧迫，坝基未清至基岩，最深处离基岩尚差12.7米。水库自1960年蓄水运行以来，主坝下游产生的大面积水沸现象，统计水沸点60多个，最大水沸高度达5厘米，实测最大渗流量达0.57立方米每秒（溢出地表部分），考虑绕坝渗漏在内，计算总渗失水量约2000万立方米每年。加之原设计防洪标准偏低，双塔水库成了一座大型险库，长期限制水位运行，既不能充分发挥工程效益，又严重威胁着下游城镇安全。

1971年，甘肃省水利厅设计院二总队开始对水库进行加固处理工程设计。1976年4月提出了《双塔堡水库加固处理设计报告》，此后由于设计基本数据、洪水资料及设计标准的变更，先后提出三次修改设计报告，于1983年6月提出加固处理设计最终报告。经对库容核测，水库因淤积库容减少0.4亿立方米，实际最大库容为2亿立方米。工程效益：近期（上游未兴建调蓄工程）灌溉面积为30万亩，远景（上游兴建调蓄工程）灌溉面积为46万亩。

经甘肃省革命委员会（1977年）第6号文批准，双塔水库加固改建于1978年6月全面开工。由酒泉地区水利电力局和安西县联合成立工程指挥部，安西县副县长段生茂任指挥，来自省、地、县的工程技术人员、技术工人和干部300多人参与施工管理，组织省内外和受益乡的工程队和民工队1200余人参与施工。工程历时6年半，于1984年底全部竣工。完成土石方118.4万立方米，其中，石方13.4万立方米，混凝土1.52万立方米；耗用水泥9712吨、钢材240吨、木材1773立方米；投入劳力91万工日；国家投资1733万元。

经过这次全面加固改建，水库形象和工程质量都大为改善，主坝上下游坡面调整放缓，主副坝和围堤的迎水面改成了浆砌块石护坡，背水面增加了干砌块石护坡；坝基主河槽增设混凝土防渗墙328米，主坝北端增加帷幕灌浆220米，并增设非常溢洪道和保坝工程。现在的大坝工程如长蛇巨龙，巍然横卧在乱山峡谷之中，气势磅礴、宏伟壮观，坝后渗流全部消失，防洪设施井然有序（可抵御百年一遇洪水460立方米每秒，千年一遇洪水860立方米每秒，万年一遇洪水1080立方米每秒）。1985年2月，省、地组织有关部门的工程技术专家对工程进行验收，之后工程又经过水利电力部专家的实地审查，1987年，水利电力部批准双塔水库加固处理工程为部优质工程。

五、第二次改建

第二次改建在疏勒河流域农业灌溉暨移民安置综合开发项目框架下进行，参见本志第八章第二节。

六、第三次改建

双塔水库除险加固工程于2015年8月经甘肃省发改委批复实施，批复概算投资15307万元，到位资金13386万元（其中中央预算资金12246万元，省级配套资金1140万元），累计完成投资12872万元。项目于2015年12月开工，2019年8月完工。共完成主坝坝顶、1#副坝坝顶、2#副坝坝顶加宽，坝体培厚，坝体内设混凝土防渗墙与原有主坝防渗墙相接，形成完整封闭的防渗体，并增设排水设施；对透水率较大的基岩段进行帷幕灌浆；新建2#溢洪道，改造主坝观测设施，增设副坝观测设施等。

第二节　赤金峡水库

一、概况

赤金峡水库位于石油河中游玉门市赤金村，流域面积3440平方千米，多年平均径流量3540万立方米，坝高28.5米，总库容2090万立方米，三等工程，防洪标准按50年一遇洪水设计、500年一遇洪水校核，洪峰流量分别为149立方米每秒和295立方米每秒。水库工程由土坝、输水洞和溢洪道组成。土坝为粉质黏土心墙、粉质壤土和砂砾壳坝。

坝高28.5米，坝顶高程1565.5米，坝顶宽4.2米，坝顶长219.6米，设防浪墙高1.3米。迎水坡干砌块石护面，两坝肩与山坡结合处建有混凝土齿墙。

输水洞位于左坝肩下，圆拱直墙断面，宽1.2米，高1.5米，长121.1米，进口高程1541.4米，设双孔闸门和框架式启闭机台。设计最大流量16立方米每秒。溢洪道位于输水洞左侧岸边，堰顶高程1561.0米，设闸3孔，各宽3米，堰后接陡坡，长17.4米，设计最大泄流量112立方米每秒。

二、修建经过

1957年由张掖专署水利局设计，1958年3月由玉门县动员全县民工1500多人进行施工，至1959年9月，完成坝高17米，建成输水洞、出口设控制闸门和临时溢洪道，可蓄水460万立方米，即行停工，投入运行。1962年土坝加高2米，可蓄水800万立方米。1966年6月开工续建，由花海、赤金两灌区抽调劳力施工，至1968年10月竣工，建成坝高28.5米，输水洞出口闸门因漏水严重，予以废弃，改建为进口双孔闸门和框架式启闭机台，并加固洞身及出口消力池，在左岸新开溢洪道，堰顶高程1560.0米，堰宽3.5米，防洪标准按200年一遇洪水校核，最大泄洪流量42立方米每秒。

1974年水库因防洪标准偏低，由甘肃省水电局勘测设计院二总队设计，防洪标准按500年一遇洪水校核，将溢洪道扩大为3孔，每孔净宽3米，最大泄洪流量112立方米每秒，同年10月完工。

1978年坝顶增设防浪墙，高1.3米，溢洪道堰顶也加高1米。1984年实测心墙高程均有不同程度的沉陷，最大沉陷量0.61米，同年将心墙加高0.65米。至此水库工程才达到设计规模，坝高28.5米，总库容2090万立方米。水库自开工兴建和历次加固扩建，共计完成工程量59.6万立方米，投入劳力94.0万工日，耗用水泥650吨、钢材50吨、木材510立方米，国家投资140.6万元。

三、第一次改建

根据1985年编制的《疏勒河流域规划》（以下简称《规划》），水库下游花海灌区近期发展灌溉面积达10万亩，远景发展面积16万亩。水利除调蓄石油河水量外，还修建疏花干渠43.4千米，设计引水流量8立方米每秒，从昌马河总干渠将疏勒河水调入水库，经水库调节后向花海供水。规划近期每年调水3800万立方米，远景调水6000万立方米，由于水库规模偏小，不能承担调蓄任务，因此相关部门决定将水库加高扩建，大坝加高6.1米，总容2457万立方米，三等工程，防洪标准按百年一遇洪水设计、千年一遇洪水校核，地震烈度按8度设防。甘肃省水利水电设计院负责设计，主要扩建项目包括土坝加高、新建泄洪排沙洞和溢洪道。

土坝加高6.1米，坝高达到34.6米，坝顶宽5米，坝顶长264.8米，坝顶高程1571.6米，设防浪墙高1.2米。坝体加高部分采用斜墙与原坝体心墙相结合，坝基在河床部位有100多米未清至基岩，用高压灌浆处理。

泄洪排沙闸在左岸新建，进口设坚井洞，长138米，为圆拱直墙断面，宽3.5米，高5米，钢筋混凝土衬砌，最大泄量165立方米每秒。

溢洪道也在左岸新建，设两孔，每孔宽6米，堰顶高程1566.0米，最大泄流量284立方米每秒，护坦末端以反弧挑流至下游河床。完成防洪堤1座，长342米；上坝公路桥1座，长40米；永久性管理房730平方米。

扩建工程实行招标承包制。酒泉地区水电工程局承担泄洪排沙输水洞和大坝加高任务；湖南澧县基础灌浆公司承担大坝基础处理任务；武威地区水电工程局承担溢洪道改建和公路桥施工任务；国营黄花农场承担防洪堤施工任务。

整个工程于1990年3月开工，1994年10月竣工，历时4年8个月。合计完成工程量44.9万立方米；坝基高喷灌浆2038米、1050平方米，右坝肩帷幕灌浆720米、440平方米；耗用水泥5205吨、钢材210吨、木材704立方米；完成劳动工日29.5万个；国家投资1209.2万元，其中，投劳折资9.2万元。

赤金峡水库大坝加高后，造成库区上游赤金镇赤峡村5队274.5亩耕地淹没，37户143人和200间民房、161间畜圈搬迁。根据玉门市政府指示精神，工程指挥部于1992年3月1日在玉门市召开了由市农业委员会、土地管理局、水电局及赤金镇等单位参加的联席会议，会议产生了《关于赤金峡水库淹没赤峡村5队需部分搬迁有关问题纪要》，并有工程指挥部按国家土地和水利工程确权划界的有关规定办理了手续，一次性付给赤金镇土地淹没赔偿和人口搬迁费45.9万元，由赤金镇政府负责搬迁，安置工作于1993年底全部完成。

四、第二次改建

第二次改建在疏勒河流域农业灌溉暨移民安置综合开发项目框架下进行，参见本志第八章第二节。

第三节　党河水库

一、概况

党河水库位于敦煌市西南34千米的党河口，坝址以上流域面积16600平方千米，多年平均径流量2.93亿立方米，设计坝高56.8米，总库容4640万立方米，是一座可供灌溉、发电、防洪综合利用的中型水库，三等工程，防洪标准按百年一遇洪水设计、千年一遇洪水校核，地震烈度按8度设防。主体工程由主坝、副坝、围堤、输水发电隧洞、排沙泄洪隧洞、溢洪道及电站组成。

主坝高56.8米，坝顶高程1432.3米，并加设防浪墙1.2米。主坝为沥青混凝土心墙沙壳坝，属国内首创，曾荣获1978年甘肃省科技大会科技进步奖。坝顶长252米，坝顶宽7米，坝基覆盖层19.5米，清至基岩，浇筑混凝土齿墙高6米，上接沥青混凝土心墙69.6米，底宽1.5米，顶宽0.6米。

副坝高40.3米，坝顶设防浪墙1.2米，为沥青混凝土心墙沙壳坝，坝顶长232米，坝顶宽5米，坝基挖深12米至基岩，浇筑高18.2米的混凝土齿墙，上部为高31.6米的沥青混凝土心墙。

右岸围堤位于副坝右岸台地上，采用沥青混凝土心墙沙壳坝，最大坝高18米，总长329米，顶宽5米，坝顶设防浪墙1.2米。

库内垭口围堤位于坝轴线上游2.8千米的左岸，坝体为一均质粉沙挡水堤，堤高3.6米，堤长355米，堤顶宽4米。

输水发电隧洞位于主坝左侧，为钢筋混凝土压力洞，长214.5米，在191.4米处设发电引水支洞。此前输水洞直径2.8米，此后为2.4米。进口闸底高程1395.0米，设2.8米×2.8米检修闸门，门后为竖井，上设操作室，安装50吨的卷扬机以司启闭。出口安装直径1.7米的锥形工作闸门，下接带有消能盖的消力塘，下接明渠和陡坡，以鼻坎挑流入消力池，最大泄流量40立方米每秒。

排沙泄洪隧洞位于主副坝之间，全长318.8米。进口高程1402.0米，前段9.2米为压力洞，后接闸门竖井，竖井后292米为明流隧洞，出口以挑流形式跌入下游河床，鼻坎高程1387.0米，落差12.8米，主河床挑流冲刷坑后设泄洪渠397米，设计过水流量180立方米每秒。

溢洪道位于右岸围堤与副坝之间，按非常溢洪道设计，进口为7米高的浆砌石混凝土护面溢流堰，堰顶高程1428.0米，分两孔，每孔宽10米，堰后设挑流坎，平时堰顶筑堤蓄水，遇保坝洪水时，可掘堤排水，最大泄洪流量203立方米每秒。

电站位于主坝下游左岸，由引水支洞、厂房、尾水渠、升压站及输变电工程组成。设计水头45米，装机3台，总容量3750千瓦，单机流量3.65立方米每秒，引水流量11立方米每秒，以灌溉为主，灌溉期利用灌溉水发电，冬季限用库水1500万立方米发电，设计年发电6640小时，年发电量1000万至1600万千瓦时。

二、一期初建工程

敦煌县为彻底解决“水丰无处流，水欠全县旱”的问题，决心修建党河水库。1969年成立党河水库办公室，由县委原书记王占昌任主任，进行有关筹备事宜。1970年8月，王世选工程师带领技术人员进行勘测设计，当年提出《党河水库扩大初步设计》，报请甘肃省革命委员会生产指挥部审批，同时筹备开工修建。原设计坝高50米，为黏土心墙沙壳坝，总库容4500万立方米，扩大灌溉面积10万亩。由于土厂距坝址25千米，运输任务县上无力解决，1971年12月，甘肃省水电局水利组负责人夏树根和电力组负责人杨连一建议：改黏土心墙为沥青混凝土心墙，以解决运输问题；增设电站，以解决敦煌用电问题。自1971年至1974年，甘肃省水电局勘测设计院二总队先后完成水库主副坝区工程地质勘探、水利计算、输水洞技施设计、主坝基础处理补充设计、溢洪道初步设计及沥青混凝土心墙试验研究报告等一系列基础工作，其中关于沥青混凝土心墙的试验研究成果，在1978年甘肃省科学大会上获得了科研项目奖，并对工程规模提出了修改意见及报告。1972年7月确定了水库总规模坝高56.8米，总库容4640万立方米。一期工程坝高46米，总库容1500万立方米，防洪标准按50年一遇洪水设计、500年一遇洪水校核。

工程开工时成立党河水库工程建设指挥部，由敦煌县革命委员会副主任白彦龄和韩寿先后担任总指挥，王世选工程师任技术总负责。导流洞是关键性工程，经过积极努力，1971年8月导流洞全部完成，同年10月开始主坝清基，同时开挖输水洞。1972年完成坝基处理，开始沥青混凝土心墙浇筑和坝体回填，至1974年7月中旬完成心墙工程，主坝达到46米高度，副坝与主坝齐平。1974年11月，一期工程全部扫尾。1975年元月，水库开始蓄水，当年发挥效益，扩大灌溉面积2万亩，提高保灌面积3万亩，完成工程量145万立方米（包括沥青混凝土1.1万立方米），投入劳力232万工日，耗用水泥4700吨、钢材237吨、各种沥青2250吨，国家投资403.5万元。

电站引水支洞和水库输水洞于1974年同时建成。1975年4月厂房建筑完成，9月两台机组的安装和调试完成，12月底输变电工程全部完成，开始向敦煌县城供电。共完成工程量4万立方米，投入劳力5.4万工日，耗用水泥1100吨、钢材213吨、木材332立方米，国家投资211.7万元。

1978年10月，甘肃省水利学会邀请有关部门专家及领导在敦煌县召开了党河水库加固扩建技术座谈会，产生了《敦煌县党河水库加固扩建技术座谈会纪要》，纪要指出“水库效益显著，大坝基本是安全的，只要进一步采取正确措施认真处理，大坝继续加高是可以的，应积极加固扩建”。

三、副坝溃决与修复

自1976年起，水库管理所编制运行计划，报上级防汛部门批准执行，计划中规定每年7月大汛期的限制水位1409.5米，预留调洪库容840万立方米。1977年和1978年两次出现较大洪水，水库都安全度汛。1979年敦煌县委少数领导片面强调“多蓄水，多发电”，以致入汛以后水库一直超限蓄水，省地防汛部门为此多次发出通知，地区水电局派出工作组到水库检查，要求放水降低水位，都未能贯彻落实。

1979年7月25日，水库水位达到1416.4米，相应库容1240万立方米，防洪库容被侵占62%，当天下午2时，流域内山前戈壁普降大雨，历时10小时，暴雨中心雨量近30毫米。26日零时山前又降大雨，暴雨中心阿克塞哈萨克族自治县雨量达103毫米，当天早上8时，第一次入库洪峰流量277立方米每秒，库水位超过校核洪水位，到23时以后，第二次入库洪峰流量606立方米每秒入库，水位猛涨。27日1时30分，水位超过副坝，形成缺口过水，缺口迅速扩大，副坝随之溃决。估计溃坝瞬时流量为2500立方米每秒，洪水流经30多千米，于27日5时到达县城，据县水电局实测，洪峰流量达1940立方米每秒。洪水迅速漫入城区，造成严重损失。据调查统计，洪水进城水深达1.4米，居民住房62.6%受淹，其中83%住房倒塌，坝后电站被淹；总干渠渠首和旧河道沿岸农田被冲毁，直接经济损失2700万元，其中城市损失2100万元。所幸县防汛办公室于26日夜间以高音喇叭广播，紧急动员城市居民向城外戈壁转移，未造成人员伤亡。

灾情发生后，甘肃省水利厅、防汛指挥部和水利水电勘测设计院的工程技术人员在总结事故原因的同时，根据甘肃省委指示立即进行副坝修复工作。由甘肃省水利水电勘测设计院二总队承担设计任务，提出了《党河水库副坝修复工程扩大初步设计》及施工图纸，由敦煌县组织施工，省水利厅基本建设处副处长袁自强，工程师马秉礼、王传豪、徐进奎，设计院袁程光等在现场负责施工指导工作。1979年9月修复工程开工，1980年4月基本完工。坝高达到29.5米，同时将临时溢洪道扩大为20米，进口堰底降低到1414.5米高程，使泄洪流量由150立方米每秒加大到377立方米每秒，并提高防汛标准，按百年一遇洪水设计、千年一遇洪水校核。与此同时，坝后电站和总干渠首修复完工，安装发电机组3台，对副坝基础和左坝肩岩体进行帷幕灌浆。合计完成工程量22.4万立方米，投入劳力78.8万工日，耗用水泥4000吨、钢材203吨、沥青404吨，国家投资542.3万元。

根据省水利厅安排，施工队于1983年至1985年对主坝基础及坝肩也进行了帷幕灌浆，钻孔156个，总进尺16122米，耗用水泥1886吨，国家投资345万元。至此，党河水库一期工程全部完工。

四、二期扩建工程

1983年3月，酒泉地区行署提出《党河水库加固扩建工程计划任务书》，同年4月，甘肃省计划委员会（简称“计委”）和“两西”建设指挥部批复同意水库扩建，由甘肃省水利水电勘测设计院承担设计。1985年8月，设计院提出了《党河水库扩建工程初步设计报告》，同年12月又提出以排沙减淤问题及修改响应建筑物的初步设计补充报告，经省“两西”建设指挥部和水利厅于1986年3月组织有关部门进行审查后，二期扩建工程于1987年10月正式开工建设。扩建工程包括主副坝加高10.8米，新建右岸围堤、库内垭口围堤、排沙泄洪洞，改建溢洪道和修补输水发电隧洞等项。

敦煌市成立水库工程建设指挥部负责指挥工程施工，市政府常务副市长徐寿任总指挥，技术负责人为设计院工程师谢祖培。整个工程由甘肃省水利厅机械队和酒泉地区水电处机械队施工。市上负责组织乡镇辅助施工用工。至1990年底，主副坝加高按计划达到高程1423.0米以上，排沙泄洪洞完成，右岸围堤和库内垭口围堤与主体工程同步施工。1991年工程完工，累计完成工程量266万立方米，投入劳力443.5万个工日，国家投资2928.3万元。

第四节　昌马水库

昌马水库是以农业灌溉为主，兼顾工业供水、水力发电和防汛等综合利用的大（二）型水利枢纽工程。水库枢纽位于玉门市境内的疏勒河昌马峡进口1.36千米处，距兰新铁路玉门镇车站54千米。水库由拦河大坝（壤土心墙沙砾石坝）、排沙泄洪洞、溢洪道、引水发电洞和坝后发电厂房五部分组成。

一、工程可行性研究和初步设计

昌马水库工程早在1963年就开始勘测设计工作，但在1966年中止。在此工作基础上，甘肃省水利水电勘测设计院于1992年完成可行性研究报告，同年8月报告通过水利部规划设计总院审查后，设计院即进行了初步设计阶段的工作，于1995年3月编制完成初步设计报告，同年11月报告通过水利部规划设计总院审查，设计院根据审查意见于1996年补充完成了部分地勘工作。1997年6月，水利部批复昌马水库工程初步设计。

二、工程级别及主要建设内容

昌马水库工程为大（二）型二等工程，主要建筑物大坝、溢洪道、排沙泄洪洞、引水发电洞均为2级建筑物，防洪标准按100年一遇设计，洪峰流量1620立方米每秒，按2000年一遇洪水校核，洪峰流量2960立方米每秒，电站厂房为4级建筑物，相应防洪标准按50年一遇设计、100年一遇校核，地震烈度按8度设防。

大坝为壤土心墙砂砾石坝，最大坝高54.8米，坝顶高程2004.8米，坝顶长365.5米，坝顶宽9米，设计正常蓄水位2000.8米，设计洪水位2000.8米，校核洪水位2002.18米，汛期限制水位2000.8米，死水位1988.4米。水库总库容1.934亿立方米，兴利库容1.0亿立方米，调洪库容0.134亿立方米，死库容0.8亿立方米。坝基覆盖层采用混凝土防渗墙防渗，基岩设置帷幕灌浆。排沙泄洪洞位于右岸，衬砌后洞径7.5米，洞身长489米，进口为塔式进口形式，出口设弧形工作闸门，消力池消能。左岸台地上修建长572.9米岸边溢洪道，泄槽宽18米，进口采用实用堰形式，出口采用挑流消能。左岸溢洪道下部设发电引水隧洞，洞身为圆形有压洞，洞径5.50米，长499.2米，引水发电流量44立方米每秒，电站厂房安装3台水轮发电机组，总装机容量1.425万千瓦。

三、工程施工

1996年11月，甘肃省建设委员会批准昌马水库工程开工建设。通过招标，成都华水水电工程建设公司中标总承包，甘肃省水利水电工程局分包；中国水电顾问集团西北勘测设计研究院、甘肃省水利水电勘测设计研究院中标监理单位。此外，聘有加拿大加华集团公司作为固定咨询单位，并由世界银行大坝安全检查组进行大坝安全检查。质量监督部门是甘肃省水利厅质检中心站派出的疏勒河项目质检站。陕西省水利电力勘测设计研究院为技术鉴定单位。

1996年5月1日，昌马库区路、电、通讯“三通”工程开工，于1997年6月10日完工。自1997年9月30日开始，主体工程分项陆续开工。1998年10月16日，排沙泄洪洞全线贯通，后因洞内发生两次塌方，于2004年再次贯通。2000年8月10日，发电引水隧洞工程完成。2000年9月17日，大坝实现截流。2001年10月大坝主体工程和溢洪道工程全部建成。2001年12月17日，水库下闸蓄水，开始试运行。2002年11月6日，水库电站首台机组发电。2003年9月8日，3台机组全部并网发电。2005年7月，穿峡公路改建及跨河桥修建等附属工程完工。2005年9月，水库蓄水水位达到2000.96米高程，蓄水量达1.82亿立方米。

昌马水库工程共完成各类土（砾石）方挖填301.96万立方米，占设计的186%；完成石方开挖27.9万立方米，占设计的76%；完成混凝土与钢筋混凝土18.44万立方米，占设计的150%；完成金属结构制作安装2681.66吨，占设计的403%。耗用钢材635吨，耗用水泥93000吨，耗用木材2000立方米，投入劳力约600万工日。工程完成投资47552.91万元，占中期调整计划概算投资47488.13万元的100.1%。

四、工程验收

在甘肃省水利厅等上级主管部门的主持下，相关部门按建设程序分别进行了大坝截流前阶段验收、大坝蓄水阶段验收、机组启动验收，并先后对大坝、溢洪道、泄洪排沙洞、引水发电洞、坝后发电厂5个主体单位工程，以及永久管理房工程、穿峡公路及跨河桥工程2个附属单位工程进行了单位工程验收。

根据水利部《关于甘肃省河西走廊（疏勒河）农业灌溉壁移民安置综合开发项目昌马水库工程验收有关问题的批复》（办建管〔2006〕150号），2008年3月26日至29日，黄河水利委员会和甘肃省水利厅共同主持，组成专家组，对昌马水库工程进行竣工技术预验收，形成了《昌马水库工程竣工技术预验收工作报告》，报告指出昌马水库工程已按批准的设计内容建设完成，工程质量合格，工程投资控制合理，财务管理基本规范，竣工财务决算通过审计，工程通过各专项验收。枢纽各建筑物工作状态正常，工程运行良好，已发挥了显著的社会经济效益。竣工验收委员会同意昌马水库工程通过竣工验收。昌马水库枢纽工程获得了2010年中国水利工程优质（大禹）奖，昌马水库枢纽工程设计先进，质量优良，管理科学，经济和社会效益显著，是我国水利工程建设中的精品工程。

五、工程运行状况

昌马水库自2001年12月蓄水运行以来，初期运行状况正常。昌马总干渠首年引水量由水库未蓄水前的4.2亿立方米增加到了6.5亿立方米，除保证昌马灌区灌溉外，还每年向赤金峡水库调水9000万立方米，向双塔水库调水1.5亿立方米。坝后电站自2003年9月发电。该工程已正常发挥了调节径流、拦洪调蓄、农业灌溉、工业和城镇供水、生态用水、发电等综合功能。

第五节　其他水库

疏勒河流域小型水库见表6-1、表6-2。

表6-1　疏勒河流域小型水库一览表(一)

水库名称	工程规模	所在河流	水库所在地	总库容(万立方米)	竣工日期	坝顶高程(米)	最大坝高(米)	坝顶长度(米)	灌溉面积(万亩)
白杨河水库	小(一)	疏勒河	玉门市	942.91	2001.10.20	2576.8	66.8	166.3	1.95
条湖水库	小(一)	石油河	玉门市赤金镇	110	1957.10.20	1500.7	8	591	0.5
下沟水库	小(一)	泉水	玉门市清泉下沟	56	1991.10.20	1700	12	92	0.7
青山水库	小(一)	疏勒河	玉门市	234.5	1971.8.1	1347.2	7	1650	1
榆林河水库	小(一)	榆林河	瓜州县锁阳城镇	730	2003.12.28	1577.1	39.52	224	4.9
桥子东坝	小(一)	桥子南河	瓜州县锁阳城镇	162	2004.11.30	1338	6.21	1140	1.45
桥子祁家坝	小(一)	北桥子河	瓜州县锁阳城镇	116	2006.11.30	1322.8	7.2	1690	0.86
布隆吉跃进坝	小(一)	疏勒河	瓜州县锁阳城镇	125	2007.11.08	1343	8.5	2700	0.86
八道沟水库	小(一)	八道沟河	瓜州县锁阳城镇	110	2008.11.08	1362	5.2	540	0.54
双塔二号坝水库	小(一)	葫芦河	布隆吉乡双塔村	106	2009.11.22	1342	6.5	710	0.56
牛圈口子水库	小(一)	泉水	锁阳城镇东巴兔村	102	2009.11.09	1568	6.5	760	0.52
黄水坝水库	小(一)	党河	阳关镇	200	2002.11	1329.8	6	3.48+1.46	3.2
新工三坝水库	小(一)	党河	阳关镇	128	2010.5	1303.55	13.65	180	1.08
油苑水库	小(一)	党河	阳关镇	115	中华人民共和国成立前	1326	8.2	330	0.15
山水沟水库	小(一)	党河	阳关镇	118	中华人民共和国成立前	1298	5.3	330	0.216
野麻湾水库	小(一)	党河	阳关镇	127	中华人民共和国成立前	1262	4.8	300	0.2

表6-2 疏勒河流域小型水库一览表(二)

水库名称	工程规模	所在河流	水库所在地	总库容(万立方米)	竣工日期	坝顶高程(米)	最大坝高(米)	坝顶长度(米)	灌溉面积(万亩)
槽子沟水库	小(二)	榆林河	锁阳城镇东巴兔村	51	1958	1562.2	5.8	610	0.06
平头树坝水库	小(二)	泉水	锁阳城镇南坝村	54	1872	1317.7	5.4	1800	0.24
水磨坝水库	小(二)	泉水	桥子乡	68	1959	1333.9	7.5	780	0.24
黄水沟水库	小(二)	泉水	锁阳城镇南坝村	57	1968	1329.3	4.1	680	0.46
马圈水库	小(二)	泉水	锁阳城镇堡子村	76	1958	1332.5	5.2	668	0.35
潘家庄水库	小(二)	疏勒河	布隆吉乡潘家庄村	92	1947.9.10	1362.0	4.6	1400	1.3
双塔一号坝水库	小(二)	疏勒河	布隆吉乡双塔村	20	1963.10.12	1341.0	6.1	176	0.04
中沟水库	小(二)	白杨河	清泉乡中沟村	69	1970.10.20	1700	13	180	0.7

第七章　灌区工程

疏勒河流域灌区建设的历史极为悠久。早在汉代起，今日党河水库灌区以及已成为遗址的锁阳城灌区都已繁荣发展起来。清代中叶以后，今昌马、双塔、花海三大灌区已具雏形。1949年之后，伴随着大中型水库工程以及现代化渠系的建设，灌区现代化事业快速推进。本章即集中介绍灌区工程有关情况。其中，昌马、双塔与花海灌区只介绍其20世纪90年代中期之前的建设情况，之后的建设因其纳入疏勒河流域农业灌溉暨移民安置综合开发项目，在本书第八章予以集中介绍。

第一节　昌马灌区

一、基本概况

昌马灌区是疏勒河中游的一项大型自流灌溉工程，处于河西走廊西部疏勒河中游冲积扇区域。东与花海灌区相通，西和安西榆林河冲积扇相接，南临祁连山北麓昌马戈壁，北至马鬃山南麓。海拔自昌马大坝1888米至乱山子为1278米，地势由南东向北西倾斜，唯青山子至四墩门由南西向北倾斜（东干渠）。灌区气候干燥多风，多年平均降水量56.6毫米，蒸发量达3033毫米，年内平均8级以上大风78天，日照3280小时，年平均温度7～8 ℃，无霜期平均134～157天。干旱、干热风、风灾和霜冻是本灌区的主要自然灾害。灌区控制面积3330平方千米，辖玉门市的玉门镇、下西号乡、黄闸湾乡、柳河乡，安西县的三道沟、河东、布隆吉和腰站子移民乡，甘肃省农垦局酒泉分局的黄花、饮马、七道沟、农垦建筑公司农场及机关单位和铁路农林牧场等灌溉单位，灌溉面积41.52万亩，总人口7.78万人，其中农业人口6.41万人。主要农作物有春小麦、玉米、蚕豆、胡麻等。昌马灌区多年平均用水3亿立方米，每年向花海灌区调水0.38亿立方米，工业用水0.5亿立方米，因无调蓄工程，其余水量下流双塔灌区，或渗入昌马戈壁，一部分在下游溢出地面形成泉水。

昌马灌区居古代“丝绸之路”要冲，汉时置玉门县并开始引水灌田。清康熙五十四年（1715年），为应对准噶尔部策妄阿拉布坦可能的进犯，清廷派大军陆续出嘉峪关，在疏勒河中游大兴屯田，相继设立靖逆卫（今玉门市区）、柳沟所（今瓜州县三道沟镇），分别开渠耕种。康熙五十八年（1719年），靖逆户民修筑昌马大坝，将大部分疏勒河径流引至靖逆卫附近，逐渐开凿诸多渠道，柳沟卫仅获少量径流。雍正年间，安西兵备道王全臣开凿“黄渠”，截引疏勒河中游一带泉水，柳沟地区又获得一部分水源。后卫所裁撤、改立州县，原柳沟所灌区归安西直隶州管辖，靖逆卫灌区归玉门县管辖，形成今日昌马灌区东部属玉门市、西部属瓜州县的格局。1949年，昌马灌溉区灌溉面积已有19.95万亩。但早期渠道工程均十分简陋，拦水坝用柴茨、梢捆、石笼一类物料堆成；渠道依地势开挖，深坑大湾，多口平行，渠系紊乱，从昌马大坝到玉门镇40多千米的河道，水的利用率仅为17%左右。

二、工程设计规模

1955年末，依照第一次流域规划，作为第一期工程的昌马灌区即开始初步设计，灌溉面积57万亩，其中原有灌区耕地12万亩，发展耕地12万亩，国营农场垦荒33万亩，除主体工程外，结合当地土壤、水文地质等条件，并考虑盐碱化防治、灌溉制度、畦田规格、轮作制度等措施，将计划灌区分为四个土壤改良区；在渠系布置上，将原有灌区作为一个土壤改良区，实行逐步改造，当时只修建支渠或斗渠与旧渠系相连；将新垦灌区（自西向东为饮马——10.50万亩、黄花——15.10万亩、青山——7.40万亩三个农场）分为三个土壤改良区，采取渠、路、林、田配套，实行分区轮作，灌排结合，改良盐碱地。主体工程的设计规模为：

（一）渠首引水枢纽

位于昌马峡口7千米处河谷末端，系单岸引水的正面冲砂、侧面引水形式，按百年一遇洪水流量820立方米每秒设计，千年一遇洪水流量1220立方米每秒校核，建筑物布置由左及右为溢流堰、拦水坝、冲砂闸和进水闸。

1. 溢流堰

浆砌石宽顶堰结构，全长150米，堰顶高比进水闸槛高出2米，设计洪水位1891.35米时泄洪流量534立方米每秒。

2. 拦水坝

砂砾填筑，不做基础处理，长572.6米，高6.1米，顶宽3米，上游坡1：2.5，干砌石和预制沥青混凝土块护面，下游坡1：1.5，干砌卵石护面。

3. 冲砂闸

闸槛高程1886.8米，共6孔，单孔宽3.2米，单宽流量17秒立方米，闸孔出口采用护坦海漫式消能。

4. 进水闸

共5孔，单孔宽3.2米，闸槛比冲砂闸槛高1米，设计进水流量56秒立方米（考虑第三期工程），加大为65立方米每秒。

（二）渠道工程

1. 总干渠

渠首位于玉门县昌马峡口以下7千米的河各末端，设溢洪坝引水枢纽，设计流量为56平方米每秒，设计灌溉面积56万亩。自渠首向东北沿玉门河古道西侧，经黑崖子、新河口至玉门镇西穿过兰新铁路，抵甘新公路（国道312线）888千米处，全长42.98千米，其中40.6千米处于砂砾冲积扇（俗称戈壁滩）上，地坡陡（1/100～1/60），渗漏大，全部实行衬砌，首段19.6千米采用卵石干砌，侧坡卵石砌层下浇铺每平方米8千克沥青层以加强防渗；下接8千米渠段，侧坡用8厘米厚的预制沥青混凝土块衬砌，渠底用卵石干砌；再下13千米渠段侧坡仍用预制沥青混凝土块衬砌，渠底则为现浇15厘米厚的混凝土。总干渠全线共布置有54座陡坡，以及防砂排砂设施和泄水分水闸、公路桥、渡槽等12座较大渠道建筑物。昌马总干渠是中华人民共和国成立后，甘肃省兴建的第一处大型自流灌溉工程。

2. 西干渠

自总干渠第一分水闸向西至安西县三道沟乡，长22.95千米，连接黄闸湾、柳河、三道沟、河东、布隆吉等乡各旧灌溉渠系，以临时工程修建，设计流量4.85立方米每秒，加大流量6立方米每秒，灌溉现有耕地及垦荒13.0万亩，建桩板木跌水4座、支渠6条，均用木框闸分水，其中两处设木框节制闸；第四支渠由国家投资，斗门建设与东、北干渠相同。

3. 北干渠

自总干渠第二分水闸分水，傍甘新公路北侧向西北延伸，全长18.53千米，所辖灌区除上游段黄闸湾乡的旧渠系外，主要为饮马农场新垦灌区和黄花农场西部分支渠，灌溉面积18.81万亩，其中现有耕地及垦荒3.1万亩。渠道为土渠，分四段输水，设计流量自7.5立方米每秒递减为2.1立方米每秒；加大流量自9.0立方米每秒递减为2.5立方米每秒。设置混凝土结构节制闸、支渠分水闸5座，尾水退水闸1座，浆砌石陡坡36座；设置支渠7条、干渠开斗1条，依水利部北京勘测设计院定型图纸，支渠设置砌石陡坡42座（大部为浆砌、干砌混合结构）。

4. 东干渠

自总干渠第二分水闸分水，向东至下西号乡折向东北，经新垦黄花农场至青山农场，全长37.81千米；所辖灌区在塔儿湾村以上，大部分为黄闸湾乡和下西号乡的旧渠系，余皆为农场的新垦灌区。灌溉面积19.77万亩，其中现有耕地及垦荒2.40万亩。渠道为土渠，分六段输水，首段设计流量为8.2立方米每秒，加大流量9.8立方米每秒，末段为1.2立方米每秒和1.5立方米每秒；分别在12+300千米、30+700千米、37+800千米处设置泄水闸1座，退水闸2座。渠段12+325—16+900处地下水位高，为安全计，干砌片石衬砌，每隔30米，加筑浆砌环墙一道。沿干渠设浆砌石陡坡63座，并有支渠10条，共设浆砌（干砌）石陡坡88座，其中5～10支渠属青山农场范围，包括斗渠。另外，东北干渠尚有公路桥20座，各干渠共有大车桥37座、木便桥22座。

三、工程建设经过

（一）工程兴建

昌马灌区工程，按基建程序于1956年5月完成初步设计并继续进行技术设计，同时报请国家建设委员会（简称“国家建委”）、水利部和省计委审批。1956年8月在国家建委提出有关设计修改意见和颁布第〔56〕021、229号批准文件后开工，工程总投资1577万元。昌马灌区工程是当时国家三大灌溉工程之一（其他两项是河南人民胜利渠和山东打渔张灌区），因有劳改劳力可以利用，故由省农林厅水利局组织成立昌马河水利工程处等单位承担施工并参加工程处领导；省水利局派李鸿璋任处长，并派工程师王世选、李桂荣、张子良、戴一诚、王自立等50余名技术干部参加施工，投入7000名劳力对工程施行劳动定额承包，使用劳力分散或技术性较强的工程如渠首、排砂、泄水、分水闸、桥梁工程以及沥青混凝土预制块等，皆由工程处雇工自营。因施工规模大，工程材料多，除三大材料、石油沥青皆为长途调运物资外，总干渠衬砌所用7.8万立方米卵石和1.25万立方米沥青混凝土预制块，以及东、北干渠建筑物所用3.34万立方米石料均属就地取材，但数量巨大，运距又远在5～15千米或以上，供应极为艰巨，除架子车和大批雇用群众牛、马车辆外，工程处还专门成立运输队（有载重汽车30辆，胶轮马车50辆）担任运输任务。

施工现场组织渠首、总干渠、北干渠三个工区，1956年至1957年以渠首和总干渠工程为主，集中全部力量进行施工，北干渠进行备料；1958年转移力量至北干渠，同时组织成立东干渠临时工区对两条干渠全面施工，兼顾西干渠工程；新垦灌区的支、斗、农渠和排水系统，皆由相应农场各自完成。经过两年的紧张施工，计划中的工程于1958年8月完成并通水，完成总工程量700万立方米，使用劳力279万工日，资金1357万元，水泥9450吨，钢筋210吨，铅丝、铁件59.5吨，沥青3200吨，石灰1000吨，木材2900立方米。建成渠首枢纽1处，总干和干渠4条，长122.2千米；支渠18条，长109.2千米；斗渠86条，长250.3千米；排水干沟2条，长40.7千米；支沟6条，长39.3千米；斗沟40条，长123.6千米；各类建筑物1278座。

（二）工程整修改建

由于工程材料（曾使用少量日本进口水泥，价格很贵）和工程经费等条件的限制以及设计和施工上的缺陷，尤其初期管理力量严重不足，工程投入运行后即出现多处损坏，不得不进行大范围的整修改建。

1958年总干渠试通水时引水流量仅16.8立方米每秒，因未能等待水工模型试验资料校核设计，所建陡坡消力不善，急流出涌，一次就冲毁28座陡坡出口砌护段，需立即整修。继后在进行验收通水中，相关部门违反逐渐加大流量的规定，引水流量达42立方米每秒，因卵石规格偏小和施工质量问题，在大流量、高流速的冲击下，渠道衬砌遭受严重损坏；更因所剥离的卵石受水推移，又引起下游陡坡人工糙度被击毁，招致消能效果更为不善，虽累经补修，但总干渠输水能力仍大受限制，一般仅为20～25立方米每秒，也给管理工作造成巨大负担。同样因为消能结构不良，又加上冻胀性壤土地基，设计防冻措施不周，东、北干支渠所修建的防冻砌石陡坡，除基土为砂砾石的以外，经过一次冬、春灌，就大部分遭受严重冻害，基本良好的在干渠上仅存3%～17.5%，支渠上为17.7%。总干渠末端土渠段所建三座菱形扩散型陡坡，虽消能效果较好，仍有两座遭受冻害。

渠首枢纽所出现的问题是，冲砂闸出口消能不善，泄流不能大于100立方米每秒，闸门启闭机不灵，又影响及时冲砂，致使上游主河槽于1961年至1962年改向左岸，枯水期约50%的流量由溢流堰流失，必须堵截，只有这样进水闸才能引水。因渠首不能防止底砂入渠，总干渠排砂闸前卵砾石大量沉积，水力冲刷不能排出，又未进行人工清除，以致大量砂及砾石过闸，造成下游渠段混凝土衬砌和建筑物的磨损，以及渠系的严重淤积。另外，总干渠的沥青混凝土衬砌渠段因其为非整体结构，冻融循环，草木穿缝丛生，又缺乏维护手段，使得水下部位不够安全。

针对以上问题，1961年省水利厅设计院曾组织工程技术人员进行回访，重点对北干渠陡坡被破坏的原因做了现场研究分析，提出了对冻胀性土基上建筑物的合理选型和防冻措施。

自1962年起，省人民政府即将昌马河灌区工程的整修改建列为基建项目，在不断调查研究的基础上由水利厅设计院提出技术设计逐年实施，其实际进程如下：

1962年10月至1963年6月，采用短护坦、深隔墙、扬水裙板消能和料石护砌陡坡的结构形式，改建渠首冲砂闸出口段，由水利厅派工程师王福滋等带领技工结合当地劳力进行施工；又整修溢流堰，并在堰上游1.5千米处修建两道石笼潜堰以控制河道主流。

1964年至1965年的整修改建内容是：（1）对总干渠中段6座陡坡出口25米范围内和47号、49号陡坡间1.55千米渠段的渠底和侧坡，采用浆砌石、混凝土预制块或现浇混凝土进行改建；并恢复前6座陡坡的人工糙度，加高陡槽边坡。（2）延长城河渡槽进口段砌护，加固整修下游出口段，并整修第二分水闸。（3）改建东干渠上段4.6千米渠道，东、北干渠被冻害损坏的4座陡坡改为跌水。（4）以北干渠1+180下游1920米渠段为重点，采取抬高渠底、设置纵横排水盲沟、加大垫层厚度、预制与现浇护砌结合以及砂砾填方等防冻措施，将已损坏的13座陡坡改建为混凝土衬砌渠道，并设置观测设施，列此渠段为防冻胀试验渠，进行定期观测。（5）重建巩昌河和西六支排洪闸。

1967年至1969年，改建总干渠排砂闸，将闸口和排砂道自右侧改向左侧，又疏浚泄水闸的排砂道并加以砌护，还在渠首溢流堰顶增建30孔溢洪闸。

1975年至1978年，完成了总干渠上段19.6千米干砌卵石边坡灌浆勾缝处理，将22千米沥青混凝土砖边坡改为混凝土砖衬砌，加长部分消力池出口护坦，并对中段20千米原有的混凝土渠底进行加厚。对北干渠三支以下渠段进行混凝土衬砌；总一支渠改线，引水口由总干渠38千米处上移至29.11千米处。

（三）水毁工程抢修

1979年7月29日至31日，灌区连降暴雨，南戈壁平地起洪，从多处漫入总干渠的洪水达80立方米每秒，各河沟道短时内通过的洪峰流量约1000立方米每秒，洪水冲毁总干及东、西干渠共97.1千米，陡坡、跌水56座，南干渠建筑物3座，造成直接经济损失200余万元。时逢夏收，秋粮需水，灌溉情况极为紧张，为积极抢修，国家投资43万元，群众投工12.95万个，用水利粮2.3万千克，完成工程量12万立方米。

1981年8月，山区暴雨导致洪水猛涨，昌马大坝洪峰流量达630立方米每秒，为40年来最大值。为保主体工程，炸开溢流堰南端混泥土墙，洪水下泄，冲毁塘坝7座，桥、闸各4座，渠堤35.4千米，西干渠冲决15处，长994米，包括所毁麦田、牲畜和民房，共计损失10万余元，经过抢修，水毁工程旋即修复。

（四）第一轮更新改造

1985年，省“两西”建设指挥部将疏勒河流域第三次规划中的两项工程列入计划，进行修建：

1.新总干渠

由地区水利电力处勘测设计队设计（现流域水利电力局勘测设计院）从总干渠排沙闸引水，

以间距150米平行总干渠下行，交汇于总干渠31.7千米处，全长32.5千米，设计流量30立方米每秒；建筑物有跌水12座、排洪渡槽5座，在16千米和28千米处各建节制闸1座，同原总干渠连通，末端建一分水闸，为西干渠改建后分水。工程于1989年建成通水。国家投资1001万元，完成土方开挖64.94万立方米、填方19.32万立方米、砌石3.27万立方米、混凝土6.67万立方米，使用水泥1.41万吨、钢材301吨、木材701立方米、劳动力90.64万工日。

2.渠首改建

主要内容为改建现有6孔冲沙闸，在左侧增建单孔宽8米的泄洪闸5孔，最大过流量1106立方米每秒，提高防洪标准，防洪标准按百年一遇洪水流量1440立方米每秒设计，千年一遇洪水流量1770立方米每秒校核。工程于1989年开工，1991年完工，总投资337万元。

通过逐步整修、改建和扩建，总干渠的安全输水能力已稳定在33立方米每秒以上。另外，昌马灌区工程中还附有两座较大工程，一是渠首枢纽上的工业取水口，系国营四〇四厂于1963年所建，位置紧邻进水闸右前方，其溢凌闸位于冲沙闸正前方，双层引水，上层4孔，单宽2.3米，高2米；底层12孔，引水流量3.2立方米每秒。二是1988年所建的向花海灌区调水的分水闸，位于总干渠泄水闸下游418米处，设计流量8立方米每秒，所接疏花干渠向东穿越兰新铁路和甘新公路入赤金峡水库，全长43.3千米。

（五）第二轮更新改造

详见本志第八章第二节。

2019年昌马灌区渠道见表7-1。

表7-1　2019年昌马灌区渠道一览

昌马灌区渠道	条数（条）	长度（千米）	衬砌类型	设计流量（立方米每秒）	灌溉面积（万亩）	当年改造衬砌防渗长度（千米）
一、干渠	7	185.21				9.21
1.昌马旧总干渠	1	41.84				3.06
0+000～0+973(旧总干进水闸)		0.97	现浇/现浇	30.00		
0+973～19+529(28#陡坡)		18.56	浆砌卵石/现浇、衬砌	30.00		1.29
19+529～29+915(43#陡坡)		10.39	浆砌卵石/现浇	30.00		
29+915～40+043(南阳镇分水闸)		10.13	现浇/现浇	30.00		
40+043～40+873		0.83	现浇/现浇	30.00		
40+873～40+931(52#陡坡)		0.06	现浇/现浇	11.12		0.86
40+931～41+279		0.35	矩形明渠	12.12		0.35
41+279～41+840(东北干渠分水闸)		0.56	砼梯明渠	11.12		0.56
2.昌马新总干渠	1	32.39				
0+000～14+905		14.91	现浇砼梯	30.00		

续表 7－1

昌马灌区渠道	条数（条）	长度（千米）	衬砌类型	设计流量（立方米每秒）	灌溉面积（万亩）	当年改造衬砌防渗长度（千米）
14+906～32+391		17.49	现浇砼梯	30.00		
3.昌马西干渠	1	49.44			33.45	
0+000～3+500		3.50	弧梯明渠	41.00		
3+500～7+910		4.41	弧梯明渠	41.00		
7+910～8+640		0.73	弧梯明渠	41.00		
8+640～13+750		5.11	弧梯明渠	41.00		
13+750～14+300		0.55	砼梯明渠	41.00		
14+300～15+015		0.72	弧梯明渠	41.00		
15+015～16+700		1.69	砼梯明渠	41.00		
16+700～19+222		2.52	弧梯明渠	17.50		
19+222～20+990		1.77	弧梯明渠	14.50		
20+990～30+636		9.65	弧梯明渠	12.50		
30+636～36+140		5.50	弧梯明渠	9.00		
36+140～41+293		5.15	弧梯明渠	6.00		
41+293～49+443		8.15	弧梯明渠	3.50		
4.三道沟输水渠	1	3.96				
0+000～1+188		1.19	砼梯明渠	27.00		
1+187～3+396		2.21	砼梯明渠	27.00		
3+396～3+889		0.49	砼梯明渠	27.00		
5.昌马东干渠	1	35.55			9.99	
0+000～8+421		8.42	砼预制块/砼预制块	6.00		
8+421～8+926		0.51	砼预制块/砼预制块	6.00		
8+926～13+350		4.42	砼预制块/砼预制块	4.70		
13+350～17+733		4.38	干砌石/干砌石	4.70		
17+733～18+603		0.87	浆砌石/浆砌石	4.70		
18+603～19+975		1.37	砼预制块/砼预制块	4.70		
19+975～-21+966		1.99	砼预制块/砼预制块	1.91		
21+966～31+516		9.55	砼预制块/砼预制块	1.91		
31+516～35.553		4.04	砼预制块/砼预制块	1.91		
6.昌马北干渠	1	19.60			12.86	6.14
0+000～0+145		0.15	砼弧梯明	6.52		
0+145～0+927		0.78	砼现浇矩形渠	6.52		0.87

续表 7－1

昌马灌区渠道	条数（条）	长度（千米）	衬砌类型	设计流量（立方米每秒）	灌溉面积（万亩）	当年改造衬砌防渗长度（千米）
0+927～1+012		0.09	砼梯明渠	6.52		
1+012～1+089		0.08	砼矩形明渠	6.52		
1+089～1+608		0.52	塑模土渠	6.52		
1+608～4+377		2.77	砼弧梯明	6.52		2.80
4+377～4+747		0.37	砼弧梯明	6.52		
4+747～5+358		0.61	砼弧梯明	6.52		
5+358～5+997.5		0.64	砼弧梯明	6.52		
5+997.5～9+668		3.67	砼弧梯明	4.27		
9+668～11+958		2.29	砼弧梯明	4.60		
11+958～12+520		0.56	砼弧梯明	4.26		
12+520～14+317		1.80	砼弧梯明	4.26		
14+317～14+410		0.09	砼弧梯明	4.26		
14+410～18+554		4.14	砼现浇矩形渠	2.50		2.48
18+554～19+600		1.05	砼弧梯明	1.87		
7.昌马南干渠	1	2.43	现浇/预制砼梯	6.50	7.78	
二、支干渠	10	115.00			41.43	9.30
1.昌马总一支干渠	1	6.79			6.14	
0+000～0+266		0.27	砼梯明渠	2.20		
0+266～1+200		0.93	砼弧梯明	2.20		
1+200～3+863		2.66	砼弧梯明	2.20		
3+863～4+679		0.82	砼弧梯明	2.20		
4+679～4+968		0.29	砼弧梯明	2.20		
4+968～6+785		1.82	砼弧梯明	2.20		
2.昌马北一支干渠	1	13.48	平底梯形	2.80	4.01	
3.昌马南干一支干渠	1	12.05			4.81	
0+000～1+710		1.71	砼梯明渠	1.90		
1+710～3+608		1.90	预制砼圆管	1.90		
3+608～4+554		0.95	砼梯明渠	1.90		
4+554～6+968		2.41	预制砼圆管	1.90		
6+968～7+020		0.05	砼梯明渠	1.50		
7+020～7+181		0.16	城门洞暗管	1.50		
7+181～11+721		4.54	预制砼圆管			

续表 7-1

昌马灌区渠道	条数（条）	长度（千米）	衬砌类型	设计流量（立方米每秒）	灌溉面积（万亩）	当年改造衬砌防渗长度（千米）
11+721～12+053		0.33	砼梯明	1.90		
4.昌马南干二支干渠	1	3.63	砼梯形明渠	1.27	2.97	
5.西干渠一支干	1	19.78			6.83	1.32
0+000～1+342		1.34	砼梯明渠	2.80		
1+342～2+663		1.32	砼矩形渠	2.80		1.32
2+664～7+210		4.55	城门洞暗管	2.10		
7+210～11+036		3.83	城门洞暗管	1.80		
11+036～12+240		1.20	预制砼管	1.28		
12+240～13+603		1.36	塑膜土渠	1.28		
13+603～16+200		2.60	预制砼管	1.24		
16+200～19+783.5		3.58	砼梯明渠	1.24		
6.西干渠二支干	1	11.23			3.59	3.79
0+000～3+553		3.55	砼弧梯明渠	1.53		
3+553～3+983		0.43	砼弧梯明渠	1.53		0.04
3+983～4+962		0.98	预制砼圆管	1.53		0.98
4+962～6+652		1.89	砼梯明渠	1.53		
6+652～6+850		0.20	砼梯明渠	1.53		
6+850～7+978		1.13	砼梯明渠	1.53		2.76
7+978～9+736		1.76	砼梯明渠	1.53		
9+736～11+028		1.29	砼梯明渠	1.30		
7.西干渠三支干	1	6.77			4.32	0.59
0+000～0+973.5		0.97	砼预弧梯明	2.30		
0+973.5～6+767.9		5.79	砼梯明渠	2.30		0.59
8.西干渠四支干	1	8.44			4.38	1.11
0+000～0+821		0.82	弧梯明渠	2.80		
0+821～0+895		0.07	砼现浇急流槽段	2.80		
0+895～1+070		0.18	矩形暗管	2.80		
1+070～1+084		0.01	砼梯明渠	2.80		
1+084～3+431.6		2.35	砼梯明渠	1.60		0.45
3+431.6～5+337.2		1.91	砼梯明渠	1.40		
5+337.2～7+499		2.16	预制弧梯明渠	1.20		

续表 7－1

昌马灌区渠道	条数（条）	长度（千米）	衬砌类型	设计流量（立方米每秒）	灌溉面积（万亩）	当年改造衬砌防渗长度（千米）
7+499～8+168		0.67	预制砼圆管	0.50		0.66
8+168～8+442		0.27	预制弧梯明渠	0.50		
9.西干渠五支干	1	15.02			3.09	2.49
0+000～0+976		0.98	预制弧梯明渠	2.50		
0+976～3+365		2.39	钢筋砼矩形明渠	1.26		2.49
3+365.35～5+308.65		1.94	城门洞暗管	1.50		
5+308.65～6+117.35		0.81	砼预制块	1.50		
6+117.35～9+595		3.48	塑膜土渠	1.20		
9+595～10+982		1.39	干砌石块	0.95		
10+982～15+105.17		4.03	塑膜土渠	1.20		
10.西干渠六支干	1	17.82			1.29	
0+000～1+594.2		1.59	预制弧梯明渠	1.84		
1+594.2～5+080.05		3.49	预制弧梯明渠	1.84		
5+080.05～15+981.4		10.90	塑膜土渠	1.84		
15+981.4～17+815.4		1.83	预制衬砌	1.84		
三、支渠	52	257.99			51.03	7.61
1.西干支渠	7	47.91			8.61	2.31
（1）西一支渠		13.72			2.34	2.31
0+000～1+815		1.82	“U”形明渠	1.02		
1+815～3+265		1.45	暗管	1.02		
3+265～8+487		5.22	弧底梯形	1.02		
8+487～10+794		2.31	砼梯明渠	0.80		2.31
10+794～13+723		2.93	砼梯明渠	1.02		
（2）西二支渠		6.01	“U”形梯形明渠		1.49	
0+000～1+227		1.23	“U”形明渠	0.61		
1+227～2+237		1.01	暗管			
2+237～6+008		3.77	梯形明渠			
（3）西三支渠		3.97	“U”形、梯形明渠	0.24	0.57	
（4）西四支渠		5.48	预制弧梯明	0.98	1.91	

续表 7-1

昌马灌区渠道	条数（条）	长度（千米）	衬砌类型	设计流量（立方米每秒）	灌溉面积（万亩）	当年改造衬砌防渗长度（千米）
（5）西五支渠		5.39	“U”形明渠	0.69	1.00	
（6）西六支渠		6.40	“U”形明渠	0.37	0.41	
（7）西七支渠		6.94	预制弧梯明	0.81	0.89	
2. 总-支干支渠	4	21.03			4.72	2.08
（1）总一支干一支渠		6.00	弧底梯形明渠	0.35	1.39	
（2）总一支干二支渠		9.11	弧底梯形明渠	1.90	1.45	2.08
（3）总一支干三支渠		2.64	预制梯形	0.31	0.75	
（4）总一支干四支渠		3.29	预制梯形	0.90	1.13	
3. 西一支干支渠	9	41.03			5.56	
（1）西一支干一支渠		0.08	预制梯形	0.36	0.68	
（2）西一支干二支渠		3.62	预制梯形	0.35	0.80	
（3）西一支干三支渠		3.82	预制暗管	0.60	1.02	
（4）西一支干四支渠		4.50	预制梯形	0.35	0.80	
（5）西一支干六支渠		13.54	弧底梯形明渠	0.27	0.58	
（6）西一支干七支渠		3.24	预制梯形	0.24	0.30	
（7）西一支干八支渠		3.21	预制梯形	0.21	0.59	
（8）西一支干九支渠		3.60	预制梯形	0.24	0.55	
（9）西一支干十支渠		5.40	预制梯形	0.12	0.26	
4. 西二支干支渠	2	16.59			2.69	
（1）西二支干上泉支渠		10.04	预制梯形	0.35	1.52	
（2）西二支干一支渠		6.55	预制梯形	0.67	1.17	
5. 西三支干支渠	3	18.02			3.18	1.04
（1）西三支干一支渠		6.59	“U”形明渠	0.30	0.95	
（2）西三支干二支渠		3.95	矩形、梯明	0.50	0.64	1.04
（3）西三支干三支渠		7.48	预制梯明	0.50	1.59	
6. 西四支干支渠	3	9.79			3.58	1.43
（1）西四支干一支渠		1.43	预制梯明	1.10	1.87	1.43
（2）西四支干二支渠		5.86	预制梯明	0.50	0.88	
（3）西四支干三支渠		2.49	弧梯明渠“U”形暗管	0.50	0.83	

续表 7－1

昌马灌区渠道	条数（条）	长度（千米）	衬砌类型	设计流量（立方米每秒）	灌溉面积（万亩）	当年改造衬砌防渗长度（千米）
7.西五支干支渠	4	17.24			1.85	
（1）西五支干一支渠		2.36	预制弧梯明	0.90	0.90	
（2）西五支干二支渠		3.03	塑膜土渠	0.35	0.28	
（3）西五支干三支渠		4.91	塑膜土渠	0.35	0.40	
（4）西五支干四支渠		6.95	塑膜土渠	0.50	0.27	
8.北干支渠	7	33.55			7.01	0.75
（1）北干渠一支渠		1.74	砼梯明渠	0.40	0.67	
（2）北干渠二支渠		2.04	砼梯明渠	0.60	1.18	
（3）北干渠三支渠		2.25	砼梯明渠	0.60	0.76	
（4）北干渠四支渠		6.97	砼梯明渠	0.80	1.34	
（5）北干渠五支渠		7.26	砼梯明渠	0.80	1.20	
（6）北干渠六支渠		5.01	砼梯明渠	0.60	1.20	0.75
（7）北干渠七支渠		8.29	砼梯明渠	0.54	0.66	
9.北一支干支渠	2	8.31			1.59	
（1）北一支干一支渠		3.434	梯形砼预制砖	0.26	0.37	
（2）北一支干二支渠		4.87	梯形/暗管	0.44	1.22	
10.东干支渠	7	23.53			8.39	
（1）东干一支渠		1.76	预制/预制	0.90	1.12	
（2）东干二支渠		3.20	预制/预制	0.40	0.82	
（3）东干三支渠		3.66	塑膜/塑膜	0.60	1.34	
（4）东干四支渠		3.45	砼梯形明渠	0.70	1.21	
（5）东干五支渠		4.77	砼梯明渠	1.00	2.16	
（6）东干六支渠		1.14	塑膜/塑膜	0.40	0.95	
（7）东干七支渠		5.56	砼梯明渠	0.44	0.78	
11.南干支渠	4	21.01			3.85	
（1）南干一分干一支渠		8.13	砼梯明渠	0.70	1.43	
（2）南干一分干二支渠		5.09	砼梯明渠	0.40	0.82	
（3）南干二分干一支渠		2.44	砼梯明/圆管	1.00	0.73	
（4）南干二分干二支渠		5.35	砼梯明/圆管	0.50	0.86	
总计	69	558.20			69.68	26.11

第二节 双塔灌区

一、灌区概况

双塔灌区位于疏勒河流域下游的瓜州县境内，东起乱山子（双塔水库），与昌马灌区相连，西至西湖南梁，南依截山子北麓，北靠马鬃山南戈壁边缘，东西长120千米，总面积达2520平方千米。灌区地貌大体为东、南、北三面高，中部和西部偏低，东窄西宽的狭长冲积平原，海拔高程在1060～1300米之间。

灌区内辖环城、瓜州、南岔、西湖四乡和甘肃农垦局酒泉分局的小宛农场及敦煌农场的西湖分场，还有瓜州县林场、园艺场等单位，总人口3.6万人，灌溉面积30.06万亩，其中林草地3万亩。主要农作物有小麦、玉米、棉花、油料和瓜菜等。灌区范围内土地资源丰富，有宜农荒地41.2万亩，宜林荒地4万亩，宜牧荒地73.8万亩。

灌区属大陆半沙漠性气候，冬季寒冷，夏季炎热，降水少、蒸发大，日照长，干旱多风，素有“世界风库”之称。多年平均气温8.8 ℃，最高气温45.1 ℃，最低气温-29.3 ℃，年平均降水量45.6毫米，年蒸发量最高达3141.6毫米；年日照平均3200小时左右。灌区内多东风，年均风速3.7米每秒，8级以上大风年均71天，最多达105天，尤其6月中旬到7月下旬的干热风，持续日数最长达9天，对农业生产危害很大，霜冻和大风是灌区的主要自然灾害。

灌区属疏勒河流域，其主要灌溉水源是疏勒河经昌马灌区引用后进入双塔水库的尾水，根据水库上游潘家庄水文站记载，多年平均入库径流量为2.97亿立方米，其中河水占57%，泉水占43%。由于上游昌马灌区耕地面积逐年扩大，用水增加，渠系利用率逐步提高，地下水补给量减少，进入双塔水库的水量处于下降趋势，多年平均径流量20世纪50年代为3.3亿立方米，20世纪60年代为2.8亿立方米，20世纪70年代为2.51亿立方米，灌区内地下水比较丰富，埋深由东向西随地形变化而异。

二、历史沿革

双塔灌区之开发或可追溯至汉代，但由于汉唐时期疏勒河主流流经锁阳城一带，因此该地区灌溉事业不甚重要。清雍正年间，安西兵备道王全臣在今双塔水库至瓜州县之间开凿多条渠道，并通过在其上游位置开凿“黄渠”保障其水源供给。民国十五年（1926年），安西知事李芹友重整分水制度，以保证安西农田灌溉。到中华人民共和国成立初期，仍沿用旧式渠道灌溉农田，引水口有三处：小宛渠引水口、龙口上坝和龙口下坝。灌溉安西县环城、瓜州、南岔、西湖四乡耕地5.65万亩。1960年2月，双塔水库建成，后经加固改建，成为流域大型灌溉调节水库，总库容2亿立方米。规划近期发展灌溉面积30万亩，远景发展灌溉面积46万亩。水库建成、除险加固后，又先后建成总干渠和南北干渠各一条，全长104千米，已衬砌91千米；支渠26条，全长94千米，已衬砌77.5千米；斗渠170条，全长251千米；建成条田17.9万亩。截至2002年，实灌面积达到30.06万亩。

三、水库工程

灌区内只有一座大型水库，即双塔水库。该水库位于疏勒河中游，瓜州县城以东48千米的乱山子峡口，水库以上流域面积34440平方千米，主要拦蓄疏勒河尾水和汛期洪水。总库容2亿立方米，其中灌溉调节库容1.2亿立方米，是一座可供灌溉、防洪、养鱼、旅游等综合利用的大（二）型水库。水库工程由主坝、副坝、围堤、溢洪道、泄洪渠组成。

水库从1958年6月开工初建，到1984年底加固改建竣工。总计完成土石方333.3万立方米，混凝土1.9万立方米，耗用水泥1.16万吨、钢材524吨、木材3950立方米，投入劳力607.3万工日，国家投资2496.1万元。

四、渠道工程

1.总干渠

从双塔水库泄水分水闸开始向西引水，原设计流量40立方米每秒，加大流量43立方米每秒，全长49.8千米。1966年由甘肃省河西建委勘测设计处设计，同年8月由生产建设兵团农建十一师工程团承担施工，历时6年多，完成土石方96.7万立方米、钢材81吨，投入劳力122.7万工日，国家投资1066万元，于1973年4月共建成衬砌总干渠48.2千米（尾部1.6千米为原土开挖渠道，没有衬砌）、各类建筑物35座；从总干渠开挖支渠10条，长40.8千米（其中衬砌15.7千米），各类支渠建筑物76座，灌溉小宛村及农场、林场等农田2.9万亩，林地1.4万亩。

总干渠是双塔灌区的骨干工程。该工程兴建于20世纪60年代，施工质量较差，在竣工验收时就发现很多渠段不符合设计要求，使渠道一直带“病”运行，加之管理不善，问题日益增多，“病患”渠段累计占总长度的64%，输水能力仅为20立方米每秒，不能满足农业发展的需要。1987年11月，安西县政府提出改建总干渠的计划，并委托甘肃省水利水电勘测设计研究院承担设计。1988年5月，省水利厅召集安西县政府、酒泉地区水电处和省水利水电勘测设计研究院共同讨论了总干渠改建的有关问题，并于同年7月底提出了“总干渠改建修改设计任务书”和“可行性研究报告”，根据疏勒河流域第二次规划指标，设计引水流量修改为24.5立方米每秒，加大流量修改为28立方米每秒，工程等级为三级，改建长度32.9千米，新建建筑物4座，设计总工程量27.2万立方米，计划投资730万元，经甘肃省“两西”农业建设指挥部和省水利厅批准，该工程于1988年开工。

2.南干渠

在总干渠33＋195号桩处开口引水，向西偏南方向曲折前进至把供坪，长22.7千米梯形断面，混凝土预制板衬砌，设计引水流量5.7立方米每秒，所属支渠8条，全长40.3千米，斗渠43条，全长66千米，支、斗渠共有各类建筑物663座，灌溉南岔乡农田6.1万亩。工程1973年由河西建委、安西县水电局设计，安西县水电局组织施工，1974年3月动工兴建，1976年10月竣工，国家投资141.5万元，受益乡投入劳力24.5万工日，完成土石方20.3万立方米、混凝土1.1万立方米，耗用水泥2990吨、钢材28吨、木材41.4立方米。

3. 北干渠

在总干渠45+110处开口引水，向西偏北方向至四工，长10.4千米，设计流量5立方米每秒，所属支渠10条，全长51.6千米，斗渠68条，全长149.6千米，支、斗渠共有建筑物1284座，灌溉瓜州、环城两乡农田6.2万亩。1975年由安西县水电局设计并施工，1976年3月动工兴建，同年11月完工。国家投资31.6万元，受益乡投入劳力8.8万工日，完成土石方10.9万立方米、混凝土0.38万立方米，耗用水泥1256吨、钢材17吨、木材71立方米。

五、灌区建设

从20世纪60年代开始，灌区就进行了“四好农田”（渠、路、林、田）建设，截至目前，灌区基本实现了条田化，田间工程配套齐全。共建成斗、农渠2255条，长1322千米，各类渠道建筑物28044座；修建主干道路115条，长460千米；修建田间道路1900条，长620千米；修建林带112条，植树60万株；共投入劳力465万工日，投资2690万元。

为解决夏季河水不足问题，灌区从20世纪70年代初开始机井建设，截至2002年，共打成各类机井725眼，国家投资70.7万元，群众自筹70万元。现有机井224眼，年提地下水1200万立方米。

六、机构沿革

1949年11月28日，安西县召开农民代表大会，选举产生了安西县水利委员会，由其统管全县水利工作。1957年成立双塔灌区水利管理所，分为双塔堡水库管理所和双塔灌区管理所。1964年秋，酒泉专区成立疏勒河流域水利管理处，将安西县双塔堡水库管理所及原来玉门市和安西县的其余水库管理所同时并入疏勒河流域水利管理处，实行流域统一管理。1966年，甘肃省委决定将酒泉专区疏勒河流域水利管理处交由生产建设兵团农建十一师管理（后于1969年4月，省革委会决定将疏勒河流域水管处仍移交酒泉专区领导，原农建十一师人员大部分调出）。1974年7月，省革委会决定将双塔堡水库管理权限由水利管理处移交安西县管理。1989年，灌区各乡成立水管站，属县水电局的派出机构、乡镇的办事机构。2000年，酒泉行政公署决定成立酒泉地区疏勒河流域水资源管理局，实行流域统一管理，双塔灌区由疏勒河流域水资源管理局垂直管理。

七、工程效益

自双塔水库建成到2002年，灌区总投资5734.3万元，其中国家投资4722万元，地方和群众自筹资金211.3万元，使灌区的面貌有了很大改善，灌区内水的利用率由水库建成前的约30%提高到现在的51%，耕地面积逐年扩大，由1959年的16.8万亩增加到2002年的30.06万亩；年平均亩产由1959年的110千克提高到2002年的401千克；粮食年总产虽然受到作物布局调整的影响，但2002年仍然达到了254.2万千克，棉播种面积上扬，年总产已达到52705吨。全灌区30万亩农田基本实现了条田化，渠、路、林、田配套，群众生活水平明显提高。2002年，农民年人均纯收入达到3540元，农业机械化程度也有了很大提高。

2019年双塔灌区渠道见表7-2。

表7-2 2019年双塔灌区渠道一览

双塔灌区渠道	条数（条）	长度（千米）	衬砌类型	设计流量（立方米每秒）	灌溉面积（万亩）	当年改造衬砌防渗长度（千米）
一、干渠	4	141.66			85.93	64.52
1. 双塔总干渠	1	32.61			46.43	47.43
0+000～2+980		2.98	矩形明渠	24.5		
2+980～4+000		1.02	矩形明渠			
4+000～5+000		1.00	弧梯明渠			
5+000～6+200		1.20	弧梯明渠			
6+200～9+170		2.97	弧梯明渠			
9+170～19+536		10.37	弧梯明渠			
19+536～20+274		0.74	弧梯明渠			
20+274～25+350		5.08	弧梯明渠			
25+350～26+623		1.27	弧梯明渠			
26+623～30+028		3.41	矩形明渠	24.50		
30+028～32+613		2.59	弧梯明渠	24.50		
2. 双塔南干渠	1	33.40			10.92	11.92
0+000～0+227		0.23	梯形明渠	7.50		
0+277～9+000		8.77	塑膜渠	7.50		
9+000～16+920		7.92	塑膜渠	5.00		
16+920～21+260		4.34	弧梯明渠	5.00		
21+260～26+840		5.58	弧梯明渠	3.00		
26+840～33+400		6.56	弧梯明渠	3.00		
3. 双塔北干渠	1	35.40			24.49	4.62
0+000～2+148		2.15	弧梯明渠	11.57		
2+148～11+427		9.28	弧梯明渠	7.90		
11+427～12+020		0.59	矩形明渠	6.90		
12+020～13+500		1.48	弧梯明渠	6.90		
13+500～16+452		2.95	弧梯明渠	5.80		
16+452～17+425		0.97	弧梯明渠	5.60		
17+425～18+872		1.45	弧梯明渠	6.60		

续表 7-2

双塔灌区渠道	条数（条）	长度（千米）	衬砌类型	设计流量（立方米每秒）	灌溉面积（万亩）	当年改造衬砌防渗长度（千米）
18+872～23+945		5.07	梯形明渠	5.20		1.45
23+945～25+479		1.53	矩形明渠	3.20		1.53
25+479～27+120		1.64	矩形明渠	3.20		1.64
27+120～29+037		1.92	塑膜渠	4.00		
29+037～29+576		0.54	矩形箱涵	4.00		
29+576～30+276		0.70	弧梯明渠	4.00		
30+276～35+400		5.12	塑膜渠	3.50		
4.广至干渠	1	40.25			4.09	0.55
0+000～30+200		30.20	干砌梯砼	2.08		
30+200～35+194		4.99	梯形明渠	2.07		
35+194～35+748.8		0.55	矩形明渠	2.07		0.55
35+748.8～40+249		4.50	梯形明渠	2.07		
二、支干渠	2	18.39				0.00
1.西湖输水渠	1	1.88	梯砼	6.00	3.27	
2.西湖支干渠	1	16.51	梯砼		3.27	
0+000～7+204		7.20	梯砼	1.90		
7+204～14+304		7.10	梯砼	1.77		
14+304～16+505		2.20	梯砼	1.77		
三、支渠	27	111.20				0.00
1.总干支渠	5	14.88				0.00
(1)总干一支渠	1	1.88	梯形明渠	0.60	0.61	
(2)总干二支渠	1	1.44	矩形明渠	0.80	0.89	
(3)总干三支渠	1	3.33		0.50	0.85	
0+000～1+077		1.08	梯形明渠	0.50		
1+077～3+325		2.25	矩形明渠	0.50		
(4)总干四支渠	1	3.69	梯形明渠	1.00	2.42	
(5)总干五支渠	1	4.54	梯形明渠	0.50	0.82	
2.南干支渠	6	17.20			7.07	
(1)南干一支渠	1	3.99	梯形明渠	0.60	1.34	

续表 7-2

双塔灌区渠道	条数（条）	长度（千米）	衬砌类型	设计流量（立方米每秒）	灌溉面积（万亩）	当年改造衬砌防渗长度（千米）
(2)南干二支渠	1	3.31	梯形明渠	1.00	1.10	
(3)南干三支渠	1	1.94	梯形明渠	1.00	1.45	
(4)南干四支渠	1	1.27	弧梯明渠	0.80	0.50	
(5)南干五支渠	1	4.49	梯形明渠	1.80	1.66	
(6)南干六支渠	1	2.20	梯形明渠	1.50	1.01	
3.北干支渠	10	30.00			18.14	
(1)北干一支渠	1	2.50	梯形明渠	0.49	0.66	
(2)北干二支渠	1	2.86	梯形明渠	1.00	1.71	
(3)北干三支渠	1	2.53	梯形明渠	1.20	1.41	
(4)北干四支渠	1	5.20	梯形明渠	2.00	2.31	
(5)北干五支渠	1	2.23	梯形明渠	0.70	0.63	
(6)北干六支渠	1	0.85	梯形明渠	0.47	0.82	
(7)北干七支渠	1	7.92	梯形明渠	4.00	6.29	
(8)北干八支渠	1	3.44	梯形明渠	1.20	1.63	
(9)北干九支渠	1	1.73	梯形明渠	1.40	1.27	
(10)北干十支渠	1	0.74	梯形明渠	0.79	1.42	
4.广至支渠	4	20.96			3.55	
(1)广至一支渠	1	6.82	梯形明渠	0.58	1.12	
(2)广至二支渠	1	6.11	梯形明渠	0.25	0.65	
(3)广至三支渠	1	6.03	梯形明渠	0.44	1.10	
(4)广至四支渠	1	2.00	梯形明渠	0.35	0.68	
5.西湖支渠	2	28.16			1.81	
(1)西湖一支渠	1	6.17	梯形明渠	0.91	1.10	
(2)西湖二支渠	1	21.99	梯形明渠	0.63	0.71	
6.分支渠	3	12.45			4.86	
(1)北干七支一分支渠	1	4.17	梯形明渠	1.16	1.91	
(2)北干七支二分支渠	1	6.50	梯形明渠	1.37	2.19	
(3)北干七支三分支渠	1	1.78	梯形明渠	1.03	0.76	
双塔灌区	33	271.25			46.43	64.52

第三节　花海灌区

一、基本概况

花海灌区位于玉门市东北部、石油河下游。“花海”命名于清康熙年间，灌区四周被沙漠包围，沙丘上红柳丛生，当时灌区种植罂粟，夏秋之际，百花盛开，万紫千红、宛如花海，因此得名。灌区南依宽滩山，北屏马鬃山，西临昌马灌区，东与金塔县接壤，面积3878平方千米，有可垦耕地37.1万亩。地势平坦，由西南向东北倾斜，海拔高程1210～1320米。年降雨量70毫米，蒸发量2980毫米，冬春多风，夏季炎热，昼夜温差大，日照长，农作物主要有小麦、玉米、油料、棉花和瓜菜等。

石油河出山后，经盛产石油的老君庙，故名石油河。向北穿流赤金灌区，至红山寺又名赤金河。经赤金镇入峡谷，由天津卫出峡谷至花海灌区，再向北至北石河入干海子，全长约180千米，依水系属黑河流域。据豆腐台水文站观测，石油河多年平均径流量为3660万立方米，供玉门市工业生活用水和上赤金灌溉用水，余水渗入赤金盆地形成泉水，在红山寺一带汇集。据赤金堡水文站实测，石油河多年平均径流量为4580万立方米，赤金灌区灌溉面积4万亩，余水及区间戈壁洪水为花海灌区水源。

花海灌区在汉晋时期即有开发，但具体水利开发情况不详 。清雍正八年（1730年），清延在花海地区开渠引水，系利用天然河床引水，渗漏严重。清嘉庆三年（1798年），曾与下赤金立案均水，农田每年也只能灌一次安种水、两次苗水，干旱缺水一直制约着灌区农业的发展，中华人民共和国成立前的200多年间，灌区灌溉面积仅为1.6万亩。中华人民共和国成立以后，建成赤金峡水库1座；花海干渠1条，长24.6千米；疏花干渠1条，长43.4千米；支斗渠102条，长193.8千米；渠道绿化57千米；条田4万亩，初步形成了渠路林田配套的灌溉体系。目前灌区辖花海、小金湾乡的12个村，赤金镇的赤峡村和天津卫村，以及国营黄花农场花海分场；总人口1.6万多人；灌溉面积6.5万亩。

二、水库建设

1957年，赤金峡水库由张掖专署水利局设计。1958年3月，由原玉门县动员全县民工1500多人进行施工，至1959年9月，完成坝高17米，建成输水洞，出口设控制闸门和临时溢洪道，可蓄水460万立方米，即行停工，投入运行。1962年，土坝加高，可蓄水800万立方米。

1966年，开工续建，由花海、赤金两灌区抽调劳力施工，至1968年10月竣工，建成坝高28.5米，输水洞闸门因漏水严重予以废弃，改建为进口双孔闸门和框架式启闭台，并加固洞身及出口消力池，在左岸新开溢洪道，堰顶高程1560.0米，堰宽3.5米，按200年一遇洪水校核，最大泄洪流量42立方米每秒。

1974年，水库因防洪标准偏低，由甘肃省水利水电勘测设计院二总队设计，按500年一遇洪水校核，将溢洪道扩大为3孔，每孔宽3米，最大泄流量112立方米每秒，同年10月完工。

1978年，坝顶增设防浪墙，高1.3米，溢洪道堰顶也加高1米。1984年实测心墙高程，均有不同程度的沉陷，最大沉陷量0.61米，于同年将心墙加高0.65米。至此，水库工程始达到设计规模，坝高28.5米，总库容2090万立方米。

根据1958年编制的《疏勒河流域规划》，花海灌区近期发展灌溉面积10万亩，远期达到16万亩。水库除调蓄石油河水量外，还修建疏花干渠从昌马河调水，向花海供水。由于水库规模偏小，不能承担调蓄任务，因此相关部门决定将水库加高扩建，大坝加高6.1米，总库容达到2457万立方米，防洪标准按百年一遇洪水设计、千年一遇洪水校核，地震烈度按8度设防。由甘肃省水利水电堪测设计院设计，主要扩建项目包括土坝加高、新建泄洪排沙洞和溢洪道。工程于1989年10月开工，1992年完工。

三、渠道建设

1. 花海干渠

1958年，在水库下游10千米的天津卫建成渠首枢纽，工程包括溢流堰和进水闸、排沙闸各一孔。干渠17.3千米，用卵石衬砌，设计流量3立方米每秒，通水不久，被冲毁废弃。1964年至1966年，对渠首改建加固，将干渠重新修建，并延长至大坪分水口，全长24.6千米，上段11.9千米用浆砌石衬砌，下段12.7千米用混凝土预制块衬砌。设计流量，上、中、下段分别为4.5立方米每秒、4.0立方米每秒和3.5立方米每秒，各类建筑物22座。

2. 疏花干渠

疏花干渠是疏勒河流域规划中跨流域调水解决花海灌区干旱缺水问题的重要工程。工程由昌马总干渠黑崖子排沙闸下游450米处开口引水，向东北沿祁连山北麓经低窝铺车站南，穿兰新铁路和国道312线公路，沿孟家沙河西侧进入水库，全长43.4千米，设计流量8立方米每秒，上段31千米用混凝土预制块衬砌，中段4.6千米为红黏土层，用干砌块石衬砌，下段7.8千米用浆砌块石衬砌，包括各类建筑物57座。由玉门市水电局勘测设计，经甘肃省水利厅甘水规字〔1985〕第028号文批准，由玉门市组织施工。1985年9月开工，1988年11月竣工，完成工程量90.2万立方米，投入劳力48.1万工日，耗用水泥10059吨、木材1228立方米、钢材98吨、炸药16吨。完成投资849.4万元，其中国家投资731万元，自筹118.4万元。

干渠运行多年老化失修，已列入疏勒河项目重建。

3. 支渠及田间配套工程

灌区共建成支渠14条，长61.8千米，其中混凝土衬砌48.2千米，浆砌石衬砌2.5千米，有各类建筑物350座。建成斗渠88条，长132千米，衬砌22千米；各类建筑物510座；完成配套面积2.2万亩，条田4万亩；渠道绿化57千米，植树46.2万株。

四、管理及效益

花海灌区的管理机构有疏花干渠管理所、赤金峡水库管理所、花海灌区管理所，2000年前均隶属玉门市水利局，2000年以后，交疏勒河流域水资源管理局。三个管理所负责调水、蓄水、配水及工程管理和运行管理工作。

中华人民共和国成立前夕，灌区灌溉面积为1.6万亩，粮食年总产约200万千克。水库建成以后，灌溉面积达6.5万亩，1987年粮食年总产达到了750万千克。1988年11月疏花干渠建成通水后，累计向花海灌区输水6300万立方米。1990年粮食年产量达到1200万千克，增幅达60%。到2002年，粮食年产量为14836吨，比中华人民共和国成立初期增长了7.5倍。农民年人均纯收入已达到3476元，灌区新增经济林1460亩、防护林2970亩。省"两西"确定的小金湾移民基地已初具规模，共计移民847户4764人，垦荒地1.1万多亩。

2019年花海灌区渠道见表7-3。

表7-3 2019年花海灌区渠道一览

花海灌区渠 道	条数（条）	长度（千米）	衬砌类型	设计流量（立方米每秒）	灌溉面积（万亩）	当年改造衬砌防渗长度（千米）
一、干渠	6	103.80				7.75
1.疏花干渠	1	43.30	梯形砼块砌石	8.00	18.31	
2.新总干渠	1	21.53	梯形砼现浇/预制砖	7.80	18.28	
3.旧总干渠	1	16.19	梯形砼砌石	4.00	18.28	
4.西干渠	1	8.05	梯形砼块	2.30	5.06	
5.东干渠	1	4.63	梯形砼块	1.85	2.92	4.63
6.北干渠	1	10.10	梯形砼块/矩形砼现浇	4.60	9.61	3.12
二、支渠	13	55.52			14.47	0.00
1.西干一支渠	1	0.83	梯形砼块	0.50	1.15	
2.西干二支渠	1	4.38	梯形砼块	0.50	0.79	
3.西干三支渠	1	4.69	梯形砼块	0.50	1.15	
4.西干四支渠	1	5.94	梯形砼块	0.50	1.05	
5.西干五支渠	1	5.21	砼U型槽/梯形砼块	0.50	0.83	
6.东干一支渠	1	2.40	梯形砼块	0.40	0.72	
7.东干二支渠	1	1.85	U80	0.40	1.06	
8.东干三支渠	1	3.97	梯形砼块	0.50	0.88	
9.北干一支渠	1	10.21	梯形砼块	1.75	3.81	
10.北干二支渠	1	4.09	梯形砼块	0.50	0.71	
11.北干三支渠	1	2.65	梯形砼块	0.53	0.80	
12.北干四支渠	1	3.45	梯形砼块	0.68	0.97	
13.北干五支渠	1	5.85	梯形预制板/80U	0.60	0.55	
总计	19	159.32			18.31	7.75

第四节　石油河灌区

一、基本概况

石油河灌区特指玉门市水务局管理的石油河中游灌区，石油河下游灌区为花海灌区。康熙五十六年（1717年），清廷于今赤金镇一带筑堡，并招民垦种，于是始开浚赤金渠。赤金渠水源来自山前草地诸泉，泉流汇聚成河，接流入渠，灌田六十余顷，分渠四道，即头道渠、二道渠、三道渠、四道渠。后有所修缮，立闸，分东、西二坝，仍为四渠：东坝头渠，立闸一道，宽六尺；东坝二渠，立闸一道，宽三尺；西坝头渠，立闸一道，宽五尺；西坝二渠，立闸一道，宽五尺。是为石油河灌区的切近鼻祖。

石油河灌区所辖一个镇，即玉门市赤金镇，包括8个行政村，32个村民小组，总人口为1.37万人，农业人口1.23万人。所辖赤金灌区有效灌溉面积9.67万亩，其中，河灌面积1.82万亩，井灌面积7.87万亩（包括石油管理局农场、甘肃矿业农场和甘肃祁连山草业农场）。灌区主要水源有石油河水、赤金河水和地下渗水。全灌区有干渠4条（石油河新、旧干渠，三新干渠，金泉干渠），总长27.88千米，建筑物57座；支渠13条，长84.7千米，建筑物149座；斗渠48条，长131.92千米，建筑物2676座；堤防5条，长41.15千米；有机电井203眼，其中农业灌溉195眼，有井灌渠94条，长100.07千米，已衬砌42.61千米。灌区全年农业灌溉提引水量为3604万立方米，其中引水量1400万立方米，提水量1604万立方米。

灌区分上、下赤金片。上赤金片主要以机电井提灌为主，有和平村、营田村、西湖村、朝苗村。在井灌区，全部安装有智能水表控制箱，按照《甘肃省取水许可和水资源征收管理办法》中相关规定，依法征收阶梯水资源费，具体运行由村组自行管理。下赤金片主要以河水自流灌溉为主，有新风村、光明村、金峡村、东湖村，主要引取赤金河水和条湖水库水。新风村和光明村引用赤花大闸水和条湖水库水。金峡村的上片原赤峡村5个组引用大闸下游赤金河的渗水灌溉。东湖村主要以河水灌溉为主、机电井提灌为辅，是典型的井河混灌区，主要引用石油河水，通过石油河渠首、干渠及支渠引入田间。

二、主要引水枢纽

1. 石油河渠首

建于20世纪60年代初，于2004年进行了除险加固，更换了启闭设施，接上了老市区的自来水。其主要作用是截引河道水，将其引入渠道灌溉和防洪度汛。

2. 赤花大闸

始建于1994年，于2001—2003年进行了除险加固，加固后抗洪标准由原来的30年一遇洪水提高到了50年一遇洪水，过洪量达到了500立方米每秒。其主要作用是截引河道来水，其实就是石油河水入渗至地下，在大闸前又以露头泉水渗出的泉水汇集而成。赤花大闸既将水引入三新干渠供农业灌溉，同时又肩负着抗洪防汛任务。

3. 条湖水库

属小（Ⅰ）型水库，总库容115.4万立方米，原是用于拦截上游泉水的小塘坝，1990年管理权限由原新民村移交给了水务局。于1998年进行了大库的除险加固，主要是加固加高大坝、坝面护砌，增加了水库的安全稳定性和库容，于2006年又进行了北坝的除险加固，并且重建了输水设施。

三、水资源现状

全灌区现有水资源非常紧张，主要是现在河道来水量逐渐减少，石油河2014年阶段性断流长达28.5天，断流时间是有史以来最长的一次。赤花大闸来水也逐年减少，5—7月平均来水量不足0.9立方米每秒。机电井的出水量也逐渐减少，有很多自喷井现已停用，并且很多井水位持续下降，这些现象表明总体水资源量的减少。灌区属冷粮灌区，种植结构单一，灌区农业主要以小麦、玉米、食葵等为主，用水集中在5、6、7月份，所以灌区用水集中的矛盾非常突出。

第五节　白杨河灌区

一、基本概况

清康熙末年，清廷在惠回堡、火烧沟、腰泉子等处引白杨河泉水开渠一道，灌溉民屯地亩，是为今日白杨河灌区的滥觞。1949年前，灌区仅能利用原始河床和自然沟道引水灌溉，流程长、渗漏大，河水的利用率仅为10%左右，供给白杨河村的1000亩耕地灌溉用水尚且不敷，其余耕地均靠小股泉水灌溉。当地农民不得不在窑洞地、白土梁一带种“撞田”，即每年春天利用白杨河的消冰水泡地，下种后再不灌苗水，收成全凭运气。1963年，玉门市白杨河系管理所成立，开始现代灌区建设。

灌区主要承担玉门市清泉乡及白杨河农场农业灌溉，灌区抗旱保灌、防汛保安、地下水资源管理，玉门东镇循环经济产业园区地下水资源管理、水费和水资源费的足额征收工作。灌区现有干渠1条，长14.5千米；支渠5条，长35.285千米（其中窑洞地支渠11.32千米，跃进支渠16.085千米，白杨河支渠2.24千米，白土良分支渠2.74千米，清泉分支渠2.9千米）。干支渠均由灌区管理所管护，衬砌率达到100%。耕地面积20388亩，其中河灌面积13473亩，井灌面积6915亩。灌区共有机井124眼，其中工业用机井26眼，农业用机井51眼，绿化及生活用机井36眼，其余11眼已注销。

灌区面积约2259平方千米，多河谷山丘和戈壁，农田较分散。辖清泉乡的跃进、清泉、白土良、中沟、下沟、白杨河、南山七个村，以及玉门石油管理局红卫、窑洞地两个农场。2004年合村并组后，现为跃进、清泉、白杨河、新民堡四个行政村。灌溉面积1.93万亩，其中河水灌溉面积1.17万亩，井、泉水灌溉面积0.76万亩。2016年冬乡土地确权后，重新核定水权面积，现有耕地面积20388亩，其中河灌面积13473亩，井灌面积6915亩。1949年有耕地面积6770亩，粮食亩均单产87千克。1990年乡村粮食总产量4231吨，亩均单产385千克，比1949年增加了3.4倍。2019年清泉乡粮食总产量3670.11吨，亩均单产459.85千克，比1990年增加了0.19倍。

二、白杨河渠道工程

白杨河渠道工程包括白杨河渠首及渠道工程。1958年从玉门石油管理局工业引水隧洞5千米处开口，修建农用干渠1条，长5.7千米，受财力、物力限制，用砌卵石衬砌，使用一年后，干渠被山前暴雨洪水全部破坏。1963年开始，由玉门市水利电力局勘测设计并组织施工，经过新建、续建、改建，至1982年建成白杨河渠首、干渠和支斗渠工程。

1. 白杨河渠首

1949年之前，主要采用柴草、石块拦河引水，灌溉白杨河村耕地用水。1958年于河流出山口处兴建永备渠首，按100年一遇洪水设计，洪峰流量182立方米每秒，按200年一遇洪水校核，洪峰流量222立方米每秒，采用渠底栏栅式引水、浆砌石及混凝土结构。拱水坝长28米，高6米，其中溢流坝长13米，栏栅坝长15米；栏栅坝内设有引水廊道，设计引水流量3立方米每秒。1981年，新建钢筋砼拦水坝引水，安装一台10吨手摇电动两用启闭机及平板钢闸门，完成工程量2.08万立方米，使用劳动工日3.1万个，工程投资24万元，其中国家投资22万元，市自筹资金2万元，工程于1982年10月建成。2001年白杨河水库建成后白杨河渠首弃用，采用管道引水。

2. 白杨河干渠

白杨河干渠（直渠）于1963年9月建成通水，全长5.7千米；1972年，白杨河新干渠竣工投入运行，全长7.93千米；1982年10月，白杨河底栏栅引水渠首及干渠上延工程竣工。白杨河干渠接渠首引水廊道，全长14.59千米，设计流量2.5立方米每秒，全线有隧洞5段，长2.0千米，暗渠0.56千米，建筑物17座，其中排沙闸2座，跨沟输水渡槽1座，排洪涵洞2座，排洪渡槽6座，车桥4座，分水闸2座。完成工程量11.1万立方米，使用劳动工日11.8万个，耗用国家投资9.2万元，工程分期续建而成。1963年对原建干渠5.7千米进行了重建，采用混凝土预制块衬砌3.9千米、浆砌卵石衬砌1.8千米，建分水闸1座、公路桥2座、排洪渡槽3座。由于灌溉面积扩大，工业隧洞的引水量偏小，不能满足农业灌溉的需求，1972年接工业渠首排沙闸出口建底栅式临时进水闸1座，修建干渠长7.93千米，其中隧洞1.8千米，明渠1.63千米。隧洞为浆砌卵石砌底，混凝土预制侧墙，钢筋混凝土拱圈砌顶；明渠为干砌卵石、砂砾石、混凝土灌浆衬砌。建排沙闸1座、跨沟输水渡槽1座、排洪涵洞1座、排洪渡槽3座，末端汇入原干渠2.8千米处。因受工业渠首排沙淤积的影响，仍不能正常供水，故1982年将干渠上延0.96千米，接新建的引水渠首。其中隧洞0.21千米，暗渠0.56千米，隧洞用混凝土及钢筋混凝土衬砌，干渠为浆砌石衬砌。在出引水隧道后，建钢筋混凝土排沙闸1座。白杨河干渠于2010年在农业综合开发白石中型灌区节水配套改造项目中改建14.5千米，由原浆砌石渠道改建为砼现浇渠道。渠系建筑物26座，有效面积1.47万亩，配套面积1.09万亩。

红卫干渠，在白杨河渠首以上3千米处开口，长2.5千米，设计流量1立方米每秒。其中隧洞1千米，明渠1.5千米，隧洞为浆砌石衬砌、钢筋混凝土拱圈砌顶，明渠为浆砌石衬砌。红卫干渠是玉门石油管理局为了发展农副业生产开办红卫农场而建的灌溉工程，于1968年建成。

3. 白杨河支渠

灌区建有支渠5条，长35.285千米，衬砌35.285千米，衬砌率100%。灌区水的利用率由中华人民共和国成立前的10%左右提高到了目前的82%。

（1）跃进支渠

始建于1976年，于2010年在农业综合开发白石中型灌区节水配套改造项目中改建16.085千米。渠系建筑物13座，有效面积0.12万亩，配套面积0.12万亩。

（2）窑洞地支渠

始建于1976年，于2010年在农业综合开发白石中型灌区节水配套改造项目中改建11.32千米。渠系建筑物9座，有效面积0.35万亩，配套面积0.25万亩。

（3）白杨河支渠

始建于1976年，于2010年在农业综合开发白石中型灌区节水配套改造项目中改建2.24千米。渠系建筑物21座，有效面积0.35万亩，配套面积0.27万亩。

（4）白土良分支渠

始建于1989年，于2004—2005年在玉门市农业节水灌溉（利用日元贷款）项目中改建2.74千米。渠系建筑物22座，有效面积0.48万亩，配套面积0.33万亩。

（5）清泉分支渠

始建于1989年，于2004—2005年在玉门市农业节水灌溉（利用日元贷款）项目中改建2.9千米。渠系建筑物9座，有效面积0.18万亩，配套面积0.13万亩。

三、重点水库工程

1. 白杨河水库

白杨河水库修建于2001年10月，隶属于玉门石油管理局，由玉门油田分公司水电厂管理。白杨河水库位于距玉门老市区东南约26千米外的白杨河峡谷中，坝址距峡谷出口3千米，水库坐标为东经97°41′31.31"、北纬39°42′01.72"，属白杨河流域。白杨河水库有通往市区的两条道路，交通较为便利。白杨河坝址以上河道全长60余千米，流域平均宽度13.8千米，流域面积770平方千米。白杨河水库是一座以调蓄、灌溉、工业、生活给水为主，兼顾发电等综合利用的调节性水库。水库主要由混凝土面板堆石坝、右岸岸边开敞式溢洪道、左岸导流（泄洪）隧洞及电站引水口等建筑物组成。白杨河水库大坝为混凝土面板堆石坝，坝顶高程为2576.8米，防浪墙高程2576.8米，坝顶长168米、宽6米，最大坝高66.8米，后坡在2537.0米及2557.0米处分别设一条宽3米的马道。前坝坡护坡形式为混凝土面板，后坝坡为干砌石。大坝为四等小（一）型。总库容942.91万立方米，设计坝高66.8米，水库正常蓄水位2573.5米，死水位2544.7米，调节库容731.14万立方米，最大供水流量2.5立方米每秒。洪水设计标准为30年一遇，相应洪峰流量140立方米每秒，洪水校核标准为500年一遇，相应洪峰流量405立方米每秒。

该工程始建于1959年，多次上马下马，其间因各种原因未能建成。1991年，玉门市政府和玉门石油管理局针对玉门地区工农业用水日趋紧张的情况，再次提出修建。1997年，甘肃省计划委员会下发了对该工程可研报告的批复。1997年，电力工业部西北勘测设计院完成初设报告。该工程由玉门石油管理局负责修建和建后管理运行。工程自1998年4月15日开工，2001年9月

30日竣工，总投资5705万元。

该工程是以解决玉门市老市区工业用水、城市居民用水和白杨河灌区灌溉用水为主的供水工程。水库建成后，净增工业及城市生活用水500万立方米，净增农业用水320万立方米，新增灌溉面积0.27万亩，改善灌溉面积0.93万亩。水库蓄水处正常水位时面积约为0.49平方千米，回水长度达到2.35千米，改善了玉门地区干旱缺水的气候环境，有显著的社会和经济效益。利用白杨河水库水位高差发电的引水渠电站和坝后电站总装机容量1800千瓦，多年平均发电量约1100.36万千瓦时。它的建成为改善周边地区的用电环境、提高发供电综合效益发挥了重要作用。

白杨河水库正常蓄水位2573.5米，相应库容864.6万立方米，死水位2544.7米，相应库容90万立方米，调节兴利库容773.14万立方米，正常蓄水位以下原始库容864.7万立方米，为年调节水库。水库设计洪水位2573.5米，相应库容864.6万立方米；校核洪水位2575.0米，相应库容为942.9万立方米；汛限水位2568.0米，相应库容612.6万立方米；坝前淤积高程2540.0米，淤积库容47万立方米。水库历史最高水位2573.5米，发生在2012年5月1日。

2. 下沟水库

下沟水库位于白杨河下游下沟村一组东侧的山丘洼地中，引蓄河沟中春季的泉水，属群众自建工程，于1976年建成。水库主要由土坝和坝下输水涵洞组成。原设计坝高12米，库容14万立方米。大坝为砂砾石及黏土混合坝，坝长90米、顶宽2.8米，未设防渗墙及坝后排水设施。土坝前后均较陡（前坡1∶2.3，后坡1∶1.4），输水洞长53米，为上圆下方的砼结构，因无洪水入库而未建溢洪道，历年最大蓄水量7万立方米。

原水库由于原建设标准低、施工质量差，运行过程中多次出现较大的坝体裂缝、沉陷及大面积滑坡，坝后渗漏严重，严重危及下游村民生命财产安全。1991年，由玉门市水利电力局设计，经酒泉地区水电处批准，施工队对水库进行了除险加固。工程主要加高主坝，增设副坝，放缓坝坡，坝前增设黏土防渗斜墙，坝后增设排水反滤体及排水沟，延长输水洞。将主坝加高0.5米，高度达11米，坝顶长90米、宽4米，前坡1∶3.5，后坡1∶3；坝前黏土斜墙长22.5米、厚度2.8米，坡面覆盖砂砾保护层；坝后排水体长42米、宽7米、厚3.7米，排水沟长42米、底宽0.5米、深0.7米；副坝长120米、高4米、顶宽3米，前坡1∶2.5，后坡1∶2；输水洞延长14米，设置放水竖井，安装转达盘式钢闸门控制。工程于1991年6月20日开工，同年10月23日完成。完成工程量1.5万立方米，使用劳动工日4641个、各种机械台班1625个，耗用水泥11吨、木材5立方、钢材0.45吨、炸药0.5吨，工程总投资10.25万元，其中国家投资5万元，农民自筹5.25万元。除险加固后，库容由原7万立方米增加为14万立方米，工程规模由原来的塘坝提高为小（二）型水库，解决了该村下游900亩耕地的灌溉用水紧缺和不安全问题。

下沟水库于2010年10月底完成第二次除险加固工程，大坝主坝段长146米，东西走向，坝顶宽3.4～4.2米，最大坝高12.0米，坝顶高程1700.0米，正常蓄水位1698.0米。副坝段长74米，南北走向，坝顶宽3.4～4.2米，最大坝高8.0米，坝顶高程1700.0米，正常蓄水位1698.0米。水库输水洞，身长58.9米，结构为钢筋砼竖井式无压涵洞，矩形，进口高1.1米、宽0.8米，进口高程1691.0米，出口高程1690.6米，输水洞前齿墙深1.1米，设计流量为1.2立方米每秒。引水渠首采用正向排砂、侧向饮水方式布置。渠首坝址左岸有长8米的溢流坝，右岸有宽2米、高1.1米的一孔泄洪冲沙闸。溢流堰宽8米，堰顶高程1707.5米，泄洪流量为30.84立方米每秒。冲沙闸闸底板高程1706.5米，泄洪流量为5.67立方米每秒。

第六节　榆林河灌区

一、基本概况

榆林河灌区1973年成立水利管理所运行至今，系正科级管理事业单位，现有职工33人（其中正式职工23人，退休职工10人），担负着农丰、中渠、新沟、常乐、东巴兔5个行政村及踏实农场5.26万亩耕地的灌溉管理工作，以及水库、干渠、防洪堤的维修、安全、防汛工作。

二、农业生产状况

榆林河灌区均位于瓜州县城南约40千米处，瓜锁公路和双石公路途经灌区，灌区内道路成网，交通便利，电力及通讯设施都比较完善，电源及网络已开通。

榆林河灌区共有5个行政村和1个国营农场，总人口5650人，均为农业人口。灌区现有灌溉面积5.26万亩，其中耕地4.76万亩，林草地0.5万亩，是瓜州县重点粮棉生产基地。经济来源主要是农业种植，农作物主要为小麦、玉米，经济作物主要为蔬菜、瓜果。以2019年为例，灌区粮食年产量11200吨，玉米年产量21000吨，灌区人均纯收入17920元。

三、水利设施现状

灌区现有的主要水利工程：小（一）型水库2座（榆林河水库、牛圈口子水库），小（二）型水库1座（槽子沟水库），塘坝2座，总库容932万立方米；干渠3条，18.95千米；支渠5条，12.79千米；斗渠28条，46.47千米；农渠242条，259千米；建筑物831座；榆林河防洪堤22千米，东巴兔防洪堤15千米；抗旱灌溉机井98眼。

灌区位于榆林河水库下游，总干渠通过水库取水，经分水闸分给东、西两条干渠，两条直斗渠。其中总干渠全长14千米，设计流量4.4立方米每秒；东干渠全长0.94千米，设计流量2.8立方米每秒；西干渠全长4.01千米，设计流量2.8立方米每秒。引水渠首通过拦截水库下泄水引入总干渠，引水流量1.37立方米每秒。渠系田间利用率62.9%，斗口利用率69.5%。

第七节　党河水库灌区

一、概况与沿革

党河水库灌区，位于河西走廊最西端的敦煌市。南靠鸣沙山，北临疏勒河古道，西连西戈壁，西南与南湖灌区相望，东接东戈壁，东南与三危山为邻。南北长40千米，东西宽22千米，控制面积880平方千米，辖孟家桥、七里镇、肃州、杨家桥、三危、五墩、郭家堡、吕家堡、转渠口等10乡镇和甘肃省农垦局酒泉分局黄墩农场，青海石油管理局东风农场，敦煌市良种场、园艺场、林业站等单位，耕地面积达32万亩，主要农作物有小麦、玉米，经济作物有棉花、瓜菜、水果等。

灌区深居内陆，地势南高北低，海拔高程在1375～1200米之间，四周为沙漠戈壁，属大陆性沙漠气候特别干旱区。多年平均降水量44.7毫米，蒸发量达2409毫米；多年平均气温9.4 ℃，最高44.1 ℃，最低-28 ℃；年日照3240小时，无霜期149天。

灌区水源主要依赖党河径流，党河属疏勒河水系，发源于祁连山西部党河南山冰川群，经肃北蒙古族自治县，由五阁庙入敦煌市境，于土窑墩汇入疏勒河，向西注入哈拉湖，全长390千米。据沙枣园水文站实测资料，多年平均径流量2.93亿立方米。

除党河外，灌区内还有山前河沟两处：东水沟位于三危山东端，年径流量150万立方米，灌溉五墩乡疙瘩井耕地500多亩；西水沟（即千佛洞沟）位于三危山西端，年径流量410万立方米，除用于千佛洞旅游区附近800亩园林灌溉和居民生活用水外，全部渗入戈壁，以地下水形式补给下游灌区。

灌区历史悠久。汉武帝元鼎六年（前111年），分武威、酒泉地，置张掖、敦煌郡，徙民实之。在敦煌建郡之初，该地便开始兴建各类灌溉工程，甘泉水之上的马圈口堰，始建于汉武帝元鼎六年，为敦煌绿洲的第一道水利枢纽工程；魏晋时期，西晋敦煌太守阴澹开渠灌田，后称阴安渠；东晋前凉沙州刺史建阳开渠，后凉敦煌太守孟敏开孟授渠等，至此，敦煌地区水利设施建设已渐趋完备，灌溉网络基本形成。而至唐代，则是敦煌水利设施兴修的又一高潮时期，在朝廷与地方政府以及地方的共同努力下，敦煌构建起了相对密集而有序的灌溉网络，形成了以甘泉水为水源基础、以马圈口堰为水利总枢纽的东、南、西、北四大灌区，宜秋渠、神农渠、阳开渠、都乡渠、北府渠、三丈渠（东河渠）、阴安渠七大主渠系，以及百余条的支渠、子渠等散布其周围的较为完整的网状水利灌溉系统。其中，灌渠相交织，各灌区干渠上设有堰坝与斗门，下分诸多支渠、子渠，体系完整严密。北部灌区北府渠系约有5条支渠（北府渠、神龙渠、大渠、辛渠、宜谷渠）、6条子渠灌溉四乡土地。西部灌区包括两大渠系，西部灌区之宜秋渠系以宜秋渠为主干渠，约有十余条子渠，灌溉三乡耕地；都乡渠系以都乡渠为主干渠，与宜秋渠大致平行，有20余条子渠（其中含有有孟授渠及其四条子渠）灌溉三乡土地。南部灌区包括阳开渠系与神农渠系两大渠系，其中阳开渠系有5条支渠、7条子渠，灌溉一乡耕地；神农渠系支渠、子渠无考，或只有干渠，灌溉一乡耕地；东部灌区东河渠系有1条支渠（三丈渠）、20余条子渠，灌溉六乡耕地。

另据统计考证，唐代敦煌县河渠泉泽约大致有百余所，其中有明确考证的共103所，由于方位起止不明，或所属水系难断，亦或存在同渠异名现象者，约51条。现大致列举如下：甘泉水、马圈口堰、都乡堰、五石堰、中河堰、河母、宜秋渠、河北渠、塞庭渠、高渠、平都渠、夏交渠、塞门渠、圆佛图渠、宜秋西支渠、长西渠、宜秋东支渠、都乡渠、胡渠、平渠、武都渠、蒲桃渠、白土渠、阴安渠、宋渠、西水渠、都乡西支渠、都乡东支渠、三丛口、墨池、仰渠、百尺池、瓦渠、阶和渠、双树渠、孟授渠、总同渠、索底渠、阳员渠、菜田渠、阳开渠、神农渠、灌津渠、两网渠、横渠、东河、平河口、三丈渠、忧渠、大壤渠、多农渠、东水渠、第一渠、千渠、赵渠、小第一渠、利子渠、瓜渠、拴（掘）渠、延康渠、沙渠、新城河母、两支渠、乡东渠、涧渠、神威渠、官渠、三支渠、鹘渠、北府渠、辛渠、八尺渠、掉消渠、王使渠、无穷渠、鲍壁渠、宜谷渠、临泽渠、神龙渠、分流泉、壕堑水、壕渠、鹿家泉、凿壁井、沙井、宕泉、观音井、东泉泽、东盐池、悬泉水、苦水、长城堰、大井泽、渔泽、清泉、横涧、独利河、四十里泽、北盐池、玉女泉、兴湖泊、西盐池等。

清雍正二年（1724年），抚远大将军年羹尧请于库库沙克沙设立沙州所，隶属于布隆吉尔的安西同知管辖，始有军事建制。其后数年，所驻官兵在敦煌周边地区开垦种地，陆续增至7000余亩的规模。雍正四年（1726年），川陕总督岳钟琪巡边视察，升沙州所为卫，奏请招甘肃无业穷民2400户开垦屯种。次年得到朝廷批准，但此时甘肃巡抚石文焯发现敦煌开渠事宜尚未完成，若现时将民户全部迁入，开垦田地恐无法得到足够灌溉，一度疏请暂缓移民。故直到雍正六年（1728年），两千余户才招足到齐。此时敦煌的水利建设已经刻不容缓。雍正四年开始，两任陕西汉兴道尤汶、姚培和奉命来沙州料理修城工程、屯田水利事宜，渠道建设大见成效。党河灌区首先形成东大渠、西大渠、西小渠三道，流沙淤塞、引水不多。后复加开浚，东大渠更名永丰，西大渠更名普利，西小渠更名通，增开新中渠一道名曰庆余，西中渠一道名大有，共五总渠。乾隆年间，又续开上永丰、新旧伏羌、庄浪等新渠，逐步形成“敦煌十渠”的规模，并订立严格的渠规，以分配各坊户民轮流浇灌，一直延续至1949年。

中华人民共和国成立后，党和国家非常重视农业生产的发展，领导人民大兴水利，灌区内建成中型水库1座。同时进行渠道改建和田间工程配套。灌区先后建成干、支、斗渠1060多条，长1312.1千米，其中已衬砌516千米。2002年，实灌面积达30万亩。

二、工程建设

1. 水库建设

该灌区唯一现存的调蓄工程是党河水库。党河水库位于敦煌市西南34千米处的党河口，坝址以上流域面积16600平方千米，多年平均径流2.93亿立方米，设计坝高56.8米，总库容4640万立方米，是一座有灌溉、发电、防洪等综合作用的中型水库，防洪标准按百年一遇洪水设计、千年一遇洪水校核，地震烈度按8度设防。主要工程由主坝、副坝、围堤、输水发电洞、排沙泄洪洞、溢洪道及电站组成。第一期工程于1969年开工，1974年7月主体工程竣工，总造价958.45万元。1975年，水库开始蓄水、灌溉、发电，扩大灌溉面积2万亩，提高保灌面积3万亩。1979年7月，副坝决堤后，工程队立即进行修复，于1980年汛前完工，耗资700多万元。1987年10月，二期扩建工程开工建设，1991年完工，累计完成工程量266万立方米，投入劳力443.5万工日，投资2928.3万元。

除此之外，还有一座五墩乡在城东70千米处建造的小型水库，即东水沟水库。东水沟水库于1970年开工，1972年4月竣工，坝长120米，高18米，库容97万立方米，可灌地800多亩。但东水沟水库建成后，由于水源不足等原因，经济效益逐年递减，现已报废。

2. 机井建设

灌区从1967年掀起打井高潮，到2002年底，先后打成锅锥井、大口井、机井1887眼，报废688眼，现配套井1199眼，纯井灌面积2万多亩。农用机井作为重要的抗旱设施，在五六月份补充河水不足、降低“卡脖子旱”造成的损失中发挥了重要作用。

3. 防洪工程

自1979年党河水库发生溃坝洪水灾害之后，敦煌市认真总结经验教训，先后建成一般防洪堤5处：

（1）水库电站防洪堤

该堤位于水库主坝下游350米处，为防止泄洪回流侵袭电站，于1977年修建而成。全长600米，堤顶高程1386.14米，于1986年加高到1387.14米。

（2）南湖店、鄂博店防洪堤

1979年水灾后，工程队在修复总干渠部分水毁渠段时，在南湖店和鄂博店干渠的临河渠段，分别修筑了692米和555米的防洪堤，确保了总干渠的安全输水。

（3）城市农田防洪堤

该堤位于县城西门外党河右岸，自杨家桥合水村张家园子至西大桥，全长3.2千米，上段2.55千米为农田防洪堤，下段0.65千米为城市防洪堤。1980年11月经水利厅批准列项修建，于1981年8月竣工，防洪标准按50年一遇洪水设计，西大桥按100年一遇洪水设计。完成工程量5.6万立方米。

1986年，根据防汛清障规定，拆迁河道西岸行洪区内违章修建居民104户、房屋310间、围墙960米，清除河道堆积物22万立方米，河床宽由150米恢复到250米。为确保河道安全行洪，又于1987年至1988年将河道东西防洪堤分别加高1米，增设防浪墙380米，其中东岸200米，西岸180米。

（4）五墩防洪堤

该防洪堤是保护敦煌飞机厂和下游五墩村、新店台村的重要防洪设施。堤长8千米，其中衬砌2.5千米。

（5）莫高窟防洪工程

1982—1986年，敦煌研究院在省、地防汛部门的指导下，先后投资26.5万元建成浆砌块石防洪堤1.6千米；2002年，投资520.08万元加高莫高窟河段左岸原防洪堤0.817千米，加固齿墙1.864千米、护坡1.114千米。同时，在西千佛洞左岸修建防洪堤0.507千米，确保了莫高窟的防洪安全。

三、管理及效益

1. 组织管理

（1）灌区

1951年成立敦煌县水利委员会，设立主任1人、委员4人，负责灌区全面的水利工作。1954—1956年，灌区按东、西、北3片设立敦惠、永丰、惠煌3个水利管理所，隶属县水利科。1963年，按渠系大小实行渠长制，同时撤销3个水利管理所，县水利科直接指挥16名渠长负责灌区灌溉管理和工程维修工作；1965年又废除渠长制，恢复了3片水利管理所。1984年经县政府批准，成立了党河灌区管理所，同时建立西、东、北干渠管理所和总干渠管理队，隶属党河灌区管理所。1988年，灌区10个乡镇设置水利管理站，隶属市水电局。至2002年，灌区共有职工322人，其中固定职工241人，技术人员62人。建立健全了灌区、干渠、乡镇三级管理组织。

（2）水库

一期工程完成后，1974年10月即成立了党河水库管理所，隶属市水电局，成立初期只有7

名工作人员。副坝溃决后，1981年县政府决定扩大编制，2002年，水库共有职工45人，其中固定工34人，技术人员6人。

2. 工程管理

（1）渠道

灌区引输水工程实行分级管理。引水枢纽、总干渠由灌区管理所负责，20世纪70年代曾实行县局直接领导，在抽调季节性亦工亦农人员分段管理的基础上，于1984年成立了有60人的总干渠养护队，并采取"定渠道级别，包管理资金；定人员，包渠道畅通无阻；定出勤，包渠道完好率；定职工收入，包多种经营收入"的"四包四定"管理办法，收到了明显效果。各支干渠，由各干渠管理所负责，组建亦工亦农常年管理队，按照工程现状，实行定段、定人、定材料、定费用、年终评定奖罚的养护岗位责任制；乡镇受益的支斗渠，由乡镇水利站负责管理和养护，到1990年底，50%以上的支渠成立了3～8人的常年养护队；斗渠，由行政村负责，实行按地界或按面积划段、由农户各人承包管理运行的办法。

（2）水库

一期工程完工后，为确保灌溉、发电效益，一直采用蓄洪运行方式，二期扩建完成后，按照"灌溉兼顾发电，灌溉发电要服从排沙"的原则，进行调节运用。1974年7月，开展坝体和心墙的垂直沉陷、水平位移、渗漏浸润，以及库区水文气象、地震等观测工作，整理分析运行以来积累的各项观测资料，建立了比较完整的技术档案，为水库防汛调度提供了更为准确的依据。

3. 灌溉管理

1964年实行"定时间、定水位、定地亩、节水归己、超水不补"的配水办法，1975年又改行"三级管理、乡为基础、三级配水、三级包干、节约归己、超水不补"的配水方法。1985年随着水利管理改革的深入，在原有"以亩配水、按方收费、结算到队"的基础上，制定了"三渠分水、四级管理、超水不补、节约归己"的包干配水制度，并将河、井水统一纳入配水计划，统一调度使用。进入20世纪80年代后，随着改土治水农田建设的深入发展，改大块灌为小块灌，改串漫灌为小畦灌和沟灌。1987年以后，推广综合性的省水增产灌溉技术，同时，引用低压管灌、果园滴灌、草坪微喷等高新节水技术。

1978年以来，灌区经营管理工作有了长足发展。2002年水费收入达1097.8万元，综合经营收入6万多元。灌区的运行管理费基本实现了自给有余。同时，从1980年开始实施灌区绿化工程，截至2002年，干、支、斗三级渠道50%以上的渠段实现渠、路、林配套，累计植树247万株，长345千米，其中经济林1.5万株。

4. 效益

灌区经过多次改扩建，不断完善蓄、引、提工程设施，探索创新，总结经验教训，吸纳先进技术，截至2002年，总计投入10480万元，其中国家投资7500万元，灌区群众投劳800多万工日。建库修渠、打井提灌、防渗衬砌、植树造林、保灌程度大幅提高，取得了显著的水利综合效益。灌溉面积由中华人民共和国成立初期的13.4万亩，发展到了2002年的30多万亩；粮食亩产达到736千克，棉花总产由中华人民共和国成立初期的0.4万担，提高到了2002年的19.48万担，净增19.08万担，农民年人均纯收入达到3384元。现在的灌区已呈现出库渠配套、道路畅通、条田成片、园林交错、粮棉稳产、瓜果飘香、群众生活节节向上的新气象。

第八节　小昌马河灌区

一、基本概况

小昌马河灌区位于玉门市西南祁连山中，距玉门镇90千米，为一山谷小盆地。相传，唐代时此地山环水抱，牧草繁茂，薛丁山征西与樊梨花成婚后为备军需，将此地选为养马场，此地因繁衍战马而得名。疏勒河由南向北从盆地东边流过，小昌马河由西南向东北横穿灌区中部，汇入昌马河。灌区水源主要依靠小昌马河泉水，其水源在海拔4050～4646米的大雪山北麓，主要有老虎沟12号冰川，长10.1千米，冰川面积21.91平方千米，冰储量0.72立方千米，融水量0.61亿立方米。降水与冰雪融水均渗入地下形成潜流，约经40千米至昌马乡西湖村四组附近露出地面形成泉水河。据灌区实测资料得知，灌区年平均流量1.56立方米每秒，年径流量4914万立方米，地下水年可开采量2000万立方米。

清乾隆二十六年（1761年），昌马安插民户，垦田耕种。民国四年（1915年），灌区有耕地2400亩；民国三十八年（1949年），有耕地1.3万亩，亩产粮食56千克。

灌区现辖1乡7村34个村民小组，灌溉面积2.36万亩。

二、工程建设

1. 引水渠首工程

1973年，引水渠首由玉门市水电局设计并组织施工，1990年与南北干渠同时竣工。渠首位于小昌马河上游，按20年一遇洪水设计、200年一遇洪水校核，洪峰流量分别为60立方米每秒和189立方米每秒，渠首由泄洪闸、排沙闸、南干渠进水闸、北干渠进水闸、溢流堰、拦洪堤组成，混凝土及浆砌石结构。泄洪闸2孔，孔宽3米，高4米，设计泄洪量5立方米每秒；排沙闸1孔，孔宽2米、高6米，设计流量3立方米每秒；南干渠进水闸设计流量2立方米每秒；北干渠进水闸设计流量1.2立方米每秒，安装5台5吨启闭机控制闸门运行。完成工程量3.16万立方米，使用劳动力2.58万个，总投资37.3万元，其中国家投资29.8万元，乡村自筹7.5万元。

2. 南、北干渠工程

于1976年建成的南干渠接渠首进水闸，全长15.47千米，设计流量1.8立方米每秒；浆砌块石衬砌2.92千米，干砌块石衬砌3.35千米，混凝土预制块衬砌9.2千米；干渠上建有分水闸18座，排洪渡槽11座，桥涵5座。北干渠全长15.66千米，设计流量1立方米每秒，混凝土预制块衬砌14.98千米。工程于1978年建成下段12.65千米，1990年上延3.01千米接渠首。渠道上建有分水闸8座，排洪渡槽5座，桥涵3座。

两条干渠共完成工程量26.2万立方米，使用劳动工日20.93万个。总投资39.89万元，其中国家投资35.73万元，乡村自筹4.16万元。

3. 支斗渠工程

在兴建渠首和干渠的同时，灌区还建成支渠10条，长46.51千米；斗渠67条，长75.86千米。

共完成工程量16.7万立方米，使用劳动工日16万个，国家投资41.8万元。

4. 老虎沟排稠防洪工程

老虎沟在祁连山大雪山北麓，距小昌马河泉脑35千米。每年6—8月，冰雪融水，从老虎沟、白石头沟、青石头沟等处携带大量含有胶质泥沙的洪水（当地群众称为“稠水”）流入小昌马河泉脑，淤积在泉眼处，减少了泉水水量。稠水灌入田间后会造成土壤板结、庄稼淤死，所以每当稠水下来，只能放弃灌溉，使泉水也随之白白流走，造成农作物受旱减产。

1977年，昌马乡在小昌马河泉脑以上12千米处，斜交稠水沟槽筑沙砾石拦洪坝7千米，使稠水越过南干渠引水口以下的排洪渡槽排入河道内，减少了稠水对农作物的危害。1985年，由玉门市水电局设计，经地区水电处批准，工程队在原坝址上修建了永久性的拦洪坝。坝长8千米，坝高由起点向下游逐渐加大，坝面用混凝土预制板护砌。工程总投资39.86万元，其中国家投资25万元，群众自筹14.86万元，完成工程量5.44万立方米，使用劳动力3.4万个。

三、管理及效益

1. 组织机构

小昌马河水利管理所成立于1956年，隶属玉门县水利科。1958年11月，玉门建市后设农业局水利科，撤销了小昌马河水利管理所，由小昌马河水利管理所派两名水利专员负责昌马乡水利工作。1965年，小昌马河水利管理所恢复建制至今。

实行专管与群管相结合的管理体制后，小昌马河灌区按照市水电局的意见组建了由主要受益单位组成的河系水利委员会（简称“河系委员会”），属两个以上单位用水的支、斗渠成立了支渠委员会和斗渠委员会。河系委员会的主要职责是讨论制定河系水利建设计划和水利管理措施，审议灌区的配水计划和水管部门的工作任务执行情况，对灌区的其他重大问题进行决策。

2. 工程管理

灌区根据“建是基础、管是关键、用是目的”的原则制定了管理办法：干渠除由水利管理所全面负责管理外，还按受益单位的灌溉面积划段包干、管理和养护；支、斗渠由受益单位划定固定渠段包干养护或指定专人管理。关于养护人员的报酬，20世纪60年代为义务加补助的办法，由生产队记工分，年终参加分配，水利管理所根据任务完成的好坏，每人每月发给9～12元人民币（最高15元人民币）的生活补助。1982年农村实行大包干后，由水利管理所按照从水费中每人每月抽取发放60～65元人民币或日工资2.2元的两种办法支付临时管理人员报酬。

3. 灌溉管理

中华人民共和国成立后，废除封建水规制度，于1958年开始推行简易计划配水，1974年实行按渠系配水制度，并建立健全了群众管理组织，“以亩配水、以水定时、计量到斗、按方收费、节约归己、浪费不补”的管理制度也开始实行。1984年以后，灌区推行了“八项考核指标”，超计划水加价收费，用经济杠杆推进节约用水的新理念逐渐形成。

4. 灌区效益

灌溉面积由1949年以前的1.3万亩，增加到了2002年的2.1万亩；粮食亩产由56千克，提高到了522千克，粮食总产7527吨，增长了近10倍；农民人均纯年收入达2942元；灌区水费和多种经营收入基本能收支平衡。

第九节　南湖灌区

一、基本概况

南湖灌区位于敦煌市西南67千米处，基本与河西走廊最西端绿洲——阳关绿洲重合。该灌泉属泉水灌区，灌区宜耕土地12万亩，土壤较肥沃，有利于农作物生长。区内四周环沙，气候干燥，是典型的大陆性气候。多年平均气温9.3 ℃，年平均降水量39.9毫米，年蒸发量2486毫米，年平均日照时数3246.7小时，无霜期142天，平均风速2.6米每秒，最大风速10.2米每秒，风力一般为2～4级，最大冻土深度1.44米。

南湖灌区汉代属龙勒县、唐代属寿昌县，水利开发历史悠久，以寿昌海、石门涧、无卤涧、龙堆泉等湖泊、山涧、泉流为水源。唐代，寿昌县形成以县城为中心的水渠系统，城东水系以引寿昌海灌溉的长支渠、令狐渠及大泽等河渠、泽泊为主；城南水系则有大渠、龙堆泉、闵泽、龙勒泉等渠道、泉泽；城西水系则以无卤涧、石门涧等山涧为主；城北水系则有曲泽、山水沟等泉泽。

现代南湖灌区的直接渊源可追溯至清雍正年间。现有较大泉水5处，即大泉（黄水坝）、西土沟泉、红泉坝泉、山水沟泉、新工三坝。仅能储存利用的只有黄水坝和新工三坝两个水系，灌区境内水资源总量为9564.03万立方米。

灌区所辖南湖乡6个行政村和2个农林场，总共有农业人口14651人。设计灌溉面积5.22万亩，其中耕地3.86万亩，林草地1.36万亩。经济来源主要依赖于农业种植，其特色产品以葡萄为主，葡萄种植面积占灌区总面积的75%，年产葡萄6500万斤，其中“阳关牌”葡萄产品畅销祖国各地；小麦种植面积占灌区总面积的10.0%，年产粮食9360吨；蔬菜、林草等其他经济作物种植面积占灌区总面积的15%。灌区人均纯年收入6500元。

二、工程规模与设施

南湖灌区由黄水坝和新工三坝2座水库、1条总干渠、4条干渠、12条支渠、20条斗渠及214条农渠组成。黄水坝水库库容200万立方米，新工三坝水库总库容128万立方米；总干渠1条，全长8.624千米；干渠4条，全长38.835千米；支渠12条，全长57.674千米；斗渠20条，全长39.6千米；农渠214条，全长63千米；各级渠道建筑物共计116座。干、支渠衬砌率达70.2%，完好率达21.5%；斗、农渠衬砌率达60%，完好率达28.54%。各类有效机井41眼；提灌泵站1处，全年提水量80万立方米。目前已基本形成了蓄、引、提相配套的农业灌溉工程网络。

三、管理机构

南湖灌区管理所隶属敦煌市水务局，下设办公室、综合股、工程股、多经股，共有职工30人。

四、续建配套与节水改造

南湖灌区从2000年开始将国债资金和小农水资金陆续投向节水灌溉工程；一是投入565万元建设黄水坝水库除险加固工程。二是投入85万元对部分干支渠进行防渗衬砌及改建、维修。三是实施灌区渠系改造。①黄水坝水系：黄水总干渠6.824千米，红泉干渠11.386千米；支渠5条，共计17.737千米；建筑物26座。②西土沟泵站：总干渠3千米；支渠4条，共计7.08千米；建筑物10座。四是大面积推广管灌和葡萄滴灌，面积达5000亩，灌区示范项目总规模达1.75万亩。通过工程节水措施的推广，灌区提高了水的利用率。以黄水坝水系为例，干渠采用混凝土板衬砌后，渠道流速就由过去的0.35立方米每秒提高到了0.75立方米每秒，以每轮灌水周期20天计算，每次可缩短轮灌5天。

渠道防渗衬砌和黄水坝水库除险加固工程项目的完成，不但提高了水的利用率，使水资源在蓄、提、引方面得到有效控制，还增加了灌区的经济效益和社会效益，加快了灌区农业由传统型向节水型转化的步伐。大力发展节水灌溉、提高水的利用率，是解决水危机、缓解水资源供需矛盾的根本目的。

第十节　党城湾灌区

一、基本概况

1950年，中国人民解放军驼兵团在今肃北县党城湾开挖了一条长10千米的灌溉水渠，翻开了肃北水利建设的第一页。20世纪60年代，先后修建了党城湾灌区渠首工程和别盖乡好布拉引水渠、石包城乡大黑沟引水渠等牧区人畜饮水工程。党城湾灌区正式成立于1974年，位于肃北县党城湾镇所在地的党河两岸的冲积-洪积细土平原地带，地面较平坦，海拔高程2100～2500米，灌区以党河自然分为左右岸两狭长形的灌溉区域，灌区南北长约16千米，东西宽2100～2500米，面积约40平方千米。灌区东、南、北三面环山，有数十条大小不等的洪沟纵横穿越灌区。

灌区内气候干燥寒冷，是典型的大陆气候，多年平均气温6.4 ℃，最高极端气温33.9 ℃，最低极端气温-25.1 ℃，年平均降雨量158毫米，年蒸发量2517.5毫米，年日照时数3128.8小时，年无霜期159天，最大冻土深1.11米。

灌区辖1个乡镇、6个行政村、14个村民小组。灌区总人口9395人，其中城镇人口5802人，农业人口3593人，牲畜5.72万头，工业产值0.38亿元，合计年需水2353.63万立方米，年可供水量1864万立方米，年缺水489.63万立方米。党城湾灌区是肃北县唯一的粮草生产基地，经济来源主要是农业种植和养殖业。农业作物主要为小麦、豆类、油料，经济作物主要为蔬菜、瓜果。小麦亩均单产474千克，年粮食总产量3582.02吨，年农业总产值1779.8万元，农民人均纯年收入3961元。

党河是党城湾灌区的唯一地表径流，年径流量3.28亿立方米，年平均流量9.19立方米每小时。灌区年分配引水总量1800万立方米。由于灌区地下水水位深，埋深大于100米，开采困难，因此不宜作为灌溉用水，只宜作为人、畜饮水和服务业用水，现状年开采地下水64万立方米。

二、工程建设

党城湾灌区始于20世纪50年代，由部队垦荒，垦地面积只有500亩。20世纪60年代，经过从武威移民，灌区耕地不断发展，水利工程初具规模，在70年代至80年代渠系成网。至20世纪90年代，灌区已有引水渠首2座（即党青干渠首和西滩渠首），总干渠2条，全长0.669千米；干渠3条，全长31.923千米，干渠衬砌长度31.713千米，各类渠系建筑物101座，完好率为68%；支渠34条，全长69.54千米，支渠衬砌长度38.83千米，占渠道总长的35.3%，建筑物53座，完好率为75%，渠系水利用系数0.62，灌溉水利用系数0.55；支渠下辖斗渠278条，长411.776千米，全为土渠。

灌区水利工程的兴建，保障了灌区用水，由初始500亩发展到现状灌溉面积2.16万亩的中型灌区。灌区内现有有效灌溉面积2.76万亩，其中耕地0.85万亩，林地1.2万亩，草地0.71万亩。

灌区为冷凉作物区，主要种植小麦、蚕豆、胡麻、玉米、洋芋等作物，秋粮以谷子为主，林草地以杨树、毛柳、苜蓿为主。现状为综合净灌溉定额520立方米每亩，综合毛灌溉定额520立方米每亩。

三、管理机构

灌区管理机构是党城湾灌区水利管理所，由其管辖并负责灌区运行、维护及水费征收等工作。水管所（股级）隶属于肃北县水务局，内设办公室、调度室、运行管理室；现有人员15人（在职12人，退休3人）。

四、续建配套与节水改造工程建设

依据《甘肃省1—5万亩灌区续建配套与节水改造规划》，甘肃省水利厅将党城湾灌区续建配套与节水改造项目列入了该规划。2007年5月14日，甘肃省水利厅以甘水督字〔2007〕15号文件答复同意肃北县党城湾灌区续建配套与节水改造项目启动，肃北县水务局委托流域水利水电勘测设计院编制完成了该项目2007年度实施方案。2007年10月12日，甘肃省水利厅组织专家对该项目的实施方案进行了审查。2007年11月23日，甘肃省水利厅、甘肃省财政厅以甘水发〔2007〕499号文件批复了该项目2007年度实施方案，其建设内容为：改建衬砌党城湾灌区青山道干渠7千米；维修青山道干渠康沟河输水渡槽1座；改建青山道干渠渠系建筑物23座，其中排洪渡槽4座，车桥5座，干支渠分水闸7座，支斗渠分水闸7座。另外，修筑青山道干渠盘山渠段干渠加固支墩40座。

该工程完成总投资386万元，其中省级补助资金220万元，地方财政配套资金166万元。党城湾灌区续建配套与节水改造项目实施后，灌区年节水量283.80万立方米，可改善灌溉面积1.56万亩。

第八章　疏勒河流域农业灌溉暨移民安置综合开发项目

第一节　概述

20世纪50年代以来，甘肃省对疏勒河流域水土资源开发利用先后进行过三次勘测、规划和论证。20世纪80年代，“两西”建设进行了较大规模的开发利用。20世纪90年代，甘肃省委、省政府确定“兴西济中、扶贫开发”的战略部署，提出实施甘肃省疏勒河农业灌溉暨移民安置综合开发项目（简称“疏勒河项目”），解决甘肃中南部11个县20万人的贫困问题。1992年，完成项目规划、预可研、可行性研究报告。1994年，该项目被国务院列为利用世界银行贷款建设项目。1994年8月、1995年4月和10月，世界银行组织项目准备团、预评估团和正式评估团对项目进行了考察和评估。1995年12月，水利部组织专家组对国家大（二）型水库昌马水库初设方案进行了终审。1996年3月，国务院批准可行性研究报告并正式立项。同年7月2日，甘肃省人民政府与世界银行签署了项目协定，国家财政部与世界银行签署了开发信贷协定和贷款协定，确定项目总投资为26.73亿元人民币，其中世界银行贷款1.5亿美元（12.6亿元人民币），国家配套资金2亿元人民币，省内配套资金12.13亿元人民币，建设期为10年。1996年5月，疏勒河项目正式开工建设。

一、项目建设的目标

项目建设的目标为：①把甘肃省中部和东南部自然条件差、生活贫困的农民通过自愿移民安置到疏勒河项目新开发的灌区；②提高并增加甘肃省的农业产量，特别是粮食和经济作物的产量；③保护和改善项目区的生态环境。

二、项目建设的重点

项目建设的重点为：①在疏勒河上游新建昌马水库枢纽工程；新建和改扩建支渠以上输水渠道1248.89千米，排水干支沟500千米；新建水电站3座，总装机容量3.23万千瓦。②在昌马、双塔、花海三个灌区新开发灌溉面积81.9万亩，改善灌溉面积65.4万亩，总灌溉面积达到147.3万亩。③在灌区营造防风林、薪炭林、经济林26850亩。④在新灌区集中安置甘肃中南部的临夏、和政、礼县、永靖、积石山、东乡、岷县、宕昌、武都、临潭、舟曲11个县的移民20万人，新建16个乡（场）、160个行政村（分场），配套建设公路、供电、供水等设施。

2002年以来，甘肃省人民政府根据疏勒河流域水资源承载能力、生态环境保护和内配资金筹措情况，与世界银行达成共识，对项目进行了中期计划调整：移民由20万人调减为7.5万人，新建移民乡（场）由16个调减为6个，新建行政村（分场）由160个调减为57个，新开发灌溉面积由81.9万亩调减为40.82万亩（总灌溉面积由147.3万亩调减为160.22万亩），林草覆盖率由11%调增为15%，水资源总利用率由91.6%降为64.5%，总投资由26.73亿元调减为19.71亿元。

截至2006年12月底，项目按中调计划基本完成了建设任务。世界银行在项目实施完成情况和结果报告中，回顾和评价了疏勒河项目的实施过程和取得的成绩，认为疏勒河项目经过十年的开发建设，已经实现项目开发目标，对项目的绩效总体评价为“较满意”，对项目执行机构评价为“满意”，对借款国履约评定为“较满意”。

第二节　项目建设

一、项目管理机构

1995年5月18日，甘肃省委、省政府决定成立甘肃省河西走廊（疏勒河）农业灌溉暨移民安置综合开发建设管理局，为正厅（局）级事业单位，编制95人，下设办公室、计划财务处、工程建设处、移民安置处、农经开发处、采购供应处、监测评价处、驻兰州办事处等8个处室。

1995年5月3日，省政府《关于疏勒河工程项目有关问题的会议纪要》决定，张吾乐省长担任甘肃省世界银行贷款项目执行委员会主任，崔正华副省长、贠小苏副省长、程有清秘书长、省计划委员会（简称“计委”）主任、省财政厅副厅长担任副主任，省建设规划委员会（简称“建委”）、教育委员会（简称“教委”）、外事办公室（简称“外办”）、人民银行、水利厅、农业厅、卫生厅、乡镇局、农业办公室（简称“农办”）、“两西”指挥部主要负责人担任委员，疏勒河项目由执委会领导，由贠小苏副省长负责协调。

1995年10月16日，省政府决定成立疏勒河项目工程招标委员会，省建委副主任续墉任主任，省计委副主任姚瑜根、省农业委员会（简称“农委”）副主任马俊、省财政厅副厅长刘茂兴、省疏管局副局长朱奉忠任副主任。

1996年3月，省政府《关于成立甘肃省河西走廊（疏勒河）农业灌溉暨移民安置综合开发项目协调委员会等五个临时机构的通知》决定，成立疏勒河项目协调委员会，贠小苏副省长担任主任，省水利厅等33个单位为成员单位；成立疏勒河项目迁出县移民工作领导小组，临夏等11个县主要负责人担任组长；成立疏勒河项目专家组，由王钟浩等25人组成，王钟浩担任组长；成立疏勒河项目当地政府咨询委员会，由酒泉行署专员盛维德等21人组成；成立疏勒河项目移民迁入区有关单位实施领导小组，分别由玉门市市长李金寿、安西县副县长曾全生、酒泉疏勒河管理处处长范国栋、黄花农场场长史宗理、小宛农场场长王永宏、饮马农场场长傅江海任组长。

1997年1月，省政府决定成立疏勒河项目协调领导小组，负小苏副省长任组长，省政府徐进副秘书长、省水利厅薛映承厅长任副组长，省计委、建委、农委、农业厅、财政厅、水利厅、两西指挥部、林业厅、土地局、畜牧局、农垦总公司、疏管局、酒泉行署负责人任成员。

1997年10月4日，省政府《关于河西走廊（疏勒河）项目及引大入秦项目有关问题的会议纪要》决定，甘肃省世界银行贷款项目执行委员会是最高决策机构，对全省所有世界银行贷款项目实行统一领导，执委会下设办公室（外贷办）挂靠在省财政厅，负责项目的管理、指导、协调，对外联络和财务管理工作。项目业主为甘肃省水利厅，项目具体由甘肃省疏勒河建设管理局负责组织实施。

1998年9月25日，省政府《关于河西走廊（疏勒河）项目有关问题的会议纪要》决定，在省上实行"五统一"（统一计划报批、统一规划设计、统一招标采购、统一报账支付，统一竣工验收）的前提下，对项目建设任务进行划分，由省疏勒河建设管理局对项目建设负总责，由酒泉地区行署、省农垦分公司分项负责共同完成疏勒河项目建设任务。1998年10月22日，在省政府的主持下，省疏管局与酒泉地区行署、省农垦总公司在兰州签署《疏勒河项目实施协议》。

1998年10月，酒泉地区行署成立了酒泉地区疏勒河项目建设委员会，编制30人，内设5个处（室），玉门市、安西县成立了疏勒河项目建设办公室。2002年11月，酒泉地区疏勒河项目建设委员会更名为酒泉市疏勒河项目建设委员会。2006年5月，酒泉市疏勒河项目建设委员会在完成了所承担的全部建设任务后撤销。

1998年10月，省农垦总公司成立了农垦疏勒河项目建设指挥部，编制15人，内设3个处室。饮马、黄花、小宛、七道沟4个农场成立了项目办公室。

二、蓄水工程建设

1. 新建昌马水库

参见本志第五章第四节。

2. 双塔水库第二次除险加固

在疏勒河项目实施期间，双塔水库于2002—2003年进行第二次除险加固，由省水利水电勘测设计研究院设计，经原国家计委、水利部于2002年6月批准立项，核定投资2250万元（其中中央财政预算内专项资金1600万元，地方自筹650万元），由流域水电局批准成立的"双塔堡水库除险加固工程项目部"具体负责建设。除险加固工程采用总价招标的方式，由省水利厅地质建设公司、省水利机械化公司、流域水利水电工程局、安西县永盛水利机械工程公司、安西县泰禹丰机械制造公司承建，张掖地区水利水电建筑工程监理公司负责监理，流域水利水电工程质量监督站负责质检。工程主要进行了副坝加固处理，2#围堤加固处理，非常溢洪道自溃坝拆除重建，泄洪渠上、中、下段加固处理，金属结构设备更换，以及自动监测控制设备的安装等。工程历时3年，于2005年8月30日完工，11月30日由甘肃省水利厅主持，进行了初步验收并投入试运行。2007年4月12日，工程正式通过省水利厅竣工验收。

3. 赤金峡水库第二次除险加固

在疏勒河项目实施期间，赤金峡水库于2001年5月进行了除险加固处理。除险加固工程由省水利水电勘测设计研究院设计，经国家批准立项，核定投资1006万元（其中中央预算内专项资金700万元，自筹资金306万元）。主要建设内容为：改建大坝前坝坡护面，疏浚溢洪道下游排洪渠道，大坝坝顶面裂缝处理，更换弧形工作门及平板检修门，加固上坝公路等。水库年供水能力由6214万立方米提高到9428万立方米。工程施工由流域水电工程局、玉门水利水电建筑安装公司、流域轻工机械厂和湖南紫光测控有限公司承担，监理单位为省水利水电勘测设计研究院酒泉监理分部。工程于2002年6月完成，2007年4月通过省水利厅竣工验收。此外，2003年在坝后新建1座装机1900千瓦的小型水电站，年发电能力700万千瓦时。

三、灌区建设

1. 疏勒河项目灌区渠系及配套工程建设

疏勒河项目的灌区渠系及配套工程划分为昌马、双塔和花海三大灌区，各灌区的渠系及配套工程自成独立体系。该工程的初步设计以甘肃省水利水电勘测设计研究院为主，甘兰水利水电建筑设计院、兰州市水电勘测设计院、酒泉地区水电设计队、定西地区水电处设计院和甘肃省农垦勘测设计院协作参加，于1998年11月编制完成，并通过省水利厅审查批复。在项目实施中，通过国内招标，项目共选择了数百个施工单位参与了灌区渠系及配套工程施工。工程于1996年7月开工建设，截至2006年12月底基本完成建设任务。在项目施工过程中，由于对部分渠道进行优化调整，同时又由于项目区周边群众在项目区内自发开发土地，以及国家对原农网进行改造和当地交通部门对交通设施进行投入等原因，工程建设任务中的渠系工程、平田整地、田间配套以及永久供电和道路工程均做了相应调减。三大灌区渠系及配套工程建设情况分述如下：

（1）昌马灌区

疏勒河项目中期计划调整后，昌马灌区渠系及配套工程主要建设内容有：对昌马旧渠首进行改建，将旧总干渠的前19.4千米用砼衬砌代替原浆砌石，修建东干和北干一个分水闸，新修一条49.5千米西干渠。改建和新建总一支干渠6.74千米，改建和新建新西干渠所属6条支干渠86.05千米。新建三道沟输水渠3.9千米，新建和改建东干渠29千米，新建和改建北干渠17.36千米。对昌马灌区所属的50条支渠255.03千米进行改建和新建。新建兔葫芦排水干沟41.3千米，整修黄花和饮马排水干沟19.63千米，新建排水支沟22条87.38千米。灌区新增灌溉面积20.72万亩（13.81千公顷）。此外，新西干渠引水口修小水电站1座，装机容量6兆瓦，修建27281.74平方米的办公室和房屋建筑及149.8千米道路。

疏勒河项目建成后，灌区内有大型水库昌马水库1座，总库容1.934亿立方米各级渠道260条，总长945.31千米，引水总量4.9亿立方米。承担玉门市、川州县11个乡镇、5个国有农场及移民乡镇的农业灌溉任务，还承担向双塔水库、赤金峡水库调水，向甘肃矿区工业供水、昌马总干梯级电站引水发电的任务，年供水能力9.1亿立方米。该灌区属大（三）型自流灌区。灌区内共有灌溉面积68.48万亩（45.65千公顷），除改善原有灌溉面积41.14万亩（27.43千公顷）和项目新增灌溉面积20.72万亩（13.8千公顷）外，还含有地方政府各部门和项目外群众自发开发的土地6.62万亩（4.411公顷）。

（2）双塔灌区

疏勒河项目中期计划调整后，双塔灌区渠系及配套工程主要建设内容有：新建改建双塔南干渠33.75千米，新建改建北干渠35.24千米，新建改建双塔灌区所属的9条支渠33.123千米，新建排水支沟8.486千米。此外，修建5352.39平方米的办公室、房屋建筑和58.7千米的道路。灌区新增灌溉面积6.05万亩（4.03千公顷）。

疏勒河项目建成后，灌区内有大型水库双塔水库1座，总库容2.4亿立方米。各级渠道143条，总长432千米，为瓜州县5个乡（镇）、2个国有农场、37个农林场站提供农业灌溉用水。共有灌溉面积46.71万亩（31.14千公顷），除改善原有灌溉面积18.55万亩（12.37千公顷）和项目新增灌溉面积6.05万亩（4.03千公顷）外，还含有地方政府各部门和项目外群众自发开发的土地22.11万亩（14.74千公顷）。

（3）花海灌区

疏勒河项目中期计划调整后，花海灌区渠系及配套工程主要建设内容有：新建渠首引水枢纽1个，新建总干渠21.53千米，改建总干渠12.05千米，新建西干渠8.05千米，新建北干渠3088千米，新建改建花海灌区所属的10条支渠49千米，新建排水支沟20.17千米。此外，修建办公室和房屋建筑5837.13平方米、道路66.3千米、输电线路98千米。灌区新增灌溉面积5.95万亩（3.97千公顷）。

疏勒河项目建成后，灌区内有中型水库赤金峡水库1座，总库容0.39亿立方米，有各级渠道147条，总长295千米。灌区辖玉门市花海乡、小金湾东乡族乡、柳湖移民乡、独山子东乡族移民乡。共有灌溉面积21.6万亩（14.40千公顷），除改善原有灌溉面积5.7万亩（3.8千公顷）和项目新增灌溉面积5.95万亩（3.97千公顷）外，还含有地方政府各部门和项目外群众自发开发的土地9.95万亩（6.63千公顷）。

2. 双塔灌区续建配套与节水改造项目建设

疏勒河项目实施期间，双塔灌区同时利用了其他专项资金，实施了双塔灌区续建配套与节水改造项目。根据水利部水农〔1999〕459号文件《关于开展大型灌区续建配套与节水改造规划编制工作的通知》精神，1999年10月，灌区委托省水利水电勘测设计院先后完成了《双塔灌区续建配套与节水改造规划》报告及修改（补充）报告，同年12月，报告通过省计委、省水利厅专家评审组的审查，2000年3月初通过水利部规划总院的审查。

项目自2001年开工，截止2008年10月全面建成。共完成总干渠改建25.5千米；支渠改建2条，长9千米，以及建筑物64座；完成常规节水配套面积19.152万亩（12.77千公顷）；推广高新节灌技术及完成滴灌面积5.428万亩（3.62千公顷）。完成投资10995.11万元，其中骨干工程8635.89万元（中央资金5700万元，地方各级政府及灌区筹资2000万元，灌区群众投劳折资935.89万元），田间工程及高新节水投资2359.22万元（地方各级政府及灌区筹资1200万元，灌区群众投劳折资1159.22万元）。项目完成后，灌区灌溉水利用系数由之前的0.42提高到0.59，年节水7947.61立方米。

第三节　农、林、牧综合开发工程

疏勒河项目完成了新建6个移民乡（场）及插花安置移民点的土地开垦、田间水利配套、盐碱地改良、林业建设、畜牧业建设任务。

一、农田水利配套建设

1. 七墩回族移民乡

建制5个行政村，总面积69.62平方千米。开垦荒地3.2万亩，修建塑膜斗渠28条48千米、渠旁道路46千米、各类建筑物4687座，配套农用灌溉机井4眼。总投资4306万元。

2. 双塔乡

建制13个行政村，总面积595平方千米。开垦土地5.7万亩，修建各类渠系建筑物3426座。总投资7804.35万元。

3. 柳湖乡

建制5个行政村，总面积59平方千米。开垦土地3.0万亩，修建塑膜斗渠14条22.4千米、渠旁道路21.2千米、各类建筑物1731座。总投资4129.47万元。

4. 七道沟分场

建制5个行政村，总面积72平方千米。开垦土地3.2万亩，完成各类渠系建筑物3426座。总投资4175万元。

5. 独山子分场

建制4个行政村，总面积36平方千米。开垦土地3.9万亩。

6. 梁湖分场

建制5个行政村，总面积200平方千米。开垦土地3.9万亩，配套斗渠6.04千米、各类建筑物177座。总投资4500万元。

二、林业建设

1. 植树造林

完成投资4052万元。营造防护林11859亩，其中，新灌区农田防护林8938.65亩，防沙护渠林1900亩，防沙护路林910亩，护库林109.95亩。营造速生用材林2632亩，农户经济林4021.35亩，苗木繁育基地630亩，昌马西线风沙口治理造林10095亩，安西县石岗墩风沙治理造林15000亩。

2. 林业基础设施建设

建成了玉门市、安西县和国营农场3个林业技术推广服务中心，建筑面积2400平方米；完成了农垦林业推广服务中心仪器设备购置，投入35万元；乡级林业站完成建筑面积600平方米。

三、畜牧业建设

建成了玉门市、安西县和国营农场畜牧技术推广中心和6个新建乡（场）的畜牧技术推广站；完成了1066只良种羊和1万只良种鸡的引进与推广；完成了2个牧草种子基地的建设和1.6万亩的牧草种植。

第四节　移民安置

一、自愿移民

疏勒河项目自愿移民安置工程按照“集中安置和分散安置相结合，地方政府和农垦总承包，社会各方协调帮助，统一规划，整建制安置，规模化建设，规范化管理”模式，分期分批安置了甘肃中南部的临夏、和政、永靖、积石山、东乡、岷县、宕昌、武都、礼县、临潭、舟曲11个县的自愿移民7.5万人。其中，农垦辖区31424人（七道沟分场8755人，独山子分场8372人，梁湖分场7769人，黄花农场3861人，饮马农场2667人），流域辖区43576人（双塔镇12988人，七墩乡7103人，毕家滩乡6301人，扎花村2534人，向阳村1650人，在安西县白旗堡安置逃河九向铁库区移民13000人）。新建6个分场、57个行政村、8个自然村，并建成乡政府、村委会、学校、医院等社区服务设施，渠路林田相配套，水电等服务设施完善。2005年12月25日，在流域辖区内安置的3个移民乡、2个移民村30576名移民，以及田间工程、公共服务设施整体移交玉门市、安西县人民政府属地管理。

为服务移民，在疏勒河项目框架下，政府主要进行了下述基础设施建设：

1. 学校建设

建成乡场中学6所，建筑面积7212平方米；建成村级小学50所，建筑面积34571.5平方米，并为每个学校配备了较齐全的教学设施。

2. 医院

新建乡中心卫生院6所，建筑面积1386平方米；新建村医疗所46所，并为每个医院配备了较齐全的医疗器械。

3. 乡政府、分场部、行政村设施建设

项目区共修建乡政府、分场部6个，建筑面积10104.6平方米；建设村委会46个，建筑面积1699.6平方米。

4. 水、电、路建设

项目区共完成人畜饮水机井及配套54套，架设380伏/220伏输电线路171.50千米，修村级主次干道836.75千米，铺设自来水管线357.67千米，实现了移民家庭自来水入户，农网架设一次到位，移民乡、村对外对内道路畅通，并为每个乡政府、分场及村委会配备了基本的办公设备。

5. 移民住房及土地

在6个移民乡场、46个行政村共修建移民住房12585套，平均建筑面积38平方米，并按规划每人划给承包地3.5亩，每户划分宅基地533.4平方米、果园菜地1亩。

二、昌马水库库区移民

昌马水库修建需搬迁安置在玉门市昌马乡水峡村的村民159户（580人）淹没，耕地面积

2488.87亩。根据《非自愿移民安置行动计划》，将库区移民妥善安置到玉门市花海镇西峡村。1998年8月，甘肃省疏勒河建设管理局会同酒泉地区行署与玉门市签订昌马水库非自愿移民安置总承包合同书。1999年12月，省疏勒河建设管理局与玉门市人民政府签订了《昌马水库非自愿移民安置实施协议书》，安置库区移民总费用5718.73万元，由玉门市人民政府负责移民的搬迁、安置、后期扶持及管理。

2000年5月，移民安置工作正式启动。5月26日，第一批移民搬迁至西峡村，同年11月10日，昌马库区159户（580名）移民顺利搬迁。其中，在西峡村安置139户（547人），根据库区部分移民意愿和要求，在玉门市昌马乡后靠安置20户（33人）。

第九章　工业与城市供水

第一节　玉门油田供水

位于玉门老君庙的玉门油田是中国境内第一座可以进行大规模工业开采的现代化油田，开发始于1938年，为油田生产生活服务的供水活动开启了疏勒河流域工业与城市供水事业的先河。

一、供水演进

1939年2月，甘肃油矿筹备处在玉门老君庙建立水泵房，装有2台小型卧式泵，有水管线15条，主要通往杨子公司和机电厂。矿区生活用水无自来水管线，靠人力、畜力输送。1941年甘肃油矿局正式成立，供水系统扩大，除原来的水泵房外，又在豆腐台设置水厂。1947年，水厂在南岗建容量为340立方米的滤水储水池4座，为油矿总储水处，连通八井区，输送至油矿各处。1948年5月，水厂开始在老君庙矿区铺设自来水管线。1949年，水厂有水泵7台，锅炉房3座，水罐水池5座，供水管线15505米，供水量为10万立方米。

1950年3月，水厂改为水电厂下属的生产车间，厂址设在八井。

1953年，豆腐台水源扩建工程开工，各主要输水管线开始铺设。同年，水源扩建工程竣工，供水能力提高2.7万立方米每日。

1955年8月，从豆腐台至炼油厂6000米的输水管线投入生产，同期建成G17泵房、D14泵房、高地泵房，以及南岗水站、新宿含水站、三台水站、弓形山水站。

1956年，建成石门子水源，豆腐台至新市区长达7500米的输水管线安装竣工并正式输水，解决了火车南站、快装发电机车间及新市区居民生活用水问题。

1957年，白杨河至新市区的地下隧道开通供水。

1963年7月，石油河防洪工程完工。新建5、7、14号防洪坝，加固了8个旧防洪坝，使豆腐台至新宿舍两条1400米的输水管线免遭洪水的袭击，保证了水电厂、炼油厂的工业用水和新市区居民的生活用水。

1975年，扩建豆腐台泵房，安装流量为126～288立方米每小时的水泵7台，泵水能力提高到25万立方米每日。

1978年6月，豆腐台净化站主体工程完工。该工程采用自然澄清与消毒、过滤等手段，解决了老君庙、鸭儿峡油矿和解放门以上家属区生活用水的净化问题。

1979年，解放门净化站建成投产，解决了解放门以下生产、生活用水的净化问题。

到1986年，供水能力达到2300万立方米每年，有水源3个，泵房5个，水净化站2座，水池、水罐18座，储水能力1.84万立方米，输水管线总长198350米。

二、水源、水量、水质

1. 水源

玉门油田的水源有石油河系的豆腐台水源和白杨河系的石门子水源及白杨河水源。两河均发源于祁连山北麓，系冰雪融化及少量潜泉汇集而成。

2. 水量

水量受天气和季节的影响，在旺水期（5—10月），豆腐台水源水量达5万～7万立方米每日，在村水期（11月至次年4月），仅为1.55万～2万立方米每日。1959年至1986年，石油河河床泥沙厚度年平均升高1米以上，局部地方升高3米以上。原来全部露出地面的豆腐台小聚泉池已陷入地下，水位随之降低，而油田开发、炼油、机械加工等生产又在不断发展，加上玉门市生产行业的增多，水量供不应求，在枯水期缺水严重。

白杨河系地势较平，水量差异不大，但在开春之际，农业灌溉用水占总供水量的1/3以上，造成工业用水和民用水紧张。白杨河水源进隧道流量为1740立方米每小时，年径流量1500万立方米。石油沟油矿从石门子水源年引水量为55万立方米左右。两处年引水量共为1555万立方米。

3. 水质

1978年以前无水质处理装置，夏季源水浊度年平均在20毫克每升以上，最高时达1万毫克每升，含铁量超过0.5毫克每升，经常造成油田注水停顿。1978年至1979年，两个净化站相继投产，生产和生活用水有了质量标准，除石油沟油矿、白杨河油矿外，油田注水浊度不超过5毫克每升，含铁量不超过0.5毫克每升，其他生产、生活用水浊度一般不超过10毫克每升。

三、水源设施

1. 豆腐台水源

位于石油河中下部，距水电厂约8千米，开辟于1947年。1955年和1975年，曾先后两次扩建，有长度分别为390米和150米的渗水管道各1条，有容量为1000立方米和100立方米的大小聚泉池各1座，有800米的拦洪坝5座和304米×1.8米的沉砂池2座。排洪排沙闸11个，夏季供水能力为2700立方米每小时，最大供水能力为3000立方米每小时，冬季供水能力为600立方米每小时。进水方式为泉水和河水两套。

2. 石门子水源

位于白杨河中上游河谷中，距水电厂32千米。建于1956年，原设计供水能力为50立方米每日，1978年扩建后，供水能力提高到3000立方米每日，最大供水能力可达4000立方米每日。

主要设施有长10米的拦洪坝1条，排沙排洪闸1个，200毫米×6700米的输水管线1条。

3. 白杨河水源

位于白杨河下游的河谷中，距水电厂约25千米。

主要设施有长200米的拦洪坝1条，30米×2.6米×2.4米的澄清池3座，排沙排洪闸12个。

1957年6月，油田设计处根据张掖水利局的建议，吸收民间打洞引水的经验，利用虹吸原理，修成用水泥砂浆卵石砌筑的自流水渠，把白杨河上游的水引入市区，渠道全长16.7千米，共有井位155个，其中竖井141个，斜井14个，最深井位103米，最浅为6米。渠道上宽1.4米，下宽0.6米，平均高度为1.74米，除暗渠外，还有3段虹吸管线。1958至1971年期间，对渠道进行了多次整修。1986年，供水能力为1700立方米每小时。

四、净化设施

1. 豆腐台净化站

位于老君庙采油二队东侧的河谷中，建于1978年，主要设施有60米×9米×3.5米的预沉池2座，19.75米×10米×1.2米的脉冲澄清池2座，4米×2.4米×3.65米的过滤池10座，容量为300立方米的清水池1座，流量为280～792立方米每小时的各式水泵6台。

豆腐台净化站为三级水处理，水源通过回流槽和预沉池为一级处理，要求浑浊度不超过200毫克每升；通过脉冲澄清池为二级处理，要求浑浊度不超过20毫克每升；通过过滤池为三级处理，要求浑浊度不超过5毫克每升。日处理水能力为2.5万立方米。

与豆腐台净化站配套的输水泵房装有200D65×8型水泵3台，配套动力为680千瓦电机；200TSW水泵2台，配套动力为500千瓦电机，日输水能力2.5万立方米。

2. 解放门净化站

位于市中心解放门西北处，建于1979年。主要设施有16.4米×7.7米×3.14米的机械加速池2座，容量为340立方米的无阀滤池2座，容量为6000立方米的水池1座，250S14A型提升泵2台，12Sh-19型提升泵3台，150D×30×7型转水泵4台。

解放门净化站为二级处理，渠水经过机械加速池为一级处理，要求浑浊度不超过50毫克每升；经过无阀滤池为二级处理，要求浑浊度不超过5毫克每升。

五、供水管理

1. 供水调度

供水调度的目的是保证水源畅通，使主要设备（管道）处于完好状态并能正常运行，最大限度地满足全流域生产生活用水的需要。供水紧张时，按照轻重缓急的次序供给发电、炼油、注水、炼钢等其他工业生产及居民生活用水和绿化用水，并对生活用水实行限时供应。

2. 工业供水

全年工业用水约为2300万立方米，其中油田注水为500万～600万立方米，炼油为400万～500万立方米，发电为250万～300万立方米，炼钢为50万～60万立方米，化工为50万～60万立方米。

3. 民用供水

全年民用水量约为30万立方米，平均每户约15立方米，人均约5立方米。

4. 节水

节水采取了两条措施：一是严格执行放水运行规程，不准水源、水站池溢管漏；二是搞好计量工作，实行按量收费。1984—1985年，共给局属单位装工业水表146块，给市属单位装工业水表135块，给油田民用户装水表12271块，节水效果明显。1986年对三台北村两栋民用楼的用水量进行了测算。在未装水表计量收费的半年中，用水量为2418立方米，平均每户用水39立方米，最高达188立方米。在实行按表计量收费后的半年中，用水量为584立方米，平均每户用水量9.4立方米。

1984年以后，在实行工业用水计量收费的基础上，对市内居民用水实行配给制，每户每日20立方米，超1立方米按0.25元奖罚，这一措施提高了居民节水的积极性，缓解了缺水的矛盾。

第二节　瓜州县县城供水

瓜州县城附近地下水埋深较小，老县城居民的饮用水靠院内掘井、水桶提吊的办法解决。地下水水位高，水质差，卫生条件不好。1969年迁建新城，仍用老办法，居民和单位就地掘井用水桶提吊，井深者6米，浅者4米，水源充足。但浅层地下水质量较差，所以县城人民盼望用上自来水。1973年政府投资5.9万元，开始打井建塔，井址选在今供排水管理所院内，打95米深井1眼。同年7月开始建筒式水塔，塔基建在水井西南方向25米处，基础在自然地坪下4.5米，地面标高1173.75米，塔高18米，容积50吨，全部为砖支座钢筋混凝土结构。1974年7月建成水泵房，安装17千瓦电动机1台，4B-35离心泵1台，输水量90吨每小时。同时铺设输水管道，由塔底引出，向南通东、西大街，向东折向北通县府街。同年8月正式投入使用，从此县城群众用上了自来水。1985年底，自来水入户率达到100%。主支管道总长度2.01万米，为石棉管、铸铁管、钢管、塑料管。年供水量37万吨，人均186升每日，比全国其他城市人均用水量都高。其原因是：安西县城建筑在戈壁滩上，年降水量少，蒸发量大，庭院绿化大部分靠自来水。当时还有修造厂、酒泉运输公司汽车站、89791部队、公路段、运输队5个单位自备水井，用小水塔供水。自此全城已基本解决了自来水供应问题。截至1985年，省、地、县为供水事业共投资56.1万元。但是，随着城市建设的发展，人口急剧增加，供水设备落后，又无资金改造，故从水源到供水，也还存在不少问题：①无备用水源；②2座水塔集中在城中，被居民区所保围，厕所、垃圾、污水到处可见，不符合水源保护的要求；③地下水补给减少，尤其夏季抽水更困难；④随着城市建设的发展，楼房越高，水压越高，原先设备已满足不了需要；⑤安西县城属8度地震区，水塔施工时未进行抗震验算，因此不能抗震；⑥管网铺设没有统一规划和施工设计，比较混乱，管理不善，有的管道埋层过浅，冬季发生冻裂，经常发生漏水、堵塞，影响住户用水。以上问题引起了县上领导的足够重视，县政府采取了措施，逐步加以解决。

1987年，城区面积扩大到3.2平方千米，常住人口增加到0.8万人。县政府聘请铁道部第一勘测设计院指导设计县城供水总体规划。1992年筹措资金400万元，改造扩建城区供水系统，南市街东端建成400立方米水塔座，打水源井4眼，铺设直径100～350毫米输水主管网12千米，铺设直径100毫米以下配水管网22.8千米，砌筑检查井、阀门井220座。扩建后日供水能力4500立方米，可以满足城区供水需要。2001年，城区面积发展到4.5平方千米，常住人口2万人，争取国家投资260万元，延伸城区供水管网3.3千米，铺设瓜州大道绿化供水管道3.2千米。2002年，瓜州新区修建200立方米容量仿古水塔1座，铺设供水管网6千米。2004年，城区供水扩建工程项目获国家批准立项，投资803万元，打深水井3眼，修建蓄水池、水泵房、加氯间、综合楼、围墙、入厂道路等配套设施、设备，铺设井间联络管2000米、配水管网6000米，架设供电线路2000米。2005年5月建成运行。

瓜州县供排水管理所设立于2011年10月30日，是隶属于住建局的正科级自收自支事业单位，主要负责城区居民生活生产用水的制售和70千米供水管网、工业园区14千米排水管网的维护管理工作。目前城区自来水普及率为100%。

瓜州县城区供水厂位于县城东南方向约10千米处，占地2公顷，共6眼地下深水井，设计规模为日供水量1.4万立方米，通过送水泵房向城区供水。范围覆盖整个城区，总服务人口约4万。

水厂运行工艺：深水井—清水池（沉淀）—加氯消毒—吸水井—送水泵房—城区管网。主要设施有：清水池2座，吸水井1座，30千瓦备用发电机组2台，30千瓦水源井进水泵6台，75千瓦加压泵房水泵4台，110千瓦RO反渗透水泵4台，以及运行泵房、配电室、加氯消毒间、化验室、门卫室等。

水厂共有工作人员8名，运行人员24小时值守，每班2人。化验人员每天对出厂水进行常规化验，按照《生活饮用水水质卫生规范》要求，每天必检项目共9项，每月对管网水和末梢水化验一次，检测项目共21项。

为确保城区居民有充足的水源和饮水安全，防治水源污染，消除水源地安全隐患，厂区和水源井全覆盖监控，并沿一级水源保护区边界线建设3.70千米围网，同时设立警示牌和保护区界碑。

第三节　敦煌市市区供水

敦煌人自古以来以饮用党河水为生，饮用井水起于何时无从考证。民国时期，城内都饮用井水，农村都习惯用河水。20世纪50年代，城内半数以上家庭都有水井，后随地下水位逐步下降，城内水井逐步减少，农村因渠道衬砌，开始饮用深井水。

1979年10月，敦煌县城市供水站成立。1987年，敦煌市给排水公司成立。1995年，敦煌市给排水公司改名为敦煌市自来水公司，为全民所有制企业，是敦煌市唯一一家具有城市供水资质的城市供水企业，承担着全流域城区生活生产自来水的供应和供水管网的维护任务。2009年9月，敦煌市自来水公司更名为敦煌市供排水总公司，下设供水公司和排水公司。

1978年9月，敦煌县在城西南角建成第一眼城市用水深井，修建水塔两座，铺设供水管网6.8千米，日供水300立方米，年供水量不足10万立方米，水质良好。自此，城市居民告别了原始土井取水方式，用上了自来水。1987年，国家投资92万元，建设城市自来水一期工程，打井3眼，修建2000立方米容量清水池1座和配电室、二级加压泵房、加氯间等辅助设施，铺设城市供水管道17千米，初步建立具备净化能力和连续供水能力的供水系统。水由水源深井提取，通过一级排沙进入清水池沉淀、加氯消毒，再通过二级加压送入城市供水管网，进行连续不间断的供水。日供水规模3300立方米，出厂水压力0.36兆帕，年供水量50万立方米。随着城市的发展，公司又于1993年至1998年先后投资300多万元进行二期工程建设，增加水源深井6眼，增建2000立方米容量清水池1座，并进行开关设备的更新和管网改造等。城市供水系统日趋完善，日供水能力也增加到6600立方米。

1998—2002年，为了从根本上解决敦煌市日益突出的供水矛盾，提高城市人民生活水平，进一步完善城市基础设施，经甘肃省计委批准立项，敦煌市实施城市供水扩建工程（此工程为甘肃省25项重大工程之一），国家投资国债补助资金1800万元，国债转贷资金1180万元，供水企业贷款1200万元，共计投资4180万元。建设水源地0.79平方千米，新打水源深井14眼，修建新的自来水厂1座，铺设管道53千米，2002年9月，自来水扩建工程完工，日供水能力4万吨。敦煌市自来水公司拥有较先进的技术装备，实现了计算机自动化控制，水源井设备、水厂设备全部通过无线遥控或网络信息技术由计算机自动控制，管网设置自动测压装置，利用无线电台向中控室随时传递管网压力信息；水费回收采用计算机收费系统；财务核算全部由计算机完成，并具有公司内部的信息网络系统；产品质量按资质要求严格把关，生产工艺采取全封闭式运行，水质、水压、水量由计算机控制，化验室对水源水、水厂水和管网水进行日常监测。2013年，公司投资6.02万元，增加铜、锌、铝、汞、氮、氟化物、氰化物7个检测项目，水质常规检测项目达到28项，水质达到国家生活饮用水卫生标准，自来水水质优良，饮水达标率100%，甘甜爽口。

第四节　肃北蒙古族自治县县城供水

肃北县供排水站位于肃北县夏尔郭勒金路4号，成立于1979年，担负着县城区居民生产生活供水保障及污水处理任务。肃北县供排水站是隶属于县住房和城乡建设局的全额事业单位，下设办公室、化验室、抽水净化股、维修股、收费股及污水处理厂。在历届县委、县政府的大力支持下，肃北县供排水站经过多年的发展建设，生产设备和生产工艺实现跨越发展，供排水管理和保障水平也逐年提高。2012年11月，肃北县财政投资800余万元，建成了占地面积7000平方米的净化水厂一座，采用反渗透膜技术，日生产净化水能力达2400立方米，所产水经权威水质监测单位鉴定，42项水质指标均达到优质饮用水的标准，水质得到明显改善，尤其是水的硬度由之前的407毫克每升降低为了后来的137毫克每升。2018年，肃北县净化水厂二期项目竣工，日生产净化水达到4000立方米，有效缓解了城区用水紧张的现状。肃北县供排水站承担县城自来水质监测任务，委托第三方检测公司对净化水厂进口水、末梢水水质进行了化验检测，并在政府门户网站公开，保障了用水安全。为确保饮水安全，肃北县供排水站加强对水源地保护工作，对水源地围栏、界桩、宣传警示标语进行更换，并建立安全隐患排查机制，安排专人每月对水源地进行安全隐患排查和卫生清洁工作，有效地保障了县城居民的饮水安全。

第五节　阿克塞哈萨克族自治县县城供水

阿克塞哈萨克自治县县城原位于阿尔金山下的博罗转井镇，城市水源十分匮乏，虽建成由机井、水塔、供水网管等构成的自来水系统，但自来水覆盖率只有30%。1998年，县城整体搬迁至红柳湾镇。2002年8月，由中国西北市政设计院设计、甘肃省水电勘察设计院酒泉监理部监理、甘肃省武威市第四建筑工程公司承建的新县城自来水厂竣工，该水厂日处理能力为3000立方米，由自来水净化工程预沉池、进水分配室、加氯间、净水池等设施构成。该工程的建成解决了阿克塞县8000户居民的饮水问题，自来水入户率达到100%。新县城自来水源为“引党济红”引水工程。

“引党济红”工程最先谋划于20世纪50年代，最初按灌溉工程设计，为服务阿克塞县县城搬迁，工程于20世纪90年代正式实施。1994年10月，“引党济红”引水工程完成前期外业勘测工作；1998年11月，由甘肃省计委批准立项；1999年7月，初步设计经省水利厅审查批复。1999年9月，成立“引党济红”工程指挥部。1999年10月至12月，工程主体5个标段及管道生产供应项目完成招标。2000年，“引党济红”工程前期工作全部完成，4月，土建工程正式开工。2001年9月28日，在新县城举行“引党济红”工程通水庆典剪彩仪式。

“引党济红”引水工程位于肃北县和阿克塞县之间的山前洪积扇上，海拔高程2161～1817米，总落差344米，全部采用管道引水。该工程东起党河西滩渠首、西至阿克塞县红柳湾，管线全长55.5千米。“引党济红”工程年引水流量378.18万立方米，设计流量0.12立方米每秒，加大流量0.2立方米每秒，采用¢800毫米和¢600毫米的砼预制管输水。管道沿途建筑物计有进水渠首改建1座、检查井163座、公路桥2座、穿洪沟过水路面108处，总长2718.2米，另有管理房等建筑物。工程总投资2676万元，其中，国债资金2000万元，县财政自筹资金676万元。

与“引党济红”工程同步建设的还有红柳湾调蓄配套工程，新建五等小（二）型水库1座，位于阿克塞县城西南，距县城中心500米，总库容40万立方米，其中，兴利库容32万立方米，死库容5万立方米，预留库容3万立方米。水库大坝坝高6米，坝顶宽5米，坝周长1460米，坝坡防渗采用两布一膜，库底防渗采用一布一膜；进水口采用无压涵管式，设计流量0.2立方米每秒。建成水库至水厂管道工程1171米，水库至县城周边防风林砼管道工程980米，铺设DN200塑料管2.99万米、检查井442座、水库至城市绿化引水管道工程30千米。总投资额1190万元，其中，国债资金700万元，县财政自筹490万元。

“引党济红”引水工程的竣工通水，大大缓解了新县城严重缺水的状况，从根本上解决了城乡居民生产生活用水难的问题，可解决新县城方圆700米以内植树造林和绿化用水问题，同时还可解决1万人及一两万头（只）牲畜的四季饮水问题，可开辟山前无水草场370平方千米，对改变自治县气候、减弱风沙推移等方面起到了重要作用。

第十章　其他水利工程

第一节　水电站建设

流域水资源丰富，可供开发利用的水能蕴藏量约34万千瓦（表10–1）。中华人民共和国成立以来，酒泉水力发电事业发展迅速，特别是改革开放以来流域的水力发电有了突飞猛进的发展。

表10–1　流域水利资源分布情况简表

河流名称	理论蕴藏量(万千瓦)	可开发量(万千瓦)	可开发率(%)
党河	13.10	13.10	100%
疏勒河	22.20	22.10	100%
踏实河	0.40	0.40	100%
柳沟峡河	0.80	0.80	100%
石油河	0.59	0.59	100%
白杨河	0.23	0.23	100%
小计	37.32	37.22	100%

截至2012年，流域建成水电站66座（含规模以下），装机容量41.964万千瓦。其中：在规模以上水电站中（装机容量≥500千瓦），已建水电站53座，装机容量25.64万千瓦；在建水电站13座，装机容量16.32万千瓦。

流域1978年前的水电建设情况见表10–2，1978年后的水电建设情况见表10–3。

表10–2　流域1978年前的水电建设情况一览表

所在地	水电站名称	所在河流（湖泊）名称	水库名称	水电站类型	建成时间（年）	建成时间（月）	装机容量（千瓦）	额定水头（米）	机组台数(台)	多年平均发电量（万千瓦时）	2011年发电量(万千瓦时)	水电站管理单位名称
瓜州县	桥湾水电站	疏勒河		引水式水电站	1974	6	1440	9.2	9	500	130	瓜州县桥湾水电有限责任公司

续表10–2

所在地	水电站名称	所在河流（湖泊）名称	水库名称	水电站类型	建成时间（年）	建成时间（月）	装机容量（千瓦）	额定水头（米）	机组台数(台)	多年平均发电量（万千瓦时）	2011年发电量(万千瓦时）	水电站管理单位名称
敦煌市	党河水电站	党河	党河水库	闸坝式水电站	1975	10	6800	48	4	3100	2969.87	敦煌市天源水电开发有限责任公司
敦煌市	俄博水电站	党河		引水式水电站	1976	10	1000	14	2	350	363.7	敦煌市天源水电开发有限责任公司

表10–3　流域1978年后的水电建设情况一览表

所在地	水电站名称	所在河流（湖泊）名称	水电站类型	建成时间（年）	建成时间（月）	装机容量（千瓦）	额定水头（米）	机组台数（台）	多年平均发电量(万千瓦时）	2011年发电量(万千瓦时）	水电站管理单位名称
玉门市	白杨河水库1号电站	白杨河	闸坝式水电站	2002	6	1000	53.5	2	650	700	玉门油田分公司水电厂
玉门市	白杨河水库2号电站	白杨河	闸坝式水电站	2001	9	1000	81	2	750	800	玉门油田分公司水电厂
玉门市	昌马水库电站	疏勒河	引水式水电站	2003	12	14250	40	3	6500	5400	甘肃省疏勒河流域水资源管理局
玉门市	昌马西干电站	疏勒河	引水式水电站	2003	10	6000	21.5	3	1250	980	甘肃省疏勒河流域水资源管理局
玉门市	昌马总干渠首电站	疏勒河	引水式水电站	2007	3	4800	15	3	2160	2099	玉门昌马总干渠首水电有限责任公司
玉门市	昌峡电站	疏勒河	引水式水电站	2009	12	6500	40	I	1061	1800	玉门疏源水电有限公司
玉门市	昌源电站	疏勒河	引水式水电站	2009	4	16500	47.6	3	7755	7800	玉门昌源水电有限责任公司
玉门市	赤金峡电站	石油河	闸坝式水电站	2003	12	1900	29.5	2	720	725	玉门市赤金峡水电有限责任公司
玉门市	大湾二级电站	疏勒河	引水式水电站	2001	9	6000	20.5	33	2000	2100	玉门油田分公司水电厂

续表 10-3

所在地	水电站名称	所在河流（湖泊）名称	水电站类型	建成时间（年）	建成时间（月）	装机容量（千瓦）	额定水头（米）	机组台数（台）	多年平均发电量（万千瓦时）	2011年发电量（万千瓦时）	水电站管理单位名称
玉门市	大湾一级电站	疏勒河	引水式水电站	2002	10	6600	23	3	2260	1880	甘肃省疏勒河流域水资源管理局
玉门市	东沙河2号电站	疏勒河	引水式水电站	2000	5	4800	12	3	1700	1300	玉门市东沙河水电有限责任公司
玉门市	东沙河3号电站	疏勒河	引水式水电站	2001	5	4800	12	3	2000	2246	玉门市东沙河水电有限责任公司
玉门市	河西电站	疏勒河	引水式水电站	1993	8	1600	16.7	2	400	280	甘肃省疏勒河流域水资源管理局
玉门市	金轮电站	疏勒河	引水式水电站	2001	5	5400	12	3	1799	1950	玉门金轮发电有限责任公司
玉门市	龙昌电站	疏勒河	引水式水电站	2002	8	6600	24	3	1850	2380	酒泉水电工程局玉门龙昌水电站
玉门市	新东电站	疏勒河	引水式水电站	2011	1	5400	22.5	3	2139	2266	玉门雪源水电有限公司
玉门市	新河口二级电站	疏勒河	引水式水电站	2004	4	4500	17.7	3	1500	1200	甘肃省疏勒河流域水资源管理局
玉门市	新河口一级电站	疏勒河	引水式水电站	1998	4	3000	16.5	3	1100	860	甘肃省疏勒河流域水资源管理局
玉门市	玉港电站	疏勒河	引水式水电站	2002	4	5400	21.5	3	1937	1892	玉门玉港实业有限责任公司
瓜州县	楼楼山水电站	疏勒河	引水式水电站	2008	9	1600	76	2	239	200	瓜州县富民水电有限责任公司楼楼山水电站
瓜州县	上路口湾水电站	疏勒河	引水式水电站	2009	1	800	50	1	365	300	瓜州县瑞民水电有限责任公司
瓜州县	双塔水电站	疏勒河	引水式水电站	2006	9	3900	20	3	1000	560	瓜州县富民水电有限责任公司双塔水电站

续表 10-3

所在地	水电站名称	所在河流（湖泊）名称	水电站类型	建成时间（年）	建成时间（月）	装机容量（千瓦）	额定水头（米）	机组台数（台）	多年平均发电量（万千瓦时）	2011年发电量（万千瓦时）	水电站管理单位名称
瓜州县	榆林河水电站	疏勒河	引水式水电站	1980	5	1260	64	2	400	400	瓜州县榆林河水电有限责任公司
敦煌市	雷墩子一级水电站	党河	引水式水电站	2009	12	4500	30	3	1930	1987.24	敦煌市金祥龙电力开发有限公司
敦煌市	南湖店水电站	党河	引水式水电站	1993	8	2690	21	4	1018.03	977.6	敦煌市天源水电开发有限责任公司
肃北蒙古族自治县	党上四级水电站	党河	引水式水电站	2009	3	12600	73.6	2	5387	3876.93	华能肃北水电开发有限公司
肃北蒙古族自治县	红坝水电站	党河	引水式水电站	2009	3	4800	43.8	2	3024	2122.04	肃北诚泰电力有限责任公司
肃北蒙古族自治县	黄土湾水电站	疏勒河	引水式水电站	2010	21	21000	48.5	3	8358	8127	玉门集千峰水电有限责任公司
肃北蒙古族自治县	拉排二级水电站	党河	引水式水电站	1997	9	3100	24.5	3	1200	728.07	肃北县银河水电开发有限责任公司
肃北蒙古族自治县	拉排三级水电站	党河	引水式水电站	2004	28	3000	36.6	2	1954	2006.97	肃北县华力水电开发有限责任公司
肃北蒙古族自治县	拉排四级水电站	党河	引水式水电站	2007	4	3200	32.8	2	2049.2	1856.11	肃北诚达水电有限任公司
肃北蒙古族自治县	拉排一级水电站	党河	引水式水电站	1985	8	4000	48.5	5	2430	1568.05	肃北县银河水电开发有限责任公司
肃北蒙古族自治县	芦草湾二级水电站	党河	引水式水电站	2007	4	5200	49.8	2	3145	2994.93	嘉峪关市通源水电有限公司肃北分公司
肃北蒙古族自治县	芦草湾三级水电站	党河	引水式水电站	2008	5	5400	43.3	2	2831	3172.29	嘉峪关市通源水电有限公司肃北分公司

续表 10-3

所在地	水电站名称	所在河流（湖泊）名称	水电站类型	建成时间（年）	建成时间（月）	装机容量（千瓦）	额定水头（米）	机组台数（台）	多年平均发电量(万千瓦时)	2011年发电量(万千瓦时)	水电站管理单位名称
肃北蒙古族自治县	芦草湾一级水电站	党河	引水式水电站	2007	2	4700	44.5	2	2831	2651.8	嘉峪关市通源水电有限公司肃北分公司
肃北蒙古族自治县	十一水电站	党河	引水式水电站	2007	4	2000	19.5	2	1100	614.19	肃北县银河水电开发有限责任公司
肃北蒙古族自治县	五个庙二级水电站	党河	引水式水电站	2008	7	4400	35.7	2	2264	2474.66	嘉峪关市通源水电有限公司肃北分公
肃北蒙古族自治县	五个庙三级水电站	党河	引水式水电站	2008	9	4100	33.8	2	2201	2340.4	嘉峪关市通源水电有限公司肃北分公司
肃北蒙古族自治县	五个庙一级水电站	党河	引水式水电站	2008	7	5800	46.9	2	3020	2961.53	嘉峪关市通源水电有限公司肃北分公司
肃北蒙古族自治县	榆林河水峡口水电站	榆林河	引水式水电站	2011	7	1600	86.32	2	1220	312	肃北县泷源水电有限责任公司
肃北蒙古族自治县	兆丰水电站	党河	引水式水电站	2007	4	3000	37.8	2	1955	1406	肃北县兆丰水电开发有限责任公司

第二节　农村饮水工程

一、疏勒河流域农村饮水发展概况

中华人民共和国成立前，直接引用泉水或开凿水井是疏勒河流域农村饮水的重要方式。汉唐时期，敦煌一带普遍存在各种以“井”命名的地名，敦煌壁画中亦存在大量水井图像，充分说明水井在疏勒河支流党河流域极为普遍。清代疏勒河流域重新开发之后，汲泉打井活动极为活跃，尤其以地下水位较高的平原地区及裂隙水发育的山前地区最为集中。平原地区以今瓜州县境内最为典型，清代与民国时期见诸于文献的水井不下10处，多数使用芨芨草泥衬砌内壁，少数用砖石衬砌；各种汇集泉水的塘坝星罗棋布，多数为灌溉、人饮共用，少数为专门饮水池塘。山前地区以敦煌三危山最为典型，其中泉水最为有名者为悬泉，汉代悬泉置驿站即位于此处，井水最为有名者为观音井。流域内各种水井一般不深，普遍在3～5米之间；民国时期，流域内部分地区还存在大口井，直径可达5米以上，事实上是一种介于水井与小型泉水塘坝之间的工程形制。

由于疏勒河流域内普遍存在地表水、地下水多次转化的情景，地下潜水位波动较大，流域平原地区的泉水涌出量与井水水位受疏勒河水系各河流来水情况影响明显，故1949年以前泉、井对人饮情况的保障程度十分有限。这些泉水、井水质亦存在诸多问题，泉水、井水普遍矿化度偏高，含氟量高，蓄水塘坝暴露于风沙之中，极易受自然人为污染，对人民群众身体健康造成巨大影响。

20世纪50年代开始，疏勒河流域开始大规模建设农村人饮工程。20世纪六七十年代，机井普遍代替泉、井成为流域各县（农村）主要引用水源，引水保障程度明显提高；在北京医疗队等机构的支援下，流域内从防治地方病的角度进行了一定规模的水改活动，通过物理、化学方式改善了水质，为劣质水源区开辟了新水源。改革开放以来，流域内农村人饮工作在扩大保障范围与改善水质方面不断取得成果，普遍修建乡村水塔、储水罐与标准化水窖，同时改渠为管，避免水质污染，在有条件的乡村普及自来水。党的十八大之后，疏勒河流域除少数牧区外，其余均实现了村村通自来水，建立起制度化的人饮水质监测与保障体系，农村饮水工作取得历史性突破。

二、疏勒河流域农村人畜饮水工程建设重点项目

1. 玉门市赤金镇农村人畜饮水工程

该项目建于2002年，主要任务：新打机井1眼，修建水塔1座，架设自来水管道60千米，架设低压线路3.15千米，新建检查井12座。完成投资231.34万元，其中中央投资150.37万元，地方配套投资80.97万元。解决了玉门市赤金镇新民、新光、新风3个村6000人的饮水困难问题。

2. 瓜州县（原安西县）2000年农村人口饮水工程

2000年，对安西县农村1.2万人吃水困难问题实施人畜饮水改造工程。共建人畜饮水工程项目21项，其中新建10项，续建5项，改（扩）建6项。新建水塔5处，安装无塔压力罐16处，埋设输（供）水管道156.26千米，建设管理房屋630平方米，架设低压线路10.7千米，新建检查井92个。完成总投资572.22万元，其中国家投资371.94万元，自筹200.28万元。

3. 肃北蒙古族自治县马鬃山镇供水工程

马鬃山镇地处祖国北部边陲，是蒙古族聚集区，也是军警戍边的基地。当地经济落后，群众生活困难，自然条件差，基础建设薄弱，饮水困难，不仅水量得不到满足，水质也极差，给当地军警民和企业带来很大困难，直接影响到边防地区的稳定、繁荣，开发建设马鬃山镇是建设边疆、巩固边防的需要。工程实际总投资272.68万元，其中中央预算内专项资金133.90万元，首级配套34万元，地方财政配套104.78万元。该供水改造工程实施后，改善了马鬃山镇供水状况，提高了当地农牧民的饮水水质质量，更重要的是增进了民族的安定团结，加快了边远少数民族地区的经济发展。

4. 瓜州县南岔镇饮水安全工程

批复总投资463.7万元，其中国家投资331.87万元，地方配套和受益区群众自筹131.83万元

（包括投劳折资）。该工程于2010年7月开工建设，完成总投资588.5万元，占计划的126.9%。日供水能力834立方米。新打水源井1眼，井深130米，安装变频恒压供水设备1套、潜水泵1台、管道泵4台、二氧化氯发生器1台，铺设主、支管及入户管道145.87千米，修建容积200立方米圆形钢筋混凝土蓄水池1座，修建管理房及泵房558.6平方米、阀门井61座、水表井1039座，解决了全镇8个村61个组2975户1.13万人的饮水安全问题。为便于建后工程运行管理，降低供水成本，水务局与南岔镇筹集资金125万元，将原设计中205平方米水厂管理房变更增加为479.5平方米的二层办公楼，形成了集水资源管理、供水管理、水质监测、工程维修养护、水费计收为一体的供水水厂，同时将原设计中部分主管线加大管径，将已建成的九北村、开工村、十工村供水站与水厂连接，该工程成为瓜州县第一个供水管线全镇贯通的大型集中供水工程。

5. 阿克塞哈萨克族自治县阿克旗乡多坝沟村供水工程

批复总投资59.24万元。2012年5月10日开工建设，2012年8月30日完成工程任务。已建成工程内容：修建26平方米管理房1处，新打水源井1眼（设计井深100米），安装200QJ20-68型潜水泵1台，安装11千瓦恒压变频设备1套，安装二氧化氯发生器1台，修建阀门井4座、水表井42座，铺设UPVC管道2.74千米，其中DN110管500米，DN63管2240米，并全部配套入户水表和入户设施。解决了阿克塞哈萨克族自治县阿克旗乡多坝沟村168户840人的水量不达标问题。

第三节　防洪建设与河道治理

疏勒河流域各城市位于干旱区，虽年均降水稀少，但汛期仍有一定的暴雨发生概率与洪水威胁。1949年之前，流域各河流普遍无堤防，一旦洪水来临，河流即于荒原上呈现漫流状态。1949—2010年，流域以城市防洪为重点建设了一批防洪工程，但标准普遍不高。2010年之后，防洪工程建设与河道治理相结合，相关建设明显提速，流域防洪水平明显提高。

一、2010年之前的城市防洪

1. 玉门市城市防洪工程

玉门市地处祁连山前山麓的北坡上，平均坡降为1/27，山坡植被稀少，市区多为沥青护面，径流形成迅速。受山洪危害的面积14.55平方千米，占市区总面积的82.2%。只要市区前山有暴雨，就能迅速形成量大流急的暴雨山洪。1985年在市区以上修筑8千米永久性堤防和三条排洪主干道和若干排洪支道，总长约60千米，迫使洪水流入石油河戈壁滩上，但仍不能满足防洪要求。

2. 敦煌市城市防洪工程

敦煌市位于党河水库以东35千米处，党河从城区西部自南向北穿过。1979年，党河水库副坝溃坝曾造成城区全部淹没。党河水库除险加固后，防洪标准已达2000年一遇洪水，抗震标准也已按8度设防，城市不再担心水库溃坝灾害。党河2000年校核最大洪峰流量为722立方米每秒和1780立方米每秒，经水库调蓄削峰后，最大下泄流量为173.5立方米每秒和413.6立方米每秒，2010年党河城区段河道过水能力为216立方米每秒，但市区仍不能保证安全。当时市区河道两岸需建城防堤6.2千米，已建3.2千米，尚有3千米需要建设。

3. 阿克塞哈萨克族自治县城市防洪工程

阿克塞哈萨克族自治县县城始建于1995年，完成于1999年，总耗资2.8亿元。县址位于红柳湾镇，海拔1650米左右。县城主要受来自东南、西南党金山前山坡暴雨汇流冲击，加之地势平坦，洪水无汇流排洪沟道，易漫流成灾。1995年至2000年，全县自筹资金20多万元，在新县城东南和西南方向推筑简易砂砾石堤防3.98千米和0.8千米。1998年8月12日16时20分，境内开始降雨，到13日8时累计降水量达90毫米，到14日8时累计降水量达107.8毫米，前山一带瞬时就地起水，汇集暴洪流量达90立方米每秒以上，夹带泥石流横冲直撞。部分堤段漫水，大部堤身的前坡被冲一半。因县上即时组织了抢险队伍进行抢护，方才保住堤防，使县城免遭洪水淹没。

4. 肃北蒙古族自治县城市防洪工程

该县城位于祁连山西段的党河出山口东岸。汛期党河东岸冲毁严重，河岸塌落，威胁县城居民生命财产安全，县城以南康沟滩前山坡地局地暴雨洪水，直通县城，可使城内民房机关被水淹。1982年，县城修成党河东岸护岸工程。1999年主汛期，党河发生洪峰流量280立方米每秒的大洪水，已建的部分护岸工程被冲毁，河岸塌落，个别民房塌入河内。其后逐渐提高堤防标准，至2010年肃北已建成党河东岸护城堤，防洪标准提高到百年一遇洪水。

二、2010年之后的防洪与河道治理

2010年后，流域内河道治理与防洪工程建设相结合，建设步伐明显加快，建设标准明显提高，建设范围也从主要河流护城堤建设扩大至中小河流全河段河道治理。2010年后疏勒河流域主要河道治理与防洪工程建设见表10-4。

表10-4　2010年后疏勒河流域主要河道治理与防洪工程建设一览

河道治理与防洪工程名称	病险情况	治理措施	投资（万元）	新增效益			
				防洪标准（%）	治理河长（千米）	新增堤防长度(千米)	保护范围（万亩）
玉门市小昌马河中游上段河道治理工程	防洪标准不能满足防洪要求	综合治理河道长12.3千米，新建防洪堤1.75千米，新建护岸12.25千米，新建建筑物9处，采用梯形断面，砂砾石填筑，护坡迎水面堤坡为1:1.5，背水面堤坡为1:1.5，背水面不护坡。迎水面护坡形式采用C20砼现浇。防洪标准为重现期10～20年一遇洪水，工程等级为V等	1339	10	12.3	14	4
玉门市石油河河道治理	防洪标准不能满足防洪要求	新建堤防29.97千米，其中东河段8.28千米，西河段3.53千米，石河段6.70千米，主河段3.71千米，东河7.75千米。治理河道总长14.8千米。形状为梯形，砂砾石填筑，迎水面为砼护面。防洪标准为重现期10～20年一遇洪水，工程等级为V等	2993	10	14.8	22.12	1.26

续表 10-4

河道治理与防洪工程名称	病险情况	治理措施	投资（万元）	新增效益			
				防洪标准（%）	治理河长（千米）	新增堤防长度(千米)	保护范围（万亩）
玉门市白杨河河道治理工程	防洪标准不能满足防洪要求	新建堤防9.38千米，新建丁坝8座。其中：在桩号3＋700—5＋580段左岸新建堤防1.88千米，新建丁坝8座(浆砌石丁坝4座、钢筋石笼丁坝4座)；在桩号18＋300—25＋800段右岸新建堤防7.5千米	613	5	4	7.45	0.89
玉门市城河治理工程	防洪标准不能满足防洪要求	对玉门镇农垦建筑公司农场至饮马农场桥段治理，综合治理河长11.4千米，新建堤防17.6千米、护岸4.68千米。砂砾石填筑梯形堤，迎水面坡比为1∶1.5，护坡、基础均采用C20砼现浇，厚度从坡顶0.15米渐变至底部0.2米，背水面坡比为1∶1.5。防洪标准为重现期20年一遇洪水	2948	5	11.4	22.28	6.57
玉门市巩昌河上段河道治理工程	防洪标准不能满足防洪要求	综合治理河道长8千米，新建西城河防洪堤9千米、建筑物2座。堤防工程等级为Ⅳ级，主要建筑物级别为4级。防洪标准按50年一遇洪水设计	1250	2	8	9	0.12
玉门市西城河上段河道治理工程	防洪标准不能满足防洪要求	治理河道长19.5千米，新建堤防15.42千米。防洪标准为重现期10～20年一遇洪水，工程等级为Ⅴ等，堤防防洪标准按10年一遇洪水设计	2776	10	19.5	15.42	0.34
玉门市新城区防洪工程2011年度项目	防洪标准不能满足防洪要求	综合治理河道长21.7千米，新建防洪堤14.58千米，加固堤防3.62千米，砂砾石填筑梯形堤，堤顶宽3米，迎水面坡比为1∶1.5，护坡、基础均采用C15砼现浇，厚度从坡顶0.15米渐变至底部0.2米	1589	10	21.7	18.2	4.3
疏勒河干流河道治理瓜州段工程	防洪标准不能满足防洪要求	综合治理河道长13.1千米，新建防洪堤25.59千米，整治河道6.53千米，布设栏杆3千米	3684	10	13.1	25.59	8.64
瓜州县七道沟河道治理工程	防洪标准不能满足防洪要求	综合治理河道长11.19千米，新建防洪堤21.58千米，砂砾石填筑梯形堤，堤顶宽3米，迎水面坡比为1∶1.5，护坡、基础均采用C20砼现浇，厚度从坡顶0.15米渐变至底部0.25米。防洪标准按10年一遇洪水设计	2596	10	11.19	21.5	1.42

续表 10-4

河道治理与防洪工程名称	病险情况	治理措施	投资（万元）	新增效益			
				防洪标准（%）	治理河长（千米）	新增堤防长度(千米)	保护范围（万亩）
疏勒河灌区三道沟河道治理工程	防洪标准不能满足防洪要求	综合治理河道长13.35千米，新建堤防21.15千米，新建护岸1.2千米，砂砾石填筑梯形堤，堤顶宽3米，迎水面坡比为1∶1.5，护坡、基础均采用C15砼现浇。防洪标准按10年一遇洪水设计	1080	10	13.35	21.15	4.5
敦煌大泉河防洪工程	防洪标准不能满足防洪要求	综合治理河道长15.45千米，新建防洪堤18.48千米、过洪路面1处；迎水面采用现浇C20砼护砌，前坝坡坡比1∶1.5，护砌厚度为0.2米。大泉河莫高窟段河道防洪工程等级为一级堤防，防洪标准按100年一遇洪水设计；大泉河（莫高窟北窟至伊塘湖段）防洪堤工程防洪标准按20年一遇洪水设计	2192	1	15.45	18.45	2.45
党河河道城区下段堤防工程	防洪标准不能满足防洪要求	南起敦煌党河城区过水路面，北至转渠口镇，河道全长3千米，改建加固防洪堤5.91千米，其中左岸2.93千米，右岸2.98千米，疏浚河道0.8千米。防洪堤设计采用梯形断面，迎水面坡比为1∶1.5，背水面坡比为1∶1.75，堤顶宽度3米。堤防工程防洪标准按20年一遇洪水设计，堤防工程等级为Ⅳ级	687	5	3	5.91	2.5
敦煌市西土沟南湖阳关林场段防洪工程	无堤防	综合治理河长1千米，新建防洪堤1.04千米、建筑物1处，防洪标准为20年一遇	180	3.3	1	1.04	0.2
敦煌市党河治理党河水库至黑山嘴段工程	防洪标准不能满足防洪要求	在党河干流南湖店站至敦煌市党河风情线段19.5千米河道范围内新建堤防19.18千米，其中左岸堤防16.58千米，右岸堤防2.6千米。新建堤防堤身采用砂砾石填筑，梯形断面，顶宽4米，迎水面坡比为1∶1.5，背水面坡比为1∶1.25。迎水面采用15～20厘米厚现浇C20混凝土衬护	2826	1	19.5	19.18	7.3（以保护莫高窟为主）
肃北蒙古族自治县榆林河上游石包城段河道治理工程	无堤防	综合治理河长9千米，新建防洪堤4.89千米、建筑物1座，防洪标准按20年一遇洪水设计	485	10	9	4.89	0.3

续表 10-4

河道治理与防洪工程名称	病险情况	治理措施	投资（万元）	新增效益			
				防洪标准（%）	治理河长（千米）	新增堤防长度(千米)	保护范围（万亩）
阿克塞哈萨克族自治县长草沟河道治理一期工程	无堤防		896	5	10	10	0.29
阿克塞哈萨克族自治县长草沟河道治理二期工程	无堤防		1143	5	10.9	16	0.29
昌马水库至渠首段防洪工程	无堤防		2800	10	19.5	12.34	5
昌马水库至瓜州段治理工程	无堤防		2891	10	13.35	22.35	4.8

第四节　信息化建设

信息化系统建设是新世纪以来水利工作的重点。在水利部的统一安排下，疏勒河流域成为甘肃省乃至中国干旱区水利信息化建设的现行区域。相关工作由甘肃省疏勒河流域水资源利用中心负责建设，结合若干重大项目进行。

一、建设现状

信息化系统建设按照“一张图、一个库、一门户、一平台、一张网”的原则，建设覆盖全灌区的通信网络系统。将各监测、监控点采集的数据通过230千米光缆、10条VPN通道、700多张物联网卡传输汇聚到信息中心，以桌面云及超融合基础设施软硬件环境支撑的业务应用系统完成信息采集、传输和处理功能。目前已建成地表水监测优化调度系统、闸门远程控制系统、斗口水量实时监测系统、网络视频监视系统和水信息移动应用系统，并集成了近年来建成的全渠道可视化巡查系统、水库大坝安全监测系统、灌区管理设施安防系统和视频会商系统。

1. 地表水监测优化调度系统

具有全年及春夏秋冬灌季用水计划方案编制及水量调度方案生成等功能，为流域内水资源合理高效利用和严格的水资源调度管理提供决策依据。

2. 闸门远程测控系统

现已建成17处水库及干渠口岸闸门远程测控和24处斗口一体化测控闸门，实现闸门的现地及远程自动控制，减少了人工误差。

3. 斗口水量实时监测系统

现已建成698个斗口监测计量点，使121万亩农田灌溉用水实现了斗口水情自动远程实时在线监测，占到灌区总灌溉面积134万亩的90%以上。

4. 网络视频监控系统

包括全渠道可视化无人巡查、灌区管理设施安防无人值守，目前已建成570路视频监控，实现对三大水库、水利枢纽、干渠重要闸门、管理所、管理段、电站等现地工作环境和设施设备状况的全方位视频实时监控。

5. 水信息移动应用系统

让水管人员可以通过手机APP实时掌握用水调度情况，并可通过手机远程完成斗口闸门调水作业；使用水协会及用水户都能通过手机实时查询用水情况，让用水户用上了“明白水”，交上了“放心钱”。

二、历次建设情况

疏勒河灌区信息化历次建设情况统计见表10–5。

表10–5　疏勒河灌区信息化历次建设情况统计

序号	项目名称	建设时间	主要建设内容	完成投资（万元）
1	甘肃省河西走廊（疏勒河）农业灌溉暨移民安置综合开发项目信息化系统建设	2004—2008年	初步建成了三大水库联合调度系统，地下水三维仿真系统，洪水预报调度系统，灌区闸门监控系统，灌区水量采集系统，信息发布与业务查询、报表系统（办公自动化系统）等6大系统，改造斗口量水设施361座，更换闸门和启闭机193台	6673
2	《敦煌规划》疏勒河干流项目一体化闸门测控系统	2012—2015年	引进了澳大利亚潞碧垦公司生产和研发的渠系一体化闸门测控系统TCC（全渠道控制系统）75孔，系统软件1套	1575
3	灌区信息化系统斗口水量实时监测与闸门自动控制系统建设项目	2015年6月至2016年8月	2015年6月投资80万元，在昌马东干渠选取10个斗口水量监测点，在昌马西干渠和双塔总干渠、南干渠选取31个斗口水量监测点开展试点工作；2016年8月投资500万元，实施了灌区信息化系统斗口水量实时监测与闸门自动控制系统建设项目，完成了181个斗口水量监测计量点	580
4	水权试点疏勒河灌区斗口水量计量设施更新改造及实时在线监测系统建设项目	2017年6月至2018年4月	完成斗口水量计量设施更新改造495座，其中：巴歇尔量水堰188座，标准断面量水146座，管道流量计37座，原有计量设施改造124座。工程实施后，全灌区698个斗口、121万亩农田灌溉实现了水情实时在线监测统计	1497
5	《敦煌规划》疏勒河干流水资源监测和调度管理信息系统建设项目	2017年9月至2018年11月	完成了闸门远程控制系统17套，地表水监测点11处，地下水自动监测井15眼，泉水监测点2处，植被监测区域6个，视屏图像监控34处，通信光缆230千米，VPN专线10条，开发及集成业务子系统8个，视频会议会商系统1套，并完成软件开发、升级与集成等	2733

续表10-5

序号	项目名称	建设时间	主要建设内容	完成投资（万元）
6	灌区基层所段站和局属电站管理设施安防系统建设项目	2018年6月至2020年11月	2018年投资200万元，在花海灌区11处所、段、站开展安防建设试点；2019年投资912万元，建成了昌马和双塔灌区44处所、段、站的安防系统；2020年投资271.6万元，建成局属7座电站安防系统	1383.6
7	双塔水库安全监测监控系统、昌马和赤金峡水库大坝安全监测改造项目	2017年5月至2018年8月	先后投资532万元、650万元，完成灌区3大水库大坝位移监测、测压管渗压观测、坝后渗流量观测、自动气象监测等安全监测改造	1182
8	昌马新旧总干渠及梯级电站引水渠安全巡查建设项目	2019年11月至2020年5月	完成昌马新旧总干渠及梯级电站引水渠66千米工程可视化和现地视频图像实时查询。架设52台摄像机、风光互补供电设备33套，架设光缆82.38千米	495
合计				16118.6

三、综合试验站概况

综合试验站位于甘肃省玉门市黄闸湾乡梁子沟村，占地13亩。试验站布置系统包括：地下水均衡观测系统，土壤水观测系统，通量观测系统，全自动灌溉系统。

1.地下水均衡观测系统

建于2002年10月，占地1560平方米，该系统包括气象观测设备和地下水均衡要素观测系统。地下水均衡要素观测系统包括6个试验池和45个蒸渗桶，主要用于随机进行不同土壤类型在有无植被情况下、不同灌溉制度条件下，灌溉入渗补给、蒸发、土壤洗盐、脱盐的观测试验，以及模拟不同土壤、不同埋深条件的蒸渗情况。

2.土壤水观测系统

共有4组、6层，观测内容有土壤体积含水量、土壤温度和土壤热通量。

3.通量观测系统

主要由塔身、观测仪器、数据采集系统、设备供电系统组成。

4.全自动灌溉系统

包括多种型号的滴灌、喷灌设备，由计算机终端统一操控。

四、南干渠示范区概况

疏勒河昌马灌区南干渠高新节水示范区位于甘肃省玉门市玉门镇代家滩村，示范区引进了澳大利亚潞碧垦公司生产的全渠道控制系统，覆盖灌溉面积7.3万亩，由75孔一体化测控闸门、2座信号塔和1套控制软件组成。配套的田间自动灌溉系统，实现了渠道输水的远程控制、水情信息的实时监测、系统故障的自动报警和高效节水灌溉技术的示范应用，对灌区高效节水、水利信息化建设发挥了一定的示范作用，初步实现了灌溉计量精确化、闸门控制自动化等目标。

1.双塔水库坝后绿化（历史资料）

2.赤金峡水库施工图（疏勒河中心提供）

3.党河水库修建（邱亮　摄）

4.渠道施工（惠磊　摄）

5.渠道施工(王亚虎　摄)

6.昌马水库截流(胥延华　摄)

7.昌马水库排沙洞施工(胥延华　摄)

8.双塔水库(王亚虎　摄)

9.昌马水库(王亚虎　摄)

10.赤金峡水库(王亚虎　摄)

11.党河水库(邱亮　摄)

12.南湖水库(邱亮　摄)

13.双塔总干渠(胥拥军　摄)

14.昌马西干渠(谢海龙　摄)

15. 昌马新总干渠陡坡（王亚虎　摄）

16. 昌马渠首枢纽（王亚虎　摄）

17.北河口枢纽(王亚虎　摄)

18.浆砌石渠道(王亚虎　摄)

19.预制板渠道(谢海龙　摄)

20.田间"U"形渠道(王亚虎　摄)

21.测控一体化闸门（王亚虎　摄）

22.疏勒河信息化调度中心（惠磊　摄）

23.疏勒河上游黄土湾水电站(惠磊　摄)

24.新河口二级电站(巨有玉　摄)

25.疏勒河项目签约仪式(疏勒河中心提供)

26.2001年10月，甘肃省原省长陆浩调研疏勒河项目(胥延华　摄)

27.疏勒河项目移民迁徙(胥延华　摄)

28.疏勒河项目移民新村(王亚虎　摄)

29.玉门自来水厂净化空间(李春龙　摄)

30.农村人饮工程(魏娜　摄)

31.河道防洪工程(吴玉龙　摄)

32.治理后的巩昌河(吴玉龙　摄)

33. 玉门市玉泽湖（胥延华　摄）

34. 瓜州县草圣公园（巨有玉　摄）

35.敦煌市党河风情线(邱亮　摄)

第三编

水利管理与生态治理

第十一章　疏勒河流域水资源管理体制

第一节　流域管理体制

流域管理是我国普遍施行的一项基本水资源管理制度。2002年修订的《水法》第十二条规定："国家对水资源实行流域管理与行政区域管理相结合的管理体制。"当前，疏勒河流域管理职责由甘肃省疏勒河流域水资源利用中心具体承担，相关体制的形成经历了三个发展阶段。

一、疏勒河流域管理制度的雏形（1949年之前）

疏勒河流域管理制度的雏形起自18世纪上半叶的靖逆卫（今玉门市区附近）与柳沟所（今瓜州县三道沟附近）分水制度。该制度经长期演化，发展为玉门、安西之间的"十道口岸分水制度"，并经过不断优化调整，于1946年正式形成《民国三十五年安西玉门分水规程》，详见本志《辑录》。这一制度的核心是疏勒河干流昌马大坝以下径流以及中游冲积洪积扇扇缘泉水资源在玉门、安西两县各灌区之间进行分配，共有十处分水地点，分水比例以各灌区承担田赋为主，综合考虑了人口、输水条件等要素。这一制度在清代由安肃兵备道监督执行并处理有关纠纷，每年玉门、安西两县主官协同办理；民国时期，先后由甘肃省第七行政督察区（治所在酒泉）与甘肃省政府监督实施。但这个制度着眼于中游水资源分配，并未覆盖全流域。此外，石油河流域在清代还存在中游赤金堡与下游天津卫之间的分水协议。

二、疏勒河流域管理制度的发展（1949—2004年）

1949年后，疏勒河流域水利事业快速发展，但在很长时间里并未形成流域管理制度。20世纪50年代，流域中游两度成立分属军队与地方的昌马河流域工程指挥部，在主要承担工程建设之余，多次负责协调玉门、安西两县水利纠纷，并于1953年、1954年、1956年三次会同两县制定了年度分水办法，承担了临时性流域管理机构的某些职能。1957年，隶属张掖专区水电局领导的昌马河水利管理处成立，负责管理昌马大坝与总干渠，同时负责安西县三道沟等地分水事宜。1960年昌马灌区基本工程初步建成以及双塔水库蓄水后，原"十道口岸分水"的空间基础不复存在，玉门、安西两县基本可以独立管理各自水利事务，未建立流域管理部门。

1964年，为了加强流域内军垦与一般农田用水的协调管理，酒泉成立专区疏勒河流域水利管理处，疏勒河干流第一次出现流域管理机构，全面负责昌马、双塔两个灌区的协调管理。1966年，疏勒河流域水利管理处划归农建十一师领导，昌马、双塔管理处仍交地方具体负责，该管理处只管理饮马农场、黄花农场等军垦灌区，同时负责协调昌马灌区、双塔灌区有关事务。1969年，疏勒河流域水利管理处再次划归酒泉专区，1973年水利管理处的流域协调职能被取消，其只负责两个农场以及玉门市玉门镇、下西号、黄闸湾、柳河一带的灌溉事务，流域管理职能弱化。

20世纪80年代以来，随着流域水利基础设施的进一步完善以及“两西”（定西地区与河西走廊）移民扶贫工作的展开，疏勒河干流水利事务的内在联系逐渐增强，酒泉地区疏勒河水利管理处逐渐被重新赋予流域管理职能，相继接管双塔、花海灌区。进入20世纪90年代后，随着甘肃省疏勒河流域农业灌溉暨移民安置综合开发项目的推进，流域管理机构亟须进一步扩大。2000年，酒泉地区疏勒河流域水利管理处更名为疏勒河流域水资源管理局，全面负责疏勒河干流水资源利用规划的制定、地表水的调度管理、地下水的开采审批、水利设施维护、防洪、水费征收、河道管理、电站管理以及水利执法。至此，现代意义上的流域管理体制在疏勒河流域初步确立。

三、疏勒河流域管理制度的完善（2004年之后）

2004年，随着甘肃省疏勒河流域农业灌溉暨移民安置综合开发项目的基本完成，应贷款提供方世界银行的有关要求，原酒泉地区疏勒河流域水资源管理局（正处级）与甘肃省疏勒河建设管理局（正厅级）合并，成立甘肃省疏勒河流域水资源管理局（正厅级）。在全面继承原酒泉地区疏勒河流域水资源管理局的职能上，新成立的甘肃省疏勒河流域水资源管理局对流域水资源进行统一管理调度的能力进一步增强，增加了对于骨干工程建设改造的职能以及对基层用水者协会联系服务的职能，形成了“从源头到地头”的独特流域管理模式。当代流域管理的具体内容，参见本志第十二章。

第二节 灌区管理体制

“灌区”是一个现代水利名词，一般是指有可靠水源和引、输、配水渠道系统及相应排水沟道的灌溉面积。作为一个水利管理单元，灌区介于流域与渠道之间，是现代灌溉组织的基本单位之一。汉唐时期，政府就已深度介入了疏勒河流域灌区管理，这些管理大多通过各级水利官吏实现。各县有“平水”一职，其主要职责即是灌区管理，主管渠道配水事宜，其基层的渠头、斗门长皆受其节制。灌区水利工程的日常维护多由官府负担，通过征集农民力役完成，特别是遭遇水利设施重大损毁时，需要官府出面组织。此外，民间组织亦在灌区管理中发挥重要作用，唐代敦煌地区民间组织渠社由受益民众组成，推举德高望重且水利经验丰富者担任社长、社官、录事等职，对于灌区各渠道之行水溉田、护理河渠及防洪抗灾等均起着较大的作用。唐代敦煌的水渠管理规则中，已经把今党河水库灌区视为一个完整整体，各干渠需在统一章程下完成灌溉事务。参见本书《辑录》部分之《沙州敦煌县行用水细则》。

清代，疏勒河流域重新开发时，政府已退出日常灌溉事务的管理，但由于流域多系屯田区，故政府多以军事手段灌区管理，如安西卫即有水利把总、渠兵等设置。18世纪中叶，疏勒河流域裁撤卫所，改设州县，逐渐成立民间水利组织负责灌溉事务管理。清中叶至民国，玉门县龙王会、安西县皇渠会、敦煌县十渠组织相继成立，分别负责今昌马灌区东部、昌马灌区西部及党河灌区的管理事务。这些得到官方认可的民间水利共同体负责灌区的工程维修与秩序维护，除纠纷协调外，官方不直接参与灌区管理。

各县陆续成立了水利委员会作为政府的职能部门，在乡镇普遍设有专职管水人员。1956年，各灌区成立灌区管理委员会和水利管理所，标志着灌区作为水利管理体制中一级基本单位而出现。之后虽然行政和流域管理机构的名称、管理范围几次变动，但灌区管理机构一直相对稳定。目前，疏勒河流域各灌区管理主要由灌区管理处负责实施。灌区管理处负责灌区建设与管理、灌区水政水资源管理、河道管理、骨干工程防汛抗洪等各项水利业务。昌马、双塔、花海三个大型灌区由甘肃省疏勒河流域水资源利用中心负责管理，其余灌区由属地市县水务局负责管理。

水库和干渠是灌区的骨干工程。昌马、双塔、花海三个灌区管理处下设置若干水管所，负责水库和干渠的管理与维护。水管所之下又分为若干段或站，负责相应区间的具体任务。所与段（站）两级属于基层水利管理部门。直接服务灌溉的基层水利管理部门，在日常工作中与用水者协会对接。设置于水库的水管所，需要在遵从流域管理部门部署的前提下完成对水库的日常管理，包括水量调度、防汛、发电等工作。

疏勒河流域用水者协会系按照疏勒河项目中世界银行的有关要求成立。用水者协会是指以渠系为单位、由农户依法自愿组成的群众性管水组织，具有法人地位，可代表所属用水农户与供水单位订立供水合同，内部实行民主管理、自负盈亏、独立核算。用水者协会可与基层管理机构一起，参与有关水利决策与监督。目前，流域内用水者协会逐渐有与村民委员会等基层群众自治组织统合的趋势。

第三节　机井管理制度

早在汉代，疏勒河流域即出现打井的有关记录。20世纪60年代以来，以水泵抽取地下水的机井在流域开始普及，成为渠道灌溉之外的重要补充。机井的普及扩大了灌溉水源供给，增加了灌溉灵活性，但也对流域生态环境造成巨大威胁甚至破坏。随着生态文明建设正式成为政府工作重点以及最严格水资源管理的推行，强化机井管理成为日益重要的课题。

1981年5月，根据全国水利管理会议提出“把水利工作的重点转移到管理上来”的精神和水电部的安排部署，甘肃省开展了水利工程“三查三定”工作（即查安全，定标准；查效益，定措施；查综合经营，定发展计划）。省水利厅还制定了“符合设计，补办验收，明确职责，确定机构，建立制度，审批计划”的6条要求。酒泉地区以县为单位组织力量，按灌区对水利工程进行了全面的核查，机井成为重点核查对象。经过3年认真细致的工作，核实自1970年至1980年，全区共打成机井7433眼，其中一类井1547眼，二类井1710眼，三类井1575眼，报废井2601眼，报废率35%，能发挥效益的机井有5609眼。有效机井中70%的井房、井渠、井池不配套。同时普遍存在着机井管理人员不落实、管理机制不适应、维修不及时、经营不良等问题，影响着机井效益的提高。针对上述问题，自1983年开始到1998年，酒泉地区进行了为期15年的“机井测试改造、加固维修”工作。在整修改造工程设备的同时，着手对机井的产权制度进行改革。1996年，地区水电局在金塔县抓试点，对机井等小型水利工程的产权和使用权采取“拍卖、租赁、承包、股份合作”等转让形式，由农户进行经营。确立了“以产权换资金，以存量换增量”的新型管理体制，形成了“自行筹资、自行建设、自主经营、自收水费、自我还贷”的“五自”发展机制，促使农用机井建设步入附场机制的轨道。

这次管理体制的改革中，拍卖机井779眼，承包533眼，集体统一管理2221眼，个人自建自管428眼，改制机井占全区现有配套机井总数的86.8%。拍卖机井配套的低压输电线路89千米，承包192千米，实行股份制的12千米，集体统一管理的38千米，共收回资金1060万元。改革拓宽了机井建设良性运行机制和“建设—拍卖—再建设—再拍卖”的滚动发展机制，盘活了资金存量，实现了责、权、利的统一，增强了节水意识，提高了单井效益，减少了水事纠纷。

据不完全统计，产权制度改革后，全区机井年节水1200多万立方米，单井效益由原来的85亩增加到180亩，最高达到250亩。连续几年出现了井灌区不用河水的罕见现象。

为确保全流域经济社会可持续发展，促进生态环境不断改善，全面建成小康社会，2003年后，酒泉市人民代表大会常务委员会先后出台了《关于禁止无序开垦荒地资源的决定》《关于禁止农村无序移民的决定》《关于加强地下水资源管理的决定》（简称“三禁”决定）政策，市政府出台了关于《流域地下水资源管理办法》等法规，从2008年开始，政府因势利导，实施切实可行的措施，采取流域级财政每块智能水表补助500元、县级财政补一些、群众自筹一些等扶持办法，投资3000余万元，将全流域万眼机井全部安装了智能化水表，严格控制地下水开采量，逐年递减取水量，在全省率先实现了地下水资源管理由供水管理向需水管理、由粗放管理到精细管理的转变。截至2012年年底，全流域建成机井12604眼，其中农用机井10805眼。

第四节　河湖长制

河湖长制是指由中国各级党政主要负责人担任河湖长，负责组织领导相应河湖管理和保护工作的制度。2016年12月，中共中央办公厅、国务院办公厅印发了《关于全面推行河长制的意见》，要求各地区各部门结合实际认真贯彻落实。全面推行河湖长制，是以保护水资源、防治水污染、改善水环境、修复水生态为主要任务，全面建立省、市、县、乡四级河长体系，构建责任明确、协调有序、监管严格、保护有力的河湖管理保护机制，为维护河湖健康生命、实现河湖功能永续利用提供制度保障。

一、疏勒河流域河湖长制的设立范围

疏勒河流域纳入河长制的省级河流1条，即疏勒河干流；市级河流5条，分别是党河、大哈尔腾河、小哈尔腾河、石油河、榆林河；县级河段104条。流域内纳入湖长制管理体系的省级湖泊（水库）1个，即大苏干湖；市级湖泊（水库）8个，分别为小苏干湖、昌马水库、双塔水库、玉湖、党河水库、德勒诺尔湖、赤金峡水库、青山水库；县乡级湖泊（水库）72座。

二、疏勒河流域河湖长制的组织协调

疏勒河流域所在的流域与下属五市、县，均在各级水务局设立了两级河长制办公室，由水务局局长兼任办公室主任，环保局、国土局、水务局各1名副局长兼任办公室副主任。河湖长制运行有专门经费保障，仅2019年，流域财政共计安排河长制工作专项资金293万元，其中河湖长制综合信息管理平台项目资金273万元，河长制工作经费20万元，用于保障河湖长制各项工作的顺利开展。各级河长制办公室与甘肃省疏勒河流域水资源利用中心、属地自然资源部门与生态环境部门、属地公检法系统紧密配合，形成协作共治的工作格局。

三、疏勒河流域河湖长制的主要内容

1. 基本制度建设

截至2020年，疏勒河流域陆续出台了《部门联席会议制度》《督办制度》《督导检查制度》《流域河湖巡查监管实施细则（试行）》《疏勒河干流水域岸线利用与保护工作协调制度（试行）》《甘肃省疏勒河水域岸线用途管制实施办法（试行）》《流域河道采砂管理办法（试行）》等基本制度。确立了河长联席会议体制、河湖长定期巡河制等基本制度，完成“一河（湖）一策”“一河（湖）一档”编制工作。

2. 基本硬件建设

疏勒河流域在河湖醒目位置设置各级河长公示牌，公示河湖名称、位置、面积，各级河湖长名单、职责，监督举报电话等信息；建立了河湖长公示牌台账，主动接受群众监督。在甘肃省河湖长制信息管理平台的基础上，建立流域综合信息管理平台，确保河湖管理信息录入准确、更新及时。积极开展智慧河湖建设，酒泉市河长制办公室和部分县（市、区）河长制办公室购买了无人机，用于河湖巡查工作。全流域已建水电站均配套安装了在线生态流量下泄监控和计量设施，实现了河流水电站生态下泄流量的实时监测。

3. 重点聚焦领域

疏勒河流域河湖长制重点聚焦领域：促进水资源管理，在各类相关法规的框架下，推进用水总量控制指标，大力推进节水。强化水域岸线管理，完成河湖划界，明确水利工程边界，对界限内占用河湖空间的建筑设施实行清退。推动水污染防治，强化排污监管，提高城乡污水处理率。严格控制河湖采砂，编制河湖采砂规划，从严发放采砂许可证，对河湖采砂进行密切监管。推动水环境治理，监控流域主要水功能区水质、地表水断面水质、县级以上集中式饮用水水源地水质，加强河湖日常清理及保洁，保证农村饮水安全。

第十二章 甘肃省疏勒河流域水资源利用中心

第一节 机构沿革与基本职责

1964年，为了加强疏勒河流域灌溉事务的统一管理，酒泉成立专区疏勒河流域水利管理处，全面负责昌马、双塔两个灌区的协调管理，是为流域历史上第一个流域管理机构。1966年，为强化服务军垦，疏勒河流域水利管理处划归农建十一师领导，昌马、双塔管理处仍交地方具体负责，该管理处只管理饮马农场、黄花农场等军垦灌区，同时负责协调昌马灌区、双塔灌区有关事务。1973年水利管理处的流域协调职能被取消，只负责两个农场以及玉门市玉门镇、下西号、黄闸湾、柳河一带的灌溉事务，流域管理职能弱化。

1969年，疏勒河流域水利管理处再次划归酒泉专区。20世纪80年代开始，随着流域水利基础设施的进一步完善以及“两西”移民扶贫工作的展开，疏勒河干流水利事务的内在联系逐渐增强，酒泉地区疏勒河水利管理处逐渐被重新赋予流域管理职能，相继接管昌马、双塔、花海三个流域主要灌区。进入20世纪90年代后，随着甘肃省疏勒河流域农业灌溉暨移民安置综合开发项目的推进，流域管理机构亟须进一步调整。1995年，甘肃省委、省人民政府决定成立甘肃省河西走廊（疏勒河）农业灌溉暨移民安置综合开发建设管理局，为正厅（局）级事业单位。2000年，酒泉地区疏勒河流域水利管理处更名为酒泉市疏勒河流域水资源管理局，全面负责疏勒河干流水资源利用规划的制定、地表水的调度管理、地下水的开采审批、水利设施维护、防洪、水费征收、河道管理、电站管理以及水利执法。

2004年，甘肃省政府决定将酒泉市疏勒河流域水资源管理局整建制并入甘肃省河西走廊（疏勒河）农业灌溉暨移民安置综合开发建设管理局，组建成立甘肃省疏勒河流域水资源管理局，与甘肃省河西走廊（疏勒河）农业灌溉暨移民安置综合开发建设管理局两块牌子、一套机构。甘肃省疏勒河流域水资源管理局是具有水行政管理职能的流域管理机构和事业性质的准公益类水管单位，正地级建制，隶属省水利厅，内设13个处（室）；主要负责灌区管理、流域管理、以水电开发为主的多种经营；辖昌马、双塔、花海三大灌区，承担着玉门市、瓜州县22个乡镇、6个国有农场8.96万公顷耕地的农业灌溉和甘肃矿区等单位的工业辖区生态及水力发电供水等任务。

甘肃省疏勒河流域水资源管理局负责对疏勒河流域水资源实行统一规划、统一配置、统一调度、统一管理、合理开发、综合治理、全面节约和有效保护。其主要职责是：

一、负责《水法》等法律法规的组织实施和监督检查，拟定流域管理政策和规章制度。

二、负责流域综合治理，会同有关部门和地方政府编制和修订流域水资源规划、中长期计划，并负责监督实施。协调流域内水利工程的建设、运行、调度和管理。

三、统一管理和调配流域水资源，制定和修订流域内控制性水利工程的水量分配计划和年度分水计划，并组织实施和监督检查。

四、负责流域内水资源的保护、监测和评价，会同有关部门制定水资源保护规划和水污染防治规划，并协调地方水利部门组织实施。

五、统一管理流域内主要河道及河段的治理，组织制定流域防御洪水方案并负责监督实施，指导和协助地方政府做好抗旱、防汛工作。

六、统一管理流域内地表水、地下水计划用水、节约用水工作，制定并实施节水政策、节能技术标准。组织取水许可制度的实施和水费的征收工作，指导流域内水政监察及水行业执法，协调处理流域内的水事纠纷。

七、负责流域内的综合经营开发，按照建立适应社会主义市场经济体制和经营机制的要求，组织实施大型灌区的水管体制改革工作。

八、承担省政府及省水利厅交办的其他事项。

根据甘肃省事业单位改革的相关安排，甘肃省疏勒河流域水资源管理局于2018年更名为甘肃省疏勒河流域水资源局，2021年更名为甘肃省疏勒河流域水资源利用中心。

第二节　组织架构

一、中心党政办公室

中心党政办公室为中心党委、中心行政的日常办事机构，按照“办文、办会、办事；服务中心党委、服务各处室、服务干部职工”的职能，具体承担政务管理、党的建设、信息宣传、工作督查、安全保卫、后勤管理方面的工作。主要职责是：负责全中心党政事务全面协调、组织实施及中心机关日常工作；负责中心党委会议、主任办公会议、中心组学习会议、综合工作会议的组织筹备和相关资料准备搜集工作；负责全中心党的建设工作，党组的建设与管理、党员的教育管理工作，党内重大活动；负责公文收发处理、机要保密、印信及证照管理、档案管理工作，全中心党政公文、会议材料起草和文件的审核工作；负责全中心重点工作完成落实情况的督查督办工作；负责全中心精神文明建设、群众性创建活动、思想宣传工作、网站管理工作；负责全中心安全保卫和社会综合治理工作；负责后勤服务管理、政务接待、车辆管理、固定资产管理工作；完成中心领导交办的其他工作。党政办公室内设党建工作科、文秘科、宣传科、督查科、行政科、安全保卫科6个科室，现有干部职工共23人，其中处级干部2人，科级干部5人，专业技术人员16人。

二、中心纪委机关

中心纪委机关是贯彻落实、协助上级纪检监察部门、中心党委推进全面从严治党、加强党风建设和组织协调反腐败工作的党内监督专责机关，具体承担政治监督、廉政教育、干部任免工作监督、信访举报受理、违纪问题调查审查、处分申诉受理、廉政考核等方面工作。主要职责是：维护党的章程和其他党内法规，检查党的方针、路线、政策和决议的执行情况，协助中心党委加强党风廉政建设和组织协调反腐败工作；根据党内法规及相关制度履行监督职责，严格执纪问责，负责对党员领导干部以及工作人员履行职责、行使权力和遵守党纪政纪情况，干部选拔任用，工程项目招标等重点领域和关键环节的监督检查；负责受理对党的组织和党员、干部违反党纪行为的检举，以及对中心下属各级单位、部门和工作人员违反政纪行为的检举；负责检查处理党的组织和党员违反党的章程及其他党内法规的行为，并作出处理决定或提出处理建议，受理党员的控告、申诉，保障党员的权利；负责督促指导各处室加强对党员、干部、职工的遵章守纪教育，依照权限组织起草、制定有关规定和制度；完成中心党委和上级纪检监察组织交办的其他工作。纪委机关内设纪检室、监察室2个科室，现有干部职工5人，其中处级干部1人，科级干部4人。

三、组织人事处

组织人事处起初为人事劳动教育处（加挂外事科技处牌子），成立于2004年6月17日，设人事科、劳动工资科、职工教育培训科。2008年4月30日，更名为组织人事处（加挂外事科技处牌子），设组织科、人事科、劳动工资科、职称教育管理科4个科。2016年8月29日，局党委会议研究决定，撤销组织人事处组织科，组织人事处人事科更名为组织人事科，原组织科的干部管理职责划归组织人事科。2017年1月15日，局党委会议研究决定，将组织人事处承担的局安全生产委员会办公室工作职能整体划归工程建设管理处。主要职责是：协助省委组织部、省水利厅做好省管领导班子、领导干部年度考核工作；负责全中心水管体制、人事制度、工资制度、社会保险制度改革方案的制定和实施；负责全中心干部队伍建设和干部选拔任用及日常监督管理工作；负责全中心职能、机构、编制、岗位设置管理工作；负责全中心人事调配、公开招聘和复转军人安置工作；负责人才队伍建设规划和人力资源开发管理工作；负责全中心专业技术人员职称评聘和中评会日常工作，负责干部职工教育培训和继续再教育工作；负责全中心工资审批、职工考勤、考核管理工作，以及全局职工养老、失业、医疗、工伤、生育保险管理工作；负责外事管理日常工作，承办全中心出国任务；负责精准扶贫工作；完成中心党委及上级部门交办的其他工作。组织人事处内设组织人事科、职称教育管理科、劳动工资科3个科室，现有干部职工8人，其中处级干部3人，科级干部3人，专业技术人员2人。

四、规划计划处

规划计划处负责全中心水利发展规划编制和各类建设项目的前期工作，制定年度水利基础设施的新建、改建和维修计划，审批各基层管理处水利基础设施的新建、改建和维修项目，负责全中心水利统计和水利科研工作，承办中心水利学会日常工作。主要职责是：负责组织完成各类建设项目的立项申报，各类项目前期工作的报告编制、审查和报批；对中长期和年度水利建设投资的规模、方向和项目安排提出意见和建议，制定全中心年度水利基础设施的新建、改建和维修计划；负责全中心技术服务类项目招投标，组织完成招标限额以下勘察设计、技术咨询等技术服务项目的招标和采购；协调建设项目资金的计划下达工作；负责组织各类建设项目的项目建议书、可行性研究、初步设计、实施方案、技术咨询和涉水项目审查审批等技术工作的局内审核，以及中心内部批复的各类新建、改建和维修项目技术审查工作；负责组织审核在建工程项目的设计变更，协调设计单位完成一般设计变更和技术签证，负责重大设计变更的报批；负责全中心水利科研项目的管理和协调工作，组织完成项目立项、课题审查、实施推进、结题验收及成果申报；贯彻执行统计法规，负责全中心水利统计等工作；完成领导交办的其他工作。规划计划处内设规划科、技术科、统计科、科研科4个科室，现有干部职工12人，其中处级干部2人，科级干部1人，专业技术人员9人。

五、财务处

财务处是中心党委领导下负责全中心财务工作的一级财务机构，负责全中心会计核算、财务管理工作，实行“统一领导、集中管理”的财务管理体制。主要职责是：贯彻执行国家财经法律法规，负责财务管理和监督，规范单位内部经济行为，维护正常经济秩序；负责全中心财务管理工作，制定财务管理制度、财务处内部岗位职责，建立财务处内部控制机制；组织编制部门预算和全中心年度财务预算方案，负责预算方案的全流程管理；负责水价、电价及其他收费项目的调查、评价、调整和汇报衔接，研究拟定水费、电费及财政补助经济任务指标；负责财务处支部建设和文化建设工作，组织财会人员业务学习与培训，强化法制教育，落实安全责任，防范财务风险；负责全中心固定资产、无形资产、公共基础设施等相关资产的购置、建设、管理与报废工作；负责财务信息公开，保证社会公众和干部职工的知情权；负责财务会计和文书档案规范化管理；负责与上级主管部门、地方财政、税务等机构的沟通工作，接受各项业务审计、检查；完成领导交办的其他工作。财务处内设财务科、资产管理科、预算科、审计科、综合科5个科室，现有干部职工15人，其中处级干部2人，科级干部2人，专业技术人员11人。

六、水政水资源处

水政水资源处加挂水政监察支队、环境保护处2块牌子，主要负责流域内水法规的实施和贯彻、水资源的统一管理、河湖管理保护、流域河湖包抓、水环境保护和水土保持等工作。主要职责是：负责《水法》等有关法律法规在流域内的实施和监督检查，拟定流域内水利政策法规，负责流域管理的法制建设和完善工作；负责拟定水行政执法责任制度，落实《依法行政责任制》，组织水行政执法检查；负责流域水资源的统一管理，组织编制水资源开发利用专业规划，定期发布流域水资源状况公报；负责河道采砂管理和水土保持工作；负责在授权范围内组织实施取水许可制度和水资源有偿使用制度，承办水行政许可审核及备案工作；负责水权制度的建设与实施，加强水资源费的征收与使用的监督管理；负责流域水功能区的划分和管理工作；负责组织实施流域内有关建设项目的水资源论证工作；承办中心领导交办的其他工作。水政水资源处内设水政水资源科、环境保护科、水政监察科、河道管理站4个科（站），现有干部职工9人，其中处级干部2人，科级干部3人，专业技术人员4人。

七、灌溉管理处

灌溉管理处（加挂信息化管理中心牌子）的主要职责是：负责流域内农业灌溉管理工作，编制、修订灌区灌溉管理制度；负责流域内河源来水预测分析和三大水库联合调度，统一流域水资源调配，编制灌区年度用水计划，做好灌区供需水平衡分析；负责流域各灌区用水计划的审核、监督和执行，抓好科学用水、计划用水和农民用水协会的指导和管理；负责流域防汛、灌区抗旱工作计划和相关应急预案的制定及组织实施；负责流域汛期调度、值班和防汛安全检查工作，组织和参与防汛安全事故的调查处理；负责检查流域内水库运行管理各项制度的完善和落实，指导水库安全运行观测资料的整编；负责研究拟定全中心灌溉管理经济技术指标，下达防汛抗旱工作任务，并负责检查落实和考核；负责流域节水灌溉工作，指导、推广灌区节水灌溉技术；负责灌溉、防汛抗旱等业务报表的编制上报；负责全中心信息化系统的运行和管理维护、水利信息化技术的推广应用；负责流域水利科学数据的采集、整理、分析，建立完整的信息数据库；负责调度中心信息化系统设备、设施的安全管理工作；承办中心领导交办的其他工作。灌溉管理处内设灌溉管理科、防汛抗旱办公室、信息化管理科3个科室，现有干部职工11人，其中处级干部2人，科级干部4人，专业技术人员5人。

八、工程建设管理处

工程建设管理处负责宣传、贯彻、落实国家及甘肃省工程建设、安全生产相关法律法规，制定和完善全中心水利工程建设管理制度，负责全中心各类工程项目的建设管理及骨干工程的维修工作。主要职责：依据国家相关法律法规，负责新建、改建、扩建工程项目的招投标，进度控制，投资控制，质量管理，安全生产，工程资料的收集、整编、归档，以及项目验收等工作；指导监督限额以下工程项目的招投标、合同管理及项目验收等工作，落实全中心骨干工程维修养护检查工作；负责全中心安全生产委员会办公室日常工作，监督、检查全中心安全生产各项制度措施的落实，组织开展安全生产检查，督促安全隐患整改，承担各类应急预案的拟定、审核工作；协助有关部门开展中央和省上投资工程建设项目的稽查、督查等工作；监督指导中心所属各单位贯彻落实工程建设管理制度；研究拟定全中心工程类经济技术指标，并负责检查落实和考核；承办中心领导交办的其他工作。工程建设管理处内设合同管理科、建设管理科、质量管理科、安全管理科4个科室，现有干部职工10人，其中处级干部3人，科级干部4人，专业技术人员3人。

九、综合经营管理处

综合经营管理处的主要职责是：负责全中心综合经营管理工作，组织制定综合经营发展规划和实施方案；负责组织市场调查和分析研究，指导、服务、监督中心各基层管理处综合经营工作；负责全中心经营性项目的立项、审核、审批工作；负责中心所属企业合并、分立、承包、租赁、改制和产权转让的审核、审批等工作；负责全中心综合经营财务的预算审核，拟定经营收益的分配方案；负责对国家和中心投资的综合经营项目的监督检查；负责全中心综合经营各类统计报表的审核，组织建立全中心综合经营管理信息数据库；负责研究拟定全中心综合经营任务指标，并负责检查落实和考核。综合经营管理处内设综合经营管理科、综合经营科2个科室，现有干部职工7人，其中处级干部1人，科级干部2人，专业技术人员5人。

十、驻兰办事处

驻兰办事处为中心党委、中心行政的日常办事机构，服务中心党委、各处室、各干部职工，承担综合服务、对外联络、职工接待、职工及家属就医、文件管理、离退休职工慰问、脱贫攻坚方面的工作。主要职责：负责上级部门有关领导、专家前往中心检查指导工作的联络、接待工作；负责中心所属各处（室）到兰州办事的各类服务工作；负责与省水利厅、财政厅、机关事务管理局等有关部门的衔接与沟通工作，根据中心所属各单位、各部门有关要求与省级有关部门工作协调、沟通；负责中心所属各单位、各部门在兰州出差同事的住宿工作；负责上报文件的呈送工作；负责协助中心人事处、中心工会对在兰州离退休老干部的慰问、健康体检和在兰州职工的福利发放工作；负责协助中心所属各单位、各部门职工及家属来兰州就医服务工作；负责协助局中心事处做好脱贫攻坚工作；完成中心领导交办的其他工作。驻兰办事处内设综合业务科1个科室，现有干部职工9人，其中处级干部1名，科级干部1名，专业技术人员7人。

十一、工会

工会于2005年正式成立，工会在中心党委和省水利工会的正确领导下，依据《中华人民共和国工会法》《中国工会章程》，认真贯彻落实党的路线、方针、政策，做好水利中心工作任务，以“做好工会工作，当群众的贴心人”为抓手，努力加强工会组织建设，切实发挥基层工会联系群众、引导群众、服务群众的职能作用。工会内设工会经费审查委员会和女职工委员会，下设4个基层工会委员会，31个工会小组。主要职责：按照《中华人民共和国工会法》和《中国工会章程》，组织领导和指导全中心各级工会组织工作；贯彻执行中心党委、省水利工会的各项政策决定，负责职工代表大会日常工作；负责组织和教育职工依法行使民主权利，协助党政开展工作，维护职工合法权益；负责组织开展职工慰问走访活动，了解、掌握职工群众的意见和要求，帮助职工解决困难；负责收集群众性合理化建议，开展技术革新和技术协作活动，提高职工工作效率；负责组织职工开展健康向上的文体活动，促进全中心精神文明建设；负责依法维护女职工的合法权益和特殊利益；负责工会经费的收缴、使用和财产管理工作；负责全中心计划生育工作；完成中心党委和省水利工会交办的其他工作。工会现有干部职工3人，其中处级干部2人，科级干部1人。

十二、中心团委

共青团甘肃省疏勒河流域水资源利用中心团委于2007年8月组建成立，2008年6月归共青团甘肃省委直属管理。下设水库电站管理处、昌马灌区管理处、双塔灌区管理处和花海灌区管理处4个团总支、1个局机关团支部、7个基层团支部、25个基层青年小组。主要职责是：负责组织和带领团员青年学习贯彻党的路线方针和政策，不断提高广大团员青年的思想素质、政治觉悟和理论水平；根据中心党委和上级团组织工作安排部署，负责制定年度共青团工作计划，负责指导、检查、督促各基层团组织的工作，总结经验，树立典型；负责团的自身建设，建立健全各级团组织、青年小组和各项规章制度，办理组织关系接转、团费收缴、推优入党等工作；调查研究全中心团员、青年的思想动态和团的工作情况，及时向中心党委汇报工作，为团员青年思想政治教育工作提供理论依据；组织开展全中心性的团员青年主题实践活动和文体娱乐活动，营造良好的水利文化氛围，促进中心精神文明建设；负责维护团员青年的合法权益，了解团员青年的切身利益，向上级反映他们在工作、学习、生活等方面的合理诉求；定期对优秀团员、优秀团干部和先进团支部进行表彰，推动单位形成创优争先的良好风气；完成领导交办的其他工作。

十三、水库电站管理处

水库电站管理处隶属于甘肃省疏勒河流域水资源利用中心，正县级建制，主要承担着昌马水库调度运行管理、工程维护，8座水电站、昌马联合变电所安全生产管理和输配电运行管理；负责昌马总干渠梯级20座水电站发电水费的征缴和所属电站上网电量电费的结算工作；负责昌马水库、各电站调度防汛工作的组织实施；负责所属水利工程、机电设备的维修保养、更新改造。管理处下设党政办公室、安全生产科、工程管理科、调度科4个机关科（室），以及昌马水库管理所、大湾一级电站、龙马电站、东沙河2号电站、新河口一级电站、新河口二级电站、西干渠电站、河西电站、昌马联合变电所9个基层所（站），现有干部职工216人，其中处级干部4人，科级干部24人，专业技术人员45人。

近年来，水库电站管理处以习近平新时代中国特色社会主义思想和党的十九大精神为指导，紧紧围绕中心党委现代化灌区建设目标，始终坚持“安全第一、预防为主、综合治理”的工作方针，以强化安全管理为基础，以党建和精神文明建设为保障，以“保安全、促生产、增效益”为目标，以“划区分片、包干负责”为主要措施，深入开展党支部建设标准化、昌马水库管理标准化、电站安全标准化、岗位操作标准化等业务创优活动，不断强化岗位练兵技术比武活动；全面落实从严管党治党主体责任，牢固树立“一切工作到支部的鲜明导向”，不断深化党员“划区设岗”活动，认真落实党风廉政建设“两个责任”；积极开展社会主义核心价值观教育、“安全生产示范岗”、“五四红旗团支部”植树造林等“一站一品”特色品牌活动，切实把党建工作与业务工作、精神文明建设工作深度融合，全处党建及精神文明建设、安全生产、项目工程、防汛调度、生态环保等工作得到了快速发展，为推动流域现代化灌区建设发展发挥了重要作用。管理处及所属单位先后荣获中国水利工程“大禹奖”，全国农林水利工会“模范职工小家”，甘肃省“文明单位”，省水利厅“优秀党组织”“安全生产标准化二级达标单位”，省总工会“创新型班组”，团省委“青年文明号”“青年安全生产示范岗”等国家级、省厅级奖励（荣誉称号）。

在中心党委的大力支持下，管理处对基层发电厂房、管理房进行了整体维修改造，持续开展植树造林、环境整治活动，基本实现“室外花园式、室内制式化”驻地建设，巩固了文明单位成果，基层职工的工作生活环境得到了很大改善。2020年，中心顺利完成所属7座水电站“安防工程”建设，实现了视频监控全覆盖，达到了从“实地管”到“远程管”的转变，彻底结束了职工冬季值班的困难问题，减轻了职工劳动强度，全处干部职工的获得感、幸福感、安全感逐年提升。

（一）昌马水库管理所

昌马水库距玉门市54千米，地理位置为东经96°48′48″、北纬39°57′40″，是甘肃省河西走廊（疏勒河）农业灌溉暨移民安置综合开发项目的龙头工程。昌马水库于1997年9月30日开工建设，2001年12月17日下闸蓄水，2003年1月底竣工并正式运行，是一座以农业灌溉为主，兼顾工业供水、水力发电和防汛等综合利用的大（2）型水库，承担着疏勒河流域昌马、双塔、花海三大灌区的农业灌溉引输水任务，以及向国营四〇四厂、昌马总干渠梯级各电站的发电供水任务，总库容1.934亿立方米，兴利库容1.0亿立方米，正常蓄水位、设计洪水位、汛期限制水位均为2000.8米，多年平均流量32.7立方米每秒，多年平均径流量10.31亿立方米，坝顶高程2004.8米。设计防洪标准为百年一遇洪水，洪峰流量1620立方米每秒。水库主体工程由大坝、溢洪道、排沙泄洪洞、引水发电洞及坝后电站组成，坝后电站总装机20750千瓦，年均发电量9000万度。自投入运行至今，水库调洪蓄水满足设计要求，枢纽建筑物运行安全，设备运转正常。

管理所现有职工35人，下设6个运行班组，党、政、工、团、妇组织健全。昌马水库的建成投运，使流域调蓄能力大大增强，实现了上下游昌马、花海、双塔三座水库的联合调度运行，水资源的统一配置、统一调度和统一管理，改变了流域空间用水不平衡的状况，发挥了调节天然径流、拦洪调蓄、工业供水、农业灌溉、生态用水以及梯级电站发电的综合效益。近年来，管理所持续在水库坝后右岸平田整地、植树造林、新建花坛、种植蔬菜，进一步美化了驻地环境。

管理所先后获得中国水利工程“大禹奖”、省总工会“创新型班组”、省级“青年文明号”、省级“安全生产标准化二级达标单位”、酒泉市“文明单位”、全中心“先进基层党组织”等荣誉称号（奖励）。

（二）大湾一级电站

大湾一级电站于2000年4月开工建设，2002年4月竣工并网发电，系渠道引水式电站，属Ⅳ等小（2）型电站，主要工程建筑物按四级设计，设计水头23米，发电引水流量33立方米每秒，总装机容量6600千瓦，年平均发电量2361万度。电站由引水渠、前池、输水压力管道、升压站、发电厂房、尾水渠、管理房组成；下设4个发电运行班组，现有干部职工20人，其中党员6人，团员青年5人，党、政、工、青、妇组织健全。

（三）龙马电站

龙马电站于2002年4月开工建设，2003年5月竣工并网发电，系渠道引水式电站，属Ⅳ等小（2）型电站，主要工程建筑物按四级设计，设计水头17.5米，发电引水流量29.1立方米每秒，总装机容量4200千瓦，年均发电量1800万度。电站由引水渠、前池、输水压力管道、升压站、发电厂房、尾水渠、管理房组成；下设4个发电运行班组，现有干部职工22人，其中党员4人，团员青年14人，党、政、工、青、妇组织健全。

（四）东沙河2号电站

东沙河2号电站于1998年9月开工建设，2000年5月正式并网发电，系渠道引水式电站，属Ⅳ等小（2）型电站，主要工程建筑物按四级设计，设计水头29.55米，发电引水流量30立方米每秒，总装机容量4800千瓦，年均发电量2100万度。电站由引水渠、前池、输水压力管道、升压站、发电厂房、尾水渠、管理房组成；下设4个发电运行班组、1个后勤技术股，现有干部职工22人，其中党员5人，团员青年5人，党、政、工、青、妇组织健全。

（五）新河口一级电站

新河口一级电站于1997年5月开工建设，1998年5月竣工并网发电，系渠道引水式电站，属Ⅳ等小（2）型电站，设计水头16.5米，发电引水流量25立方米每秒，主要工程建筑物按四级设计，总装机容量4000千瓦，年均发电量1700万度。电站由引水渠、前池、输水压力管道、升压站、发电厂房、尾水渠、管理房组成；下设4个发电运行班组、1个生产技术股，现有干部职工22人，其中党员5人，团员青年2人，党、政、工、青、妇组织健全。2010年11月至2011年5月期间，电站进行了全面维修改造，机电设备自动化程度达到了同行业领先水平。

（六）新河口二级电站

新河口二级电站于2000年9月开工建设，2003年3月竣工并网发电，系渠道引水式电站，属Ⅳ等小（2）型电站，主要工程建筑物按四级设计，设计水头17.7米，发电引水流量30.3立方米每秒，总装机容量4500千瓦，年平均发电量1900万度。电站由引水渠、前池、输水压力管道、升压站、发电厂房、尾水渠、管理房组成；下设4个发电运行班组，现有干部职工21人，其中党员6人，团员青年8人，党、政、工、青、妇组织健全，是一支充满朝气和活力的年轻队伍。电站先后获得全国农林水利工会“模范职工小家”、团省委“青年安全生产示范岗”、酒泉市“文明单位”荣誉称号，多次获得全中心“先进党支部”“先进单位”荣誉称号。

（七）西干渠电站

西干渠电站于2000年9月开工建设，2003年9月竣工投产运行，系渠道引水式电站，属Ⅳ等小（2）型电站，设计水头22.5米，发电引水流量33.9立方米每秒，主要工程建筑物按四级设计，总装机6000容量千瓦，年平均发电量1660万度。电站由引水渠、压力前池、输水压力管道、发电厂房、尾水渠、升压站、管理房组成；现有干部职工23人，其中党员4人，团员青年9人，下设4个发电运行班组，1个生产技术股，党、政、工、团、妇组织健全。

（八）河西电站

河西电站是昌马总干渠梯级水电站建设最早、投资最少、运行时间最长的水电站。电站始建于1989年5月，1993年8月竣工投产运行，系渠道引水式电站，属Ⅳ等小（2）型电站，主要工程建筑物按四级设计，设水头15.6米，发电引水流量14.74立方米每秒，总装机容量1700千瓦，年均发电量420万度。电站由引水渠、压力前池、输水压力管道、发电厂房、尾水渠、管理房组成；现有干部职工16人，其中党员5人，团员青年2人，下设4个发电运行班组，党、政、工、团、妇组织健全。

（九）昌马联合变电所

昌马联合变电所2000年立项开工建设，2002年7月建成投运，变电所总变电容量81500千伏安，其中1号主变压器50000千伏安，2号主变压器31500千伏安，主要担负着昌马水库电站、昌源电站、渠首电站、大湾一级电站、大湾二级电站、龙腾电站、龙昌电站、龙马电站、新总干一级电站、新总干二级电站、新总干三级电站共11座水电站的负荷上网和昌马乡的转供电任务，年平均上网电量3.7亿度。变电所下设2个运行班组，现有干部职工11人，其中党员3人，团员青年2人，党、政、工、青、妇组织健全。变电所先后获得团省委“安全生产示范岗”、全中心“先进单位”等荣誉称号。

十四、昌马灌区管理处

昌马灌区管理处始建于2000年，属国家大型自流灌区。管理处为正县级建制，隶属于甘肃省疏勒河流域水资源利用中心，管理处下设党政办公室、灌溉科、工程科、水政科、综合经营科5个机关科（室），以及总干渠工程管理所、南干渠灌溉管理所、东北干渠灌溉管理所、西干渠工程管理所、西干渠灌溉管理所、双塔灌溉管理所6个基层管理所，下设23个基层管理段，现有干部职工208人，其中处级干部4人，科级干部23人，专业技术人员126人。主要承担着玉门、瓜州两市县12个乡镇、4个国营农场的农业灌溉任务，流域内双塔、花海两个灌区的调输水任务，以及向中核国营四〇四厂、昌马总干渠沿线19座梯级电站的发电供水任务，并为玉门市城镇绿化、防风林带提供生态用水。灌区总灌溉面积69.68万亩，骨干工程年均引输水量8.45亿立方米。年均完成斗口引水量3.15亿立方米，年均完成水费收入4500万元。昌马灌区现有干渠7条，总长185.212千米，完好率94.6%，渠系建筑物415座；支干渠10条，总长115.01千米，完好率96%，建筑物322座；支渠52条，总长257.93千米，完好率57.4%，渠系建筑物936座；田间工程斗、农渠共2725条，总长1590千米，完好率40%；渠系建筑物6608座，完好率45%。灌区灌溉用水全部实行斗口计量，各斗口全部建有计量设施，其中83%的计量设施已实现信息化自动计量（灌区现有的75套闸门一体化测控系统、280套斗口在线监测系统、26个视频监控点、5个远程控制闸门全部运行正常），灌区主要分水口流量调整、水量观测均实现了远程调控。

近年来，管理处在中心党委的正确领导下，以习近平新时代中国特色社会主义思想和党的十九大精神为指导，以建成“生态良好、资源节约、设施完善、惠及民生、流域和谐、管理一流”的现代化灌区为目标，以“党建+”模式为工作重心，进一步补短板、强措施、增后劲，各项工作进展顺利，依托信息资源，不断探索、创新管理方法，加强灌溉管理能力和成果有形化，努力实现了“让网络多跑路，让群众少跑腿”的服务目标。全面落实从严管党治党主体责任，扎实推进“两学一做”学习教育常态化制度化，深入开展“不忘初心、牢记使命”主题教育，按照党支部建设标准化工作要求，不断加强基层组织规范化建设，积极培育和践行社会主义核心价值观，大力开展文明单位创建活动，弘扬“忠诚、干净、担当、科学、求实、创新”的新时代水利精神，为促进全处各项任务的顺利完成提供了政治保证、思想保证和精神动力。在全处党员干部和广大职工的辛勤工作和共同努力下，管理处先后荣获“全国模范职工小家”“甘肃省文明单位”“甘肃省五一劳动奖状”等荣誉称号，管理处下属管理所先后分别荣获“全国五一劳动奖状”“全国学习型先进班组”“全国水利系统先进集体”“全国水利系统模范职工小家”“全国工人先锋号”“甘肃省五一劳动奖状”“甘肃省五一巾帼奖”“甘肃省学雷锋示范单位”“先进基层党组织”“五四红旗团支部标兵”“青年文明号”等国家级、省厅级奖励（荣誉称号）。

近年来，中心党委和处党总支先后投入大量的资金，对基层各管理所、各管理段的办公环境、生活环境、办公设施、生活设施等基础设施设备进行了改建和更新改造，通过一系列的惠民工程建设，使基层单位各方面的条件得到了很大的改善。2019年管理处分别建成总干渠新旧总干“无人巡查”项目，彻底结束了近60年人工巡查渠道的历史。建成了全处各驻点“无人值守”项目，彻底结束了职工冬季值班难的问题，这两项惠民工程的建成，大大减轻了职工的劳动强度和工作压力，使全处干部职工的幸福指数逐年提升。

（一）总干渠工程管理所

昌马灌区管理处总干渠工程管理所是以工程运行管理为主的工程管理单位，主要承担着疏勒河流域昌马、花海、双塔三大灌区134.42万亩耕地的农业灌溉任务，以及向昌马总干渠沿线18座梯级电站和国营四〇四厂的供水任务。疏勒河年均来水量10.31亿立方米，进水闸年引水量达8亿立方米。管理所下设4个管理段，现有职工32人（离岗创业1人），其中党员14人。总干渠工程管理所辖区昌马渠首工程枢纽位于疏勒河昌马水库以下14千米处，始建于1958年，原有进水闸5孔、冲沙闸6孔，1992年新建泄洪闸5孔，2002年新增泄洪闸2孔，2012年将原有进水闸改建为3孔，昌马总干枢纽工程由进水闸、冲沙闸、泄洪闸、拦河大坝、自溃坝、下游拦洪堤6部分组成。进水闸设计流量56立方米每秒，加大流量65立方米每秒；冲沙闸设计流量370立方米每秒；泄洪闸设计流量1177.3立方米每秒，防洪标准按百年一遇设计，总泄洪能力1547.3立方米每秒，拦河大坝长418.3米，下游防堤1.356千米。昌马总干渠由新、旧2条干渠组成，总长75.95千米，其中，昌马旧总干渠始建于1958年，渠道全长42.98千米，设计流量56立方米每秒，实际过水能力30立方米每秒；昌马新总干渠始建于1985年，渠道长32.97千米，设计流量30立方米每秒，实际过水能力20立方米每秒，新、旧干渠沿线共有陡坡、跌水、分水闸等各类建筑物244座。总干渠工程管理所在渠道工程管理工作中，推行“党建+工程建设管理”工作模式，实行水利工程设施“划段管护”责任制和工程维修“闭环式”管理，逐级签订了渠道划段管护责任书，认真落实工程维修管护责任追究制，确保水利工程安全运行无事故，为全流域工农业输水提供有力保障。在渠道巡查中，改变了以往人工步行巡查渠道模式，开启了无人巡查模式，通过内网共享至中心、处信息中心，实现一路图像、多地实时监控的渠道管理新模式。渠道全年安全行水天数达225天以上，年引水量呈逐年上升趋势，2019年创造了总干渠年引水量历史之最，完成引输水量8.81亿立方米，刷新了昌马总干渠引水历史最高纪录。

1.总干渠工程管理所47号管理段

总干渠工程管理所47号管理段成立于2002年，现有职工7名，其中党员1名。主要承担昌马新、旧总干渠16.3千米渠道的工程管护任务，以及16座陡坡、7座跌水、4座引水闸及节制闸、5

座跨渠交通桥等32座建筑物的工程管护任务。同时担负着向昌马西干渠及双塔灌区的引水、输水等任务。该管理段自成立以来，始终坚持“安全运行，合理调度”的运行管理方式，不断加强工程维修管护力度，自2020年启用闸门远程操作及渠道无人巡查系统，改变了以往人工步行巡查渠道的历史，进一步确保了骨干工程的运行安全，年均向新西干渠输水达4.6亿立方米，为灌区工农业发展提供了良好的输水保障，连续多年被昌马灌区管理处评为“先进管理段”。

2.总干渠工程管理所大坝管理段

总干渠工程管理所大坝管理段是甘肃省疏勒河流域水资源利用中心昌马灌区管理处下属的一个管理段。现有职工6人，其中党员2名。承担着疏勒河流域昌马、双塔、花海三大自流灌区134.42万亩耕地的农业灌溉引输水任务，以及向昌马总干渠沿线18座梯级水电站、国营404厂的供水任务，年引水量8.68亿立方米。近年来，该管理段由于年年超额完成引输水任务，水利经济效益不断提高，多次被中心、管理处评为“先进管理段”。在业务管理中，大坝管理段是全流域输水、发电的“咽喉”，安全运行事关重大，全段职工按照“工程划段包干”管理办法，各司其职、各负其责，党员带头、职工跟进，全员参与，管理着值班放水、防汛、新旧骨干工程19.20千米的维修管护工作，在全年225天的灌溉行水期，坚持用无人巡查和人工巡查的方式对新旧干渠的工程运行安全进行巡查，保障了年度灌区工农业安全输水任务，为流域发展做出了贡献。

3.总干渠工程管理所黑崖子管理段

总干渠工程管理所黑崖子管理段现有职工4人，其中党员1人。承担昌马新、旧总干渠25.568千米渠道的工程管护任务，以及19座陡坡、8座跌水、1座引水闸、2座节制闸、1座泄水闸和3座跨渠交通桥等34座建筑物的工程管护任务。同时担负着向花海灌区赤金峡水库输水的任务，并负责监管玉港、龙昌、龙马、金龙和东沙河三号站5座水电站的发电引水等。

4.总干渠工程管理所南阳镇管理段

南阳镇管理段是甘肃省疏勒河流域水资源中心昌马灌区管理处总干渠工程管理所下属的基层管理段，现有女职工4名，党员3名。南阳镇管理段是集灌溉、排沙、泄洪为一体的综合性水利工程管理单位，主要承担昌马旧总干渠4.01千米渠道和10座水工建筑物的维修管护以及玉门市部分乡镇25万亩耕地的灌溉引输水任务，年均引输水量1.72亿立方米以上。自2006年管理段成立以来，全体女职工发扬“四自”精神，爱岗敬业，顽强拼搏，使单位驻地环境面貌发生了巨大变化，引水量任务年年攀升，出色地完成了局处下达的各项工作任务，充分展示了新时期水利女性“巾帼不让须眉”的精神风貌。在职工的不懈努力下，该管理段曾多次荣获“先进管理段”“红旗段点”等荣誉称号，2011年荣获甘肃省疏勒河流域水资源管理局局级“巾帼文明岗”称号，2014年3月被甘肃省总工会授予“五一巾帼奖”荣誉称号。

（二）南干渠灌溉管理所

昌马灌区管理处南干渠灌溉管理所现有工作人员20人，其中科级干部3人，中共党员8人。管理所下设两个管理段。辖区内有6个农民用水协会，灌溉面积7.38万亩，骨干工程52.92千米，干渠1条，支干渠2条，支渠4条，建筑物80座。承担玉门市玉门镇、下西号镇3个行政村、1个国营农场、3个机关单位的农业灌溉任务，以及玉门市引水入城工程、防风治沙林带、环城林网的生态供水任务。支渠计量点以下均交由受益协会代管，各级渠道利用率达到99.8%以上。年平均斗口引水量3480.35万立方米，年供生态水389.18万立方米，年均完成水费收入500.43万元。

近年来，管理所紧紧围绕“党建+水务”工作，以创建特色品牌工作为抓手，以强化水利业务工作为切入点，不断推动党建工作与业务工作的深度融合。在灌溉管理标准化工作中，以计量精准化为重点，2012年9月以来，陆续在骨干工程上安装了一体化自动测控闸门75孔，建成了2座信号传输和中继塔，建成了控制中心，形成了全渠道控制系统，逐步实现了渠道输水远程控制、实时监测、自动报警，成为灌区信息自动化建设的排头兵。选定管理所周围的耕地建成了节水灌溉示范核心区，覆盖灌溉面积500亩，耦合了自动化灌溉系统和全渠道控制系统，整个示范区形成了集地面渠灌、滴灌，果树小管出流、管灌，大棚微灌等多种灌水方式为一体的自动控制、自动灌溉、实时监控的节水灌溉体系，为节水型灌区建设奠定了坚实基础，促进了水资源的高效管理和有效利用。

1.南干渠灌溉管理所二支干管理段

南干渠灌溉管理所二支干管理段现有管理人员5人，其中中共党员1人。主要负责二支干渠3.636千米和14孔测控一体化闸门管护任务，以及灌区22403亩耕地的灌溉供水任务。管护支渠2条管，分别是二支干一支渠，总长2.566千米，7孔测控一体化闸门，灌溉面积4955亩；二支干二支渠，总长5.866千米，15套测控一体化闸门，灌溉面积8788亩。主要职责：负责区域内两河道25千米巡查督查工作责任，确保河道清洁安全，配合当地政府河长制办公室落实治理工作；指导落实灌区玉门镇片3村5片农民用水协会业务服务工作的开展；帮助指导协会全面推行“阳光水务”管理，认真落实“四到户、五公开、四个一”用水管理制度，积极打造阳光灌区建设，强化节约用水意识，将科技兴水措施不断向前推进。年平均河水斗口引水量1022.45万立方米，生态水149.66万立方米，水费收入144.007万元。

2.南干渠灌溉管理所柳墩湾管理段

南干渠灌溉管理所柳墩湾管理段现有管理人员5人，其中中共党员1人。管理段主要承担玉门市玉门镇河西村、代家滩村、东渠村，下西号镇沙地村、河东村、下东号村，玉门市鑫源公司，玉门市良种场，玉门市林业局苗圃的农业灌溉任务，以及玉门市防风治沙林带、环城林网等5.18万亩的生态供水任务。负责南干渠一支干渠全线灌溉管理、工程管理、沿线防洪工程的管护安全、河道管理、环境治理监督等工作。辖区骨干工程27.7千米，干渠1条，支干渠1条，支渠2条，38孔测控一体化闸门，年引输水量3600万立方米。其中：南干渠总长2.425千米，设计流量为6.5立方米每秒；南干一支干总长12.053千米，设计流量为2.8立方米每秒，渠道利用率92%；一支干一支渠总长8.128千米，设计流量为0.7立方米每秒，渠道利用率91%；一支干二支渠总长5.094千米，设计流量为0.4立方米每秒，渠道利用率95%；支斗渠计量点以下均交由受益协会代管。年平均河水斗口引水量2457.89万立方米，生态水239.52万立方米，水费收入356.426万元。该管理段对骨干渠道设立影像资料库，逐年记录工程变化情况，将其作为重点监控对象，确保了渠道安全输水；以计量精准化为重点，陆续在骨干工程上安装了一批一体化自动测控闸门，逐步实现了渠道输水远程控制、水量计量准确化；24小时实时监测、自动报警，成为灌区信息自动化建设的排头兵。

（三）东北干渠灌溉管理所

昌马灌区管理处东北干渠灌溉管理所始建于1958年，是以灌溉管理、工程管护为主的基层管理所。下设3个渠系管理段，现有管理人员27人。主要承担着玉门市下西号镇、玉门市黄闸湾镇、玉门市六墩镇、国营黄花农场、国营饮马农场近23万亩耕地的农业灌溉及生态供水管理任务，以及昌马东干渠、北干渠总长52.92千米渠道的安全运行管理工作。年均引水量11000万立方米，年征收水费1600余万元。

近年来，管理所紧紧围绕“生态良好、资源节约、设施完善、惠及民生、流域和谐、管理一流”的现代化灌区建设目标，不断探索“党建+水务业务”工作新模式，充分发挥基层党组织的战斗堡垒作用和党员的先锋模范作用，把党建工作与水利业务工作有机结合起来，工程管理抓标准，灌溉管理抓精细，信息化管理抓应用，积极培育工作新亮点。不断完善驻点基础设施和环境建设，大力开展各类群团文明创建活动，党建精神文明建设工作稳步推进，灌区管理水平有了质的提升。管理所先后被国家人力资源和社会保障部、水利部、团省委、省疏勒河流域水资源利用中心、玉门市授予“文明单位”“全国水利系统先进集体”“全国巾帼文明岗”“五四红旗团支部标兵”“为农服务先进单位”等荣誉称号。该管理所为灌区水利经济建设做出了积极的贡献。

1.东北干渠灌溉管理所川北镇女子管理段

川北镇女子管理段是昌马处东北干渠灌溉管理所下属的渠系管理段之一，现有女职工5人，党员1人。主要承担着玉门市下西号镇川北镇村6534亩土地的农业灌溉和水费征收任务，昌马东干、北干两条干渠的输配水任务，以及管理所辖区内城河河道上下游防汛值班任务。年均引水量350万立方米，水费收入56万元，年均为下游输水1.36亿立方米。

近年来，管理段紧紧围绕“生态良好、资源节约、设施完善、惠及民生、流域和谐、管理一流”的现代化灌区建设目标，强化内部管理，规范业务流程，狠抓工程安全运行管理，科学调度，为下游灌区23万亩农作物的适时灌溉提供了保障。坚持开展“岗位学雷锋，行业树新风”志愿服务活动，在灌区树立了良好的水利行业形象。2010年，川北镇管理段被省疏勒河流域水资源管理局授予“文明单位”和“巾帼文明岗”称号，被甘肃省城镇妇女巾帼建功活动协调领导小组授予“巾帼文明岗”荣誉称号。2011年获得全国“巾帼文明岗”荣誉称号，2018年，被省委宣传部、省雷锋精神研究会授予“学雷锋活动示范单位”荣誉称号。

2.东北干渠灌溉管理所东干渠管理段

东干渠管理段是昌马处东北干渠灌溉管理所下属的渠系管理段之一，现有管理人员6人，党员1人。主要承担着玉门市下西号镇和国营黄花农场近10万亩土地的农业灌溉管理和水费征收任务。管辖干渠1条，全长37.37千米，管辖支渠7条，年均引水量5000万立方米，年完成水费收入800万元。近年来，管理段紧紧围绕“生态良好、资源节约、设施完善、惠及民生、流域和谐、管理一流”的现代化灌区建设目标，大力推进信息化灌区建设，斗口自动化计量全覆盖，与用水单位、协会建立线上交流群，多渠道、全方位公开水务信息，真正让灌区群众“用上明白水，交上放心钱”。率先在下西号石河子村建立大田常规节水示范区，开展灌溉定额和土壤含水率测定工作，为节水型灌区建设提供了第一手准确可靠的数据资料。充分发挥了先进典型的示范引领作用，为流域灌区树典型、创品牌，促进灌区和谐稳定发展，连续多年被管理处授予“先进集体”荣誉称号。

3.东北干渠灌溉管理所北干渠管理段

北干渠管理段是昌马处东北干渠灌溉管理所下属的渠系管理段之一，现有管理人员6人，党员3人。主要承担着玉门市黄闸湾镇、玉门市六墩镇、黄花农场、饮马农场近12.4万亩土地的农业灌溉管理及水费征收任务。年均引水量5600万立方米，年征收水费900万元。

近年来，管理段紧紧围绕“生态良好、资源节约、设施完善、惠及民生、流域和谐、管理一流”的现代化灌区建设目标，在单位内部管理、灌区高效节水、斗口信息自动化管理等方面取得了优异的成绩，发挥了典型的示范引领作用，为灌区经济社会发展和驻地新农村建设做出了积极贡献，得到了灌区群众的一致好评。2018年荣获省疏勒河流域水资源局授予的“文明单位”荣誉称号，连续多年被玉门市黄闸湾镇人民政府授予“为农服务先进单位”荣誉称号，被管理处授予“先进管理段”荣誉称号。

（四）西干渠工程管理所

昌马灌区管理处西干渠工程管理所始建于2001年9月，是集工程管理、灌溉调度运行和防汛为一体的基层管理所。管理所现有职工32人，其中党员8人。管理所下设5个基层管理段，主要承担着西干渠及沿线支干渠、支渠上段部分共72.99千米骨干水利工程及沿线过洪渡槽的安全运行管理任务，以及向下游双塔、西灌2个灌溉管理所调配水量的重任，负责灌区瓜州、玉门两县市9个乡镇、3个国营农场36.9239万亩耕地的灌溉输水任务，以及向双塔水库输水、流域生态补水及西干渠沿线的防汛排洪任务。西干渠总长49.44千米，为现浇砼弧底梯形渠道，全线共有建筑物47座，其中行洪建筑物25座，引水建筑物22座。西干渠所属渠道有三道沟输水渠1条，6条支干渠，7条支渠，3条斗渠，3条泄水渠。年均引输水量3.3亿立方米，其中灌溉引水量1.6亿立方米，向双塔水库输水近1.7亿立方米，人均管理渠道2.9千米，为下游供输水提供了保障。

管理所地处戈壁腹地，自然环境恶劣，稳定职工队伍是抓好工程管理的关键所在。近年来，管理所始终用科学发展观统领各项水利工作，本着“强管理、重教育、细服务、精计量、建和谐”的工作思路，以建设“生态良好、资源节约、设施完善、惠及民生、流域和谐、管理一流”的现代化灌区为目标，以提高灌区服务质量为最终目的，严格执行灌溉指令，科学调度、精准计量、平稳配水，确保了灌区平稳灌溉。管理所全面实行工程维修管护“划段承包”责任制，采取定期集中整修和日常检查维护相结合的办法，重点对渠道边坡、堤岸、渠旁道路进行有效维护和整治。为防止汛期洪水入渠、冲毁渠道，管理所坚持以骨干工程管理为核心，以灌区标准化管理为重点，以“2”层管理为手段，以“3”级巡查为抓手，以“4”项举措为保障，采取分段管理、明确责任、定期检查相结合的管理模式，有效确保了西干渠水利工程安全运行。近年来，先后被团省委授予“青年文明号”“青年文明号生产线”荣誉称号，被中心授予“水利管理先进单位”“工人先锋号”荣誉称号，被中共玉门市委授予“市级文明单位”等荣誉称号。

1.西干渠工程管理所第一管理段

西干渠工程管理所第一管理段为女子管理段，现有职工3人，其中党员1名。管理段主要承担西干渠沿线工程管护与防汛、排洪任务，负责从西一斗渠向下游铁路林场、农垦酒花公司等单位共0.28万亩耕地的灌溉输水，上游渠段的工程管理、计量管理及三季维修等任务。同时，负责从西干电站开始到西一支分水闸处共计13.50千米的防风林带管护任务，林带总面积250余亩。管理段共管理干渠12千米（桩号0+000米～12+000米），西一斗渠桩号位置在西干渠6+105千米处，全长0.035千米，衬砌长0.035千米，衬砌形式为梯形明渠；排洪渡槽2座（1＃、2＃），拖桥1座。辖区内渠道断面为弧梯型式，安装磁致伸缩水位仪1台。

全段女职工坚持发扬自尊、自信、自立、自强的精神，爱岗敬业，顽强拼搏，充分发挥女性优势，努力克服各种困难，积极投入到工程管理、林带管护各项工作和“花园式驻地”建设等日常工作中，出色地完成了各项工作任务，充分展示了新时期水利女性巾帼不让须眉的精神风貌。在管理段女职工的不懈努力下，该管理段曾先后多次荣获管理处、管理所“先进管理段”“红旗段点”等荣誉称号。2017年被甘肃省人社厅、甘肃省妇联授予“巾帼文明岗”荣誉称号。

2.西干渠工程管理所第二管理段

西干渠工程管理所第二管理段是集工程管理、渠道输水、防汛排洪为一体的基层管理段，现有职工8人，其中党员1名。主要承担着下游西干渠灌溉管理所西一支干渠、西一支渠、西二斗渠、西二支渠、西二支干、西三支渠的水量调控任务，以及三道沟输水渠及上游渠段的工程管理、计量管理、三季维修等任务。管理段共管理干渠12.4千米（桩号12+000米～24+400米），灌溉面积11.73万亩；支干渠2条（西一支干渠、西二支干渠），全长1.646千米；支渠3条（西一支渠、西二支渠、西三支渠），全长4.471千米；斗渠1条（西二斗），全长1.815千米；三道沟输水渠全长3.96千米，衬砌长3.96千米，衬砌形式为梯形明渠；排洪渡槽4座（3＃、4＃、5＃、6＃），拖桥1座。干渠、支干渠渠道断面均为弧梯型式，支渠、斗渠断面为“U”形，安装磁致伸缩水位计6台。

3.西干渠工程管理所第三管理段

西干渠工程管理所第三管理段是集工程管理、渠道输水、防汛排洪为一体的基层管理段，现有职工4人，其中党员1名。主要承担着沿线的工程管护、渠道输水、防汛排洪，下游西干渠灌溉管理所西三斗渠、西四支渠、西五支渠和双塔灌溉管理所西三支干渠的水量调控，上游渠段的工程管理、计量管理、三季维修等任务。管理段共管理干渠11.92千米（桩号24+400米～36+150米），灌溉面积8.2290万亩；支干渠1条（西三支干渠），全长0.969千米；支渠2条（西四支渠、西五支渠），全长2.158千米；斗渠1条（西三斗），全长0.964千米；排洪渡槽9座（7＃、8＃、9＃、10＃、11＃、12＃、13＃、14＃、15＃），拖桥2座。辖区内干渠、支干渠渠道断面为弧梯型式，安装磁致伸缩水位计4台。

4.西干渠工程管理所第四管理段

西干渠工程管理所第四管理段是集工程管理、渠道输水、防汛排洪为一体的基层管理段，现有职工4人，其中党员1名。主要承担着昌马西干渠沿线8.26千米的工程管护、渠道输水、防汛排洪，下游西干渠灌溉管理所西三斗渠、西四支渠、西五支渠和双塔灌溉管理所西三支干渠的水量调控，上游渠段的工程管理、计量管理、三季维修等任务。管理段共管理干渠8.26千米（桩号36+150米～44+410米），灌溉面积10.4291万亩；支干渠2条（西四支干渠、西五支干渠），全长2.805千米；排洪渡槽6座（16＃、17＃、18＃、19＃、20＃、21＃）。辖区内干渠、支干渠渠道断面为弧梯型式，安装磁致伸缩水位仪2台。

5.西干渠工程管理所第五管理段

西干渠工程管理所第五管理段是集工程管理、渠道输水为一体的基层管理段，现有职工4人，其中党员1名。主要承担着沿线的工程管护、渠道输水，下游双塔灌溉管理所西六支渠、西六支干渠、西七支渠及瓜州桥子西八支渠的水量调控，上游渠段的工程管理、计量管理、三季维修等工作任务。管理段共管理干渠5.033千米（桩号44+410米～49+443米），灌溉面积2.294万亩；支干渠1条（西六支干渠），全长1.592千米；支渠3条（六支渠、七支渠、八支渠），全长3.534千米；排洪渡槽3座（22＃、23＃、24＃）。辖区内干渠、支干渠渠道断面为弧梯型式，支渠断面为“U”形，安装磁致伸缩水位仪3台。

（五）西干渠灌溉管理所

昌马灌区管理处西干渠灌溉管理所主要承担瓜州县、玉门市共7个乡镇、2个国营农场、2个机关单位及铁路林场的农业灌溉、生态供水、防汛抗旱和骨干工程管理等水利工作任务。下设5个管理段，现有职工38人。灌区总面积243143亩，河水面积占总面积的77.4%，近三年平均斗口引水量9500万立方米，平均水费收入1300万元。辖区现有干、支、斗渠147条365.9千米，建筑物1934座，渠道衬砌长度276千米，其中支干渠3条，总长37.6千米；支渠、分支渠28条，总长138.37千米。辖区各计量点共安装自动化设备37套，其中磁致伸缩水位计30套，超声波水位计7套。

近年来，管理所紧紧围绕中心党委、处党总支安排部署，以党的建设为统领，以疏勒河现代化灌区建设为目标，抓重点解难题，抓整改补短板，抓落实促提升，各项目标任务完成情况较好。2018年荣获“甘肃省青年安全生产示范岗”荣誉称号，2019年荣获“甘肃省青年文明号”“先进基层党组织”荣誉称号。

1.西干渠灌溉管理所总一支干管理段

总一支干管理段是昌马灌区管理处西干渠灌溉管理所下属5个管理段之一，现有职工5人。主要承担着玉门市黄闸湾镇、柳河镇共4个行政村，以及农垦裕盛公司、国营饮马农场、铁路林场、旱峡农场、饮马水泥厂、昌马林场的农业灌溉、生态供水和水费征收任务，是集水利工程管理、灌溉管理、水费征收为一体的基层灌溉管理单位。辖区灌溉面积5.91万亩，安装斗口在线监测系统13套。管辖支干、支、斗渠12条29.53千米，其中：支干渠1条，全长6.80千米；支渠4条，总长15.77千米；斗渠7条，全长6.96千米。近年来，管理段紧紧围绕辖区灌溉管理、工程管理和精神文明建设等中心工作，对外抓好服务，对内抓好管理，各项工作都取得了较好的进步和提升。2019年管理段荣获“甘肃省三八红旗集体”荣誉称号。

2.西干渠灌溉管理所西一支干管理段

西干渠灌溉管理所西一支干管理段地处玉门市柳河镇境内，现有职工5人。主要承担玉门市柳河镇、玉门市六墩镇、瓜州县七墩乡、瓜州县三道沟镇东湖村、国营饮马农场等单位的农业灌溉和生态供水任务。灌溉面积7.0157万亩，安装自动化设备13套，年均完成斗口引水量3003.25万立方米，完成水费收入426.95万元。辖区干、支、斗、农渠132条136.79千米，管理支渠以上国有骨干工程7条42.49千米，配套建筑物161座，其中：支干渠1条，全长19.78千米；支渠6条，总长54.75千米。

3.西干渠灌溉管理所西二支干管理段

西二支干管理段是昌马灌区管理处西干渠灌溉管理所下属的5个管理段之一，现有职工7名。主要承担着玉门市柳河镇、瓜州县3个乡镇共9个行政村的农业灌溉、生态供水和水费征收任务。辖区农业人口16102人，灌溉面积9.6393万亩，其中河灌面积6.5593万亩，井灌面积3.08万亩，安装斗口在线监测系统6套。管辖支干、支、斗渠7条37.136千米，其中：支干渠1条，全长11.28千米；支渠4条，总长20.073千米；斗渠2条，全长5.783千米。年均斗口供水量3354.35万立方米，年均完成水费收入474.22万元。

4.西干渠灌溉管理所六墩管理段

西干渠灌溉管理所六墩管理段地处玉门市六墩镇西侧，现有管理人员4人。主要承担着玉门市六墩镇、瓜州县七墩乡两个乡镇4个行政村的农业灌溉和生态供水任务。辖区为疏勒河流域土地开发暨移民安置项目区，共有16个村民小组，农业人口3172人，灌溉面积1.034万亩。年均完成斗口引水量833.89万立方米，完成水费收入113.47万元。辖区内支干、支渠骨干工程2条，其中支干渠4.52千米，支渠16.78千米；斗渠19条，23.40千米；建筑物143座，安装斗口在线监测系统2套。辖区内主要种有小麦、玉米、食葵、茴香、甘草、枸杞、红花等农业和经济作物。

5.西干渠灌溉管理所七墩管理段

西干渠灌溉管理所七墩管理段地处瓜州县七墩乡境内，现有职工4名。主要承担着瓜州县七墩乡3个行政村（三墩村、锦华村、汇源村）的农业灌溉和生态供水任务。辖区灌溉面积18750亩，其中河灌面积17850亩，井灌面积900亩。辖区内支渠3条，12.22千米；斗渠23条，37.09千米；安装斗口在线监测系统3套。年均斗口引水量为835.04万立方米，完成水费水费106.07万元。

（六）双塔灌溉管理所

昌马灌区管理处双塔灌溉管理所始建于2006年，是集工程、灌溉为一体的基层管理所，全所现有职工29名。下设4个基层管理段，管理支干渠4条、支渠12条、分支渠5条，全长131千米。主要承担着瓜州县腰站子东乡族镇、沙河回族乡、双塔镇、布隆吉乡、河东乡5个移民乡（镇）和6个机关企事业单位14.84万亩耕地的灌溉供水和生态供水任务，年均引水量达7038万立方米，2020年完成水费1100余万元。近年来，管理所紧跟灌区现代化建设的步伐，紧盯水费计量这杆“称”，依托中心斗口计量维修改造项目和互联网无线数据采集传输系统的结合，不断加强斗口信息化建设，提高为农服务水平。2018年管理所共安装斗口信息自动化设备89套，覆盖辖区灌溉面积13.4万亩，占管理所灌溉总面积的90%。管理所坚持一切工作到支部，强化服务，突出重点，坚持以创新求提高，以提高求发展，为着力破解移民灌区水利工作难题，改良工作方法，以“三到四问”一线工作法和“包村挂组”五项服务为突破方向，解决了一些制约移民灌区脱贫攻坚农业用水和产业发展的问题。在助力移民灌区脱贫攻坚工作中结合行业特性找准定位，同移民乡镇建立了良好的互动关系，初步建立起移民乡镇规范化服务窗口。以建设“生态良好、资源节约、设施完善、惠及民生、流域和谐、管理一流”的现代化灌区为目标，加强计划用水管理，保证农作物适时灌溉。以公开透明的阳光水务工作体系和水务监督为基础，积极开展以农民用水协会规范运行的“三健全、四落实、五公开和六规范”管理制度，有效地维护良好的灌溉用水秩序。管理所的工作得到了灌区群众的认可，也得到了当地政府的充分肯定。

1.双塔灌溉管理所三支干管理段

双塔灌溉管理所三支干管理段位于瓜州县腰站子东乡族镇境内，是集灌溉管理、工程管理、防汛抗旱为一体的基层水利管理单位，现有管理人员4人。负责腰站子镇5个行政村、2个机关单位和河东乡七道沟村近43220亩土地的灌溉输水任务，同时担负着水利工程运行管理及三季维修工作。年均斗口引水量1807万立方米，2020年完成水费285万余元。三支干管理段在腰站子村设有大田常规节水千亩示范点一个（面积1058亩），在草湖沟村设有百亩实测区一处（面积134.96亩）。辖区作物以夏禾作物、秋禾作物、经济作物和林草地为主，夏禾作物小麦9336亩，秋禾作物玉米5421亩，经济作物26449亩（以枸杞、甘草、食葵为主），林草地2014亩。管理着干渠1条，全长6.77千米；支渠3条，总长18.244千米；斗渠4条，总长13.7317千米；农渠5条，总长3.763千米。三支干管理段以灌区“十日会”为平台，推行“阳光水务”管理，及时解决在灌溉运行中出现的水事问题。在斗口计量管理中，每旬水账结算以自动化计量到斗口的水量清单经各村组水利员签字认可，结算到协会，采取灌季灌溉用水先申报计划用水量的办法，做到“计划用水靠实，水费预缴到账，水停费清”的用水原则，体现“阳光水务”管理的透明度。

近年来，管理段在中心、处、所的带领下紧密结合灌区实际，各项工作齐头并进，业务管理稳步推进，推行标准化管理模式，建设文明和谐灌区，取得了丰硕的成果。连续八年被瓜州县腰站子乡人民政府授予“为农服务先进单位”荣誉称号，也多次被管理处和管理所评为“先进管理段”。

2.双塔灌溉管理所四支干管理段

双塔灌溉管理所四支干管理段位于瓜州县沙河回族乡境内，现有管理人员5人，是集灌溉管理、工程管理、防汛抗旱为一体的基层水利管理单位。承担着沙河乡5个行政村、布隆吉乡2个行政村、1个机关单位48528亩土地的灌溉输水任务。同时担负着辖区水利工程运行管理及三季维修工作。年均完成斗口引水量1900万立方米，2020年完成水费收入302万余元。四支干管理段在民和村一组设有百亩实测区一处（面积107.7亩）。辖区作物以夏禾作物、秋禾作物、经济作物和林草地为主，夏禾作物小麦6552亩，秋禾作物玉米4471亩，经济作物32477亩（以枸杞、甘草、食葵为主），林草地5028亩。管理支干渠1条，全长8.42千米；支渠3条，总长11.02千米，分支渠3条，总长11.68千米；斗渠17条，总长42.48千米；农渠14条，总长16.98千米。近年来，管理段在进一步深化“阳光水务”活动中不断探索，大胆创新，利用“互联网+”水务管理提升灌区“阳光水务”工作水平。目前辖区安装自动化监测设备31台，积极利用斗口水量自动测报系统、微信公众平台、手机短信等方式，让用水户更加方便地同步查询水量、水费信息，使所有农户都能快捷地掌握用水情况。近年来，管理段在中心、处、所的带领下紧密结合灌区实际，各项工作齐头并进，业务管理稳步推进，推行标准化管理模式，建设文明和谐的现代化灌区，取得了丰硕的成果。先后多年获得瓜州县沙河乡人民政府授予的“为农服务先进单位”荣誉称号。

3.双塔灌溉管理所五支干管理段

双塔灌溉管理所五支干管理段地处瓜州县双塔镇新华村，管理段成立于2006年，现有管理人员5名，是集灌溉管理、工程管理、防汛抗旱为一体的基层水利管理单位。主要承担着瓜州县双塔镇2个行政村、布隆吉乡2个行政村、济华农场、乡政府企事业单位共计3.2万亩土地的农业灌溉和生态供水任务。年均完成斗口引水量2100万立方米，2020年完成水费收入325万元。管理段同时管理辖区范围内水利工程安全运行工作，管理干渠1条，全长15.11千米；支渠4条，全长17.22千米，分支渠2条，全长7.47千米；斗渠7条，全长15.7千米；灌溉面积32442亩。辖区内有各种建筑物1373座，灌溉机井42眼。近年来，管理段在中心、处、所的带领下紧密结合灌区实际，各项工作齐头并进，业务管理稳步推进，取得了丰硕的成果。管理段2012年、2013年、2015年被管理处评为“先进管理段”，2014年被管理局授予“文明单位”荣誉称号，并多次被瓜州县双塔镇政府授予“林木管护先进集体”和“为农服务先进单位”荣誉称号。

4.双塔灌溉管理所六支干段

双塔灌溉管理所六支干段地处瓜州县双塔镇政府东侧，管理段成立于2006年，现有管理人员7名，是集灌溉管理、工程管理为一体的基层水利管理单位。辖区内共有支干渠1条，支渠2

条，主要负担着瓜州县双塔镇3个行政村、布隆吉1个行政村2.42万亩土地的农业灌溉、生态用水管理任务。年均完成斗口引水量1520万立方米，2020年水费收入216万元。管理段负责管辖范围内水利工程安全运行工作，管辖范围内共有渠道389条202.15千米，建筑物1164座，其中：六支渠全长6.402千米，衬砌长度6.402千米，灌溉面积4984亩，受益单位新华村；六支干渠全长17.815千米，衬砌长度5.539千米，下设4条支渠（移民未安置到位，自修建至今未运行），灌溉面积12588亩，受益单位古城1#村、古城3#村、福泉1#村、福泉2#村；七支渠全长6.942千米，衬砌长度6.942千米，灌溉面6682亩，受益单位古城2#村及项目还贷土地。近年来，管理段在中心、处、所的带领下紧密结合灌区实际，各项工作齐头并进，业务管理稳步推进，取得了丰硕的成果，在管理段全体职工的共同努力和奋斗下，管理段的各项管理工作成绩突出，屡获殊荣。多次被管理处和管理所评为“先进管理段”，连续多年被瓜州县双塔镇人民政府授予“为农服务先进单位”荣誉称号。

十五、双塔灌区管理处

双塔灌区管理处隶属于甘肃省疏勒河流域水资源利用中心，属于准公益性事业单位，正县级建制。管理处机关设5个职能科室，下设双塔水库管理所、总干渠工程管理所、北干渠灌溉管理所、南干渠灌溉管理所、广至灌溉工程管理所、西湖灌溉管理所6个基层管理所和19个基层管理段，全处现有干部职工156人。

双塔灌区位于河西走廊疏勒河下游的瓜州县境内。灌区有效灌溉面积46.43万亩，覆盖南岔、瓜州、渊泉、西湖、广至、梁湖6个乡（镇）及3个国营农场，灌区总人口9.68万人（含小宛农场人口），其中农业人口5.07万人，城镇人口4.61万人。灌区目前正式注册的农民用水者协会为25个。灌区工农业用水以水库蓄水供给为主，以提取地下水补充供给为辅。灌区农作物以棉花为主，以蜜瓜、枸杞、食葵、果品、蔬菜等经济作物为辅，是甘肃省河西地区重要的粮棉生产基地之一。灌区经过多年续建配套建设，水利基础条件逐步完善。目前已基本形成了渠、路、林、田相配套的灌溉体系。灌区现有干、支、斗、农渠共3141条，总长度1837.29千米；建成各类渠系建筑物4598座，机井904眼；安装信息自动化设备379套，信息自动化系统运行较为稳定，功能较为完善。通过互联网平台搭建了与数据库传输的桥梁，落实了“阳光水务”措施标准，让用水户足不出户便可同步查询水量、水费信息，让灌区群众“用上了明白水，交上了放心钱”。从2020年夏灌开始，双塔灌区农业灌溉用水收费标准调整为每立方米0.162元。近年来，在中心党委的坚强领导和全体干部职工的共同努力下，管理处坚持以习近平新时代中国特色社会主义思想为指导，贯彻落实“十六字”治水思路，积极践行新时代水利精神，以紧紧围绕现代化灌区为目标，坚持把党的政治建设摆在首位，落实全面从严治党主体责任，在灌溉调度、工程项目建设管理、水政水资源管理、安全生产与防汛、灌区标准化规范化建设、综合经营管理等水利各项重点工作上实现了新突破。管理处先后荣获“甘肃省文明单位”“模范职工之家”等荣誉称号，管理处下属管理所先后荣获“全国水利系统先进集体”“全国五四红旗团支部”“全国五一巾帼标兵岗”“全国巾帼文明岗”等国家级、省厅级荣誉称号。

（一）总干渠工程管理所

双塔灌区管理处总干渠工程管理所下设沙枣园、何家庄、南干沟3个管理段。

1.沙枣园管理段

成立于1990年，现有职工4人。主要负责总干渠0+000～11+000共计11千米的干渠日常巡护和维修工作，管理支渠2条、斗渠7条。同时承担梁湖乡小宛村、青山村、双州村等共计5个用水单位的灌溉管理和水费征收工作，辖区总灌溉面积1.78万亩。年均引水量约870万立方米。

2.何家庄管理段

成立于1990年，现有职工3名。主要负责总干渠11+000～22+000共计11千米的干渠日常巡护和维修工作，管理支渠2条、斗渠9条。同时承担梁湖乡小宛、金梧、雁湖、小宛国营农场等共计13个用水单位的灌溉管理和水费征收工作，辖区总灌溉面积3.27万亩。年均引水量约1550万立方米。

3.南干沟管理段

成立于1990年，现有职工4名。负责总干渠22+000～32+613共计11千米的干渠日常巡护和维修工作，管理支渠3条，同时承担梁湖乡银河、陈家庄、雁湖、小宛农场二分场等共计18个用水单位的灌溉管理和水费征收工作，辖区总灌溉面积1.7247万亩。年均引水量约1050万立方米。

（二）北干渠灌溉管理所

双塔灌区管理处北干渠灌溉管理所下设瓜州、北干沟、石岗墩、北干渠、环城、四工、向阳7个管理段。

1.瓜州管理段

成立于1967年，现有职工6人。负责北干七支渠、3条分支渠渠道及189座建筑物的工程巡护管理。责任区现有斗、农渠113条，总长179.066千米，建筑物567座。承担瓜州县三工、瓜州、头工三个村27个用水单位，3个林场，2个乡开发区，5个个体单位的灌溉供水任务。责任区现有耕地62492亩，生态林415亩，机井218眼，信息自动化计量点4个。年均引水量约2700万立方米。

2.北干沟管理段

成立于2002年，现有职工4人。负责北干渠（11.158千米）及其11个建筑物的维修、养护和管理，承担着石岗墩治沙站等单位1.9万亩耕地的治沙绿化、农业灌溉任务。现有支渠1条，全长2.86千米；斗渠6条，总长0.79千米；信息自动化计量点4个；机井25眼。年均引水量约520万立方米。

3.石岗墩管理段

成立于1990年，现有职工5人。负责北干渠（2.34千米）、西湖输水渠（1.78千米）及北干三支渠（2.53千米）的工程巡护管理，承担示范区、土地局、河东猪场、化隆开发区、河东猪场、民和队、中心苗圃7个用水单位1.7736万亩耕地的灌溉供水任务。责任区现有信息化斗口计量点9个，灌溉机井14眼。年均引水量约440万立方米。

4.北干渠管理段

成立于2002年，现有职工5人。负责北干渠（7.5千米）及北干六支渠（0.853千米）的工程管理。责任区现有斗渠5条（9.773千米），农渠4条（7.974千米），斗口计量点4个。承担瓜州县瓜州镇南苑村、小宛农场二分场五连1.2万亩耕地的农业灌溉任务、城建公园的生态供水任务，年均引水量约500万立米。

5.环城管理段

成立于1967年，现有职工4人。负责北干四支渠（5.195千米）、北干五支渠（2.227千米）、北干八支渠（4.179千米）3条支渠的工程巡护管理。承担西湖乡中沟村、城北村、北沟村、四工村共计26个用水单位46375.9亩耕地的灌溉供水任务，以及城建局林带、西湖公园的生态输水任务。责任区现有计量点11个，灌溉机井122眼。年均引水量约1550万立方米。

6.四工管理段

成立于2002年，现有职工3人。负责北干渠（5.3千米）及北干九支渠（1.73千米）工程巡护管理。承担四工村、良种场、石油农场等8个用水单位1.6724万亩耕地的灌溉供水任务。责任区现有斗渠7条（总长11.6千米），农渠164条（总长30.5千米），信息化斗口计量点8个，灌溉机井41眼。年均引水量约820万立方米。

7.向阳管理段

成立于2002年，现有职工4人。负责北干渠（9.1千米）及北干十支渠（0.74千米）工程巡护管理。承担瓜州县西湖乡安康村、向阳村、中沟村及国营小宛农场一分场5个用水单位33800亩耕地的灌溉供水任务。责任区现有信息化斗口计量点10个，灌溉机井67眼。年均引水量约2200万立方米，年均收缴水费约240万元。

（三）南干渠灌溉管理所

双塔灌区管理处南干渠灌溉管理所下设七连、南干渠、九北、南岔、七工5个管理段。

1.七连管理段

成立于2003年，现有职工3人。主要负责南干渠（8.9千米）、南干一支渠（3.988千米）渠道的工程运行管理和维护。辖区内现有支斗（农）口计量点12套，其中巴歇尔量水堰3套，标准断面9套；骨干工程有各类水工建筑47座，农用机井10眼。主要承担着小宛农场二分场七连、梁湖乡岷州村、税法农场等个体小农场用水单位1.7872万亩耕地的灌溉供水任务。年均引水量约1000万立方米。

2.南干渠管理段

成立于2004年，现有管理人员4人。主要负责南干塑膜渠道（8.02千米）和南干二支渠（3.306千米）渠道的运行管理和维护。有各类水工建筑物47座，机井59眼，斗口计量点9套，其中闸门测控一体化2套，磁制伸缩水位计1套，超声波水位计6套。主要承担十工农民用水户协会、小宛农场四分厂八队等14个用水单位2.4万亩耕地的灌溉和水费征收工作。年均引水量约1100万立方米。

3.九北管理段

成立于2002年，现有职工2人。主要负责南干渠（4.34千米）、南干三支渠（1.94千米）及南干四支渠（1.27千米）渠道的运行管理和维护。有各类水工建筑物44座，机井103眼，计量点18套。承担九南、九北两个农民用水户协会共18个用水小组及3个机关单位共2.3746万亩耕地的灌溉供水和水费征收工作。年均引水量约950万立方米。

4.南岔管理段

成立于2002年，现有职工4人。主要负责南干渠（5.58千米）及南干五支渠（4.494千米）渠道的工程管理和日常维护。现有信息自动化设备34套，渠道利用率测点2处，各类水工建筑物117座，机井125眼。承担着南岔、八工、开工三个农民用水协会21个用水单位的灌溉管理及水费征收工作，有效灌溉面积2.5513万亩。年均引水量约1450万立方米。

5.七工管理段

成立于2002年，现有职工4人。主要负责南干渠（6.56千米）和南干六支渠（2.2千米）渠道的工程管理和日常维护。现有各类水工建筑物93座，机井67眼，斗口计量点37套。主要承担六工、七工2个农民用水户协会及丰禾公司18个用水单位1.87万亩耕地的灌溉供水任务和水费征收工作。年均引水量约1070万立方米。

（四）西湖灌溉管理所

双塔灌区管理处西湖灌溉管理所下设西湖、北河口2个管理段。

1.西湖管理段

成立于2009年，现有职工3人。西湖管理段主要承担1个协会、2个农场29619亩耕地的灌溉供水任务。负责骨干工程内支干渠8.981千米、2条长29.162千米支渠的标准化整治、渠道安全巡护、抢修、四季维修，以及53套信息自动化斗口计量点的日常维修养护、水位流量率定任务，同时负责疏勒河下游35千米的河道巡查及河道3个雷达观测点的监测管护工作。年均引水量约2700万立方米。

2.北河口管理段

成立于2009年，现有职工3人。承担着北河口水利枢纽的运行管理、维修养护及西湖农场和管理所自留地合计3100亩耕地的灌溉任务。负责辖区内骨干工程支干渠7.526千米的渠道日常安全巡查、四季维修养护工作，以及11套信息自动化斗口计量点的日常维修养护、水位流量测定工作。负责西湖北河口水利枢纽工程的管理维护、防汛值班，北河口下游32719亩耕地的测分水，以及疏勒河下游65千米的河道管护。年均向下游输送生态水6950万立方米。

（五）广至灌溉工程管理所

双塔灌区管理处广至灌溉工程管理所下设广至灌溉、广至工程2个管理段。

1.广至灌溉管理段

现有职工3人。主要负责广至10.049千米干渠和24.851千米4条支渠的维修、养护和管理，承担广至藏族乡6个行政村32个村民小组共计4.02万亩耕地的灌溉、计量、水费收缴、水法宣传等工作。年均引水量约26万立方米。

2.广至工程管理段

现有职工4人。主要负责广至30.2千米干渠的维修、养护和管理。辖区内有直农渠1条，安装建设信息化设备1套。承担魏晓林农场650亩耕地的灌溉、计量、水费收缴、水法宣传等工作。年均引水量约30万立方米。

十六、花海灌区管理处

花海灌区管理处成立于2000年7月，下设党政办公室、工程管理科、灌溉管理科、水政水资源管理科、综合经营管理科5个机关科室，以及疏花干渠工程管理所、赤金峡水库管理所、总干渠工程管理所、花海灌溉管理所4个基层管理所，各管理所下设11个管理段（站）。花海灌区管理处现有干部职工103人。

花海灌区位于玉门市新城区以东约75千米处石油河下游的花海盆地，区内海拔在1210～1320米之间，地形南高北低。气候属典型的大陆荒漠性气候，多年平均气温8.1℃，最高气温38.4℃，最低气温-27.2℃，无霜期150天，常年盛行西北风，风沙较大，多年平均降雨量58.3毫米。花海灌区管辖着赤金峡水库下游的花海镇，小金湾东乡族乡，柳湖乡，独山子东乡族乡，黄花农场分场，赤金镇金峡村四组、五组、六组的农业灌溉用水。目前，花海灌区总灌溉面积18.3085万亩。

灌区灌溉系统主要由“引、蓄、输、配”四大部分组成。引水工程疏花干渠长43.3千米，建筑物57座。蓄水工程赤金峡水库为中型水库，总库容3878万立方米。新旧引水渠首2座，输水工程干渠、支干渠5条，总长75.411千米，建筑物101座。田间配套工程支渠13条，长度52.51千米；斗渠83条，长度156.61千米；农渠953条，长度757.4千米。

（一）疏花干渠工程管理所

疏花干渠工程管理所成立于2000年7月（酒署发〔2000〕138号），地处低窝铺火车站以南2千米处，下辖黑崖子渠首、二十千米、国道桥3个管理段。主要承担疏花干渠43.3千米渠道的巡查维护、防汛抢险工作。2018年全年完成调水任务1.12亿立方米。

1.黑崖子渠首管理段

地处龙马电站附近，现有工作人员3名。主要负责疏花干渠渠首引水、输水管理工作，负责疏花干渠0+000至6+000段共6千米渠道及沿线防洪工程设施的巡查、维护工作，辖区内现有进水闸、排沙闸、箱式涵洞、引水渡槽、桥、防洪渡槽（1#至5#共5个）等共计14座渠系建筑物。

2.二十千米管理段

地处疏花干渠工程管理所院内，现有正式职工1名。主要负责疏花干渠6+000至30+000段共计24千米渠道及沿线防洪工程设施的巡查、维护工作。辖区现有防洪渡槽（6#至18#共14座）、桥（3座）等共计29座渠系建筑物。

3.国道桥管理段

地处疏花干渠工程管理所院内现有正式职工1名（段长）。主要负责疏花干渠国道桥以下30+000至43+300段共计13.3千米渠道及沿线防洪工程设施的巡查、维护工作。辖区内现有防洪渡槽（19#至26#共10座）、跌水、公路桥、铁路涵洞等共计20座渠系建筑物。

（二）赤金峡水库管理所

成立于2000年7月（酒署发〔2000〕138号），地处玉门市赤金镇金峡村三组，现有正式职工11人，局招聘工5人。主要承担赤金峡水库大坝安全管理、防洪调度、灌溉引水工作，同时负责赤金峡水电站、赤金峡风景区管理工作（2002年6月成立，酒署局发〔2002〕76号）。

（三）花海总干渠工程管理所

成立于2004年3月（酒署发〔2004〕15号），地处玉门市赤金镇金峡村四组，下辖新渠首、天津卫、西河口3个管理段。主要负责花海新旧两个渠首引水管理和防汛工作，负责花海新旧两条总干渠共37.719千米渠道、渠系建筑物及沿线防洪设施的巡查、维护、抢修工作，承担辖区内天津卫村、处试验基地共计7027亩耕地的灌溉供水及水费征收工作任务。2018年完成总干渠首引水1.1178亿立方米，完成灌溉引水量467.69万立方米，完成水费61.73万元。

1.新渠首管理段

地处赤金峡水库下游河道6千米处，现有正式职工1名（段长）。主要负责花海新总干渠渠首引水管理及防汛工作，承担花海新总干渠0+000至6+600段共计6.6千米渠道、渠系建筑物、信息自动化设备（1套）及沿线防洪工程设施的巡查、维护、抢修工作，负责总直一农渠、总直二农渠引水管理工作，辖区内天津卫一组现有耕地399亩。

2.天津卫管理段

地处赤金镇金峡村四组，现有工作人员2名。主要负责花海旧总干渠渠首引水管理及防汛工作，负责花海新旧总干渠共计15.727千米渠道、渠系建筑物、信息自动化设备（8套）和沿线防洪工程设施的巡查、维护、检修工作，承担辖区内天津卫村、处试验基地共计7027亩耕地的灌溉供水和水费征收工作，年水费任务55万元。

3.西河口管理段

位于花海总干渠末端20千米处，现有正式职工3名。主要负责花海新干渠13+800至21+527段、旧干渠8+527至16+192段共计15.392千米渠道及渠系建筑物和沿线防洪工程设施的巡查、维护、抢修工作，同时负责花海东、西、北干渠水量调配工作。

（四）花海灌溉管理所

成立于2000年7月（酒署发〔2000〕138号），地处玉门市花海镇，下辖花海、小金湾、独山子、柳湖、红砖房5个水管站（段）。主要负责花海东、西、北干渠及13条支渠（管护长度31.798千米）的巡查维护、防汛抢险工作，承担花海镇、小金湾乡、柳湖乡、独山子乡、黄花农场花海分场等共17.58万亩耕地的灌溉和水费征收工作。辖区内现已配套安装信息自动化设备46套。2018年全年完成灌溉引水量7877万立方米。

1.花海水管站

成立于2001年8月（酒地疏管局发〔2001〕131号），地处花海北干渠7+570千米处，与管理所灌溉股合署办公，现有正式职工5名。主要负责花海北干渠5+262至9+944段共计4.682千米渠道及渠系建筑物（21座）、量水设施（10个）、信息自动化设备（9套）的巡查、维护、检修工作，承担花海镇、黄花分场一队共计5.4347万亩耕地的灌溉供水工作。

2.小金湾水管站

成立于2001年8月（酒地疏管局发〔2001〕131号），地处小金湾乡政府附近，现有正式职工1名。主要负责花海东干渠614千米渠道及渠系建筑物（7座）、量水设施（7个）、信息自动化设备（7套）的巡查、维护、检修工作，承担小金湾乡、花海镇共计2.917万亩耕地的灌溉供水工作。

3.独山子水管站

成立于2008年（文件不详），地处独山子乡中心小学附近，现有正式职工2名。主要负责花海北一支渠9.19千米渠道及渠系建筑物（15座）、量水设施（8个）、信息自动化设备（10套）的巡查、维护、检修工作，承担独山子乡、黄花分场共4.1717万亩耕地的灌溉供水工作。

4.柳湖水管站

成立于2006年（文件不详），地处柳湖乡幼儿园对面，现有正式职工2名。主要负责花海西干渠共8.05千米渠道及渠系建筑物（12座）、量水设施（4个）、信息自动化设备（13套）的巡查、维护、检修工作，承担柳湖乡、花海镇黄水桥村、西峡村、处试验基地共5.0564万亩耕地的灌溉供水工作。

5.红砖房管理段

成立于2000年7月（酒署发〔2000〕138号），地处花海北干渠北一支渠分水闸附近，现有正式职工3名。主要负责花海北干渠0+000至5+262段共计5.262千米渠道及渠系建筑物（7座）、计量设施（4个）、信息自动化设备（7套）的巡检维护工作。

第三节 主要荣誉

甘肃省疏勒河流域水资源利用中心注重党的建设，营造风清气正的机关文化氛围，不断推进科学研究，取得了一系列重要荣誉。现列举单位、个人所获得省部级以上荣誉如下。

2004年

4月 昌马灌区管理处西干渠灌溉管理所被中华全国总工会授予“全国五一劳动奖状”荣誉称号。

12月 甘肃省疏勒河流域水资源管理局被甘肃省委、甘肃省人民政府命名为“省级文明单位”。

2005年

3月 双塔灌区管理处北干渠灌溉管理所北干渠管理段被全国妇女巾帼建工活动领导小组授予“巾帼文明岗”称号。

5月 昌马灌区管理处被中华全国总工会授予“模范职工小家”称号。

2006年

3月　双塔灌区管理处南干渠灌溉管理所南干渠管理段被甘肃省水利工会评为“甘肃省水利系统先进女职工集体”。

10月　双塔灌区管理处被水利部评为“全国水利建设与管理先进集体”。

10月　甘肃省疏勒河流域水资源管理局被甘肃省人民政府评为“五四普法先进集体”。

12月　甘肃省疏勒河流域水资源管理局被水利部命名为“全国水利文明单位”。

2007年

1月　昌马灌区管理处总干渠工程管理所被全国创争活动领导小组评为“2006年度全国学习型先进班组”。

9月　甘肃省疏勒河流域水资源管理局工会被中国农林水利工会授予“全国水利系统模范职工之家”称号。

9月　花海灌区管理处花海灌溉管理所被中国农林水利工会授予“全国水利系统模范职工小家”称号。

10月　甘肃省疏勒河流域水资源管理局“甘肃省河西地区原生盐碱地改良技术试验研究与推广项目”获大禹水利科学技术奖奖励委员会“大禹水利科技奖三等奖”，主要参与人马德海、刘强、谢赞中、张景兰、王勇。

2008年

3月　甘肃省疏勒河流域水资源管理局辛占龙被甘肃省人民政府授予“甘肃绿化奖章”。

4月　甘肃省疏勒河流域水资源管理局“硅粉浆混凝土性能研究及在昌马水库排沙泄洪洞泵送混凝土工程中的利用项目”被甘肃省人民政府评为“甘肃省科学技进步奖二等奖”。

10月　甘肃省疏勒河流域水资源管理局鲁峰被中国农林水利工会评为“全国水利系统职工文化工作先进个人”；花海灌区管理处花海灌溉管理所被中华全国总工会授予“模范职工小家”称号。

10月　甘肃省疏勒河流域水资源管理局鲁峰被中国农林水利工会评为“全国水利系统职工文化工作先进个人”。

12月　昌马灌区管理处被中共甘肃省委、甘肃省人民政府评为“全省精神文明建设工作先进单位”。

2009年

1月　甘肃省疏勒河流域水资源管理局被中央精神文明建设指导委员会评为“全国精神文明建设工作先进单位”。

7月　甘肃省疏勒河流域水资源管理局获中华慈善总会“中华慈善突出贡献单位奖”；党委书记、局长杨成有被中华慈善总会授予“中华慈善事业突出贡献先进个人”。

9月　甘肃省疏勒河流域水资源管理局张秀山被中共甘肃省委、省政府评为“全省第六次民族团结进步模范个人”。

12月　昌马灌区管理处东北干渠灌溉管理所被人社部、水利部评为“全国水利系统先进集体”。

2010年

4月　甘肃省疏勒河流域水资源管理局“疏勒河灌区信息化系统研究与应用项目”被甘肃省人民政府评为“甘肃省科技进步一等奖”。

9月　甘肃省疏勒河流域水资源管理局水库电站管理处新河口二级电站被中国农林水利工会授予“全国水利系统模范职工小家”荣誉称号。

12月　甘肃省河西走廊（疏勒河）农业灌溉暨移民安置综合开发建设管理局、甘肃省水利工程质量监督中心站疏勒河项目站分别荣获中国水利工程协会“甘肃省昌马水库枢纽工程中国水利优质工程大禹奖”；昌马灌区管理处被中共甘肃省委、省政府命名为“省级文明单位”；双塔灌区管理处被中共甘肃省委、省政府评为“全省精神文明建设工作先进单位”。

2011年

2月　昌马灌区管理处西干渠灌溉管理所西一支干管理段被中华全国总工会授予“工人先锋号”称号；单丽被中华全国总工会授予“全国五一巾帼标兵”。

3月　昌马灌区管理处东北干渠灌溉管理所川北镇管理段被全国妇女联合会、全国妇女巾帼建功活动领导小组授予“巾帼文明岗”称号。

9月　甘肃省疏勒河流域水资源管理局被中国农林水利工会评为“全国水利系统和谐企事业单位先进集体”。

12月　马乐平被国家水利部（办人事〔2011〕455号）评为“全国水利信息化工作先进个人”。

2012年

6月　甘肃省疏勒河流域水资源管理局党委被中共甘肃省委评为“全省创先争优先进基层党组织”。

9月　甘肃省疏勒河流域水资源管理局工会被中国农林水利工会授予“全国水利系统模范职工之家”称号；昌马灌区管理处南干渠灌溉管理所被中国农林水利工会授予“全国水利系统模范职工小家”称号；双塔灌区管理处北干渠灌溉管理所瓜州水管站被中国农林水利工会授予“全国水利系统模范职工小家”称号；水库电站管理处西干渠电站被中国农林水利工会授予“全国水利系统模范职工小家”称号。

11月 甘肃省疏勒河流域水资源管理局获得联合国环境规划基金会、中国环境保护协会授予的“杰出环境治理工程奖”。

12月 双塔灌区管理处被中共甘肃省委、省政府命名为“文明单位”。

2013年

3月 双塔灌区管理处南干渠灌溉管理所南干渠管理段被中华全国总工会授予“全国五一巾帼标兵岗”称号。

2014年

12月 甘肃省疏勒河流域水资源管理局秦健平在全国农林工会组织的全国水利系统“中国梦·劳动美·促改革·迎国庆”主题征文活动中的参评稿件荣获二等奖。

2015年

1月 甘肃省疏勒河流域水资源管理局财务处处长张秀山被水利部、人社部评为“全国水利系统先进工作者”。

2月 甘肃省疏勒河流域水资源管理局被中央精神文明建设指导委员会命名为“全国文明单位”。

7月 花海灌区管理处赤金峡水库管理所被中共甘肃省委、省政府命名为“省级文明单位”。

12月 双塔灌区管理处总干渠工程管理所被中华全国总工会授予“模范职工小家”称号。

7月 甘肃省疏勒河流域水资源管理局水库电站管理处被甘肃省委授予“第十三批省级文明单位”荣誉称号。

11月 甘肃省疏勒河流域水资源管理局（机关）经中央精神文明建设指导委员会复查合格，继续保留“全国文明单位”荣誉称号。

12月 疏勒河入选中华人民共和国水利部首届“寻找最美家乡河”榜单。

2018年

5月 昌马灌区管理处、花海灌区管理处赤金峡水库管理所、双塔灌区管理处、水库电站管理处、局机关通过了甘肃省精神文明建设指导委员会省级精神文明建设先进集体复查，保留“省级文明单位”荣誉称号。

2019年

6月 花海灌区管理处赤金峡水库管理所被团中央等21部委联合授予“2017—2018年度全国青年文明号”称号。

10月　甘肃省疏勒河灌区被中国灌区协会授予“具有时代精神的魅力灌区”称号。

2020年

1月　双塔灌区管理处北干渠灌溉管理所党支部被中华人民共和国人力资源和社会保障部、中华人民共和国水利部授予“全国水利系统先进集体”称号。

第四节　部分历任领导简介

张根生，男，汉族，1943年11月出生，中共党员，上海市人，中专学历。历任定西地区水利处处长，定西县县长、县委书记，甘肃省水利水电工程局局长、党委书记等职。1995年5月至1999年3月，任省河西走廊（疏勒河）农业灌溉暨移民安置综合开发建设管理局局长、党委书记。

谢信良，男，汉族，1946年1月出生，中共党员，甘肃张掖人，本科学历，高级经济师。曾在甘肃省农业办公室、农业委员会、农业农村工作部、“两西”农业建设指挥部、扶贫开发办公室、景泰川电力提灌工程指挥部等单位工作，历任办公室副主任、办公室主任、副书记等职，后调任甘肃省水利水电工程局局长、党委书记。1999年3月至2004年12月，任河西走廊（疏勒河）农业灌溉暨移民安置综合开发建设管理局局长、党委书记。

杨成有，男，汉族，1955年7月出生，中共党员，甘肃景泰人，研究生学历，高级政工师。长期在甘肃省景泰川灌区管理局工作，先后任办公室副主任、主任等职。1999年3月至2004年12月，任甘肃省河西走廊（疏勒河）农业灌溉暨移民安置综合开发建设管理局副局长、党委委员。2004年12月至2009年11月，任甘肃省疏勒河流域水资源管理局、省河西走廊（疏勒河）农业灌溉暨移民安置综合开发建设管理局局长、党委书记。

李峰，男，汉族，1956年2月出生，中共党员，甘肃平凉人，本科学历，农艺师。长期在甘肃省农垦系统工作，历任甘肃省农垦设计院干事，甘肃省农业委员会、“两西”农业建设指挥部、扶贫开发办公室副处长，甘肃省扶贫开发办公室（“两西”农业建设指挥部）综合处处长、企业处处长，甘肃省扶贫开发办公室（“两西”农业建设指挥部）副主任（副指挥）、党组成员。2009年12月至2016年6月，任甘肃省疏勒河流域水资源管理局、省河西走廊（疏勒河）农业灌溉暨移民安置综合开发建设管理局局长、党委书记。

栾维功，男，汉族，1962年10月出生，中共党员，甘肃陇西人，管理学硕士，正高级工程师。曾在甘肃省水电设计院、南阳渠工程建设管理局、甘肃省引洮水利水电开发有限责任公司、甘肃省水利厅等单位工作，分别任设计室副主任、总工程师、副总经理、副厅长等职。2016年5月至2018年10月，任甘肃省疏勒河流域水资源管理局、省河西走廊（疏勒河）农业灌溉暨移民安置综合开发建设管理局局长、党委书记。2018年10月至2020年7月，任甘肃省疏勒河流域水资源局党委书记、局长。

陈兴国，男，汉族，1964年2月出生，中共党员，甘肃张掖人，本科学历，工程师。曾在瓜州县、原酒泉地区疏勒河流域水资源管理局、甘肃省疏勒河流域水资源管理局工作，分别任县政府办公室主任、双塔灌区管理处处长、局党政办公室主任。2013年7月至2018年10月，任甘肃省疏勒河流域水资源管理局、省河西走廊（疏勒河）农业灌溉暨移民安置综合开发建设管理局副局长、党委委员。2018年10月至2020年7月，任甘肃省疏勒河流域水资源局党委委员、副局长。2020年7月至2020年12月，任甘肃省疏勒河流域水资源局党委书记、局长。2021年6月至今，任甘肃省疏勒河流域水资源利用中心党委书记、主任。

甘肃省疏勒河流域水资源利用中心部分历任副厅级领导见表12-1。

表12-1 甘肃省疏勒河流域水资源利用中心部分历任副厅级领导一览

姓名	籍贯	出生年月	担任职务	任职时间
白晓峰	甘肃玉门	1943.11	甘肃省河西走廊(疏勒河)农业灌溉暨移民安置综合开发建设管理局副局长、党委委员	1995.05—2004.02
朱奉忠	甘肃泾川	1939.10	甘肃省河西走廊(疏勒河)农业灌溉暨移民安置综合开发建设管理局副局长、党委委员	1999.05—2000.03
董锋	甘肃通渭	1962.10	甘肃省河西走廊(疏勒河)农业灌溉暨移民安置综合开发建设管理局副局长、党委副书记	1999.03—2003.06
柴绍豪	甘肃民勤	1959.12	甘肃省河西走廊(疏勒河)农业灌溉暨移民安置综合开发建设管理局副局长,甘肃省疏勒河流域水资源管理局、甘肃省河西走廊(疏勒河)农业灌溉暨移民安置综合开发建设管理局副局长	2001.02—2014.08
马德海	甘肃东乡	1953.10	甘肃省疏勒河流域水资源管理局、甘肃省河西走廊(疏勒河)农业灌溉暨移民安置综合开发建设管理局副局长、党委委员	2004.12—2013.04
张天革	甘肃金塔	1962.07	甘肃省疏勒河流域水资源管理局、甘肃省河西走廊(疏勒河)农业灌溉暨移民安置综合开发建设管理局副局长、党委委员	2004.12—2016.06
吴天临	甘肃天水	1964.07	甘肃省疏勒河流域水资源管理局、甘肃省河西走廊(疏勒河)农业灌溉暨移民安置综合开发建设管理局副局长、党委委员	2004.12—2008.05
包卓军	甘肃武山	1963.03	甘肃省疏勒河流域水资源管理局、甘肃省河西走廊(疏勒河)农业灌溉暨移民安置综合开发建设管理局党委委员、副书记、纪委书记	2008.07—2016.01
陆志雄	甘肃武威	1955.09	甘肃省疏勒河流域水资源管理局、甘肃省河西走廊(疏勒河)农业灌溉暨移民安置综合开发建设管理局副局长、党委委员	2008.11—2015.11
杨富元	甘肃靖远	1964.01	甘肃省疏勒河流域水资源管理局、甘肃省河西走廊(疏勒河)农业灌溉暨移民安置综合开发建设管理局副局长、党委委员	2008.09—2018.05
王玉福	甘肃永昌	1961.10	甘肃省疏勒河流域水资源管理局、甘肃省河西走廊(疏勒河)农业灌溉暨移民安置综合开发建设管理局副局长、党委委员；甘肃省疏勒河流域水资源局副局长、党委委员；甘肃省疏勒河流域水资源利用中心副主任、党委委员	2014.08—

续表12-1

姓名	籍贯	出生年月	担任职务	任职时间
陈显宏	重庆永川	1967.08	甘肃省疏勒河流域水资源管理局、甘肃省河西走廊（疏勒河）农业灌溉暨移民安置综合开发建设管理局纪委书记、党委委员；甘肃省疏勒河流域水资源局纪委书记、党委委员；甘肃省疏勒河流域水资源利用中心纪委委员、党委委员	2018.06—
马乐平	甘肃皋兰	1965.08	甘肃省疏勒河流域水资源管理局、甘肃省河西走廊（疏勒河）农业灌溉暨移民安置综合开发建设管理局副局长、党委委员；甘肃省疏勒河流域水资源局副局长、党委委员；甘肃省疏勒河流域水资源利用中心副主任、党委委员	2018.07—
张宏祯	甘肃兰州	1966.10	甘肃省疏勒河流域水资源管理局、甘肃省河西走廊（疏勒河）农业灌溉暨移民安置综合开发建设管理局副局长、党委委员；甘肃省疏勒河流域水资源局副局长、党委委员；甘肃省疏勒河流域水资源利用中心副主任、党委委员	2018.07—
李　龙	甘肃静宁	1976.06	甘肃省疏勒河流域水资源局副局长、党委委员；甘肃省疏勒河流域水资源利用中心副主任、党委委员	2020.08—

第十三章　其他水务水文机构

第一节　酒泉市水务机构

一、机构沿革

中华人民共和国成立之初，酒泉地区水利建设的领导工作由甘肃省水利厅派往河西走廊的小型水利工作组承担。工作组多因事而设，处理临时性工作，并非常设机关。

1955年10月，武威、张掖、酒泉三专署合并为张掖专署，1956年3月成立张掖专署水利局，酒泉水利工作隶属张掖专署水利局。讨赖河、疏勒河分别成立管理处，隶属张掖专署水利局。

1961年底，张掖专署重新分为武威、酒泉、张掖三个专区，原张掖专署水利局一分为三，酒泉水利水电工作隶属酒泉地区农林牧局。后在“精简机构，拆庙送神”口号指导下，机构撤销，人员分流到讨赖河和疏勒河管理处。1963年，酒泉地区恢复酒泉农林牧局，召回部分水利技术人员，下设水利科，负责水利工作。

1966年，酒泉地区革命委员会成立，在生产指挥部中保留水利技术员1人，其他人员全部进入“五七”干校。

1969年，酒泉地区革命委员会水电局筹备领导小组成立。1970年9月，酒泉地区水利电力局成立，局内未设科室。

1979年，酒泉地区水利电力局更名为酒泉地区水利电力处，后正式定名为酒泉地区行署水利电力处。内设秘书、工程、打井、防汛等科室，下辖机械队、物资供应站、电力安装队、勘测设计队四个事业单位。

2002年，酒泉地区行署水利电力处内设办公室、人事教育科、规划计划科、水政水资源科（节水用水办公室）、建设管理科、农村水利水保科、地方电力科、抗旱防汛指挥部办公室等8个职能科室。

2003年，酒泉撤地建市，酒泉地区行署水利电力处更名为酒泉市水利电力局。

2007年1月，酒泉市水利电力局更名为酒泉市水务局。

2010年10月，明确酒泉市水务局为市政府工作部门，正县级，内设办公室、人事教育科、规划计划科、水政水资源科（流域水政监察大队）、建设管理科、农村水利科、农村电力科、抗旱防汛指挥部办公室、库区移民办公室等9个科室。

2019年，酒泉市水务局内设科室调整为办公室、规划计划科、水政水资源科（政监察科）、建设管理科、农村水利电力科、水旱灾害防御科、河湖管理科、水土保持科、监督科，下辖酒泉市水利综合事务中心、酒泉市水利科学研究院等单位。

二、机构职责

1.贯彻执行国家水利政策。负责水资源的合理开发利用，拟定酒泉市水利发展规划和政策，起草酒泉市水利规范性文件草案和政策性规定，组织编制重要河流的流域综合规划、防洪规划等水利规划；负责提出水利固定资产投资规模和方向、省上和市上财政性资金安排的意见，按规定权限，审批、核准酒泉市规划内和年度计划规模内固定资产投资项目；提出酒泉市水利建设投资安排建议并组织实施。

2.负责酒泉市生活、生产经营和生态环境用水的统筹兼顾和保障。实施水资源的统一监督管理，拟定酒泉市和跨县（市、区）水中长期供求计划、水量分配方案并监督实施;组织开展水资源调查评价工作，负责重要流域、区域以及重大调水工程的水资源调度，组织实施取水许可、水资源有偿使用制度和水资源论证、防洪影响评价制度。

3.负责水资源保护工作。组织编制水资源保护规划、主要河流的水功能区划并监督实施，核定水域纳污能力，提出限制排污总量建议，指导饮用水水源保护工作的统一监督管理。组织实施最严格水资源管理制度， 指导地下水开发利用和管理保护工作；指导地下水超采区综合治理；指导水利行业供水和乡镇供水工作；负责发布酒泉市水资源公报。

4.负责防治水旱灾害。组织编制洪水干旱防治专项规划并指导实施；组织编制主要河流和重要水利工程的防御洪水抗御旱灾调度方案；负责水情旱情预警工作；组织协调、指导蓄滞洪区安全建设、管理、运用补偿工作；指导防御洪水应急抢险的技术支撑工作。

5.负责酒泉市节约用水工作。拟定节约用水政策，组织编制节约用水规划并监督实施，组织制定有关标准；组织实施用水总量控制等管理制度，指导和推动节水型社会建设工作。

6.负责监督水利工程建设与运行管理。指导酒泉市水利设施、水域、河道及其岸线的管理与保护；指导水域、河道的治理与开发；负责酒泉市水利工程建设与管理放管服工作；组织实施具有控制性的或跨县（市、区）的重要水利工程建设与运行管理，承担库区移民管理及后扶工作。

7.负责防治水土流失。拟定水土保持规划并监督实施；组织实施水土流失的综合防治、监测预报并定期公告，负责建设项目水土保持监督管理工作，指导酒泉市重点水土保持建设项目的实施。

8.指导农村水利工作。指导灌区骨干工程和农村饮水安全工程建设与管理工作；协调牧区水利工作；指导农村水利社会化服务体系建设。

9.负责酒泉市水利行业安全生产、水利工程质量监督管理工作。组织、指导水库大坝、水电站的安全监督；指导水利建设市场的监督管理，组织开展水利工程建设及质量监督工作。

10.指导酒泉市河湖管理工作。承担河（湖）长办公室具体业务工作，落实河（湖）长制相关水利任务；指导河湖水域岸线等水生态空间管控、修复和保护，依法划定河湖管理、保护范围，开展河湖健康评估；负责河湖采砂监管，查处违法违规行为；开展河湖水环境综合整治，建立水环境风险评估排查、预警预报和响应机制。

11. 负责水利科技、教育、技术推广及对外经济合作与交流。承担酒泉市水利统计工作。

第二节　酒泉市党河流域水资源管理局

1981年，酒泉地区水利电力处党河流域管理处在肃北县建立，主要负责协调肃北、阿克塞、敦煌三县之间分配党河径流的有关问题，后改为酒泉地区直属的党河流域工程建设管理局。2011年，为适应《敦煌地区水资源合理利用与生态保护综合规划》关于党河流域治理的要求，党河流域工程建设管理局撤销，成立党河流域水资源管理局，为酒泉市政府直属财政全额拨款的正县级事业单位，设局长1人、副局长3人（其中1人兼任总工程师）。

一、机构职责

1. 负责执行国家和甘肃省、酒泉市关于水利工程建设管理的方针政策、法律、法规，以及上级主管部门的决定、指令。负责编制党河流域综合规划，拟定党河流域管理办法、规章制度和政策，完善党河流域水利管理体制。

2. 负责党河流域水资源的统一管理和统一配置。组织编制和修订流域水资源规划、水资源配置方案及总量控制指标等，负责实施流域取水许可制度。

3. 负责党河流域内水资源（包括水能资源）的开发、利用管理工作。负责流域内各类建设项目的水资源论证、水土保持方案等的审查或审批，水资源的保护，水文监测、评价工作。

4. 负责敦煌水资源合理利用与生态保护综合治理项目及“引哈济党”调水工程项目的前期工作及建设管理工作，履行项目法人职责。协调和监督敦煌市、肃北县、阿克塞县等相关县（市）规划内项目的实施，充分发挥工程效益。

5. 负责监督并指导敦煌市、肃北县、阿克塞县等相关县（市）规划内项目的招投标、工程质量、施工进度及竣工验收等建设管理工作，确保全面完成工程建设任务。

6. 统一管理党河流域内主要河道，负责党河流域重点河段的治理，组织制定流域防洪应急方案并负责监督实施，指导协调敦煌市、肃北县、阿克塞县等相关县（市）做好流域防汛、抗旱工作。

7. 负责党河流域控制性水资源配置工程的管理、维护，统一管理流域内水资源配置和节约用水工作。制定并监督实施适合流域发展的节水政策、节水技术标准；依法征收和合理使用水费及水资源费。

8. 负责管理工程范围内的各类永久设施，确保国有资产保值增值，防止国有资产流失。

9. 负责承办市委、市政府交办的其他工作。

二、内设机构

根据上述职责，酒泉市党河流域水资源管理局内设6个机构：

1. 办公室

协助局领导对各科室工作进行综合协调，负责重要工作的督办落实；负责组织、人事教育和机关日常事务及退休人员管理等工作；安排及组织机关各类会议和活动；承担文书档案、政务信息、保密保卫及宣传和信访等工作；负责机关政治业务学习部规章制度的建设；负责机关财务和资产管理；负责机关的服务保障工作。

2. 财务科

负责财务管理和会计核算，编制年度财务收支预算及年度财务决算，编制并提供各类财务收支数据，分析、检查、监督年度计划概算的执行情况；负责工程建设资金申请拨付、水费收缴及结算、竣工决算、管理及财务分析；负责编制和执行财务计划，负责国有资产监督管理，确保国有资产保值增值。

3. 工程建设管理科

负责水利工程勘测、设计、科学实验等技术管理工作，水利工程建设项目的技术审查；负责对工程监理的监督，控制工程建设进度，监管工程质量，负责审核已完工程量及签证工作；负责施工合同监管、设计变更审查、工程资料整编、工程结算、文明施工、施工防汛、环境保护等工作。

4. 计划合同科

负责项目前期工作、项目开工后的各项规划、年度施工人员编制和资金筹措计划；承担工程招标、投标的日常工作；负责同类合同管理、建设用地征用、审定工程结算、统计工作；负责工程建设期间工程物资的采购、供应、仓储管理、台账记录、差价结算；协调与工程沿线地方政府、群众的关系。

5. 质量安全与运行管理科

负责制定质量和安全控制措施，检查监督工程质量和生产安全；负责工程质量鉴定，工程技术档案收集、整理、验收工作，组织工程初步和竣工验收工作；负责工程建设后期已完工程的接受，拟定运行管理组织架构、运行方案，研究水价机制、购置管理设施等。

6. 水资源与电站管理科

负责党河流域内《水法》《水土保持法》《防洪法》等法律法规的实施和监督检查；负责实施水资源取水许可、水资源有偿使用、水资源论证等制度；承办行政应诉、行政复议和行政赔偿工作；负责党河流域内水资源的统一管理、调配、保护和开发利用等工作；组织水资源调查、评价和监测工作；承担党河流域内河道管理、防汛抗旱、节约用水、计划用水及取水许可制度实施等工作；负责水政监察和水政执法工作，协调处理流域内水事纠纷；指导流域内水能资源开发工作，拟定水能资源开发的政策、制度办法、技术标准和规程规范，并组织实施；负责拟定流域水能发展规划、年度计划和流域水能资源开发规划；负责指导流域水电站的监督管理；负责流域水电工程项目的建设监督及组织验收；组织开展水能资源调查工作，负责水能资源信息系统建设和水能资源调查成果的管理。

三、下属单位

酒泉市党河流域水资源管理局下设2个科级事业单位：

1.党城湾水利调度管理所

负责党河干流水量分配方案的调度实施，监管上中游水电站的引水和用水，负责党河渠首的运行管理、取水断面的维护和水文测报。

核定财政全额拨款事业编制1名。科级职数1名。

2.水文监测站

水文监测站设哈尔腾河、疏勒河双墩子、玉门关3个监（观）测分站，负责哈尔腾河（包括苏干湖水系）、疏勒河双墩子断面、玉门关断面下泄水量的水文监测、气象观测与预报，水资源调查评价，水文监测资料整编、保管与使用，水文设施与水文监测环境的保护。

核定财政全额拨款事业编制1名。科级职数1名。

第三节　玉门市水务机构

一、机构概况

中华人民共和国初期，玉门县水利事务由县政府建设科管理，同时设有县长兼任主任的县水利委员会。1956年建设科拆分，成立玉门县水利科，1959年改为玉门市农业局水利科。1963年，成立玉门市水利局，下设办公室、财务室、工程灌溉组、财务室。1968年，玉门市水利局与其他机构合并为玉门市农林水牧工作站。1970年，玉门市农林水牧工作站更名为玉门市农林水牧局，下辖新成立的玉门市打井队（1977年更名为水利机械队）。1979年，设立玉门市水利电力局。2004年，玉门市水利电力局更名为玉门市水务局。

玉门市水务局属玉门市政府序列中的正科级单位。核定正科级局长1名，副局长2名。内设5个股室，分别是党政办公室、政策研究与规划股、行政审批与建设管理股、财务管理办公室和水旱灾害防御办公室。下设5个正科级事业单位，分别是玉门市水政水资源办公室（河湖管理中心）、玉门市水资源合理利用与生态保护项目建设管理办公室、玉门市农村饮水安全服务站、玉门市水土保持工作站和玉门市水利技术服务中心；1个副科级事业单位，即玉门市白杨河水资源管理站；5个自收自支股级事业单位，分别是玉门市大红泉水库管理所、玉门市石油河系管理所、玉门市白杨河系管理所、玉门市小昌马河系管理所和玉门市地下水资源管理站。

玉门市水务局主要承担玉门市境内水资源管理、水利工程建设与管理、水土保持监管、农村饮水安全、河湖长制、河道采砂监管、水电站监管、涉水环境保护问题整改、水利技术服务、防汛预警、水行政执法、行业安全生产监管以及所辖灌区农业供水管理工作。全局共核定编制112人，现实有在编干部103人。

二、内设、下属单位职责

1.党政办公室

负责机关日常运转（人事、党政事务、档案、后勤等）；负责水利行业的安全生产监管和水旱防御及监测预警等工作。

2.政策研究与规划股

组织开展水利行业发展和改革的重大专题调查研究及改革成果分析汇总；组织研究国家、省、市有关水利发展的产业政策、财政政策及相关的法律法规，提出促进玉门市水利发展等的相关措施，拟订全市水利战略规划、中长期发展规划，并适时进行跟踪评价；负责项目、资金、资源等向上争取工作；完成水利项目的立项、编制、申报等前期规划工作；负责编制和执行全市水利建设项目的年度计划；负责水利固定资产统计上报和水利综合统计工作。

3.行政审批与建设管理股

负责市水务局所有行政职能审批和事中事后监管工作。研究和贯彻水利行业执行的各项法律法规，负责水利工程项目的开工备案、安全备案、设计变更批复；监督检查水利工程项目建设的质量、安全、进度、资金落实情况；负责水利工程建设的造价管理和工程竣工验收工作。

4.财务管理办公室

负责全局预算编制、运行经费及专项资金的收支核算工作。负责水利工程专项资金的账务管理和拨付；负责三个水管所三个地下水资源管理站资金拨付及账务管理。

5.水旱灾害防御办公室

负责组织、协调、监督水利行业抗旱、防汛工作；指导拟定并监督实施全流域河流和水库防洪调度方案和防洪预案；负责水旱灾情发布，指导主要河流、水库和重点设防对象防汛演练和抗洪抢险工作；负责防汛抗旱经费、物资、设备和防汛通讯设施的综合管理；负责防汛抗旱信息化系统的建设、管理。

6.水政水资源办公室（河湖管理中心）

组织贯彻、宣传水利法律、水利法规和水行政执法人员的法律培训工作。组织实施水政监察和水行政执法工作，参与玉门市水利工程破坏案件的查处工作。负责全流域水资源的计划和统一调度管理工作。负责全流域水资源开发、利用、配置和保护工作。负责玉门市水资源的监测和调查评价工作，发布水资源公报和水质通报，编制水资源规划，指导玉门市计划用水和城市供水的水资源规划。组织实施取水许可证制度，负责全流域打井许可的审核、取水许可的行政审批、取水许可证的年审和年检。负责依法处理职权范围内的水事纠纷工作。承担水利系统安全生产工作，指导全流域水库、水电站大坝的安全监管。负责实施水资源有偿使用制度，依法征收水资源费。负责农水业务工作。负责灌区灌溉业务指导、核查、水利改革建设与灌区建设管理工作；负责农村水利新技术的推广与应用；承担灌区水利体制改革有关工作；负责灌区水利设施维修的技术服务，编制水利工程维修计划，核算维修项目的工程量；组织协调水资源管理监测、节水技术服务工作；负责灌溉试验、定额测定、灌区晋等升级；审核上报灌溉业务报告、文件、图表和资料；负责灌溉业务的指导督办及灌溉管理人员的业务培训工作。负责安全生产管理工作。负责水利行业的安全生产监管工作；组织开展水利行业安全生产法律、法规、政策和技术标准的宣传、教育培训工作；建立健全并严格执行有关安全生产规章制度，落实安全生产责任制；组织开展水利行业安全生产专项检查和隐患排查工作，及时消除事故隐患，严防各类事故的发生。组织贯彻、宣传水利法律、水利法规、河湖管理保护和各级河湖长培训工作；承担玉门市河湖管理保护的支持保障，制定河湖管理保护方案；指导全流域水域岸线、河湖管理保护和治理开发等工作；清理整治侵占河道、围垦湖泊、非法采砂、非法排污、垃圾围坝、湖库输入型垃圾、河湖“四乱”等突出问题；协助开展河湖岸线划界登记及河湖管理、保护范围的划定工作。

7. 玉门市水资源合理利用与生态保护项目建设管理办公室

贯彻执行国家和甘肃省有关项目建设的方针政策和法律法规，履行《敦煌水资源合理利用与生态保护综合规划》玉门项目区建设管理的责任和义务；负责项目申报、实施、验收、水权分配等工作；完成工程招标、评标、合同谈判和签约工作；履行项目工程质量、安全监督管理职责，发现问题及时处理，严防事故扩大；负责项目资金管理和工程款拨付，配合相关部门的财务审计、检查和财务报表的编制等；负责组织工程阶段验收，完成法人验收，做好竣工验收的相关工作；承办市政府和市水务局交办的其他工作。

8. 玉门市农村饮水安全服务站

制订和实施农村供水发展规划和年度建设计划。负责玉门市农村各饮水工程管理单位的监督管理。指导新建工程组建管理机构、配备管理人员，会同物价部门进行水价核定，开展技术培训等工作。组织、审查各饮水安全工程及单位的更新改造计划、岁修养护计划、水质检验计划，并监督执行。负责全流域各乡镇农村供水单位国有资产的监督管理，监督检查水费的计收、使用和大修、折旧资金的专户储存、专款专用情况。组织供水科技开发研究和成果推广，开展农村饮水管技术培训；负责对饮水工程管理单位的业务指导和技术服务工作。

9. 玉门市水土保持工作站

负责宣传、贯彻执行相关法律，法规，规章，国家有关水土保持的方针、政策，会同有关部门编制水土保持规划，批准后监督实施；负责玉门市辖区重点预防保护区、重点监督区的水土流失预防监督管理，指导辖区内城市水土保持工作；负责辖区内水土保持重点防治区滑坡、泥石流预警系统建设与管理。

10. 玉门市水利技术服务中心

贯彻执行水利工程建设管理方针政策；负责管辖区内实施的水利工程建设管理，包括病险水库及水闸除险加固、中小河流治理等水利工程，对工程建设质量、安全、进度、资金、农民工管理、竣工决算及验收等工作提供服务保障；负责水库移民基础设施项目建设管理、维护、运行；负责管辖范围内受检水利工程质检资料评定结果的核查备案工作。

11. 玉门市白杨河水资源管理站

编制白杨河流域水资源开发、利用、节约及保护规划，并组织实施；负责流域水量监测和水文资料的收集、分析管理；负责流城内水资源的统一调度管理，挑行流域分水制度；负责流域内分水纠纷的调解；承办市政府、市水务局交办的其他事项。

12. 玉门市大红泉水库管理所

负责酒泉循环经济产业园区生产、生活供水，科学调度用水，并对水库管线、计量设施进行日常维护管理；负责酒泉循环经济产业园区地下水资源管理；负责足额征收水费；负责做好大坝安全监测、水情测报和水文观测记录，确保水库工程设施安全运行；预防和控制水库径流区的水土流失；协助调查辖区内的涉水违法案件；对国有资产进行管理，确保国有资产保值。

13. 玉门市石油河系管理所

负责灌区内7.99万亩耕地农业灌溉和水费收缴工作；组织实施灌区灌溉管理、防汛抗旱、水利工程建设等工作，负责灌区内17条共计112.58千米的干渠、支渠及水利配套设施的运行、维护、管理；负责灌区内水库、大闸、渠道等水利工程设施以及河岸线的安全监督管理工作；负责灌区水权交易、节水示范等工作；承担水情信息的统计、分析和上报工作；负责灌区农业灌溉水费的计收、上缴工作；指导灌区农民用水者协会开展供水服务等。

14.玉门市白杨河系管理所

负责灌区内2.0388万亩耕地农业灌溉和为农一体化服务工作；组织实施灌区灌溉管理、防汛抗旱、水利工程建设等工作，负责灌区内6条共计59.78千米的干渠、支渠管护检修和122眼机电井的运行维护管理；负责灌区内水库、大闸、渠道等水利工程设施以及河岸线的安全监督管理工作；负责灌区水权交易、节水示范等工作，承担水情信息的统计、分析和上报工作；负责灌区农业灌溉水费的计收、上缴工作；指导灌区农民用水者协会开展供水服务等工作。

15.玉门市小昌马河河系管理所

负责灌区内3.0098万亩耕地的农业灌溉和为农一体化服务工作；组织实施灌区灌溉管理、防汛抗旱、水利工程建设等工作，负责灌区内12条共计73.32千米的干渠、支渠管护检修和运行管理；负责灌区内大闸、渠道等水利工程设施以及河岸线的安全监督管理工作；负责灌区水权交易、节水示范等工作，承担水情信息的统计、分析和上报工作；负责灌区农业灌溉水费的计收、上缴工作；指导灌区农民用水者协会开展供水服务等工作。

16.玉门市地下水资源管理站

主要负责花海片区，玉门镇及周边乡镇、企业，农垦团场1753眼机井管理和13万亩耕地的农业灌溉管理和水费征收任务。负责管辖区域内水利法律、法规的宣传和贯彻；负责地下水资源的勘察、管理、监测、统计、分析及开发利用；严格落实“三禁”政策有关规定；执行最严格水资源管理制度“三条红线”控制指标；配合做好管辖区域内打井许可的审核、取水许可的申报、取水许可证的年审和年检工作。

第四节　瓜州县水务机构

一、机构概况

瓜州县水务机构的前身为中华人民共和国初期的安西县建设科与安西县水利委员会，1956年成立安西县水利科。1984年，成立安西县水利电力局，内设人秘股、农电股、财务股、水产站等单位。1986年安西县政府批准成立电力局，农电股划归电力局管理，增设水管股。2000年10月，双塔灌区、双塔水库上划疏勒河流域管理处垂直管理。2004年9月因机构改革，安西县水利电力局更名为安西县水务局，内设办公室、水管股、财务股、建管股、水产站、水政水资办、防汛办和水政监察大队。同年，安西县供排水公司由县城建局划归水务局管理，水产站由水务局划归县农业局管理。2006年8月，安西县水务局更名为瓜州县水务局。原办公地点瓜州县县府街83号，2014年8月搬迁至渊泉街76号。共有科级领导干部共16人，其中行政领导3人，非行政领导3人，事业编领导10人。内设股室有综合办公室、财务股、水质监测中心、农村饮水安全管理总站。下属事业单位为榆林河灌区水利管理所（正科级）、桥子灌区水利管理所（副科级）、水土保持局（水政水资源办公室）（正科级）、抗旱防汛办公室（副科级）、水库移民后期扶持政策工作领导小组办公室（副科级）、水资源合理利用与生态保护项目建设管理办公室（副科级）、水利建设管理站（副科级）、水利工程质量监督与安全管理站（副科级）。

二、主要职责

1.负责保障全县水资源的合理开发利用。拟订全县水利发展战略和中长期规划、水资源保障规划、水利工程建设发展规划、防洪规划等水利规划和年度计划，并组织实施。

2.负责全县生活、生产经营和生态环境用水的统筹和保障。实施水资源的统一监督管理，拟订全县水中长期供求规划、水量分配方案并监督实施。组织实施取水许可、水资源论证和防洪论证制度，指导开展水资源有偿使用工作。指导水利行业供水和乡镇供水工作。

3.负责水利工程建设与运行管理。按规定制定水利工程建设、运行管理有关制度并组织实施，按审批权限审批水利建设项目，负责项目实施的监督管理、竣工审计、组织验收、移交等有关工作。指导监督工程安全运行管理工作。

4.指导水资源保护工作。组织编制并实施水资源保护规划。指导饮用水水源保护、地下水开发利用和地下水资源管理保护工作。组织指导地下水超采区综合治理。

5.负责节约用水工作。拟定节约用水政策、制度并组织实施，组织编制节约用水规划并监督实施，制定行业用水定额。组织实施用水总量控制、用水效率控制、节约用水“三同时（同时设计、同时施工、同时投入使用）”等管理制度，指导和推动节水型社会建设工作。

6.负责河湖管理工作。负责河道综合治理规划、河道采砂规划和计划的编制并组织实施，指导水域及其岸线的管理、保护与综合利用，指导河湖的开发、治理和保护，指导河湖水生态保护与修复以及河湖水系连通工作。组织实施河道管理范围内工程建设方案审查制度，监督管理河道采砂工作。承担全县河长制、湖长制组织实施的各项具体工作。

7.负责水土保持工作。编制水土保持规划并监督实施，组织实施水土流失的综合防治、监测预报。负责生产建设项目水土保持监督管理工作，依法审批水土保持方案并监督实施，征收水土保持补偿费。实施国家、省、市、县水土保持项目。

8.负责农村饮水安全工程建设管理工作，组织开展农村饮用水水质监测工作。指导节水灌溉工作，协调牧区水利工作。指导农村水利改革创新和社会化服务体系建设，指导农村水能资源开发、小水电改造工作。

9.贯彻落实国家水库库区移民后期扶持政策，编制水库库区移民后期扶持规划，指导水库库区移民因地制宜发展生产。拟订水库库区移民扶持项目规划并组织实施。承担移民后期扶持补助资金的发放工作，负责监督检查移民后期扶持经费的管理使用。

10.履行全县水务行政执法职能，负责涉水违法事件的查处，承担水政监察、水行政执法工作，协调并仲裁权限范围内的水事纠纷。依法负责水利行业安全生产、环境保护工作，组织指导水库、塘坝、水电站的安全监管。指导水利建设市场的监督管理。

11.承担洪泛区、蓄滞洪区和防洪保护区内洪水影响评价工作。组织编制河湖、水库、塘坝和重要水工程的防御洪水、抗御旱灾调度方案，按程序报批并组织实施。承担水情、旱情监测预警工作。负责按照职责权限审批、上报各类度汛方案和汛期控制运用计划。组织协调、指导蓄滞洪区安全建设、管理、运用补偿工作。及时掌握辖区内水库、塘坝、堤防、渠道、设防重点工程水利设施运行状况。组织指导防御洪水应急抢险的技术支撑工作。

12.组织全县水利行业科学技术研究和技术推广工作，指导全县水利业务工作，管理所属灌区水利职工队伍建设和服务体系建设，对各类水利资金、资产的使用进行监督管理。

2018年开始，根据机构改革精神，瓜州县水务局部分职能逐步划转，其中，水资源调查和确权登记管理职责移交县自然资源局；水旱灾害防治职责和县防汛抗旱指挥部职责划转至县应急管理局；农田水利建设项目管理职责划转至县农业农村局；编制水功能区划、排污口设置管理、流域水环境保护职责划转至流域生态管理部门。

第五节　敦煌市水务机构

一、机构沿革

中华人民共和国成立初期，敦煌县水利业务由敦煌县政府建设科兼管，同时设有敦煌县水利委员会。1956年，撤销建设科及水利委员会，设水利科。1958年，改水利科为水利局。1968年3月，敦煌县革命委员会成立，农林牧水电局兼管水利。1974年1月，分设水利电力局，1987年，敦煌县改为敦煌市后，县水利电力局改为市水利电力局。2004年，更名为敦煌市水务局。

1994年，敦煌市水利电力局下设党河灌区、南湖灌区、党河水库、东干渠、西干渠、北干渠6个管理所和总干渠管理队，乡水管站及下属段、村、队灌溉管理组织是4级包干承包管理单位。各专业水利管理单位的共同任务是执行水利工作的方针政策。

2014年底，敦煌市水务局下属25个事业单位，其中正科级单位3个，即河道工程建设管理局、党河灌区管理所、水资源合理利用与生态保护项目建设管理办公室；副科级单位5个，即防汛抗旱指挥部办公室、水利建设管理站、水利工程质量监督与安全管理站、水政监察大队和党河水库管理所；股级事业单位15个，即水土保持局，抗旱服务队，电气化办公室，东、西、北干渠管理所，总干渠管理队，南潮灌区管理所，以及7个乡镇水利站；企业化管理事业单位2个，即水电工程处、水电物资公司。现共有编制280人，实有正式职工221人。敦煌市水务局作为敦煌市水行政主管部门，负责全流域水资源统一规划、配置、节约、保护和管理，承担全流域水利工程建设与管理、防汛抗旱、农田基本建设、水土保持及河道治理等任务。

二、下设机构及单位

1.敦煌市河道工程建设管理局

成立于2006年，隶属敦煌市水务局，为正科级事业单位。内设办公室、建设股、管理股、财务股4个职能股室。

2.敦煌市党河灌区管理所

1984年4月24日由敦煌县人民政府批准成立，隶属敦煌市水务局，为正科级事业单位。内设办公室、财务股、灌溉股、财务股。

3.敦煌市水资源合理利用与生态保护项目建设管理办公室

成立于2012年5月，隶属敦煌市水务局，为正科级事业单位。内设办行政管理部、工程建设部、计划财务部、项目监察部。

4.敦煌市防汛抗旱指挥部办公室

防汛抗旱指挥部办公室是敦煌市防汛抗旱指挥部的派出机构（成立于1995年12月），设立在水务局，为副科级事业单位，具体负责全流域的防汛抗旱工作。

5.敦煌市水利建设管理站

成立于2013年9月，隶属敦煌市水务局，为副科级事业单位。

6.敦煌市水利工程质量监督与安全管理站

成立于2013年9月，隶属敦煌市水务局，为副科级事业单位。

7.敦煌市水政监察大队

成立于1999年11月，隶属敦煌市水务局，为副科级事业单位。

8.敦煌市党河水库管理所

成立于1975年1月，隶属敦煌水务局，为副科级事业单位。内设办公室、财务股、工程股、调度股。

第六节　肃北蒙古族自治县水务机构

肃北蒙古族自治县水利电力局成立于1976年；2004年11月，县委、县政府研究决定将肃北蒙古族自治县水利电力局更名为肃北蒙古族自治县水务局；2017年12月经机构改革，肃北蒙古族自治县水务局更名为肃北蒙古族自治县农牧林水利局；2019年2月经全国机构改革，肃北蒙古族自治县农牧林水利局更名为肃北蒙古族自治县农业农村和水务局。

现农业农村和水务局办公地点在肃北蒙古族自治县党金路24号，从1976年至今未发生变动，现有编制内职工51人。下设科所由2019年10月的水政水资源办公室、水政监察大队、水土保持监督站、防汛抗旱指挥部办公室、水利工程建设管理站、水利工程质量监督与安全管理站、抗旱服务大队、党城湾灌区水管所，更换为水资源事务中心、水土保持管理站、水利工程服务中心。

第七节　阿克塞哈萨克族自治县水务机构

阿克塞哈萨克族自治县水利局成立于1983年。根据现行政策和职责，2001年9月28日水浰局撤销，正式成立水务局。水务局内设机构有防汛抗旱办公室、水政水资源办公室、水政监察大队、水土保持监督站、河道采沙管理站、红柳湾水管所、供水公司。现有工作人员46名，行政编制工作人员5名，水利事业编制工作人员10名，水利管理事业编制工作人员8名，供水工作人员23人。

第八节 流域水文机构

疏勒河流域现有6个水文站，由甘肃省酒泉水文站管理。甘肃省酒泉水文站是负责疏勒河水系各主要河流、水库的水资源勘测、水资源保护和评价、水环境监测、地下水调查、水文情报预报等业务技术工作的公益性事业单位。局机关设有测验整编科、水情科、办公室、酒泉水环境监测分中心4个科室。其中，酒泉水环境监测分中心成立于1982年，1997年通过国家技术监督局计量认证，2002、2008、2011年通过国家认证认可监督管理委员会计量认证，是隶属于甘肃省水环境监测中心的网点实验室。现有工作人员7人，配备有原子吸收分光光度计、原子荧光光度计、红外测油仪、COD测定仪、BOD快速测定仪、多参数现场测定仪、紫外可见分光光度计、电子天平、电导仪、酸度计等仪器设备共计28台（套）。开展地表水日常检测的项目有36项。中心现有水质监测站共22个，其中重点城市水源地监测站6个，地表水水功能区重点水质监测站16个，水质监测站具有多用途、多功能和较强的代表性，能满足最严格水资源管理达标评价的需要。因最严格水资源管理制度的需要，嘉酒地区国家地下水站网工程也于2016年度开始实施，嘉酒地区新建国家地下水水位（水质）观测井68个，改建24个，涉及6个市（区县），该中心负责该项目成井水质监测，为地下水红线控制提供技术支撑。

依据站网布设原则和区域内水利建设与抗旱防汛工作的需要，酒泉水文站在疏勒河水系的疏勒河、党河、石油河上布设有昌马堡、潘家庄、双塔堡水库、党河水库、党城湾、玉门6个水文测站，在全流域范围内布设有雨量站、地下水观测井，组成了布局合理、功能齐全的水文工作网络，为当地水资源的合理开发利用和抗旱防汛提供了可靠的水文资料和水情预报。

1.昌马堡水文站

位于祁连山北坡疏勒河上游海拔2500米以下走廊南侧的浅山区，为一狭长形山前地带，植被差，属大河控制站。地理位置为东经96°51′、北纬39°49′，集水面积10961平方千米。1944年4月设站，测站四周为戈壁滩，测站高程2112.0米，降水量少，气候干燥，气温日变化大，属典型的荒漠带温带干燥气候。测站为疏勒河下游昌马和双塔水库调度、防汛抗旱、城市建设、农业灌溉、生态保护服务。测验项目有：水位、流量、泥沙、水质、降水、蒸发、定点洪水调查。

2.潘家庄水文站

位于祁连山西北坡疏勒河中下游海拔1500米以下的安西县布隆吉乡境内，地理位置为东经96°31′、北纬40°33′，集水面积18496平方千米。1958年3月设站，测站四周为戈壁滩，测站高程1340.0米，距河口距离410千米。降水量少，气候干燥，多年平均降水量51.9毫米。1—4月及10—12月多为降雪，降水量一般集中在6—8月份。测验项目有：水位、流量、泥沙、水质、降水、蒸发、定点洪水调查。

3.双塔堡水库水文站

位于疏勒河下游，地理位置为东经96°20′、北纬40°33′，集水面积20197平方千米，校核水位1331.50米，相应库容2.4亿立方米，兴利水位1326.20米，相应库容1.029亿立方米，属国家重点站、国家报汛站。测验项目有：水位、流量、水质、降水、蒸发。

4.党河水库水文站位

于党河下游的敦煌盆地边缘戈壁滩沙漠交界区，植被差。地理位置为东经94°20′、北纬39°57′，集水面积16970平方千米，水库总库容4640万立方米，校核水位1431.85米，相应库容4388万立方米，正常蓄水位（溢洪道进水口底高）1431.10米，相应库容4144万立方米，属省级重点站、国家报汛站。测验项目有：水位、流量、泥沙、水质、降水、蒸发、定点洪水调查。

5.党城湾水文站

设站于1965年8月，属国家重要水文站、中央报汛站和国家水质监测站，是疏勒河水系一级支流党河上游的重要控制站。地处流域肃北蒙古族自治县，流域面积14325平方千米，地理位置为东经94°53′、北纬39°30′，属大河控制站。测站为党河下游党河水库调度、防汛抗旱、城市建设、农业灌溉、生态保护服务。测验项目有：水位、流量、泥沙、水质、降水、蒸发、定点洪水调查。

6.玉门市水文站

设站于1977年7月，属省级重要水文站、中央报汛站和国家水质监测站，是疏勒河水系一级支流石油河上游的重要控制站，地处甘肃省玉门市老君庙油矿，流域面积656平方千米，地理位置为东经97°33′、北纬39°47′，属区域代表站。测站为石油河下游赤金峡水库调度、防汛抗旱、农业灌溉、生态保护等服务。测验项目有：水位、流量、水质、降水、蒸发、定点洪水调查。

第十四章　水资源管理改革

第一节　农业水价改革

1949年之前，疏勒河流域未有专门的水利赋税，但农民需要向民间水利组织缴纳每年渠道维护所需的实物、货币，并付出劳动力，只有这样方可取得灌溉权益，因此民间水利负担沉重。1950—1958年，经过土地改革、农业合作化运动等，特别是“破除封建水规运动”，传统民间灌溉组织被各级政府水利机构代替，民众承担的大部分水利负担均被取消，只保留义务劳动与每亩耕地小麦0.5市斤的渠工口粮。1965年，国务院批准颁发水利电力部制定的《水利工程水费征收使用和管理试行办法》，疏勒河流域开始与全国同步征收农业水费。此后直至2020年，流域水价经过若干次重要调整，成为流域水利管理改革的重要内容。

一、行政事业性按亩低水价阶段

自1965年起，根据水利电力部制定的《水利工程水费征收使用和管理试行办法》的要求及流域骨干水利工程逐渐投入使用的现实状况，疏勒河灌区农业供水逐步由无偿转为有偿服务，向灌区每亩耕地征收0.5市斤小麦加0.5元水费。1978年，改为向灌区每亩耕地征收水费1元，不再征收小麦。1982年水利部出台《关于核订水费制度的报告》，提出制定水费要以供水成本和利润为依据。1985年国务院颁布《关于水利工程水费核订、计收和管理办法的通知》，提出“为合理利用水资源，促进节约用水，保证水利工程必要的运行、管理和改造费用，充分发挥经济效益，所有的水利工程都实行有偿供水”。1987年，疏勒河流域所有灌区首次以“方”为单位征收水费，单方水费0.0118元。根据1997年国务院颁布的《水利产业政策》，疏勒河流域各灌区在甘肃省水利厅的统一要求下开始重新核定水价，提高水价至每方0.048元，这一政策一直执行至2000年。

二、政策性按方低水价阶段

2000年，国家计委下发《改革水价、促进节约用水的指导意见》，提出水价改革基本思路：一是发挥价格杠杆作用，促进节约用水；二是按照商品价格制定水价，使水价符合商品的稀缺价格；三是将水价改革与推行科学节水制度、改革水资源管理体制相结合；四是兼顾社会各方面的承载能力，统筹规划，分步实施。实现水价管理规范化、法制化，建立合理的水价形成机制与管理机制，促进供水管理的良性循环，将水利工程供水的水价从行政事业收费纳入到市场经济价格管理的范畴。2001年酒泉地区行政公署调整水利工程供水价格，按照国务院《水利产业政策》的规定，根据财政部、甘肃省财政厅文件，将水费作为供水价格管理，由行政事业性收费转为生产经营性收费，由按亩征收水费转为按方计收水费，供水价格按成本价核定。昌马灌区农业水价由0.048元每立方米调整为0.073元每立方米，双塔灌区农业水价由0.048元每立方米调整为0.077元每立方米，花海灌区农业水价由0.048元每立方米调整为0.112元每立方米。此次调整后疏勒河水利工程农业供水价格、水费计收、使用管理体制改革和水利工程管理体制改革逐步展开。

三、以供水成本监审为基础的浮动水价阶段

2003年，疏勒河流域水资源管理局根据国家发改委、水利部印发的《水利工程供水价格管理办法》（以下简称《办法》），将水利工程供水价格作为商品价格管理，建立合理的水价形成机制和科学的水价制度，理顺水价结构，保证水利工程的正常运营，引导各类用户合理用水。此前，《中华人民共和国价格法》已明确规定，大多数商品和服务价格实行市场调节价，极少数商品和服务价格实行政府指导价或者政府定价，水利工程供水在1992年已被列为中央和地方政府的定价目录，但一直缺少系统的价格管理法律规范。此次《办法》填补了这方面的空白。

《办法》最大的改革之处在于从法律层面将水利工程供水价格纳入商品价格范畴进行管理，改变过去将水利工程供水作为行政事业性服务管理的模式。水利工程供水总的定价原则是合理补偿成本、合理收益、优质优价和公平负担，水价要根据供水成本、费用及市场供求的变化情况适时调整。具体核定水价的原则主要有分类计价的原则和按区域统一的原则，水利工程供水实行分类计价，农业用水价格按补偿供水生产成本、费用的原则核定，非农业用水价格在补偿供水生产成本、费用和依法计税的基础上，按供水净资产计提利润；同一供水区域内工程状况、地理环境和水资源条件相近的水利工程，供水价格按区域统一核定，其他水利工程供水价格按单个工程核定。

《办法》从多个方面体现了水价的经济杠杆作用。一是适当提高了水价标准，能通过价格信号在一定程度上调节过快增长的工业及城市用水需求，并有利于改变农业“大水漫灌”的现状。二是《办法》明确规定，各类用水均应实行定额管理，超定额用水实行累进加价。三是《办法》规定，水利工程供水可实行丰枯季节价格或季节浮动价格，这在水资源的合理配置方面有积极意义。四是《办法》加强了供水计量的内容：水利工程供水实行计量收费，尚未实行计量收费的，要逐步实行计量收费。水利工程水价实行分级管理方式。

2007年疏勒河流域水资源管理局进行流域水利工程成本核算，同年甘肃省发改委价格成本监审局作出监审结论，疏勒河灌区农业供水运行维护成本水价为0.12元每立方米，完全成本水价为0.24元每立方米。同年，甘肃省物价局调整疏勒河灌区农业水价，在现行水价基础上提高0.017元每立方米。2008年甘肃省政府批准疏勒河水管体制改革实施方案，规定按照“补偿成本、合理收益、优质优价、公平负担”的原则确定水价，正确划分工程的公益性部分和经营性部分，公益性部分人员经费和资产的维修养护经费由财政负担，经营性部分实施水价改革经费自收自

支。2010年甘肃省发改委价格成本监审局作出疏勒河灌区农业供水定价成本监审结论，运行维护成本水价为0.13元每立方米，完全成本水价为0.24元每立方米。2012年甘肃省发改委价格成本监审局作出疏勒河灌区农业供水定价成本监审结论，运行维护成本水价为0.132元每立方米。同年，甘肃省发改委批复调整疏勒河灌区农业水价，将水价由0.097元每立方米调整为0.11元每立方米，增加额0.013元每立方米。2015年水利部和甘肃省联合批复实施《疏勒河流域水权试点方案》，按照用水总量控制指标界定和分配各类用水，确权登记，定额用水，不得突破水资源管理“三条红线”控制指标。疏勒河灌区水资源管理和水利工程运行进入新的阶段。

四、农业水价综合改革阶段

2016年，疏勒河流域水资源管理局落实《国务院办公厅关于推进农业水价综合改革的意见》（以下简称《意见》）。《意见》要求用10年左右时间在全国基本完成农业水价综合改革任务。根据《意见》内容，主要是做好三个环节的工作：一是加快完善灌排设施。首先是对现有农田灌溉工程的建设与改造，同时配备完善计量设施，为实行总量控制、定额管理奠定基础。其次是形成合理水价机制。在水价制定上要按照分级、分类的原则合理确定水价，对不同地区、不同类型的用水实行差别化的价格制定政策。三是建立精准补贴和节水奖励机制。通过多种渠道筹集奖补资金，对农民定额内用水成本给予补贴，重点补贴种粮农民，确保总体不增加种粮农民定额内用水的水费支出。同时对采取节水措施、调整种植结构节水的用水户给予奖励，鼓励用水户节水，促进合理用水、科学用水、节约用水。

2016年，甘肃省人民政府印发《甘肃省推进农业水价综合改革实施方案的通知》（以下简称《方案》）（甘政办发〔2016〕18号）。《方案》要求用10年左右时间，建立健全合理反映供水成本、有利于节水和农田水利体制机制创新、与投融资体制相适应的农业水价形成机制。其中：河西灌溉农业区，用5年时间，农业水价总体达到运行维护成本水平，部分达到完全成本水平；中部提水灌区，用7年时间，农业水价总体达到运行维护成本水平；东南部补充灌溉区，用10年左右时间，农业水价总体达到运行维护成本水平。

《方案》提出8个方面的具体措施：一是拓宽投入渠道。加快建立多层次、多渠道农田水利建设资金筹措机制，深化水利投融资改革，吸引社会资本以独资、合资、PPP方式投入农田水利建设。二是完善计量设施。全面配套地表水灌区计量设施，河西灌溉农业区配套到农渠口，中部提水灌区配套到斗渠口，东南部补充灌溉区细化计量单元。地下水灌溉机电井全部安装水电联动的智能化计量装置。三是确定初始水权。农业初始水权与土地承包权相匹配，权证期限与土地延包期相一致。河西灌溉农业区初始水权确权到用户。中部提水灌区初始水权确权到农民用水合作组织。东南部补充灌溉区确权到村集体。四是加强过程控制。大中型灌区全面实行先买水后供水办法。地表水实行年初预安排，按月调度，轮次控制，年末决算。地下水井一表一卡一台账。五是鼓励水权流转。以流域为界，建立水权交易市场，用水权流转提升用水效率和效益。六是加强供需管理。加强供给侧结构性改革，大中小微并举加快完善农田水利工程体系，提高农业供水效率和效益。七是深化行业改革。推进政事分开、事企分离，建立管理科学、精简高效、服务到位的水利工程运行管理机制，提高供水服务水平。八是完善终端管理。支持农民用水合作组织规范组建、创新发展，并充分发挥其在供水工程建设管理、用水管理、水费计收等方面的作用。

在建立健全农业水价形成机制方面，《方案》提出6个方面的改革任务：一是实行分级管理。大中型灌区骨干工程农业用水价格原则上实行政府定价，具备条件的实行协商定价。大中型灌区末级渠系和小型灌区农业用水价格鼓励实行协商定价，也可实行政府定价，具体由各地自行确定，社会资本投入建设的工程实行协商定价。二是完善成本监审，将成本监审作为政府制定和调整农业水价的重要程序，明确准许计入定价成本的项目和标准，不断完善成本监审机制。三是合理制定水价。河西灌溉农业区达到完全成本水平，中部提水灌区达到保障工程良性运行水平，东南部补充灌溉区逐步达到运行维护成本水平。四是适时调整水价。已建工程，一次批复、小步快走、动态调整；新建工程，要在项目可行性研究阶段明确水价形成方式、价格构成和价格水平，保障投资者权益。五是水价分类分档，建立有利于保基本、促节水、调结构的分类水价、分档水价制度。河西灌溉农业区重点探索推行分类水价、分档水价，中部提水灌区重点探索推行分档水价、季节水价，东南部补充灌溉区重点探索季节水价、两部制水价。六是加强成本控制。水管单位严格定岗定编，降低消耗，提升效率，管控成本，逐步建立健全成本公开制度。加强水费计收和使用管理。

根据此精神，2017年酒泉市人民政府作出定价成本监审结论，疏勒河灌区农业供水运行维护成本水价为0.158元每立方米。同年，酒泉市人民政府批复调整疏勒河灌区农业水价，将水费由0.111元每立方米调整为0.132每立方米，增加额0.02元每立方米。2018年酒泉市人民政府办公室印发《酒泉市农业水利工程供水价格2018—2020年调价指导意见的通知》（酒政办发〔2018〕1256号），提出2020年夏灌起全流域第二次调整水价，平均提高0.03元每立方米，调整后全流域平均水价为0.165元每立方米，其中：省疏勒河流域水资源管理局0.162元每立方米，达到运行成本水平。

疏勒河灌区的水价改革和水费计收管理工作在数十年间收缴率稳步增长，收费额逐年增加。1965年之前，农田灌溉无偿用水；1987年之前，水费作为行政事业性收费，按亩征收水费，经过22年，水费年收入始终徘徊在180万元左右；2000年之前，执行政策性低水价，水费年收入维持在1000万元左右；2001年之后，水费作为生产经营性收费，按方计收，水价由0.048元每立方米逐步调整到0.132元每立方米，累计增加额0.084元每立方米，水费年收入逐步由不足1000万元逐年增长到9600万元；2020年，水价调整到0.162元每立方米。

第二节 "阳光水务"建设

进入21世纪后，针对疏勒河流域灌溉工作面临的新情况，甘肃省疏勒河流域水资源利用中心适时提出"阳光水务"建设目标。"阳光水务"建设活动的基本思路是以联系群众、服务群众为着眼点，以提高灌区管理水平为旨归，坚持以服务促管理，是疏勒河流域水资源利用中心实现灌区管理工作制度化、规范化和标准化的重要举措。"阳光水务"建设主要包括以下内容。

完善灌溉管理体系。完善了"从源头到地头"的灌溉管理模式，以疏勒河流域水资源利用中心五级（中心、处、所、站段、协会）用水管理体系为基础，在灌溉计划编制、调度运行管理等方面，实行中心、处两级管理，实现了灌溉管理体系的"扁平化"，优化工作流程，提高工作效能。各管理所、管理段（站）主要负责执行灌溉用水计划，落实灌溉管理、工程管理具体工作任务。支渠以下的灌溉用水管理、工程维护由各农民用水者协会负责，实行参与式管理、民主化管理，提高用水透明度与群众满意度。各灌区管理处完善了用水服务、计量管理、水费台账、水费收缴、民主参与管理、水务公开等各项日常管理制度和工作措施，形成规范化、标准化的规章制度。

加强灌溉计划管理。通过提升科技支撑水平，加强与水文、气象部门的联系，对河源来水以及各阶段水情分布情况的掌握更加及时，根据各阶段的来水情况和灌区用水需求情况，科学制订全年及各灌季水量分配计划，合理分配水量。充分了解灌区内各县市、乡镇、村组的农作物种植情况，自下而上逐级汇总反馈，自上而下沟通核实后，按照“总量控制、定额管理”的原则，科学编制符合灌区实际情况的各灌季灌溉用水计划。根据灌溉用水计划，各灌区管理处与各农民用水者协会签订供水合同，用合同来保障计划的执行。

强化工程运行管理。严格落实“划段定点承包”责任制，真正把工程管护责任落实到每个职工；建立骨干工程管理动态台账和工程设施形象档案，记录工程设施变化情况，完善渠道分类定级达标管理制度，提高工程管理水平。对现有工程设施逐年改造，按照渠、林、路、堤相配套的要求加大骨干工程标准化建设力度，不断巩固和扩大标准化建设成果；对新建工程要严格验收，确保内在质量优良，外观整齐，周边地貌及生态恢复良好。认真抓好每年的三季工程维修，用好、管好维修资金，保证工程维修质量，提高工程的完好率，保障工程安全运行。

加强计量管理。以实施《敦煌地区水资源合理利用与生态保护综合规划》项目、水价改革、水权制度建设等为契机，对灌区量水设施进行了全面改造，并在相关项目规划、计划中专门列入量水设施建设。通过与清华大学等科研院所合作，推广了昌马灌区南干渠闸门自动测控系统等高新设备和技术措施，提高了用水计量的精确性。落实了斗口计量点的校核、滤定工作，及时将校核结果向农民用水者协会和灌区用水户公布，提高了工作透明度，同时也让用水户了解计量方法，确立了计量过程由水管人员、协会代表、用水户多方参与的基本工作模式，确保用水计量公开、公平、公正。

完善水务公开体系。建立起以“四公开”（供水计量、用水水量、水费价格、水费账目公开）为主要内容的水务公开体系。各灌区管理处、管理所根据实际，建立收费大厅，方便群众就近就便查询和缴纳水费。在各管理所、水管站（段）、农民用水者协会、用水小组及主要分水口或计量点设立水务公开栏，及时公布有关灌溉信息和用水户用水情况。向每个用水户发放用水“明白卡”，将每轮水收费标准、用水量、灌溉亩次、水费数额逐项在“明白卡”上填写，让灌区群众用上“明白水”、交上“放心钱”。

强化灌区服务联系体系。充分利用“灌区工作会”“十日会”“灌溉工作例会”等会议沟通平台，定期组织乡（镇）负责人、村组负责人、协会负责人、用水户代表、管理所有关人员及站（段）有关人员召开协调会议，深入学习宣传水利政策、法规，通报水情，总结前段灌溉情况，核对水量，征求意见建议，协调解决有关问题。建立联系点（户）制度，各级领导干部、基层水管人员定期深入灌区、协会和用水户，及时了解灌区群众的意见和建议，针对工作中存在的问题，提出解决的对策和办法。基层单位在灌溉期间实行“全天候无假日”值班制度，按照“灌溉服务延伸到田间地头、工程管理服务延伸到斗农毛渠、收费服务延伸到千家万户”的要求，做好灌区服务工作。通过建立手机短信平台、专用线上交流群、网络公众平台等新媒体形式，定期发布水情信息，与用水户互动交流，让新媒体成为提高管理水平、加强水管单位与用水户联系的有效平台。

加强农民用水者协会建设。进一步完善了以协会自我管理为主，乡镇、水管单位监督指导，村两委协调管理的体制。加强对协会人员的培训，与乡镇、村组积极配合，坚持开展协会评估工作，着力推进农民用水者协会的标准化、规范化建设。进一步落实了农民用水者协会管理的“一章程”（农民用水者协会章程）、“两办法”（水费征收管理办法、协会考核奖惩办法）、“三制度”（工程管理制度、灌溉管理制度、财务管理制度），严格实行一事一议的民主化管理，充分发挥农民用水者协会在计划用水、水量分配、灌溉节水、水权配置与水价改革、农田水利工程建设等方面的作用，协会的服务和管理水平显著提高。

第三节　水权试点

一、疏勒河流域水权试点的缘起

“水权”一词在1949年之前已普遍见于疏勒河流域历史文献中。清代民国时期，田赋是农户、灌区水权的基本依据，称为“按粮分水”，同时有针对特殊身份用水者（如屯田耕种者、地方士绅）而制定的特权式水权。康熙五十八年（1719年），柳沟千户所（今瓜州县三道沟附近）与靖逆卫（今玉门市附近）首次在靖逆龙王庙按“三七”比例划分疏勒河中游（昌马河）干流水量，是为区域水权划分的开始。至19世纪中叶，安西（今瓜州县）、玉门两县间形成“十道口岸分水”制度，即疏勒河中游干流（昌马河）从昌马大坝至桥湾依次排列十个分水口在安西、玉门两县之间进行分水，各口分水比例不一。1946年，甘肃省政府主持出台《民国三十五年安西、玉门分水规程》，对“十道口岸分水”制度加以优化调整。1950年，疏勒河流域广泛开展“破除封建水规运动”，废除“按粮分水”与一切特权式水权，宣布“水权国有、有田有水”，一律按耕地面积分配灌溉水量。1953年，中国共产党甘肃省酒泉地区委员会在1948年《安玉分水办法》的基础上继续调整安西、玉门两县水权。至1960年，昌马总干渠与双塔水库相继投入运行，疏勒河中游干流“十道口岸分水”制度废止，意味着安西、玉门之间不再清晰划分区域水权。

进入21世纪以来，疏勒河流域水资源开发在用水总量红线指标、流域分水方案、地下水压采目标等体系的约束下，新增用水需求难以通过更多的政府行政许可获得，存量用水结构优化调整难度增大，水资源供需矛盾日益突出。有鉴于此，清晰划分各层次水权，加快培育水权水市场，在现有用水总量控制指标下，通过开展水权交易流转，推动水资源依据市场规则、市场价格和市场竞争进行优化配置，引导水资源向利用效率和效益更高的方向流动，成为21世纪第二个十年中有效缓解水资源供需矛盾的重要途径。2014年7月，甘肃省被水利部列为全国7个水权试点省之一，重点在疏勒河流域开展行业和用水户间水权交易。2015年2月，水利部、甘肃省政府批复了《甘肃省疏勒河流域水权试点方案》，进一步明确甘肃省水权试点的范围为甘肃省流域疏勒河干流的玉门市、瓜州县，试点期从2014年7月至2017年7月。

二、疏勒河流域水权试点的主要任务与领导

《甘肃省疏勒河流域水权试点方案》确定，资源分配和确权登记、建设水权交易平台、开展多种形式的水权交易、开展水权交易制度建设和建立水权水市场监管体系为疏勒河流域水权改革五大任务。甘肃省政府成立了甘肃省疏勒河流域水权试点工作领导小组，由副省长任组长，省政府副秘书长、水利厅厅长、酒泉市市长、省疏勒河流域水资源管理局局长任副组长，成员单位包括省发展改革委、工信委、财政厅、国土资源厅、建设厅、水利厅、农牧厅、政府法制办、流域政府、疏勒河流域水资源管理局、省水务投资有限责任公司等，领导小组办公室设在省水利厅。流域政府成立了疏勒河流域水权试点工作领导小组，在市水务局下设试点领导小组办公室，成员单位包括：疏勒河流域水资源管理局，玉门市政府，瓜州县政府，酒泉市水务局、市发改委、市财政局、市工信委、市国土资源局、市建设局、市农牧局、市政府法制办等。疏勒河流域水资源管理局、玉门市政府、瓜州县政府也分别成立了试点工作领导小组。

三、疏勒河流域水权试点的工作过程

试点工作过程分准备阶段、实施阶段、评估验收阶段三个阶段。

1.准备阶段（2014年7月至2015年5月）

在开展调研、专题研究等工作的基础上，组织编制试点方案，由水利部和甘肃省人民政府联合批复。2015年5月，成立甘肃省疏勒河流域水权试点工作领导小组及其办公室。

2.实施阶段（2015年6月至2017年2月）

2015年6月，甘肃省水利厅下发了《甘肃省疏勒河流域水权试点工作方案》。2015年7月，成立流域水权试点工作领导小组。领导小组成立后，组织开展了该点各项前期工作。2016年1月，省政府办公厅印发《关于加强取水许可动态管理实施意见通知》。2016年2月至3月，省政府办公厅印发《甘肃省疏勒河流域水权试点水资源使用权确权实施方案》，疏勒河流域水权试点工作领导小组办公室组织各成员单位先后赴新疆昌吉州、甘肃张掖市、甘肃武威市考察学习水权改革工作，组织开展水权改革试点“宣传月”活动。在此期间，试点区进一步规范农民用水户协会建设，健全完善协会相关管理制度，实现了协会以自我管理为主，水资源使用权、工程所有权、管理权和用水过程决策的统一管理。玉门市、瓜州县开展了农业灌溉面积、用水量和各行业用水户的摸底、公示等前期工作。2016年11月，流域政府分别批复了玉门市、瓜州县水权分配方案。2017年2月，疏勒河流域水资源管理局、流域水务局、中国水权交易所签订协议，搭建了水权网上交易大厅，构建省、市、县三级互联互通，实时共享的水资源使用权确权登记数据库。开展并完成了农民用水户协会水资源使用权证确权颁证、取水许可证换发工作，先后完成了多宗农户及协会间水量交易，玉门光热发电示范基地、瓜州常乐电厂等工业企业通过水权交易获得水权。

3.评估验收阶段（2017年5月至2017年12月）

首先为相关单位展开自评估，收集整理省、市、县及省疏勒河流域水资源管理局开展水权试点工作资料，形成验收文本，提交水利部验收。2017年12月27日，水利部与甘肃省人民政府在兰州召开验收会，一致同意甘肃省疏勒河流域水权试点工作通过验收。验收委员会对甘肃省疏勒

河流域水权试点工作给予高度评价，认为试点工作探明了水资源使用权确权的基本路径；通过总量控制约束，新增建设项目不再增加用水指标，培育了水权交易市场；完善了用水计量监控系统，建成了灌区信息化管理系统，有效解决了灌区水量精准计量等问题，为全国水权改革工作提供了可供借鉴的重要经验。

四、疏勒河流域水权试点的基本成果

试点范围内玉门、瓜州两县（市）水资源分配和确权登记工作全面完成，两县（市）共确权水量9.4亿方米，发放水权证221本，其中农业确权灌溉水量7.38亿立方米，确权面积138.47万亩。对辖区内工业、城市生活、机井取用地下水等持证单位延续换发取水许可证3619本。累计完成农户和协会间水权交易56宗，交易水量45.15万立方米，交易金额4.66万元。通过新建和更新改造灌区计量监控设施，灌区自动化计量灌溉面积达到121万亩，占灌区确权面积的90%以上。制定出台了《关于加强取水许可动态管理实施意见的通知》《疏勒河流域水权交易管理试行办法》等政策性文件，为完善水权管理和开展各类水权交易提供了政策依据和支撑。与中国水权交易所签订协议，搭建了疏勒河流域水资源利用中心、玉门市水务局、瓜州县水务局三级互联互通的水权交易平台，建立了水资源使用权确权登记数据库，实现了数据的实时共享。

开展水资源分配和确权登记。统筹考虑流域上下游和生态用水需要，统一调整确认取用水户的取水许可管理控制指标。试点启动后，专门制定了《甘肃省疏勒河流域水权试点水资源使用权确权实施方案》（以下简称《方案》），按照《方案》要求，玉门市、瓜州县政府主导，疏勒河流域水资源管理局配合，开展了农业、工业、生活、生态用水确权调查登记工作，最终形成各市县水权分配方案。按照“三条红线”指标，试点地区分配总水量9.4亿立方米。其中，生活用水确权水量2323.88立方米；农业用水确权水量73807.05万立方米；工业用水确权水量4925.11万立方米；生态用水确权水量2683.96万立方米；政府预留水量10260万立方米。

对农业用水进行确权发证。农业用水确权土地严格按照《方案》确定的“二轮土地承包面积、国家土地占补平衡和2003年前国家政策性新增耕地”三类面积进行登记。最终确定流域农业用水确权面积138.47万亩（其中玉门市70.95万亩，瓜州县67.52万亩），占现状耕地面积201.7611万亩的68.63%。工作推进过程中，两县（市）分别建立了水权试点工作制度。①地表水。根据水资源管理控制指标，甘肃省水利厅换发了昌马渠首和双塔水库取水许可证，许可水量5.02亿立方米，其中昌马及花海灌区农业许可水量36282.42万立方米（取水口为昌马渠首），双塔灌区农业许可水量13910.61万立方米（取水口为双塔水库）。玉门市申请换发了白杨河渠首、石油河渠首、赤花大闸及小昌马渠首取水许可证。其中，上报白石灌区农业地表水许可水量2704万立方米（取水口为白杨河渠首、石油河渠首和赤花大闸），小昌马灌区农业地表水许可水量1883万立方米（取水口为小昌马渠首）。瓜州县申请换发了榆林河和桥子灌取水许可证。其中，上报榆林河灌区农业地表水许可水量1611万立方米，桥子灌区农业地表水许可水量177.83万立方米。经流域政府批复，确定符合政策规定的农业用水确权面积138.47万亩。其中，玉门市70.95万亩，瓜州县67.52万亩，按照流域政府下达给各县（市）的用水总量控制指标，核定农业用地表水取水量5.02亿立方米。为农民用水户协会、农业经营大户和其他取水单位颁发水资源使用权证221本。②地下水。按照流域政府下达给各县（市）的用水总量控制指标，核定农业用地下水取水量22675.05万立方米。其中，玉门农业用地下水水量11790万立方米，瓜州农业用地下水水量10885.05万立方米。流域、玉门市和瓜州县政府共为取用地下水的用水户（含农业经营大户）换发取水许可证2976本（含生态）。

对工业用水和城乡公共供水单位核发取水许可证。落实《甘肃省人民政府办公厅转发省水利厅加强取水许可动态管理实施意见的通知》《流域人民政府办公室关于切实加强取水许可动态管理有关事宜的通知》，依据流域政府分配玉门市、瓜州县2015年水资源管理控制指标，对辖区内工业、城市生活、机井取用地下水的持证单位换发了取水许可证。流域疏勒河流域水权试点工作领导小组在借鉴其他试点地区的基础上，明确了取水许可证的内容，包括权利主体、面积、水量、类别、灌溉定额、权利义务、期限、取得方式、事项记录等。

建设确权登记数据库。在中国水权交易所技术指导下，流域对区域用水总量控制指标、水资源确权数据、用水户协会和主要农户用水、工业企业用水等信息进行了采集，建立了省水利厅、流域水务局、流域水资源管理局三级互联互通，实时共享的水资源使用权确权登记数据库。数据库整合了地表水、地下水资源信息，能够开展水资源综合平均和统计分析，为疏勒河流域水权交易流转提供服务，保障水权交易流转。

开展多种形式的水权交易。①同一行业内取用水户之间的水权交易鼓励引导用水户与用水户、用水协会之间尝试开展了少量水权交易，至2017年7月，试点区内完成用水协会间或农户间的水交易56宗，累计交易水量共4515万立方米，交易金额共4.66万元。②开展农业向工业的水权交易。流域内有潜在的城市生活用产业园区建设、火电等工业企业新增用水需求，需水量约1亿立方米。根据工业发展用水需求，在玉门市花海光热园区项目实施水权交易，光热发电企业通过购买农业节约水量获得用水指标。③建设水权交易信息平台。流域水务局、流域水资源管理局与中国水权交易所签订了《水权交易平台搭建和维护委托协议》，共同编制了水权交易平台搭建与运行维护方案，在中国水权交易所建立了疏勒河流域网上水权交易大厅，以及省水利厅、流域水务局、流域水资源管理局三级互联互通的水资源使用权确权登记数据库。中国水权交易所负责整合流域地表水、地下水信息，开展水资源综合平衡和统计分析，为疏勒河流域提供水权交易服务；流域水务局负责水权交易的审核和监督；疏勒河流域水资源管理局负责水权交易系统的使用和管理。④建立水权水市场监管体系。为加强水权水市场监管，省水利厅制定了《关于加强取水许可动态管理的实施意见》，流域疏勒河流域水权试点工作领导小组办公室制定出台了一系列办法以达成目标。

开展水权交易制度建设。为更好地推进水权试点工作，建立归属清楚、权责明确、监管有效、流转顺畅的水权水市场制度体系，流域先后出台了涉及确权登记、水资源管理、总量控制、水权交易等多个方面的政策，为疏勒河流域水权试点工作提供了充分的制度保障。

制定甘肃省取水许可动态管理实施意见。甘肃省政府办公厅印发了《加强取水许可动态管理实施意见》，提出了有针对性的取水许可动态管理措施。新增取水须进行建设项目水资源论证，对有多种用途的取水申请，按取水用途分类核定水量；对农业用水要求，取水审批机关按只减不增原则核定延续许可水量；建立了取水许可闲置指标认定与处置制度，对认定为闲置指标的，可由原审批机关对应的本级政府无偿收回，作为政府预留水量进行再配置。

建立和制定疏勒河农业用水确权登记制度和水权交易管理办法。流域政府与流域水资源管理局共同编制了《疏勒河流域水权试点水资源使用权确权实施方案》，明确了可确权水量为试点区域用水总量控制红线，确权范围为二轮土地承包面积、国家土地占补平衡和政策性新增耕地等三类耕地，确权主体为农民用水户协会、农业经营大户和取用水单位。流域政府出台了办法，明确了交易水权主体、范围，以及不同类型水权交易的方式、价格、程序、监管等。该办法明确了水权的主要表现形式包括河流水量分配指标及依法获得的取水权、用水权等；交易方式包括买卖、委托出售、竞价出让、政府回购、收储等；交易程序主要分为简易程序和一般程序，开展跨年度、跨区域交易或通过新建取水水源工程进行的交易，需要按照办法规定的一般程序开展交易；水权交易价格的确定，应综合考虑节水投资、交易期限、计量监测设施费用（含运行维护费用）、节水工程更新改造费用、因提高供水保证率而增加的措施费用、生态环境和第三方利益的补偿、必要的经济利益补偿等因素，在水权交易平台上进行的交易，水权交易费用按照中国水权交易所的规定为交易总金额的1%，由出让方和受让方各承担一半；在监管方面，明确要求水权受让方不得擅自改变水权用途。

制定流域地下水资源管理办法。2015年7月，酒泉市人民政府印发了重新修订的《酒泉市地下水资源管理办法》，对地下水资源的开发、利用、节约、保护、管理和监督进行了规定。该办法明确规定对地下水提水量实行总量控制与定额管理制度，建立地下水提水总量控制与水位升降控制双约束指标体系；要求对地下水资源开采实行许可制度，对旧井更新和新打机井实行分类审批制度。

推动出台疏勒河流域水资源管理条例。研究探索水权交易价格形成机制，在试点地区推进农户间水权交易和农业向工业间的水权流转，并对两种类型水权交易价格的形成机制进行了探索。在已成交的农户间水权交易案例中，农户水权交易价格的制定是交易双方通过协商确定的，并在签订的交易协议中予以明确。

第四节　水流产权试点

一、疏勒河流域水流产权试点的缘起

开展水流产权确权试点工作，是中共中央、国务院颁布的《生态文明体制改革总体方案》和《中央全面深化改革领导小组2016年工作要点》中确定的重要改革任务。2016年11月，水利部联合原国土资源部制定印发了《水流产权确权试点方案》，选择在陕西省渭河、江苏省徐州市、丹江口水库开展水域、岸线等水生态空间确权试点，在宁夏回族自治区全区、湖北省宜都市开展水资源确权试点，在甘肃省疏勒河流域开展水资源和水域、岸线等水生态空间确权，通过2年左右时间，探索水流产权确权的路径和方法，界定权利人的责权范围和内容，着力解决所有权边界模糊，使用权归属不清，水资源和水生态空间保护难、监管难等问题。

二、疏勒河流域水流产权试点的工作过程

建立领导机构（2016年11月至2017年1月）。2016年11月4日，水利部、原国土资源部印发

了《水流产权确权试点方案》，明确在甘肃省疏勒河流域开展水资源和水域、岸线等水生态空间确权试点。2016年12月15日，甘肃省人民政府办公厅下发了《关于成立甘肃省疏勒河流域水流产权确权试点工作领导小组的通知》，成立了甘肃省疏勒河流域水流产权确权试点工作领导小组，分管副省长担任领导小组组长。2016年12月29日，流域人民政府办公室下发了《关于成立流域疏勒河流域水流产权确权试点工作领导小组的通知》，成立了流域疏勒河流域水流产权确权试点工作领导小组。其后，玉门、瓜州相继成立县级疏勒河流域水流产权确权试点工作领导小组。

编制实施方案（2017年1月至2017年9月）。2017年1月20日，由甘肃省水利厅、国土资源厅牵头，流域水务局、国土资源局及省疏勒河流域水资源管理局共同配合，编写了《甘肃省疏勒河流域水流产权确权试点实施方案》（讨论稿）。经反复讨论、修改，方案于2017年5月5日通过了水利部发展研究中心组织的审查。2017年9月11日，水利部、原国土资源部、甘肃省人民政府联合批复了《甘肃省疏勒河流域水流产权确权试点实施方案》，明确试点范围是甘肃省疏勒河流域疏勒河干流的玉门市、瓜州县。其中，水域、岸线等水生态空间确权范围为肃北蒙古族自治县与玉门市交界的疏勒河干流河段至干流下游瓜州县北河口段的天然河道。水资源使用权确权范围为玉门市、瓜州县纳入取水许可管理的所有取用水户及灌区内农业用水户。试点工作计划自2016年11月开始，2019年6月结束。试点主要任务是以疏勒河流域为单元，通过开展水域、岸线等水生态空间确权和水资源确权工作，划定水域、岸线等水生态空间范围，分清水资源所有权、使用权及使用量，明晰水流产权的所有权人职责和权益、使用权的归属关系和权利义务，加强水流产权监管，出台水流产权确权相关制度方法，逐步建立健全“归属清晰、权责明确、流转顺畅、保护严格、监管有效”的水流产权体系。

实施与评估（2017年9月至2019年9月）。2017年11月10日，甘肃省水利厅成立了水流产权确权改革试点咨询专家库。2018年2月8日，甘肃省疏勒河流域水流产权确权试点工作领导小组办公室批复了《甘肃省疏勒河流域干流水域岸线水生态空间确权实施方案》，批复概算总投资2766.29万元。2018年4月20日，甘肃省疏勒河流域水流产权确权试点工作领导小组办公室在兰州组织召开疏勒河流域水流产权确权试点工作中期评估会。2018年4月25日，黄河勘测规划设计有限公司在玉门市、瓜州县分别设立了项目部，疏勒河干流河道水流产权确权试点勘测定界工作全面展开。2018年11月19日，甘肃省疏勒河流域水流产权确权试点工作领导小组办公室审查通过了《甘肃省疏勒河流域干流水域岸线水生态空间确权水域岸线功能区划分报告》；2018年11月20日，审查通过了《甘肃省疏勒河水域岸线用途管制实施办法》《甘肃省水资源用途管制实施办法》。2019年9月，水利部发展研究中心、自然资源部不动产登记中心联合报送了《水流产权确权试点总结评估报告》，充分肯定了疏勒河流域水流产权试点的成绩，水流产权试点顺利通过评估。

三、疏勒河流域水流产权试点的基本成果

甘肃省疏勒河流域试点范围是全国六个试点区域中唯一有水资源确权和水域、岸线等水生态空间确权两项任务的试点。其中，水生态空间确权的主要任务是，划定水生态空间范围，开展水域、岸线等水生态空间所有权和水生态空间范围内涉水工程占压土地确权登记，严格水生态空间保护监管；水资源确权的主要任务是，在水利部水权试点工作成果的基础上，通过健全水资源监

控体系，加强水资源用途管制，统筹推进农业水价综合改革，加强流域水资源统一调度，探索开展水权交易等，进一步加强水资源使用权确权后的监督管理，并研究探索水资源使用权物权登记的途径和方式。

在水域、岸线等水生态空间确权方面，完成了玉门市、瓜州县境内的疏勒河干流260千米河道基础测绘工作，依照设计洪水位或历史最高洪水位，划定疏勒河干流河道管理范围22571.88公顷，作为疏勒河流域干流水域、岸线等水生态空间范围，并制作和埋设了界桩、标示牌。完成了水生态空间范围内的自然资源调查，探索了以水流为独立登记单元的自然资源记载登簿工作。对水生态空间范围内41处涉水工程占压土地情况进行了调查，对总面积4170.23公顷的占压土地使用权进行了确权登记。针对洪积扇区无堤防、无规划河段，以既尊重现状情况又着眼改善和加强管理为原则，对河床天然岸坎明显的河段，以岸坎为基础确定水生态空间范围界线；对河床天然岸坎不明显的河段，以设计洪水位与岸坡的交线为基础确定水生态空间范围界线，同时河道两侧视防洪抢险的需求，预留一定距离，以保证水生态空间的整体性和独立性，为全国干旱区处理类似问题积累了经验。疏勒河流域将水域、岸线划分为保护区、保留区、控制利用区和开发利用区等四大区，分段明确了管理要求，印发了《疏勒河干流水域岸线利用与保护工作协调制度》《甘肃省疏勒河水域岸线用途管制实施办法》等政策文件。在水资源确权方面，开展了区域用水总量控制指标分解，完成了9.4亿立方米水资源使用权确权工作。在充分利用水权试点成果的基础上，进一步健全水资源监控体系，实现灌区信息化观测计量面积90%以上。出台了《甘肃省水资源用途管制实施办法》《疏勒河流域水权交易管理试行办法》等制度。统筹推进农业水价综合改革，将水价基本调整到农业供水运营成本价。建立了用水调度管理责任制度，连续3年实现《敦煌规划》确定的下泄生态水量目标。累计开展水权交易61宗，交易水量46.32万立方米。

第十五章　多种经营

第一节　水产养殖

疏勒河流域位于干旱区，原产鱼类不多，有酒泉高原鳅、黑河花斑裸鲤、石爬鱼、短尾高原鳅、重穗唇高原鳅、梭形高原鳅、脊斑高原鳅、大鳍骨鳔鳅、花斑裸鲤、麦穗鱼、白鲢、波氏栉虾虎鱼等，主要分布于流域河流、湖泊及沼泽湿地中，地域特点明显。疏勒河流域原无水产养殖，随着流域水利建设不断兴起、水库等人造水面不断出现，流域水产养殖蓬勃兴起。

1959年，敦煌县从武汉、长沙等地引进了鲤鱼206850尾、鲫鱼177700尾，共4个品种，即青鱼、草鱼、花鲢鱼、白鲢鱼，此外还引进了黄河鲤鱼，在南湖、东西水沟、杨家桥4个地区进行试养繁殖。1975年，安西双塔水库从河南引进投放鱼苗17万尾，为全流域水库养鱼之始。1979年，敦煌县黄水坝水库开始养鱼。1981年，黄水坝水库投放鱼苗130万尾，年产鲜鱼2.5吨，平均亩产5千克，成为当时甘肃省亩产量最高的养鱼水库。1991年，安西双塔水库从新疆引进东方真编10万尾，投入水库移植驯化。1996年，安西双塔水库在库湾投放小网箱50立方米，开始小网箱养鱼试验，1998年扩大到250立方米，每立方米产鲜鱼50千克。1999年，敦煌市南湖乡虹鳟鱼养殖场建立，建成流水养鱼池1600平方米，年产虹鳟鱼20吨，产值60万元；同年，安西双塔水库投放大银鱼发眼卵1.3亿粒，开始大银鱼移植、增殖，同年捕捞大银鱼2.4吨。2000年后，疏勒河流域具备养鱼条件的水库均大力发展渔业养殖，鱼类品种有鲫鱼、狗鱼、鳇鱼、大头鱼、石爬鱼、草鱼、青鱼、鲢鱼、鳙鱼、丰鲤、兴国红鲤、荷包红鲤、散鳞镜鲤、杂交鲤、团头鲂、东方真鳊、大板鲫、银鲫、彭泽鲫、虹鳟鱼、罗非鱼、鲟鱼、大口鲶、河蟹、麦穗鱼、草生子、马口鱼、裂腹鱼、泥鳅等。

1979年前，酒泉地区无专管渔业机构。1985年2月，酒泉地区水产工作站成立。1994年7月，酒泉地区渔业技术推广站成立。1997年12月，酒泉地区水产管理局成立。2000年4月，酒泉地区渔政管理局成立，2002年更名为流域水产管理局。2003年，疏勒河流域所在的流域被原农业部评为“名优水产品繁育基地”。

第二节　水利风景区建设

疏勒河流域以水库为代表的各类水利设施中，不少区域风景优美，不同程度开发有旅游业。流域内现有国家水利风景区1处，即赤金峡水利风景区。

赤金峡风景区依托赤金峡水库建成，具有集餐饮、住宿、避暑、观光旅游、娱乐为一体的旅游服务功能。赤金峡风景区占地面积9平方千米，其中水域面积4平方千米。多年来，累计栽种各类树木22万余株、树种140余种，景区花草树木和水面覆盖率达到95%。

景区于2001年开始筹备建设，2002年8月对外开放。2004年6月被评为国家水利风景区，2013年1月被评为国家AAAA级旅游风景区，2014年被列入酒泉市“十二五”文化产业发展十大文化产业园区和酒泉市“十二五”旅游发展十大骨干旅游景区。2014年，景区运营方甘肃省流域玉门赤金峡风景旅游有限责任公司被评为“甘肃省文化企业30强”之一。目前景区具有河道漂流、游艇观光、浪击飞舟、高空滑索、素质拓展训练等15个体验式游乐项目，其中以河道漂流最为著名。

第十六章　生态保护与修复

第一节　自然保护区

从1982年起省政府先后批准建立玉门市干海子候鸟自然保护区和阿克塞县大苏干湖候鸟自然保护区、阿克塞县小苏干湖候鸟自然保护区至今，疏勒河流域的自然保护区建设得到了较快发展，初步形成基本涵盖流域各类珍稀自然资源的自然保护区网络，是流域诸绿洲外围一道防风固沙的天然绿色屏障。

一、自然保护区的级别与类型

1982—2013年，疏勒河流域建立各级各类自然保护区15个，保护面积498.6万公顷，占全流域总面积的29.66%。保护的主要类型和对象为湿地生态系统、荒漠生态系统、野生植物资源、野生动物及其栖息环境、荒漠地形地貌、草原生态系统等。其中，国家级自然保护区5个，保护面积330.42万公顷，约占全流域自然保护区总面积的66%，分别为甘肃敦煌西湖自然保护区、甘肃盐池湾自然保护区、甘肃安南坝野骆驼自然保护区、甘肃安西极旱荒漠自然保护区和甘肃敦煌阳关自然保护区；省级自然保护区7个，保护面积达119.99万公顷，约占全流域自然保护区总面积的24%，分别为玉门市干海子候鸟自然保护区、玉门市南山自然保护区、玉门市昌马河自然保护区、瓜州县疏勒河中下游自然保护区、肃北蒙古族自治县马鬃山北山羊自然保护区、阿克塞哈萨克族自治县大苏干湖候鸟自然保护区、阿克塞哈萨克族自治县小苏干湖候鸟自然保护区；县级自然保护区3个，保护面积达48.12万公顷，约占全流域自然保护区总面积的10%，分别为敦煌市南泉湿地自然保护区、敦煌市东湖自然保护区和安南坝阿尔金山有蹄类野生动物自然保护区。

（一）国家级自然保护区的主要类型和保护对象

在国家级自然保护区中，敦煌西湖自然保护区是湿地类型自然保护区，主要保护对象为湿地生态系统、荒漠生态系统及野生动植物资源；甘肃盐池湾自然保护区和甘肃安西极旱荒漠自然保护区是荒漠类型自然保护区，主要保护对象为荒漠生态系统及野生动植物资源；甘肃安南坝野骆驼自然保护区是野生动物类型自然保护区，主要保护对象为野路驼及其栖息环境；甘肃敦煌阳关国家级自然保护区是湿地类型自然保护区，主要保护对象为湿地生态系统及野生动物。

（二）省级自然保护区的主要类型和保护对象

在省级自然保护区中，玉门市干海子候鸟自然保护区是湿地类型自然保护区，主要保护对象为候鸟及湿地生态系统；玉门市南山自然保护区是野生动物类型自然保护区，主要保护对象为野生动植物及其生态环境；玉门市昌马河自然保护区是湿地类型自然保护区，主要保护对象为湿地生态系统及野生动植物资源；瓜州县疏勒河中下游自然保护区是湿地类型自然保护区，主要保护对象为湿地生态系统及野生动植物资源；肃北蒙古族自治县马鬃山北山羊自然保护区是野生动物类型自然保护区，主要保护对象是以北山羊为主的栖息地和以荒漠为主的草原生态系统；阿克塞哈萨克族自治县大苏干湖候鸟自然保护区是湿地类型自然保护区，主要保护对象为湿地生态系统及野生动植物资源；阿克塞哈萨克族自治县小苏干湖候鸟自然保护区是湿地类型自然保护区，主要保护对象为湿地生态系统及野生动植物资源。

（三）县级自然保护区的主要类型和保护对象

在县级自然保护区中，敦煌市南泉湿地自然保护区是湿地类型自然保护区，主要保护对象为湿地生态系统、荒漠植物及其生态环境和野生动植物资源；敦煌市东湖自然保护区是湿地类型自然保护区，主要保护对象为湿地生态系统及野生动植物资源；安南坝阿尔金山有蹄类野生动物自然保护区是野生动物类型自然保护区，主要保护对象为盘羊等有蹄类动物。

二、自然保护区简介

（一）甘肃敦煌西湖自然保护区

1992年9月，经甘肃省人民政府批准，甘肃敦煌西湖湾腰墩自然保护区建立，2002年4月更名为甘肃敦煌西湖省级自然保护区。2003年6月，晋升为国家级自然保护区。保护区总面积66万公顷，占敦煌市土地总面积的21.2%，其中核心区面积19.8万公顷，缓冲区面积14.58万公顷，试验区面积31.62万公顷。保护区管理局于2005年经甘肃省机构编制委员会和甘肃省林业厅批准组建，当年10月起正式挂牌，核定事业编制25人，系直属于甘肃省林业厅管理、县级建制、全额财政拨款的事业单位。内设办公室、组织人事科、计划财务科、保护监测科、科研管理科5个科室，下设玉门关、芦草井子、后坑、崔木土、多坝沟、土梁道6个保护站。现有管理人员和专业术人员19人，专兼职护林员80人。保护区位于敦煌西部，西邻库姆塔格沙漠和罗布泊，南接阿克塞哈萨克族自治县，北连新疆维吾尔自治区哈密市。地理坐标为东经92°45′—93°50′、北纬39°45′—40°36′，主要地理范围有湾腰墩、大马迷兔、小马迷兔、土豁落、天桥墩、艾山井子、后坑子和火烧湖等。保护区气候干燥，降水稀少，蒸发量大，春季多风沙天气，年均降雨量39.9毫米，蒸发量2486毫米，属暖温带极干旱荒漠类型区。保护区主要保护对象为湿地生态系统、荒漠生态系统及其野生动植物。保护区湿地面积11.35万公顷，其中芦苇沼泽3.43万公顷，是我国西北地区面积较大的芦苇沼泽之一；保护区内有野生动物146种，其中鸟类91种，哺乳类38种，鱼类4种，两栖类2种，爬行类11种。属国家一级保护的野生动物有野骆驼、白鹳、黑鹳、大鸨、小鸨、草原雕6种，属国家二级保护的野生动物有鹅喉羚、猞猁、兔狲、大天鹅、游隼、短耳鸮等32种，野骆驼是该保护区的重点保护对象。保护区内有种子植物133种，属国家重点保护植物有裸果木、胡杨、梭梭、沙生芦苇、沙生柽柳5种，此外还有甘草、罗布麻、锁阳、麻黄等多种药用经济植物，其中胡杨疏林1.02万公顷，以柽柳为主的灌木林8.9万公顷，以骆驼刺、罗布麻、甘草为主的灌草地6.08万公顷。甘肃敦煌西湖国家级自然保护区先后实施了基础设施建设一期工程、湿地保护工程、重点公益林保护、防沙治沙建设项目、三北防护林工程和退耕还林工程封沙育林、敦煌自然博物馆建设工程等重点项目；建成了集办公、科研宣教和培训接待三位一体的综合大楼12520平方米，保护站4个，围栏50余千米，标志牌300多个，巡护道路150多千米，气象站3座，水文监测点5个，植被监测样地30个，累计完成封育天然林3.6万亩，人工辅助补植补播造林1.5万亩，国家公益林保护82.9万亩；相继开展了森林资源一类清查、二类调查，综合科学考察，生态旅游考察，气象、水文、植被和鸟类监测等一系列科研和调查活动；启动了以库姆塔格和罗布泊探险旅游为主、“西湖十景”逐步开发利用的生态旅游项目，在草食畜养殖和芦苇草采割、多种经营等产业开发领域进行有益探索。2007年和2009年，管理局分别被敦煌市委和流域委命名为“文明单位”；2010年，保护区和敦煌自然博物馆被省林业厅、省教育厅、团省委命名为“甘肃省首批生态文明教育基地”。

（二）甘肃盐池湾自然保护区

甘肃盐池湾自然保护区是1982年经省政府批准建立的省级自然保护区，2006年2月晋升为国家级自然保护区。初建时保护区总面积42.48万公顷，2001年经省政府批准扩建为186万公顷，2002年改建为136万公顷。其中核心区面积42.16公顷，缓冲区面积28万公顷，实验区面积65.84万公顷。甘肃盐池湾国家级自然保护区管理局于2007年经甘肃省林业厅（甘林字〔2007〕214号）文件批准成立，为正县级事业单位，隶属甘肃省林业厅管理。核定编制35人，其中处级领导4人，科级领导14人（正科级10人，副科级4人）。下设办公室、计划财务科、保护监测科、科研管理科，均为正科级建制。共设6个基层保护站，均为正科级建制，分别是盐池湾保护站、石包城保护站、老虎沟保护站、鱼儿红保护站、疏勒河保护站、碱泉子保护站。保护区位于肃北蒙古族自治县东南部的盐池湾乡、石包城乡、鱼儿红乡，地处祁连山西端。地理坐标：东经95°21′—97°10′，北纬38°26′—39°52′。保护区所处的地理位置和自然环境孕育了国内少有的冰川冻土、高山寒漠、高山草甸草原、高山草原、高原湿地和荒漠生态系统；保护区主要保护对象为荒漠生态系统及野生动植物资源，以白唇鹿、野牦牛、藏原羚等高原珍稀野生动物保护为主。保护区内有脊椎动物135种22目48科，其中列入国家一级保护动物名录的有10种，列入国家二级保护动物名录的有25种；列入濒危野生动植物国际贸易公约附录Ⅰ、Ⅱ的有32种；列入中日两国候鸟保护协定的鸟类有23种；列入国家保护有益或者有重要经济、科学研究价值的野生动物有55种。保护区是祁连山高原有蹄类野生动物的集中分布区，主要有白唇鹿、雪豹、棕熊、藏野驴、野牦牛、盘羊等，还是黑颈鹤、斑头雁、藏雪鸡、西藏毛腿沙鸡等候鸟及留鸟的繁殖区，也是我国西部候鸟南北迁徙途中歇息的必经通道。保护区内有高等植物42科154属278种，其中裸果木、掌裂兰、羽叶点滴梅是国家重点保护植物。盐池湾国家级自然保护区实施了基础设施建设工程、四河源保护工程、沙化治理工程等重点工程项目。建有综合办公楼、自然历史博物馆和宣传教育中心，建设管理站4个、气象站3个，维修公路3条，有工作车6辆，其中局机关工作车2辆，每个管理站（含气象站）工作车各1辆。购置了气象观测和科研用的仪器设备，开通了县城至盐池湾、鱼儿红和石包城的程控电话。保护区设立了界桩、界碑、围栏，建有瞭望塔、蓄水池和投料场等设施。

（三）甘肃安南坝野骆驼自然保护区

甘肃安南坝野双峰驼自然保护区是1982年经省人民政府批准建立的省级自然保护区，2006年晋升为“甘肃安南坝野骆驼国家级自然保护区”。保护区总面积39.6万公顷，其中核心区面积12.85万公顷，占保护区面积的32.4%；缓冲区面积12.05万公顷，占保护区面积的30.4%；实验区14.7万公顷，占保护区面积的37.1%。2007年甘肃安南坝野骆驼国家级自然保护区管理局成立，为全额拨款正县级事业单位，隶属甘肃省林业厅管理，核定事业编制25人，其中：局长1人，副局长2人，工作人员22人。核定森林公安分局15人，其中：局长1人，政委1人，森林公安干警13人。保护区管理局内设机构有办公室、计划财务科、保护监测科、科研管理科和森林公安分局，下设多坝沟、安南坝、乌什喀特、冬格列克4个保护站及8个巡护点。

保护区位于阿克塞哈萨克族自治县境内以西120千米处阿尔金山北麓，北接敦煌西湖国家级自然保护区，西邻新疆罗布泊野骆驼国家级自然保护区，南靠青海省，地理坐标为东经92°20′—93°19′、北纬39°02′—39°47′。地貌以戈壁、荒漠、沙漠等为主，主要植被以旱生、超旱生为主，有些区域灌木盖度达到或超过60%；保护区地处亚热带干旱气候区，属典型的大陆性气候，冬季严寒，夏季酷热。全年平均气温10.1℃，最热7月份平均气温为25℃，最冷1月份平均为-7.8℃，气温日差较大，最高达29℃。日照时间长，全年日照数为3246.7小时。降水少，年平均降水量67.9～83.4毫米。保护区主要栖息着野双峰驼、蒙古野驴、雪豹、盘羊、岩羊、鹅喉羚等多种珍稀动物，尤其以野双峰驼为主，保护区内动植物资源比较丰富，属“野生动物类型”的自然保护区，保护对象为野骆驼及其栖息环境。保护区有陆生野生动物120种，隶属于17目41科，占甘肃省陆生野生动物种类总数的15.9%，其中爬行类1目3科7种，鸟类11目24科71种，哺乳类5目14科42种，分别占甘肃省各类陆生野生动物种类数的11.9%、14.3%和25%。保护区120种陆生野生动物中，列为《国家重点野生动物保护名录》的有29种，其中一级12种，为金雕、白肩雕、白尾海雕、草原雕、波斑鸨、胡兀鹫、秃鹫、猎隼、豺、雪豹、藏野驴、野骆驼，占10%；二级有17种，为鸢、大鵟、高山兀鹫、燕隼、红隼、淡腹雪鸡、暗腹雪鸡、雕鸮、纵纹腹小鸮、棕熊、石貂、猞猁、兔狲、岩羊、盘羊、鹅喉羚、藏原羚，占保护区鸟兽种数的14%。列入CITES公约的有21种，占保护区脊椎动物种数的17.5%。列入《国家保护有益的或者有重要经济、科学研究价值的陆生野生动物名录》的有43种。保护区有高等植物24科68属116种，其中裸子植物1科1属3种；被子植物23科67属113种，占保护区高等植物总种数的97.4%；种子植物分别占甘肃省种子植物总科数的11.8%、总属数的6.8%、总种数的3%，主要有阔叶林、草原、荒漠、灌丛和草甸5个植被型组，温带阔叶林、温带荒漠草原、高寒草原、温带荒漠、高寒荒漠、温带灌丛、高寒灌丛和盐化草甸8个植被型22个群系。

1995年，英国科学家JohnHare在安南坝地区考察中观察到49峰野骆驼，其中雌性个体19峰，亚成体12峰。1997年秋、1999年初夏、2000年秋及2001年春，安南坝野骆驼自然保护区工作人员对该地区进行了4次考察，观察到11群85峰野骆驼，最大的群体为21峰，其中雌性群5群，共51峰；雄性群2群，共3峰；混合群1群，共3峰；家群2群，共28峰。安南坝野骆驼国家级自然保护区于2009年实施基础设施建设一期工程，总投资872万元，其中中央投资698万元，省上配套资金174万元，截至目前已经建成并投入使用的工程有局机关办公大楼、职工宿舍、食堂及附属设施；建成乌什喀特保护站、安南坝保护站、气象站，胡杨泉、斯班泉小型引水工程2处，瞭望塔3座；设置各类宣传牌、标志牌、警示牌56块，其中大型永久性宣传牌16块，标志牌6块，铁制宣传牌、标志牌11块，铁制警示牌23块；在建工程有多坝沟、冬格列克2个保护站。先后编制《2006年—2015年甘肃安南坝野骆驼国家级自然保护区总体规划》和《甘肃安南坝野骆驼国家级自然保护区基础设施建设可行性研究报告》，均通过国家林业局的批复，同时还编制《2007年—2010年自然保护区科技发展规划》《2008年—2010年安南坝自然保护区年度计划》《自然保护区“十二五”规划和“十二五”科技发展规划》,《安南坝自然保护区建设初步设计》于2010年经省林业厅组织专家论证通过后已付诸实施。

（四）甘肃安西极旱荒漠自然保护区

1984年12月，甘肃省环境保护局、畜牧厅在兰州召开草地类自然保护区建设项目论证会，提出建立安西戈壁草地自然保护区的建议书。1987年6月22日，甘肃省人民政府批准建立省级甘肃省安西荒漠戈壁草地自然保护区。1990年确定保护区面积为80万公顷，分南北两片，北片“以马莲井为中心、自大泉以北的县境均为该片保护的范围”。1992年，保护区经国务院国批准升级为国家级自然保护区，并更名为“甘肃安西极旱荒漠国家级自然保护区”。1996年，根据国家环保总局要求，安西极旱荒漠自然保护区编制《甘肃安西极旱荒漠国家级自然保护区总体规划（草案）》。甘肃省第十一届人民代表大会常务委员会第三次会议于2008年5月29日颁布《甘肃安西极旱荒漠国家级自然保护区管理条例》。

保护区管理局设在瓜州县，下设柳园、布隆吉、锁阳城等7个保护站。保护区位于瓜州县境内，分南北两片，南片位于瓜州县南部，地理坐标为东经95°50′49″—96°48′34″、北纬39°49′39″—40°34′34″，与玉门市和肃北蒙古族自治县为邻，面积为40万公顷；北片位于瓜州县北部，地理坐标为东经94°43′35″—95°47′52″、北纬41°12′26″—41°47′33″。保护区北与新疆相接，东北与肃北蒙古族自治县马鬃山镇相交，西与旅游名城敦煌相毗连。保护区气候极端干旱，属暖温带和中温带2个气候带，西部海拔1070～1178米，为暖温带极端干旱气候区，年平均气温8.8℃，极端高温42.8℃，极端低温-29℃，全年≥10℃积温3582.9℃，年均降水量45.7毫米，年平均蒸发量3140.6毫米；东部海拔1300～1430米，为中温带干旱荒漠气候区，年平均气温6.9℃，全年≥10℃积温2700℃，年平均降水量72.3毫米，年平均蒸发量2942.8毫米，植被以典型荒漠类型为主。保护区地处亚洲中部温带荒漠和暖温带荒漠、极旱荒漠和典型荒漠的交汇处，是青藏高原和蒙新荒漠的结合部，其荒漠植被在整个古地中海区域具有一定的典型性和代表性，是目前我国唯一以保护极旱荒漠生物多样性为主的多功能综合性自然保护区。保护区内有野生脊椎动物26目57科160种，其中国家一级保护的野生动物有蒙古野驴、雪豹等7种；国家二级保护的野生动物有岩羊、盘羊、鹅喉羚等、北山羊等21种；列入《中日保护候鸟及其栖息环境协定》的鸟类42种；属《国际濒危动植物种贸易公约》规定的有14种。这些栖息繁衍在极其严酷荒漠生境中的野生动物，是大自然珍贵的物种资源，目前处于濒危状态。保护区内现有高等植物62科374种，其中Ⅰ、Ⅱ类保护植物有裸果木、梭梭、麻黄、胡杨等6种，中亚荒漠代表植物有22种。保护区内有2处雅丹地貌已形成自然景观，其中，布隆吉人头疙瘩风蚀地貌地处312国道边，具有旅游观赏价值，已被载入《中国名胜大辞典》。另外，瓜州地处古丝绸之路要塞，古文化遗迹丰富，保护区内有石窟寺4处、古遗址10多处、古建筑4处、汉唐墓葬2000余座，其中榆林窟是与敦煌莫高窟齐名的国家重点文物保护单位。

（五）甘肃敦煌阳关自然保护区

保护区始建于1992年。1994年7月，经省政府批准晋升为省级自然保护区；2007年5月，省政府批准将敦煌市南湖自然保护区更名为甘肃敦煌阳关省级自然保护区；2008年12月，通过环保部国家级自然保护区评审；2009年9月，国务院批准命名阳关自然保护区为国家级自然保护区。保护区总面积8.82万公顷，其中核心区面积2.73万公顷，缓冲区面积2.81万公顷，实验区面积3.28万公顷，主要由戈壁、湿地、沙地、林地和水域组成。保护区管理局隶属甘肃省环境保护厅，下设6个科室（站）。

保护区位于甘肃省最西端的敦煌市阳关镇境内，地理坐标为东经93°53′—94°17′、北纬39°39′—40°05′。保护区是由泉水、湖泊、沼泽、河流构成的内陆河流生态系统，与周边的戈壁、荒漠生态系统镶嵌分布，是我国西部荒漠区中较为罕见的特殊成因内陆河流生态系统，具有极高的保护价值和科研价值。保护区主要保护对象为荒漠生态系统及野生动植物，保护区内有种子植物141种，列入国家重点保护植物名录的有4种，其中国家二级保护植物1种，即裸果木；国家三级保护植物有3种，即胡杨、膜果麻黄、梭梭。保护区共有脊椎动物145种，其中列入国家重点保护野生动物名录的有17种，一级保护动物有黑鹳、白鹳2种，二级保护动物有大天鹅、红隼、鹅喉羚等15种。

（六）玉门市干海子候鸟自然保护区

玉门市干海子候鸟自然保护区是1982年经省政府批准建立的省级自然保护区。总面积666公顷，其中核心区面积327公顷，占保护区总面积的49.10%，缓冲区面积282公顷，占保护区总面积的42.34%；实验区面积57公顷，占保护区总面积的8.56%。干海子省级候鸟自然保护区管理工作由玉门市野生动植物管理局负责，该局于2002年经玉门市人民政府批准成立，2012年与玉门市森林资源管理站合并升级为正科级全额拨款事业单位，隶属玉门市林业局。内设办公室、计划财务股、科教股、保护管理股、森林公安股5个职能部门，并设花海保护站和干海子保护站。

保护区地处玉门市东北部花海镇界内，位于玉门市区东偏北85千米处，距玉门市花海镇政府驻地30千米，四周均为荒滩戈壁，远离人类居住区。地理坐标：东经98°0′59″—98°2′58″，北纬40°22′54″—40°24′27″。保护区属于中温带干旱气候，降水少，蒸发量大，日照长，风沙多，该区域有典型的荒漠气候特点。年降水量57.1毫米，年均蒸发量2980毫米，年日照时数可达3264小时，日照面积达70%，年均气温8.0℃，≥0℃年均积温3781℃，≥10℃年均积温2891℃。保护区属湿地类型自然保护区，保护对象是候鸟及湿地生态系统。保护区是河西走廊西部候鸟迁徙的重要停歇地，每年都有大量水禽在这里停歇、繁殖、育雏、越夏。干海子湿地有珍稀濒危动物10种，其中：国家一级保护动物有3种，为金雕、猎隼、豺；国家二级保护动物有7种，为猞猁、鹅喉羚、大天鹅、鸢、大鵟、红隼、长耳鸮。保护区内共分布有湿地高等植物91种，隶属27科68属，其中双子叶植物23科55属76种，单子叶植物4科13属15种。优势植物以耐盐碱、耐干旱的灌木为主，主要有多枝柽柳、刚毛柽柳、盐穗木、黑果枸杞、芦苇、冰草、盐角草、盐爪爪、骆驼刺、乳苣、赖草等。保护区内湿地高等植物可以划分为2个植被型组、3个植被型、6个主要的植物群系，以耐盐性的盐生灌丛湿地植被型为主要植被类型，主要包括多枝柽柳群系、刚毛柽柳群系、盐穗木群系、黑果枸杞群系，分布面积约100公顷；其次为杂类草湿地植被型，主要为骆驼刺群系，分布面积约30公顷。保护区还有零星分布的芦苇群系。

（七）玉门市南山自然保护区

玉门市南山自然保护区是2002年经甘肃省人民政府批准建立的省级自然保护区。保护区总面积152900公顷，其中核心区面积48557.61公顷，缓冲区面积46101.92公顷，实验区面积58240.42公顷。保护区管理工作由玉门市野生动植物管理局负责管理。玉门市南山自然保护区的建立，可通过人工封育和保护，减少保护区内牲畜放养，杜绝挖沙取石、樵采和乱捕乱猎行为，使植被盖度迅速得到恢复，动物种群数量迅速增加，山地、戈壁生态系统趋于稳定，从而改善生态环境。

保护区地处玉门市东南，南为祁连山，北为宽滩山，东为黑山，中间为赤金盆地，海拔1500～300米，祁连山前大部分为洪积第四纪砾石层，由于石油河、白杨河由南向北流出，将祁连山部分风化物带出，因此在山前形成南高北低的洪积扇戈壁平原地貌。地理坐标：东经97°24′27″—98°5′30″，北纬39°39′40″—40°4′16″。保护区属中温带干旱气候区，气候干燥，降水少，蒸发强烈，昼夜温差大，特点是“冬寒夏暑日照长、秋凉春旱风沙多”，年均气温5℃，年降雨量70～140毫米，年蒸发量1700～2900毫米，无霜期134～157天，主要灾害性天气有大风、沙尘暴、干热风等；主要保护境内野生动植物资源及其生态系统和不同自然地带的典型自然景观。保护区野生动物资源十分丰富，种类多、数量大，兽类40余种，其中属国家重点保护的有雪豹、猞猁等9种；鸟类80余种，其中属国家重点保护的有雪鸡、金雕、猎隼等9种。大部分野生动物分布在祁连山区，另有鹅喉羚分布在戈壁、胡杨林、麻黄滩一带，黑山、宽滩山分布有少量盘羊。国家一级重点保护兽类3科3种，为猫科的雪豹、鹿科的白唇鹿；国家二级重点保护兽类4科6种，为猫科的猞猁，鹿科的马鹿，鼬科的水獭，牛科的盘羊、岩羊、鹅喉羚。另外，还有旱獭、黄鼠、野兔、蝙蝠、獾、刺猬等30余种其他非重点保护野生动物。国家一级重点保护鸟类有鹰科的金雕、玉带海雕、胡鹫，国家二级重点保护鸟类有雉科的雪鸡，另外还有沙鸡、石鸡、雉鸡、啄木鸟、布谷、乌鸦、麻雀、燕等70余种非重点保护鸟类。其他类主要有黄脊游蛇、黑脊蛇、蜥蜴、蚂蟥、蚂蚁、蛙科类和各种昆虫。保护区内地形复杂、高差大，自然环境有过渡性，形成了区内野生植物群落类型的独特性和生物种类的复杂性、多样性，植被带交错镶嵌，野生植物多属旱生、超旱生植物，植物群落主要有合头草和红砂、珍珠群落，灌木亚菊植被群落、木本猪毛菜植被群落、扁穗草和大花蒿草植被群落等，优势种主要有16种，其中乔木类有青海云杉、胡杨、桧柏；灌木半灌木类有山柳、柽柳、膜果麻黄、碱篷子、白刺、红砂、梭梭、紫菀木；草本植物有蒿草、芨芨草、冰草、针茅、苔草。国家重点保护野生植物有5种，均为国家二级保护野生植物，为胡杨、柽柳、梭梭、膜果麻黄、白刺。

（八）玉门市昌马河自然保护区

玉门市昌马河自然保护区是1996年经甘肃省人民政府批准建立的省级自然保护区。保护区总面积68250公顷，其中核心区面积24057.8公顷，缓冲区面积16046.2公顷，实验区面积28146

公顷。保护区管理工作由玉门市野生动植物管理局负责管理，该局于2002年经玉门市人民政府批准成立，2012年与玉门市森林资源管理站合并升级为正科级全额事业单位，隶属于玉门市林业局，现有编制20名。

保护区位于玉门市境内的昌马乡疏勒河流域，地处青藏高原东北边缘，祁连山北麓西段，东、南均与肃北蒙古族自治县毗邻，西南与安西县接壤，北至东南与肃北蒙古族自治县交界处为止。地理坐标：东经96°35′—97°00′，北纬39°42′—39°58′。保护区地处青藏高原气候区的高原亚寒区，特点是气温低，降水少，年降水量86毫米左右，集中于夏季，占全年降水的66.51%。年均蒸发量2500毫米，年均相对湿度34%。多风，日照长。保护区地处山间盆地，区域性小气候明显，冬暖夏凉，气候宜人。全年平均气温4.8℃。常年风力较大，年平均风速3.2米每秒，最大风速18.0米每秒，极端风速可达22米每秒。保护区属于湿地类型自然保护区，主要保护对象为湿地生态系统。保护区内有脊椎动物5纲20目41科81种（亚种），占甘肃省脊椎动物总数的9.5%，其中，鱼类1目2科4种，两栖类1目1科1种，爬行类1目2科2种，鸟类13目26科58种，兽类4目10科16种。保护区有13种野生动物被列入《濒危野生动植物种国际贸易公约》附录物种，其中附录Ⅰ有2种，分别为藏雪鸡、雪豹；附录Ⅱ有10种，分别为鸢、大鵟、金雕、胡兀鹫、猎隼、红隼、长耳鸮、盘羊、猞猁、豺；附录Ⅲ有1种，为喜马拉雅旱獭。保护区内植被以荒漠、半荒漠植被为主，物种较为单一。约有高等植物231种，其中蕨类植物1种，种子植物230种，包括裸子植物4种、被子植物226种，以柽柳、梭梭、沙拐枣、拧条等为主。另外，有药物植物100余种，尤其是甘草蕴藏量较为丰富。保护区内分布的肉灰蓉，被列入《濒危野生动植物种国际贸易公约》。

（九）瓜州县疏勒河中下游自然保护区

瓜州县疏勒河中下游自然保护区是2002年1月经甘肃省人民政府批准成立的省级自然保护区。保护区总面积32.42万公顷，其中核心区面积9.04万公顷，缓冲区6.66万公顷，实验区16.72万公顷；林草地16.13万公顷，湿地14.39万公顷，山地1.9万公顷。2002年3月，经瓜州县人民政府批准，瓜州县野生动植物管理站成立，负责瓜州县疏勒河中下游自然保护区的管理工作，野生动植物管理总站为正科级事业单位，隶属于瓜州县林业局。核定编制7人，实有管理和技术干部5人，设站长1名（由瓜州县林业局副局长张平峰兼任）、副站长1名。

保护区位于河西走廊最西端，东接玉门，西临敦煌，南北与肃北蒙古族自治县相连。地理坐标：北纬39°52′—40°36′和东经94°45′—97°00′。保护区建立的主要宗旨是保护典型、完整的荒漠植被和湿地生态系统及其赖以生存的野生动物和野生动物栖息地，研究探索生物遗传多样性和完整性，其主要保护对象是野生植物类、湿地生态系统和野生动物资源。保护区内的湿地不仅是众多水禽的栖息繁殖地，而且是相当多种类迁徙途中的停息地。保护区有脊椎动物5纲26目56科160种，属国家一级保护动物的以雪豹、蒙古野驴为代表的有7种，其中雪豹分布于南山区，蒙古野驴分布于北山区，其余南北两山区均有；属国家二级保护动物的以黄羊、盘羊为代表的20种。除部分鸟类分布于南山湿地外，其余南北两山均有分布。同时，国际公约或协定规定的保护动物12种，均是特种保护动物；省级保护动物4种，分布于南北两山和湿地；甘肃省保护有益或者有重要经济科学研究价值的动物有6种。保护区内植物资源丰富，有国家级珍稀保护植物天然胡杨，面积2085公顷，活立木蓄积达185555.9立方米，属保护区重点保护对象。有生态荒漠灌木林面积96670公顷，以柽柳为主，是生态荒漠的优势种，为重点保护对象。保护区共有植物345种，其中被列为国家保护植物的有4种，即裸果木、胡杨、梭梭、膜果麻黄，前两种尤为珍贵，为第三纪孑遗种类，有较高科研保护价值；固沙植物有50余种，如柽柳、白刺、枸杞、梭梭、泡泡刺、柠条、花棒、沙拐枣、沙蒿、沙米、骆驼刺等；药用植物100余种，有甘草、锁阳、麻黄、苁蓉等，其中甘草面积22.5万亩，是我国甘草主要产区之一；纤维植物以芨芨、罗布麻、芦苇为主，是造纸、人造棉、人造纤维和编织、绳索、纺织的纤维原料。保护区组建专职管护队伍，实行围栏封育，建立健全护林防火组织体系、森林病虫害预警监测体系；管理和基础设施建设进一步完善，完成老师兔、东巴兔、西湖、踏实、锁阳城、桥子、布隆吉、小宛8个管护站建设，接通电源，安装架设卫星电视接收系统，架设自来水、排水管道等基础设施，完成站区初步绿化，站区已初步具备护林人员生活、居住、办公和简单接待的功能；修建老师兔、东巴兔、踏实、锁阳城、青山子、西湖、望杆子7座瞭望塔；配备3辆巡护专用汽车，并为基层分队配备了望远镜18架、对讲机32部。在保护区重要路口设立严禁进入保护区警示公告牌，在重点区域设置大型宣传碑（牌）。

（十）肃北蒙古族自治县马鬃山北山羊自然保护区

肃北蒙古族自治县马鬃山北山羊自然保护区是2001年经甘肃省政府批准建立的省级自然保护区。保护区总面积48万公顷，其中核心区面积9.975万公顷，缓冲区面积7.375万公顷，实验区面积30.65万公顷。保护区由肃北蒙古族自治县林业局委托肃北县蒙古族自治县野生动植物资源管理站管理。2009年8月，肃北蒙古族自治县林业局下设了肃北蒙古族自治县马鬃山北山羊省级自然保护区管理站、肃北蒙古族自治县重点生态公益林马鬃山管护站、肃北蒙古族自治县野生动植物资源马鬃山管护点和肃北蒙古族自治县野生动物疫源疫病马鬃山检查站，一套人马四个单位，实行管理站、管理所、管护点三级负责制，对保护区分片管理，建立健全了管理机构，明确了管理职责。

保护区地处河西走廊西缘，东邻额济纳旗、金塔县，西邻新疆维吾尔自治区，北靠蒙古国，南界瓜州县、玉门市，位于天山山脉末端。地理坐标：东经95°38′—97°45′，北纬42°51′—42°45′。保护区主要保护以北山羊为主的栖息地和山地荒漠草原生态系统，是甘肃省唯一的一级保护动物北山羊的集中分布区，也是野骆驼、盘羊、蒙古野驴等有蹄类野生动物栖息、繁殖、饮水之地。保护区内有野生脊椎动物共174种，列入国家重点保护的野生动物共38种，其中国家一级保护动物有白唇鹿、野牦牛、藏野驴、蒙古野驴、野骆驼、雪豹、金雕、白肩雕、玉带海雕、白尾海雕、草原雕、胡兀鹫、秃鹫、黑颈鹤、豺、荒漠猫、猎隼等17种；国家二级保护动物有甘肃盘羊、戈壁盘羊、马鹿、岩羊、鹅喉羚、藏原羚、棕熊、猞猁、兔狲、鸢、红隼、燕隼、大鵟、高山兀鹫、雕鸮、天鹅、淡腹雪鸡、暗腹雪鸡、苍鹰、纵纹腹小鸮、北山羊等21种。另外，在马鬃山区分布有大面积的恐龙化石产地，是极其重要的自然地质遗迹和古环境变迁的标志。保护区内有植被3个类5个组11个型，植物分属23科53属86种，优良牧草10种。高山风毛菊主要分布于盐池湾高海拔地区，生于海拔3900～4500米的高山草甸、砾石地、岩石缝中。红绵天主要分布于疏勒南山、野马南山、党河南山等山区，生于海拔3500～4000米的高山草甸、山谷灌丛中。裸果木主要分布于北部马鬃山地区，生于海拔1100～2300米的河床、沙地、山坡，为国家一级重点保护植物。梭梭生于海拔1600～2000米的河边沙地、沙丘、山前平原、砾石沙地，为国家三级保护植物。多枝柽柳主要分布于北部马鬃山地区、南部石包城、党河峡谷，生于荒漠区河漫滩、河岸、湖岸、盐渍化沙土。党河峡谷红柳湾红柳生长在干旱地区、湖盆边缘和河流岸边。

（十一）阿克塞哈萨克族自治县大苏干湖候鸟自然保护区

阿克塞哈萨克族自治县大苏干湖候鸟自然保护区是1982年经甘肃省人民政府批准建立的省级自然保护区。2003年，国家启动湿地保护项目，阿克塞哈萨克族自治县大苏干湖湿地被列入《中国重要湿地名录》和《全国湿地保护工程实施规划》。2008年，阿克塞哈萨克族自治县启动大苏干湖湿地保护项目，编制项目可研报告上报甘肃省发改委和甘肃省林业厅，2010年5月甘肃省发改委下发《关于甘肃阿克塞大苏干湖湿地保护建设项目可行性研究报告的批复》，批准该项目立项。2012年7月，根据国家发改委、国家林业局《关于下达湿地保护工程2012年中央预算内投资计划的通知》，下达投资计划2875万元（中央预算内投资2300万元，地方配套575万元）。自然保护区总面积8580公顷，其中核心区面积8380公顷，缓冲区面积50公顷，实验区面积150公顷。

保护区位于阿克塞哈萨克族自治县以东南100千米的海子草原西端，海拔高度2790～2810米。地理坐标：东经94°11′—94°15′，北纬39°05′—39°09′。保护区内动物资源十分丰富，有2纲10目16科78种兽类及鸟类野生动物，其中被列入《国家重点保护野生动物名录》的有12种，属国家一级保护动物的有黑颈鹤、猎隼、黑鹳3种，属国家二级保护动物的有鹅喉羚、红隼、普通鵟、雕鸮、纵纹腹小鸮等9种，被列入《濒危动植物国际贸易公约》的有6种。脊椎野生动物主要有狼、赤狐、石貂、艾鼬、大耳鼠兔、鹅喉羚等。鸟类主要有天鹅、黑鹳、黑颈鹤、灰鹤、黑耳鸢、白头鹞、普通鵟、大鵟、金雕、红隼、猎隼等。候鸟131种，其中夏候鸟92种，有遗鸥、猎隼、白尾鹞等，为国家重点保护鸟类；冬候鸟39种，有白尾海雕、玉带海雕等，为国家重点保护鸟类。旅鸟4种，即白鹤、小天鹅、疣鼻天鹅、卷羽鹈鹕，为国家重点保护鸟类。留鸟41种，黑耳鸢、胡兀鹫、秃鹫、红隼等为国家重点保护鸟类。兽类16种，属国家二级保护的有鹅喉羚。保护区内植被种类繁多，分布着以高寒湿润植物、温带性超旱生植物等为主的18科30属41种，药用植物主要有大黄、高寒棘豆、锁阳、金色补血草、尖叶龙胆等10种，观赏植物主要有小时忍冬、康定凤毛菊、红花岩黄芪、匍匐水柏枝、雾冰藜等9种。

（十二）阿克塞哈萨克族自治县小苏干湖候鸟自然保护区

阿克塞哈萨克族自治县小苏干湖候鸟自然保护区是1982年经甘肃省人民政府批准建立的省级自然保护区。2006年，国家林业局对阿克塞哈萨克族自治县小苏干湖湿地保护建设项目可行性研究报告予以批复，投资371万元的建设资金。保护区总面积1900公顷，其中核心区面积1650公顷，缓冲区面积100公顷，实验区面积150公顷。

保护区位于阿克塞哈萨克族自治县以东南80千米的海子草原西北端，海拔高度2800～2851米。地理坐标：东经94°11′—94°15′，北纬39°05′—39°09′。保护区动物资源十分丰富，保护区内有脊椎动物2纲17目43科133种，其中被列入《国家重点保护野生动物名录》的有15种，属国家一级保护动物的有黑颈鹤、黑鹳及猎隼3种；属二级重点保护动物的有黄嘴白鹭、灰鹤、大天鹅、小天鹅、普通鵟、鹅喉羚、红隼、雕鸮、纵纹腹小鸮等12种。被列入《濒危动植物国际贸易公约》的有9种，占重点保护总数60%。脊椎野生动物主要有狼、狐狸、鹅喉羚等10种。鸟类主要有天鹅、黑鹳、黑颈鹤、灰鹤、黑耳鸢、普通鵟、红隼、猎隼等139种，其中被列入《中国濒危动物红皮书》的鸟兽类有25种，分布数量约为4万～5万只；被列入《国家重点保护野生动物名录》的鸟类有35种。保护区水草丰美，植被资源丰富，植物种类繁多，分布着以高寒湿润植物、温带性超旱生植物等为主的湿地植被约18科30属41种，其中裸子植物有1科1属3种，药用植物主要有大黄、高寒棘豆、金色补血草、尖叶龙胆莲等10种，观赏植物主要有康定凤毛菊、红花岩黄芪、匍匐水柏枝、雾冰藜等9种。

（十三）敦煌市南泉湿地自然保护区

敦煌市南泉湿地自然保护区是1999年9月由敦煌市政府批准设立的县级自然保护区，保护区总面积11.14万公顷，其中核心区面积3.39万公顷，缓冲区面积4.15万公顷，实验区面积3.6万公顷。保护区管理工作由敦煌市天然林野生动物管护站代管。

保护区地处敦煌市绿洲农业区外围“西湖”，东邻黄渠乡芭子场和敦煌农场西的八道桥，上、下庙梁子，西至南大湖，南到光戈壁，北沿北戈壁。地理坐标：东经93°47′—94°40′，北纬40°13′—40°33′。南泉湿地自然保护区位于河西走廊平原中部，属党河下游、疏勒河下游冲积湖平原的一部分，海拔1030～1100米，四周均被沙漠和戈壁所隔绝，地势低洼平坦，气候异于敦煌的其他地区，区内水草茂盛，物种资源丰富。保护区深居内陆，属典型的大陆温带干旱气候。日照时间长，全年日照时数为3246.7小时，热量资源丰富，温差大，年平均气温9.9℃。蒸发量大，降水少，年平均降雨量39.9毫米，年平均蒸发量2486毫米，属极干旱地区。风大，无霜期短，常年多东风和西风，年均风速1.9米每秒，8级以上大风日数为15.8天，沙尘日数为15.4天，无霜期145天。保护区属荒漠生态系统及野生动植物类型自然保护区，主要保护对象为重点公益林、荒漠生态系统及其生物多样性、自然生态环境及不同自然地带的典型原始自然景观。保护区内有野生动物120种，属国家级重点保护的野生动物13种，其中国家一级保护动物2种，为白鹳、黑鹳；国家二级保护动物11种，为鹅喉羚、燕隼、红隼、游隼、灰鹤、蓑羽鹤、白琵鹭、大天鹅、纵纹腹鸮、雕鸮、短耳鸮。保护区内有种子植物103种，其中被子植物102种，蕨类植物1种，这些物种中有国家级重点保护的植物2种，国家三级保护植物2种，为胡杨、怪柳。其他种类如罗布麻、胀果甘草、勃氏麻黄等都具有较高的药用价值。另外，该区内还生长有盐穗木、花花柴、骆驼制等荒漠或盐生植物，都是珍贵的荒漠绿化树种和基因资源。

（十四）敦煌市东湖自然保护区

敦煌市东湖自然保护区是2004年11月由敦煌市政府批准设立的县级自然保护区，是在原敦煌天然林野生动物管护站的“东湖天然林封育管护区”和树沟子、东水沟、汉峡三块封育小区的基础上合并而成的。保护区总面积12万公顷，其中核心区面积4.71万公顷，缓冲区面积2.12万公顷，实验区面积5.17万公顷。保护区管理工作由敦煌市天然林野生动物管护站代管。

保护区西起省道215线三个墩子道班和碱墩子道班，城湾农场、棉花公司农场、大泉村东沿；东至西沙窝、甜涝坝、膏油桩、甜水井子；南跨国道313线和三危山（火焰山）汉峡、东水沟、树沟子等沟谷与安西县一百四里戈壁接壤；北部与安西县为界。地理坐标为东经94°48′—95°21′，北纬40°08′—40°28′，属湿地生态系统。保护区内现存湿地约0.35万公顷，主要分布在伊塘湖和新店湖一带，其他大部分消失并呈现出盐渍化、沙化和荒漠化。现存湿地中，伊塘湖一带的两片重盐化沼泽，是敦煌市著名的盐池，盛产硝盐，水面永久；新店湖一带即莫高农园以南到红柳泉以北，主要是季节性沼泽，芦苇等湿地植被低矮、种群退化严重，但该区是东湖湿地野生动植物最集中的区域。在三危山树沟子、东水沟、汉峡洪水冲刷区分布着盖度在10%～20%的麻黄、红砂等小灌木，总面积约0.2万公顷，其他大部分区域分布有白刺、柽柳、碱柴、苏枸杞、骆驼刺、芦苇、甘草、罗布麻等灌草，面积约0.08万公顷；在西沙窝、甜水井、双井子、一棵树井子、树沟子残存有少量稀疏的胡杨。分布的白刺、柽柳、麻黄、泡泡刺、碱柴等荒漠植被群系极具代表性和典型性。保护区分布有大量野生动植物资源，有种子植物120余种，其中属国家重点保护的有胡杨，其余均属敦煌市重点保护物种。重要的药材资源有麻黄、甘草、锁阳、罗布麻等。有野生动物约120余种，其中国家重点保护的有15种，属于国家一级保护动物的有大鸨、黑鹳、白鹳3种，属于国家二级保护动物的有鹅喉羚、猞猁等12种。

（十五）安南坝阿尔金山有蹄类野生动物自然保护区

安南坝阿尔金山有蹄类野生动物自然保护区是2001年由阿克塞哈萨克族自治县政府批准建立的县级自然保护区。保护区总面积21万公顷，其中核心区面积6.3万公顷，缓冲区面积5.8万公顷，实验区面积8.9万公顷。

保护区位于阿克塞哈萨克族自治县西南部的阿尔金山地区，主要栖息着阿尔金山盘羊、雪豹、棕熊等野生动物。保护区主要保护盘羊等有蹄类野生动物。保护区内动物资源十分丰富，有脊椎动物2纲10目21科43种，其中被列入《国家重点保护野生动物名录》的有27种，属国家一级保护动物的有蒙古野驴、雪豹、胡兀鹫、秃鹫、白肩雕、猎隼、荒漠猫等11种，占总数的25.6%；属国家二级保护动物的有阿尔金山盘羊、岩羊、鹅喉羚、棕熊、猞猁、喜马拉雅雪鸡、黑腹沙鸡、红隼、大鵟、雕鸮、纵纹腹小鸮等16种，占总数的37%。被列入《濒危动植物国际贸易公约》的有20种，占重点保护总数的46%。脊椎野生动物主要有豺、狼、棕熊、石貂、蒙古野驴、盘羊、岩羊、鹅喉羚等20种。鸟类主要有鹰科、黑耳鸢、玉带海雕、胡兀鹫、秃鹫、白头鹞、普通鵟、大鵟、金雕、红隼、猎隼、喜马拉雅雪鸡等25种。高地寒漠动物主要有适应高山裸岩和高山寒漠草甸环境的喜马拉雅雪鸡、胡兀鹫、高山兀鹫、大鵟、盘羊、岩羊、雪豹、棕熊等，这个动物群的大多数种类与高山草甸动物群交错分布。阿尔金山地区气候复杂，温差大，形成了不同而又复杂多变的植被群落，既有高寒湿洞植物，又有温带性超旱生植被类型。海拔3000～3700米为山地草原带，主要植被为芨芨草、灌木亚菊、合头草，其次为短花针茅、沙生针茅、冰草、单枝麻黄等植物群落；海拔3700～4000米为亚高山草原地带，主要植被有金露梅、多裂委陵菜、小丛红景天，其次为赖草、垂穗披碱草、蒿属、高山针茅等；海拔4000～4500米属高寒草原带，主要植被为高原早熟禾、高山蒿草、圆囊苔草、灰绿藜，其次是垫状驼绒藜、镰形棘豆、红花岩黄芪等豆科牧草；海拔4500～5200为高寒漠地带，主要植被有灰绿藜，黑褐苔草、苔状蚤缀，其次是尖叶龙胆、火绒草及水母雪莲。

第二节　水土保持

疏勒河流域劳动人民在长期的生产实践中创造了砂田、起垅种植、间作套种、草田轮作等许多水土保持的措施，但由于科学技术水平落后，未能提出“水土保持”这一科学概念。同时，大范围的刀耕火种、广种薄收、过度放牧造成植被破坏，水土流失的现象非常严重。

中华人民共和国成立以后，水土保持工作开始被提上议事日程，但在具体措施上仍处于摸索探索阶段，水土保持工作经历了跌宕起伏的发展过程。中国共产党十一届三中全会以后，在经济体制改革的指引下，水土保持工作开始进入稳步发展阶段，治理方略和措施渐趋完善，逐步走向成熟，经济和社会效益明显提高。

一、水土流失概况

水土保持是一项防治水土流失，保护、改良与合理利用山丘地区和风沙地区水土资源，维护和提高土地生产力的综合性科学技术。水土保持对于发挥水土资源的经济效益、生态效益和社会效益，减少水、旱、风沙等灾害，维持生态系统平衡，具有重要意义。

疏勒河流域地处西北内陆地区，常年干旱少雨，风大沙多，自然条件恶劣，生态环境异常脆弱。水土流失以风力侵蚀为主，是全省乃至全国水土流失最为严重的地区之一。流域土壤水力、风力侵蚀面积9.8906万平方千米，其中风力侵蚀面积9.8677万平方千米，水力侵蚀面积0.0229万平方千米（表16-1）。流域水土流失主要分布在境内平原区、祁连山区河道及沟谷两岸遭冲刷的裸土地和部分耕地。每年河水、洪水侵蚀土壤898万吨。至2004年，流域水库淤积严重，在大中型水库中：双塔水库淤积4000万立方米，党河水库淤积1100万立方米，赤金峡水库淤积700万立方米，榆林河水库淤积300万立方米。

2000年后，随着疏勒河流域经济建设的快速发展，工业化、现代化、城镇化进程的加快，光伏发电、风力发电等许多新型能源的兴起，开发建设活动日益频繁，工程建设所造成的人为非法扰动地表，比如乱挖、乱采、乱弃现象时有发生，水土保持面临的形势严峻，任务艰巨。

表16-1　疏勒河流域土壤风力侵蚀面积汇总表

行政区划	风蚀面积(平方千米)					
	合计	轻度	中度	强烈	极强烈	剧烈
瓜州县	16241	2795	296	75	5001	8074
肃北县	23616	5398	2125	1356	8948	5789
阿克塞县	14006	3565	3260	2683	3333	1165
玉门市	9241	1633	638	278	3041	3651
敦煌市	20890	2510	1801	2337	5440	8802
合计	83994	15901	8120	6729	25763	27481

二、水土流失重点防治区

根据《甘肃省人民政府关于划分水土流失重点防治区的通告》（2000年5月19日），流域内阿克塞哈萨克族自治县境内的祁连山森林草原区为重点预防保护区；阿克塞哈萨克族自治县境内的矿区、肃北蒙古族自治县全县为重点预防监督区；瓜州、敦煌、玉门为重点预防治理区。

流域结合实际，按照水利部《关于加强水土保持监督体系规范化建设的通知》要求，对人为造成水土流失现状进行了全面的普查，划定了“三区”。全流域共划定重点预防保护区47462平方千米、重点预防监督区50827平方千米、重点预防治理区4174平方千米，并向社会公众进行了公告。

（一）重点预防保护区

根据《甘肃省人民政府关于划分水土流失重点防治区的通告》，流域阿克塞哈萨克族自治县境内的祁连山森林草原区为重点预防保护区。重点预防保护区是将大面积的森林、草原和连片已治理的成果，列为重点预防保护区。阿克塞哈萨克族自治县根据实际情况，制定了重点预防保护区保护措施：一是对局部水土流失的区域，制定规划，统一治理；二是进行定期、不定期地进山巡逻勘查，及时发现并制止人为水土流失的发生，搞好林区林草资源保护工作，在此基础上，有计划地造林、种草、更新改造；三是大力推行封山禁牧、舍饲养畜、草场封育轮牧，实施大面积保护等措施；四是加大监管力度，禁止不合理的开发建设项目，全面实施抚育更新，进一步提高生态环境质量，建立人与自然和谐相处的局面；五是继续进行保护开发性治理，巩固和保护治理成果，防止产生新的人为水土流失。

（二）重点预防监督区

根据《甘肃省人民政府关于划分水土流失重点防治区的通告》，流域阿克塞哈萨克族自治县境内的矿区、肃北蒙古族自治县全县为重点预防监督区。重点预防监督区是将资源开发和基本建设规模较大、破坏地表植被造成严重水土流失的地区，列为重点监督区。两县根据实际情况，制定了重点预防监督区保护措施：一是根据生产建设项目情况对已建成并进行生产建设活动的项目和正在建设的项目，视其造成水土流失的具体情况，督促其尽快编报并实施水土保持方案，防止产生新的水土流失；二是对新上的项目，严格执行新开发建设项目水土保持方案报告书的立项、审批制度，加强对新开发建设项目的监管力度，落实水土保持方案的“三同时”制度，即项目建设中的水土保持设施必须与主体工程同时设计、同时施工、同时投产使用，防止产生新的人为水土流失。

（三）重点预防治理区

根据《甘肃省人民政府关于划分水土流失重点防治区的通告》，流域内的瓜州县、敦煌市、玉门市为重点预防治理区。重点预防治理区是将水土流失严重、对国民经济与河流生态环境及水资源利用有较大影响的地区列为重点预防治理地区，进行综合治理。三县市采取的治理措施主要有：一是按照“谁开发谁保护，谁造成水土流失谁治理，谁利用谁补偿”原则，鼓励个人、企业、开发建设单位进行承包治理；二是积极争取水土保持项目，开展以小流域为单元的水土保持综合治理，以项目推动水土保持生态环境建设工作的发展；三是实行优惠政策，鼓励农村集体经济组织、农户、其他社会团体及个人对水土流失区及“四荒”进行承包治理，加快治理步伐，提高治理效益，同时做好已治理成果的巩固和提高；四是对宜林宜草地进行植树种草，对荒山、荒坡实施封禁措施，充分利用生态的自我修复能力，增加植被覆盖度，改善生态环境，减轻水土流失；五是加强水土保持监督执法工作，巩固治理成果，防止产生新的水土流失；六是加强水土流失监测工作，预防山洪等灾害的发生，减轻水土流失灾害造成的损失。

三、水土保持治理成果

（一）玉门市水土保持治理成果

根据甘肃省第一次全国水利普查成果，玉门市累计治理水土流失面积6740公顷，其中，水土保持林550公顷，经济林7公顷，封禁治理6180公顷，其他7.1公顷。治理程度为0.729%。

多年来，玉门市政府高度重视水土保持工作，水保、林业、建设等各部门既有分工，又有协作，各司其职、各记其功，无论在综合治理还是预防监督方面，都取得了较为明显的成绩。根据《玉门市国民经济和社会发展第十三个五年规划纲要》，“十二五”期间，玉门市重点实施了矿山环境治理、沿山生态保护、风沙口综合治理、退耕还林、退牧还草、环城林网、移民区生态环境治理、新农村绿化美化、水源涵养等生态建设工程。农村环境综合治理成效明显，全市创建省级生态乡镇3个、国家级生态村1个、省级生态村6个。累计完成人工造林10.5万亩，森林覆盖率达到7.68%，草原植被覆盖度达到17%，全市水土流失治理面积达到6977公顷，新市区绿地总面积达到318公顷，绿化覆盖率达到37%，人均公共绿地达到13.5平方米，玉门市被评定为“全国生态文明先进市”，成功创建为国家园林城市。

（二）瓜州县水土流失治理成果

长期以来，瓜州县以林草植被建设为重点，加强水土保持工作，局部改善生态环境的成果非常明显。根据甘肃省第一次全国水利普查成果，瓜州县累计治理水土流失面积达2730公顷，其中，水土保持林120公顷，经济林8公顷，封禁治理2460公顷，其他方面142公顷。治理程度为0.14%。值得说明的是，对照所收集到的土地利用现状资料、国民经济统计资料、水利普查成果资料，林草面积出入很大，森林覆盖率指标不在同一个量级上，应属统计口径不一致所造成的差异。

根据瓜州县国民经济统计公报，“十二五”期间，瓜州县实际完成人工造林14.69万亩，其中：人工营造生态林4.79亩，发展特色经济林9.9万亩。封育天然植被6.6万亩，全县森林面积达到了186.46万亩，森林覆盖率达到了5.27%，活立木蓄积量达到39.95万立方米，与“十一五”期末相比净增7.48万立方米。完成农田防护林新植和更新改造1750余条、1503.7千米，省道和县、乡、村道路绿化283条、396.1千米，老乡镇农田林网化程度达到了93.2%，新建移民乡镇农田林网化程度达到了50%以上，县、乡道路绿化率达到了85%。全县共投入治理资金1.8亿元，完成治沙造林3.2万亩，铺设草方格沙障2.5万亩，栽植挡沙墙49千米，栽植防风固沙林带68.4

千米。全县减少土地沙化面积5.7万亩。全县新增枸杞种植面积5.82万亩、大枣2.12万亩、葡萄1.96万亩，林业特色产业累计发展规模达到了14.95万亩，扶持引进林业龙头企业20家。瓜州县将生态环境建设与沙产业的发展有机结合，取得了良好成效。

（三）敦煌市水土保持生态建设与保护工程

2016年1月敦煌水资源合理利用与生态保护工程建设项目部委托杭州水利水电勘测设计院有限公司编制完成了《敦煌市水土保持生态建设与保护工程可行性研究报告》，甘肃省发展和改革委员会以甘发改农经〔2016〕8号文进行了批复；2016年3月编制完成了《敦煌市生态建设与保护工程初步设计报告》，甘肃省水利厅以甘水规计发〔2016〕67号文进行了批复。由于项目变更，2018年1月由原初步设计单位根据实际情况编制完成了《敦煌市水土保持生态建设与保护工程初步设计变更报告》，2018年12月敦煌市水务局以敦水发〔2016〕586号文对初步设计变更报告进行了批复。

1.工程建设主要任务及设计标准

建设任务：治理水土流失，改善生态环境，减少入党河水库泥沙。改善生产生活环境，促进敦煌经济社会发展。保护湿地和绿洲，维持生物多样性。保护耕地资源，促进粮食增产。

设计标准：工程现状水平年为2016年，设计水平年为2030年。根据《水土保持工程设计规范》（GB 51018—2014）和《水土保持综合治理技术规范》（GB/T 16453—2008），该工程综合治理面积<150平方千米，为中型Ⅲ等水土保持建设项目。

2.工程主要建设内容

经变更，初设变更报告批复主要建设内容为：治理水土流失总面积3.32平方千米，种植生态林1.39平方千米、防护林0.73平方千米，封育保护0.75平方千米，人工固沙1.2平方千米。具体治理7处水土流失区：党河水库库区0.03平方千米，党河水库上游0.82平方千米，党河水库进库道路0.07平方千米，党河灌区总干渠0.8平方千米（该项目实施完成人工固沙0.26平方千米，项目整合，由敦煌市林业局实施完成人工固沙0.12平方千米，植树种草0.5平方千米），转渠口镇阶州村林场0.13平方千米（该项目实施完成植树种草面积0.05平方千米，项目整合，由转渠口镇镇政府完成植树种草面积0.08平方千米），东湖县级自然保护区1.26平方千米（该项目实施完成植树种草0.64平方千米，项目整合，由敦煌市林业局实施完成植树0.62平方千米），东湖飞机场至瓜敦高速莫高收费站道路南侧空地0.13平方千米。

3.工程布置

党河水库库区、党河水库进库道路、转渠口镇阶州村林场、东湖自然保护区、东湖飞机场至瓜敦高速莫高收费站道路南侧空地治理区采用植物措施，以营造生态林和防护林为主；党河水库上游、党河灌区总干渠治理区采用人工固沙措施，以封育养护、沙障固沙为主。

4.工程投资

工程原初步设计报告审定总投资2431万元，变更设计报告审定工程总投资2627.16万元，其中：中央投资1945万元，省级配套76万元，县市配套606.16万元

5.工程工期

工程总工期366天，从2016年12月9日开工，至2018年5月10日结束共计366天（12、1、2月因天气寒冷停止施工），主要施工日期为2017年、2018年两个施工段。施工一标：第一个施工

时间段，2017年3月15日，开工平整土地、安装管道；2017年4月6日，灌溉渠道施工结束。2017年4月7日，防护林新疆杨、胡杨树、沙枣树开始栽种；2017年4月18日，栽种完毕。2017年8月15日，防风固沙网开始施工；2017年11月5日，施工结束。第二个施工时间段，2018年3月10日，灌溉管道土方开挖；2018年4月1日，东湖飞机场至瓜敦高速莫高收费站道路南侧空地胡杨树开始栽种；2018年4月30日，栽种完毕；2018年5月10日，工程全部完工。施工二标：第一个施工时间段，东湖戈壁风力侵蚀区从2016年12月9日开工，至2017年4月25日，完成树穴开挖换土、配套灌溉供电线路架设、管道安装、检查井、排水井及生态林建设；第二个施工时间段，东湖飞机场至瓜敦高速莫高收费站道路南侧空地胡杨树从2018年3月1日开工进行换填土工程、滴灌设施安装、生态林种植，2018年5月10日完工。施工单位在施工时采用平行、交叉作业，合理安排各单项工程的施工顺序，保证了工程进度。

6. 工程质量评定

根据甘肃省水利厅《甘肃省水利工程质量检查评定标准》，结合工程实际，酒泉市水利工程质量与安全监督管理站以酒水监字〔2019〕8号文对变更后的敦煌市水土保持生态建设与保护工程项目进行了项目划分，该工程共3个单位工程、15个分部工程、238个单元工程，抽检砂石骨料样品4组、砼试块样品2组，合格率均为100%。3个单位工程全部合格；15个分部工程全部合格，其中优良5个，优良率33.3%；238个单元工程，全部合格，其中优良129个，优良率54.2%。项目划分合理，原始资料齐全，工程施工质量符合设计规范和质量标准，项目工程质量评定自评为合格。

7. 工程验收

在施工过程中，项目部组织相关单位进行了2次阶段验收，单位工程1次，合同完工验收1次。每次验收后，验收工作组均出具了相应验收鉴定书。2019年8月21日，项目法人单位组织、酒泉市党河流域水资源管理局、敦煌市水务局等相关部门对敦煌市水土保持生态建设与保护工程进行了完工法人验收，认为该工程建设质量达到了设计及规范要求，投资制在批准的范围内，完成了规划的治理区域，同意交付敦煌市党河水库管理所、敦煌市自然资源局、转渠口阶州村委会试运行，并做好相应的管理工作。

8. 工程运行管理情况

工程竣工后，党河水库库区、党河水库进库道路两个治理区的防护林移交敦煌市党河水库管理所管护试运行，东湖自然保护区、东湖飞机场至瓜敦高速莫高收费站道路南侧空地生态林移交敦煌市自然资源局管护试运行，转渠口镇阶州村林场防护林移交转渠口阶州村委会管护试运行。

9. 效益

敦煌市水土保持生态建设与保护工程通过对7个项目区采取不同形式治理，共完成水土流失治理面积3.32平方千米，建成生态林1.39平方千米、防护林0.73平方千米，封育保护0.75平方千米，人工固沙1.2平方千米。项目的实施有效地阻挡了流沙侵入党河水库，保障了当地农田、党河灌区渠道及居民点的安全。通过治理，将有效地促进农村产业结构调整，促进农民大力发展葡萄等经济果的生产，促进农民增收，改善群众生活条件，从而促进灌区农业经济健康、稳定、可持续发展。

第三节 敦煌水资源合理利用与生态保护综合规划

一、规划基本情况

《敦煌水资源合理利用与生态保护综合规划（2011—2020）》（以下简称《规划》）由清华大学负责编制，于2011年6月12日由国务院批复实施，批复总投资47.22亿元。实施项目区包括党河、疏勒河两个流域片区的敦煌、肃北、阿克塞、玉门和瓜州等五县市，涉及人口42.05万人、土地面积17.26万平方千米、农业灌溉面积163.82万亩。《规划》要求，通过灌区节水改造、“引哈济党”工程调水、河道恢复与归束、月牙泉恢复补水、敦煌市地下水源地置换、水土保持生态建设、桥子湿地生态引水、水权建设及水资源管理等主要工程措施，全面提高规划区水资源的利用效率和效益，有效遏制敦煌盆地土地沙化、地下水超采、湿地萎缩、生态恶化的态势，达到满足敦煌流域基本生态需求的环境保护目标。

二、前期工作情况

自2011年《规划》批复实施以来，按照规划总体进度和规划建设内容，甘肃省疏勒河流域水资源管理局和党河流域水资源管理局积极开展项目可研和初步设计等前期工作，同时按照国家有关生态环保政策，办理了项目工程中涉及环保、水保、使用林地等相关手续的批复，开展了相关评价论证等工作。2011年至今，省发改委、省水利厅、流域水务局共批复了灌区节水改造、河道恢复与归束、月牙泉恢复补水、敦煌市城市地下水源地置换、水土保持生态建设、桥子生态引水和水权建设及水资源管理基础工程等7类86个单项工程，除“引哈济党”工程正在开展前期工作外，其余项目的前期工作均已完成。累计下达投资25.18亿元，其中：中央投资18.73亿元，地方配套6.45亿元。实际到位资金21.06亿元，其中：中央预算内资金18.39亿元，省级配套资金2.3亿元，市县级配套资金0.37亿元。

三、任务及规模

（一）规划实施

党河干流和疏勒河干流灌区节水改造骨干工程总长度907.75千米（总干渠66.35千米，干渠192.78千米，支干渠42.43千米，支渠606.19千米），建筑物3239座，其中：党河干流灌区387.73千米，建筑物1866座；疏勒河干流灌区520.02千米，建筑物1373座。田间节水改造规划面积共计150.71万亩（配套渠灌106.62万亩，管灌26.8万亩，大田微灌15.72万亩，温室微灌1.57万亩），其中：党河干流灌区35.41万亩，疏勒河干流灌区115.3万亩。“引哈济党”工程从苏干湖水系大哈尔腾河适度引水。月牙泉补水工程修建河道回灌滚水低坝6座，修建泄洪槽16千米，修整堤防32千米。敦煌市城市地下水源地置换工程规划铺设有压输水干管40.38千米、两条分支管18.4千米，修建一座容量为60万吨的蓄水池、一座日处理4万吨废水的净化水厂和一座容量为10万吨的蓄水沉淀池。

（二）恢复与归束

整治党河下游、疏勒河干流河道221千米。敦煌市、肃北县、阿克塞县、玉门市水土保持生态与环境建设工程，封禁围栏45.52千米，封育保护8.10万亩。建设水资源监测及调度管理系统，对党河灌区、疏勒河干流灌区、苏干湖区、月牙泉及西湖国家级自然保护区周边地下水进行监测。对“引哈济党”引水枢纽断面及入党河水库断面、党河水库出库断面、党河灌区末端黄墩断面、玉门关断面、疏勒河干流昌马堡水文站、双塔水库出库断面、双墩子断面及玉门关等控制断面水量进行监测等。

同时开展水权制度建设，明确水资源开发利用红线。建立以水功能区监督管理为核心的水资源保护制度，制定初始水权分配方案，将水权落实到户，全面实行总量控制、定额管理。建立健全水资源配置和调度管理体系，建立合理的流域与区域相结合的水资源调配机制。

（三）总体目标

通过全面节水，建设节水型社会，提高水资源的利用效率、效益和承载能力，降低农业用水比重，使灌溉水利用系数达到国内先进水平，降低工业综合用水定额，使其下降至国内平均水平，为敦煌经济社会可持续发展提供水资源支撑和保障。通过结构调整，发展优质高效型农业和节水环保型工业，优化产业布局、经济结构和种植结构，控制灌溉用水，实现种植结构由低效向高效调整、用水由高耗水向低耗水调整，保证农民既节水又增收。通过综合治理，严格控制地下水开采，合理配置地表水，改善生态、保护绿洲、拯救湿地，逐步恢复敦煌地区地下水位，使月牙泉水位、面积有所恢复，满足自然生态景观的要求，敦煌西湖国家级自然保护区生态基本维持稳定，不再恶化。

四、工程进展情况

工程分项完成情况如下：

（一）灌区节水改造工程

1.敦煌市党河灌区节水改造工程

党河灌区节水改造工程于2011年至2016年由省发改委、省水利厅批复实施，累计批复单项工程17个，批复总投资4.8亿元，批复建设的主要内容为：改建干支渠255.89千米，改建各类渠系建筑物1843座，实施田间节水工程28.66万亩，安装井灌智能水表2577眼。该工程于2012年开工建设，实际改建干支渠250.7千米，改建各类渠系建筑物1924座，实施田间节水工程24.12万亩，安装井灌智能水表2895眼。工程已于2018年全部建成完工，完成投资4.23亿元。

2.敦煌市南湖灌区节水改造工程

南湖灌区节水改造工程于2012年由省发改委批复实施，批复总投资2589万元，批复建设的主要内容为：改建支渠25.79千米，配套各类渠系建筑物30座；改建田间渠灌0.4235万亩；改建低压管灌1.7万亩，安装地下水计量设施85套。该工程于2012年开工，实际完成改建支渠25.79千米，配套各类渠系建筑物50座，改建田间渠灌0.85万亩，改建低压管灌1.37万亩，安装地下水计量设施85套。工程已于2017年全部完工，完成投资2280万元。

3.肃北蒙古族自治县党城湾灌区节水改造工程

党城湾灌区节水改造工程于2012年由省发改委批复实施，批复总投资2724万元，批复建设的主要内容为：改建渠道22.727千米，配套渠系建筑物109座；修建导洪围堤4.53千米，完成田间配套面积3万亩。该工程于2012年开工建设，2016年10月全面完工。实际改建干支渠25.6千米，配套渠系建筑物112座，修建导洪围堤4.5千米，完成田间配套面积3万亩，完成投资2720万元。

4.阿克塞哈萨克族自治县红柳湾灌区节水改造工程

红柳湾灌区节水改造工程于2012年由省发改委批复实施，批复总投资960万元，批复建设的主要内容为：铺设有压输水干管4.649千米、分干管15.43千米，配套相关附属建筑物；完成田间节水改造自压管灌0.48万亩。该工程于2012年开工建设，2013年全部完工，实际铺设干管4.663千米、分干管线14.05千米，完成相关附属建筑物及田间节水改造自压管灌0.48万亩，完成投资753.22万元。

5.双塔灌区节水改造工程

双塔灌区节水改造工程包括双塔灌区骨干改造工程和田间节水工程。双塔灌区骨干改造工程4项，批复总投资8571万元，批复建设的主要内容为：改造骨干渠道83.0千米，配套渠系建筑物286座。工程已全部完工，实际完成改造骨干渠道83.0千米，配套渠系建筑物300座，完成投资9169.5万元。双塔灌区田间节水工程8项，批复总投资20407万元，批复建设的主要内容为：实施节水灌溉面积37.99万亩，其中渠灌28.69万亩，管灌6万亩，大田微灌3万亩，温室微灌0.3万亩。工程完成节水灌溉面积36.77万亩，其中渠灌28.60万亩，管灌5.66万亩，大田微灌2.29万亩，温室微灌0.22万亩。

6.昌马灌区节水改造工程

昌马灌区节水改造工程包括昌马灌区骨干改造工程和田间节水工程。昌马灌区骨干改造工程15项，批复总投资36943万元，批复建设的主要内容为：改造骨干渠道338.6千米，配套渠系建筑物907座。工程已有13项全部完工，并且完成了竣工验收，完成改造骨干渠道330千米，配套渠系建筑物880座，完成投资31123.56万元，有2项正在实施中。昌马灌区田间节水工程15项，批复总投资35247万元，批复建设的主要内容为：实施节水灌溉面积68.9万亩，其中渠灌56.39万亩，管灌8万亩，大田微灌4万亩，温室微灌0.51万亩。工程完成节水灌溉面积65.89万亩，其中渠灌54.55万亩，管灌7.14万亩，大田微灌3.86万亩，温室微灌0.34万亩。项目正在开展验收准备工作。

（二）河道恢复与归束工程

1.党河河道恢复与归束工程

党河河道恢复与归束工程于2013年由甘肃省发改委以甘发改农经〔2013〕522号文批复，批复总投资2980万元，批复治理党河河道33.72千米。该工程于2013年7月开工建设，2014年9月完工，实际治理河长32.5千米，完成投资2783.48万元。工程已于2017年11月完成审计。

2.疏勒河河道恢复与归束工程

（1）疏勒河河道恢复与归束工程（柳墩铁路至双墩子、北河口枢纽）

由疏勒河流域水资源管理局负责实施。工程批复总投资11738万元，批复恢复与归束疏勒河河道89.9千米，实际完成82.94千米，枢纽工程1座，完成投资10204万元。目前工程已经全部完工。

（2）疏勒河河道恢复与归束工程（双墩子至玉门关段）

由流域党河流域水资源管理局负责实施。工程于2014年由甘肃省发改委以甘发改农经〔2014〕535号文批复，批复总投资13997万元，批复恢复与归束疏勒河双墩子至玉门关段河长97.28千米。该工程于2015年10月开工建设，2017年8月完工，实际恢复与归束疏勒河双墩子至玉门关段河长90.9千米，完成投资10687万元。

（三）月牙泉恢复补水工程

月牙泉恢复补水工程于2016年3月17日由甘肃省水利厅以甘水规计发〔2016〕64号文批复，批复总投资8100万元，批复建设的主要内容为：新建河道清洪分离中隔堤5.75千米，新建渗水场右侧堤坝4.98千米，修建回灌低坝11座，修建溢流堰17座，以及绿化管理等内容。工程于2016年10月开工建设，2017年8月主体工程建成完工，并投入蓄水试运行。工程实际新建河道清洪分离中隔堤5.88千米、渗水场右侧堤坝5.08千米、回灌低坝11座、溢流堰11座，并完成绿化管理等内容。工程实际完成投资约5630万元。

（四）敦煌市城市地下水源地置换工程

工程于2017年9月批复，由敦煌市生态项目办负责实施，批复总投资2.76亿元。工程于2017年12月开工建设，截至目前已完成沉砂池主体工程，安装管道44千米，完成闸阀井65座，完成压水试验40千米。二期净水厂工程于2019年7月开工建设，截至目前完成生产运行楼、锅炉房、警卫室、配电室、污脱机房主体混凝土浇筑，净化车间、浓缩间、反冲洗间、格栅间完成池底混凝土浇筑；1#、3#清水池完成主体混凝土浇筑，2#清水池完成底板混凝土浇筑；总计完成钢筋制安1420吨，混凝土浇筑7200立方米。工程累计完成投资2.03亿元。

（五）水土保持生态建设与保护工程

1.敦煌市水土保持生态建设与保护工程

敦煌市水土保持生态建设与保护工程于2016年3月17日由甘肃省水利厅批复实施，批复总投资2431万元。该工程于2016年11月开工建设，2018年5月完工，共治理水土流失总面积2.95平方千米，种植生态林1.67平方千米，栽植防护林0.44平方千米，封育保护0.3平方千米，人工固沙1.16平方千米，完成投资1967.55万元。

2.肃北蒙古族自治县水土保持生态建设与保护工程

肃北蒙古族自治县水土保持生态建设与保护工程于2016年3月17日由甘肃省水利厅批复实施，批复总投资2150万元，批复建设的主要内容为：党河两岸人工种草0.23平方千米，西滩和芦草湾湿地封育保护90.02平方千米，沟道治理0.07平方千米。该工程于2016年6月开工建设，

2018年10月完工，完成投资2150万元。

3.阿克塞哈萨克族自治县水土保持生态建设与保护工程

阿克塞哈萨克族自治县水土保持生态建设与保护工程于2016年3月17日由甘肃省水利厅以甘水规计发〔2016〕65号文件批复，批复总投资2080万元，批复建设的主要内容为：营造防护林0.24平方千米，封育保护8.17平方千米，人工固沙1.2平方千米。该工程于2016年8月开工，2017年6月完工，实际完成防护林带建设0.21平方千米，配套林带灌溉设施0.21平方千米，铺设尼龙网格1.2平方千米、钢丝围栏24千米，种植、补植乔木苗、灌木苗262354株，铺设滴灌带152670米，封育保护8.17平方千米。2017年6月工程全部建设完工，累计完成投资1754万元。

4.玉门市水土保持生态建设与保护工程

工程于2016年7月批复，项目批复总投资1839万元，批复建设内容为：封育面积25.95平方千米，营造防护林3.52平方千米。完成封育面积6.2平方千米，营造防护林1.87平方千米，完成投资1749.4万元。

（六）桥子生态引水工程

工程由瓜州县敦煌生态项目办负责实施。该工程于2018年批复实施，批复投资3151万元。工程已完成批复建设内容，完成投资2931万元。

（七）水权建设及水资源管理基础工程

1.水资源监测与调度管理系统工程

水资源监测与调度管理系统工程批复总投资5610万元，包括党河流域水资源监测和调度管理系统工程、水资源监测和调度管理系统变更工程。

（1）党河流域水资源监测和调度管理系统工程

于2012年9月5由甘肃省发改委以甘发改农经〔2012〕556号、甘发改农经〔2012〕1447号文件批复建设，批复总投资4625万元。批复建设的主要内容为：修建完成党河流域水资源监测和调度中心，62处地下水位监测，13处控制断面、6处雨情信息采集，20处地下水和13处地表水水质数据采集及对应的应用软件开发建设等。该工程于2013年4月开工建设，截至目前，除涉及“引哈济党”工程的12处监测点位未安装外，其余建设内容已全部建成，完成投资4590万元。

（2）水资源监测和调度管理系统变更工程

于2018年1月由流域水务局批复，批复投资985万元。批复建设的主要内容为：新建疏勒河、双墩子、党河与疏勒河两河交汇口及玉门关等四个监测断面的长喉槽量水堰工程。该工程于2018年9月5日开工建设，截至目前已完成四个断面的长喉槽量水堰建设，水位流量关系率定、流量数据处理、软件编制等工作正在进行，完成投资796万元。

2.水资源和生态监测项目

水资源和生态监测项目于2017年、2018年由流域水务局以酒水发〔2017〕399号、酒水发〔2018〕7号文件批复，批复总投资7813.68万元，批复实施苏干湖盆地和敦煌西湖保护区水文地质勘察、地下水运动规律分析、生态本底核查及生态水文监测，建设大哈尔腾河自动水文站，实施肃北党河源区水文监测，肃北、瓜州、玉门境内生态保护区及生态屏障保护规划编制，敦煌水资源合理利用与生态保护规划实施效果评估等10项建设内容。截至目前，大哈尔腾河自动水文站已建成并投入运行；苏干湖盆地和敦煌西湖保护区水文地质勘察、地下水运动规律分析、生态本底核查及生态水文监测，以及肃北党河源区水文监测等项目已基本完成；肃北、瓜州、玉门境内生态保护区及生态屏障保护规划编制，敦煌水资源合理利用与生态保护规划实施效果评估项目区调查工作正在进行中。目前该项目完成投资5157.91万元，各专题项目建设进展顺利，相关专题已取得初步数据和成果。

3.敦煌市党河灌区信息化系统建设项目

敦煌市党河灌区信息化系统建设项目于2017年7月31日由流域水务局批复实施，批复总投资3028万元，批复建设的主要内容为：实施1处管理中心、5处分中心和7处信息节点的通讯及传输网络系统建设；64处水位流量数据监测，1处地表水水质数据监测；2895处机井水量远程计量及远程监控；6处24孔闸门监控，6处15点视频监视；工具软件采购；应用软件系统开发；配套建设灌区调度中心业务用房1100平方米，征地10亩；5个灌区管理分中心和7个灌区信息节点的机房改造，64处量水建筑物、6处闸控房改造和45千米的光缆埋设；系统集成及数据共享建设。该工程于2017年10月开工建设，2018年10月完工，完成投资2787.22万元。

4.疏勒河干流水资源监测和调度管理信息系统

项目于2017年批复实施，批复总投资3260万元，其中中央预算内投资2608万元，地方投资652万元，资金全部到位，项目已于2019年10月完工。

五、运行管理情况

灌区节水改造田间工程及水土保持生态建设与保护工程由甘肃省疏勒河流域水资源利用中心和流域党河流域水资源利用中心分别委托各县市水务局负责建设实施及运行管理。水资源监测与调度管理系统、党河河道恢复与归束工程、月牙泉恢复补水工程等工程目前仍由流域党河流域水资源管理局负责管理。疏勒河干流灌区节水改造骨干工程及疏勒河河道归束工程由甘肃省疏勒河流域水资源利用中心建设实施及运行管理。建设期间，由于工程仍然承担着灌溉运行任务，因此采取边建设、边验收、边移交的方式，工程完工验收后，施工单位办理完毕工程移交手续，工程正式交付运行管理单位投入运行。工程陆续完工并投入运行以来，工程总体运行状况良好，发挥了工程应有的效益。灌区水利工程采取专业管理和群众管理相结合的方式，骨干工程由水管单位负责管理，田间工程由灌区农民用水户协会管理。

六、效益发挥情况

规划实施以来，河道生态下泄补水逐年增加，根据监测，受全球气候变暖影响，党河及疏勒河在持续丰水年的情况下，党河水库下泄水量从2011年的9600万立方米（含汛期排洪弃水）增加到2018年的2.09亿立方米（含汛期排洪弃水）；双塔水库从2011年的1470万立方米（含汛期排洪弃水）增加到2018年的2.35亿立方米（含汛期排洪弃水）。随着党河、疏勒河河道恢复与归束工程的陆续完工，古河道得到了归束治理，提高了河道输水效率。疏勒河和党河生态输水汇聚于归束后的河道中，已汇合流入哈拉诺尔湖，使下游生态用水得以保障，干涸多年的哈拉诺尔湖形成24平方千米水面。西湖自然保护区周边地表植被覆盖率进一步增加，林草综合覆盖度较

2008年提高了5%，人工造林面积累计达到34.7万亩，天然植被封育保护面积累计达到150余万亩，生态环境得到初步改善。

通过实施灌区节水改造工程，六大灌区的灌溉水有效利用系数显著提高，月牙泉周边重点地带地下水位下降趋势得到有效控制，月牙泉平均水深由2011年的0.86米提高到2018年的1.5米，水域面积由2011年的10.09亩提高到2018年的12.8亩，满足了当地旅游发展对自然生态景观的要求。通过实施水土保持生态建设工程，灌区有效地保护了当地的生态植被与水源涵养林，对稳定党河、哈尔腾河及疏勒河来水量，保证其可持续利用开发具有重要作用。

按照《敦煌水资源合理利用与生态保护综合规划》确定的2020水平年经济社会配置水量7.02亿立方米、生态环境配置水量3.84亿立方米（玉门市生态水量1.86亿立方米、瓜州县生态水量1.98亿立方米）目标要求，疏勒河干流灌区项目共完成改造骨干渠道38872千米，改造骨干渠系建筑物1116座，田间节水改造面积99.94万亩，恢复与归束河道79.63千米，累计完成投资9.07亿元。2011年以来，截至2016年，双塔水库累计下泄生态水量3.43亿立方米，其中，2011年1470万立方米，2012年3900万立方米，2013年5300万立方米，2014年1950万立方米，2015年6100万立方米，2016年15600万立方米。

1.甘肃省疏勒河流域水资源管理局成立揭牌照片(胥延华　摄)

2.甘肃省疏勒河流域水资源利用中心办公楼(巨有玉　摄)

3.疏勒河中心双塔灌溉管理处办公楼(高瑞博　摄)

4.疏勒河中心昌马、花海灌溉管理处办公楼(郝杰　摄)

5.疏勒河流域水资源局荣获"全国文明单位"称号

6.昌马水库枢纽工程荣获大禹奖

7.昌马东北干渠女子段(王亚虎　摄)

8.职工巡护渠道(王亚虎　摄)

9.党河流域水资源管理局挂牌(党河管理局提供)

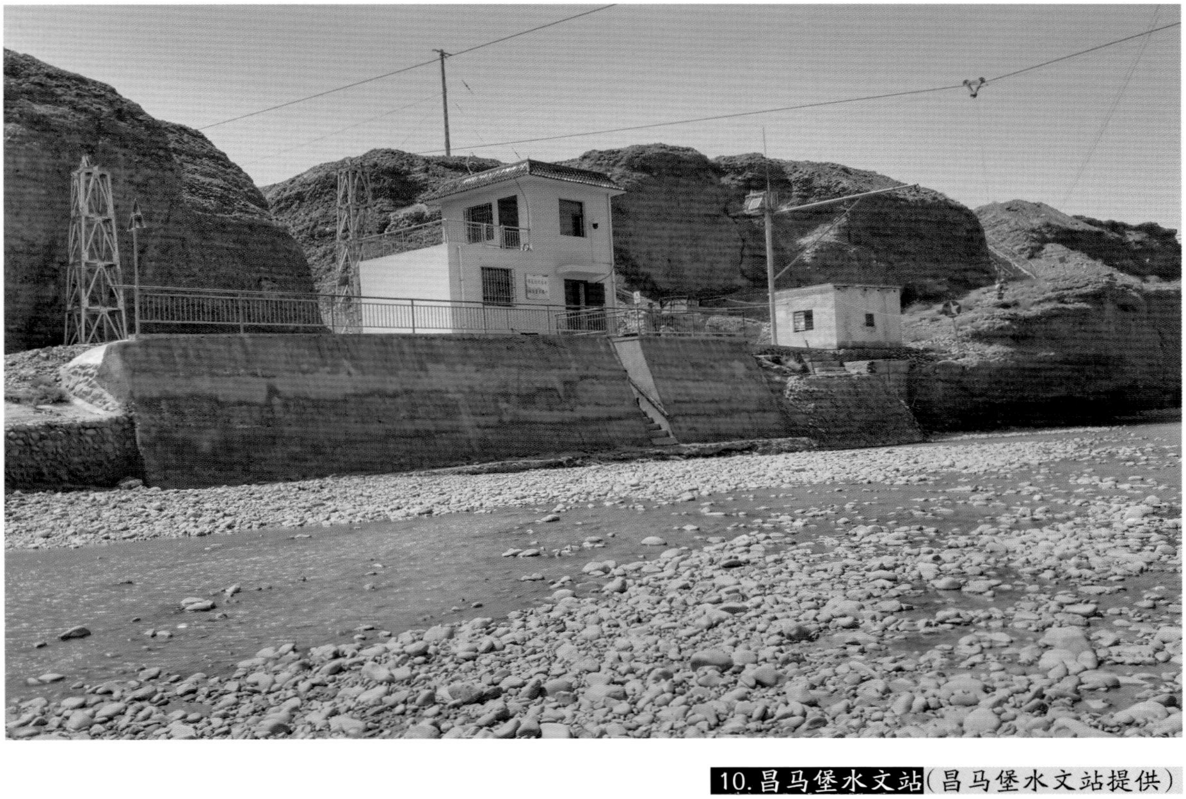

10.昌马堡水文站(昌马堡水文站提供)

11.潘家庄水文站(狄灵　摄)

12.双塔堡水文站(沙枣园水文站)(狄灵　摄)

13.农民用水协会水务公开栏(惠磊　摄)

14.阳光水务手机查询(王亚虎　摄)

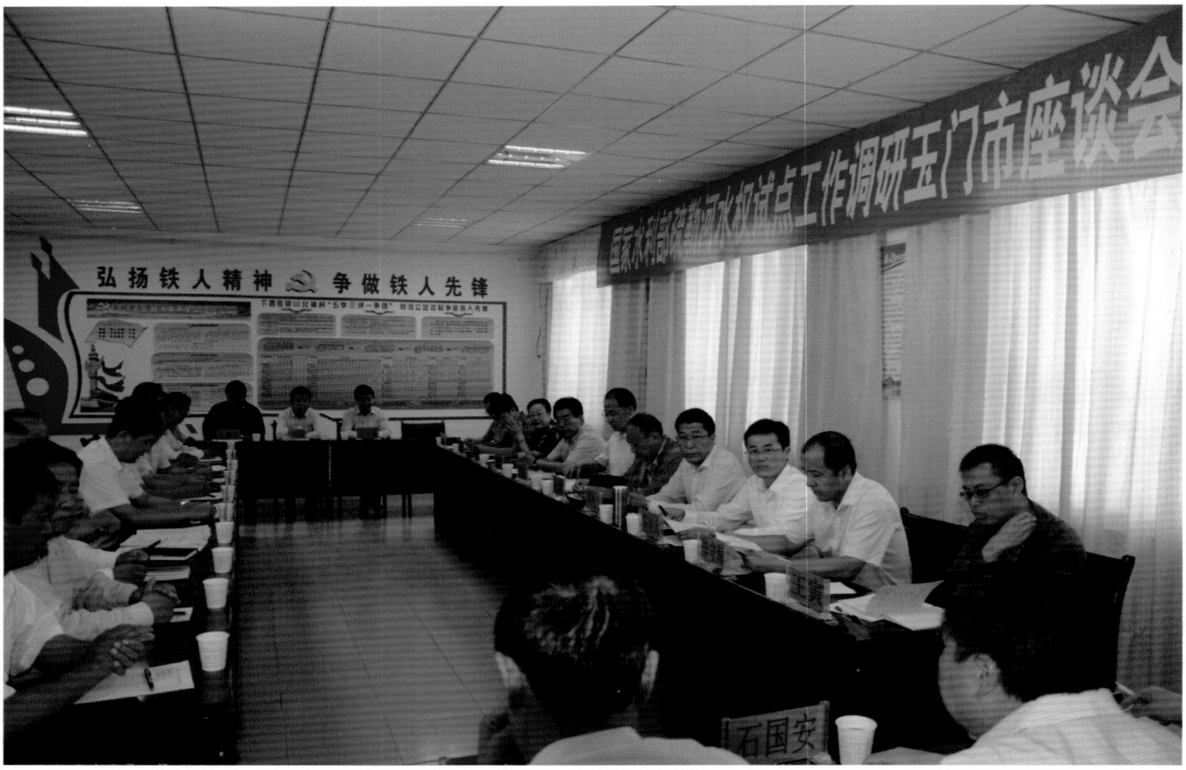

15.水权试点调研推进会(王亚虎　摄)

16.水流产权试点推进会(王亚虎　摄)

17.赤金峡风景区（王亚虎　摄）

18.安西极旱荒漠自然保护区（王亚虎　摄）

19.西湖自然保护区（王亚虎　摄）

20.盐池湾保护区（戴友春　摄）

21.安南坝自然保护区(孙志成　摄)

22.七墩乡三北防护林治沙工程(胥延华　摄)

23.干部职工植树造林(惠磊　摄)

24.疏勒河向下游生态启动仪式(谢海龙　摄)

25.昌马水库泄洪(王亚虎　摄)

26.疏勒河下游治理河道(王亚虎　摄)

27.胡杨临水（王亚虎　摄）

28.芦苇（胥延华　摄）

29.哈拉齐(王亚虎　摄)

30.地下水观测(疏勒河中心提供)

31.青山水库候鸟飞翔（巨有玉　摄）

第四编

水文化

第十七章　水利遗产

第一节　工程遗产

一、世界文化遗产锁阳城古灌区

锁阳城遗址位于甘肃省酒泉瓜州县城东南的戈壁荒漠中，始建于汉代，扩修于唐代，是疏勒河流域现存最大的古城遗址。唐代时，该城曾为瓜州治所，彼时疏勒河出山后，主要径流向西北方向流动，直达锁阳城附近，先民曾建设有发达的灌溉渠系。元代以后，锁阳城逐渐废弃，加之疏勒河向东北方向改道，灌区遂废。

锁阳城一带地多沙碛，非灌溉不能稼穑，故于灌区体系极为珍视。锁阳城灌区在唐代开元年间的战争中曾遭到严重破坏，瓜州刺史张守珪曾予以抢修。唐大中年间，河西节度使张议潮收复瓜沙后，大兴屯垦，水利疏通；五代，瓜、沙二州节度使曹议金进行河道疏浚、兴修水利。锁阳城灌区不断得到完善，各渠多于都河右岸开口分水，渠口多设有斗门以控制水量。据估计，唐都河瓜州城区的灌溉网络大致由五条干渠及所属百余条支渠组成，五条干渠共计长约266千米，所属支渠、子渠计长69.4千米，干渠、支渠及子渠的合计总长度不下96千米。

根据初步调查，在锁阳城城址南部、东部约60平方千米的区域内，分布有完备的古代灌溉网络体系，包括拦水坝、分水堰，以及干渠、支渠、斗渠、毛渠等各类渠系。渠系所到之处，遗留有房屋、农田、窑址、烽燧等人类生活的遗迹。锁阳城古灌区，是目前中国规模最大、保存最完备的汉唐水利遗迹。相关考古工作正在进行深入研究中。2014年，锁阳城古灌区遗址作为锁阳城遗址的四个主体内涵之一，被列入世界文化遗产名录“丝绸之路：起始段和天山廊道的路网”。

二、清代小型水库桥子东坝

桥子东坝水库位于瓜州县桥子乡东南2千米，库容160万立方米，灌溉面积3500亩。该水库始建于清雍正年间，是汇聚周围泉水而形成的小型水库。此水库的最大特点是坝体采用沙石与红柳、白茨、胡杨分层铺筑，同时在坝前密植旱柳树木，形成一种“坝在林间”的独特景观。

桥子东坝水库的施工工艺，立足疏勒河流域多沙土、少石材的自然环境特性，未采用传统塘坝常见的夯筑、桩基与条石以及块石堆累等工艺。其采用的沙石与植物分层铺筑法便于就地取材，其思路可能借鉴于疏勒河流域汉代长城修筑工艺。坝前密植旱柳，一方面以植物根系加固坝基，另一方面则可以减缓大风对于坝体的破坏，无疑适应了瓜州作为“亚洲风库”的自然条件。桥子东坝水库是疏勒河流域清代泉水塘坝的典型代表，是中国干旱区传统水利技术的重要遗存。2004年实施的病险水库改造工程对部分坝体进行了加固，现仍保留清代坝体200米，坝顶宽3～5米。

第二节 涉水名胜

一、渥洼池

渥洼池位于敦煌市阳关镇东南，系泉水涌出汇聚而成的小型湖泊，又名寿昌海。汉武帝时，戍卒暴利长在此捕获一匹野马并进献朝廷，汉武帝以为是“天马”并作《天马歌》以记其事，后世遂以渥洼池为良马产地。唐时，渥洼池方圆仅1里。民国时期，民众在古渥洼地故地筑坝蓄水以利灌溉，称为“黄水坝”。1949年后进行数次扩修加固，水面不断扩大，渥洼地已成为重要的风景名胜区。

二、月牙泉

月牙泉位于敦煌市南郊，于鸣沙山环抱中形成南北长近100米、东西宽约25米之泉水湖泊。泉水东深西浅，最深处约5米，弯曲如新月，因而得名。月牙泉水源来自数千米外党河径流的下渗补给，同时因四周沙丘相对固定，故虽处于沙海之间而千年不涸。1994年，鸣沙山月牙泉风景名胜区被国务院列为第三批全国重点风景名胜区。

月牙泉在东汉时被《三秦记》称为“沙井”，唐代被《元和郡县图志》称为“井泉”。至清代，始有“月牙泉”之名，以“月泉晓澈”之名被列入“敦煌八景”，并在泉水附近修筑有龙王宫、药王洞、雷神台等庙宇。月牙泉水域植被茂盛，有些泉水中有鱼类生活，其中所谓“七星草”“铁背鱼”，被认为可以治病长生，故月牙泉又称药泉。

历史时期月牙泉曾有较大水面，最大水深超过10米。近几十年来，由于灌溉工程扩大引起党河河道干涸，月牙泉失去补给水源，水位逐渐下降，面临干涸危险。20世纪80年代以来，地方政府不断设法减缓水位下降趋势，收效不明显。在《敦煌地区水资源合理利用与生态保护综合规划》编制中，水利部、甘肃省将抢救月牙泉作为制止敦煌生态恶化的标志性工程。通过对月牙泉补给机制的深入研究，实施了党河河道恢复以及修建补水池等措施，月牙泉水位自2011年后不断回升，已初步重现昔日风采。

第三节 水利信仰

一、汉唐时期敦煌的水神信仰

敦煌属于典型绿洲农业，水作为其社会发展的核心要素，在敦煌千年来的历史中扮演了极为重要的角色。敦煌文书、壁画中出现了大量关于水神的记载和描绘。

汉唐时期，敦煌水神崇拜对象十分多样，主要有泉神、张女郎神、水神冯夷、风伯、雨师、雷神、龙王等。这些水神崇拜的传说与敦煌特殊的自然环境、地理风貌、民间共同的愿望有十分紧密的关系。

泉神的传说大约自汉代时期就已产生，主要有悬泉（贰师泉）、龙勒泉、龙堆泉及玉女泉等。汉唐时期敦煌泉传说的出现和流传，很大程度上表现了处在战乱中的敦煌民众对能征善战的平乱英雄的期许。悬泉传说中记载“汉贰师将军李广利西伐大宛回至此山，……以佩剑刺山，飞泉涌出”，以及龙勒泉传说中记载“汉贰师将军李广利西伐大宛”，这都与贰师将军李广利有关，敦煌遗书中多有记载，悬泉在唐代中后期还曾被称为贰师泉。晚唐五代时期，敦煌民间还流传着带有神异色彩的玉女泉传说，这些传说主要记载于敦煌地理文书中，体现了敦煌水神信仰和民间习俗。

晚唐五代时期，敦煌地区又盛传张女郎神，张女郎神非敦煌本地神，张女郎神的崇祀先起于汉水流域，她仅是一位地方性神灵。她在敦煌因主司降水、保境安民、保佑河堤坚固，而被敦煌民众所崇祀。

水神冯夷即黄河之神河伯冯夷，唐代时凡有水存在的地方，人们都相信有水神存在，敦煌也不例外。在敦煌文书中就曾有祭祀“四渎”的祭文，其祭祀核心为水神冯夷。

敦煌文书中有关风伯、雨师的记载也颇多，从祈文中可以看出，风伯、雨神有助降甘霖，有润泽草木的神力。人们修建风伯、雨师庙，并祭祀他们，主要目的是祈求风调雨顺、避免灾害，后来还形成了春祭风伯、立夏祭雨师的定制。

汉唐时期，敦煌地区关于水神的信仰中也包括了龙王崇拜，但这又有两种情况，一是民间信仰中的龙王，二是佛教中的龙王。唐宋时期，龙王信仰盛行，有关河伯的记载式微而代之以龙王，龙王成为新的水神。归义军时期，佛教兴盛，当时作为佛教护法神的龙王也受到敦煌民众的崇拜，同时人们认为佛教中的龙作为施雨的神灵，也可护佑风调雨顺，因此敦煌的海龙王信仰颇为流行，从归义军领袖到普通民众都普遍信奉。

除此之外，还有祭祀祆神以求雨的记载。敦煌文书中记载有四所杂神庙，四神即土地、风伯、雨师、祆神，前三神皆为护佑敦煌风调雨顺的神，因四神并立，故推测祆神也有此种神力。《敦煌廿咏》之《安城祆咏》中描述了敦煌地区祝祭祆神，祈求境内福祚绵长、普降甘霖的场景。

二、清代民国时期流域的龙王信仰

清代疏勒河流域大兴屯田，元明时期已在中国北方普遍流行的与灌溉相关的龙王信仰进入疏勒河流域，成为流域水利信仰的主体。清代疏勒河流域各灌区建设之初，普遍一次性建成龙王庙，可以视之为灌区配套设施的一部分。龙王庙一般建立在重要分水口与灌区控制性工程附近，规模不一。龙王庙供奉主神为龙王，配祀神祇不一，有财神、风伯等。除龙王信仰外，流域还有风雨神、雷神等与水利活动有关的神祇信仰，但因流域气候干旱、降水稀少，清代民国时期对这类神祇的崇拜并不占主要地位。

清代民国时期，龙王庙是水利活动的中心，是举行水资源分配活动与灌区管理活动的场所。玉门、安西、敦煌都存在两个等级的龙王庙，其中玉门下龙王庙（玉门市南）、安西大龙王庙、敦煌大龙王庙为高等级龙王庙。此类龙王庙规模较大，有正殿、厢房、院落，安西大龙王庙甚至有两进院落。高等级龙王庙是区域水利活动的中心，是分水仪式举行的主要地点，如玉门下龙王庙是玉门与安西分水地，安西大龙王庙是安西县西部各干渠分水地，敦煌大龙王庙为党河灌区各干渠分水地。分水仪式举行时间不一且有变动，范围在春分与谷雨节气之间。分水仪式举行时有献祭、唱戏等活动，地方水利领袖的改选、改任也一并进行。在高等级龙王庙之下还有设置在干渠的一般龙王庙，规模较小，甚至没有神像，一般为干渠民众的水利议事场所及水利修造人员的临时居所。

疏勒河流域的龙王信仰是传统水利保障能力较低时民众的一种精神寄托，而龙王庙体系是疏勒河流域传统灌溉管理的重要组成部分。1949年后，随着流域水利现代化的快速推进，流域水利保障能力迅速提高，水利管理制度亦发生重大变化，龙王信仰存在的基础消失，各类龙王庙普遍被拆毁。

第十八章　疏勒河与“丝绸之路”

疏勒河流域位于古丝绸之路的咽喉位置，河流文化与丝路文化深度交织，疏勒河文化本身已构成丝路文化的重要组成部分。本章仅从流域内的丝路交通线、流域主要古城址、流域主要石窟及疏勒河十景四个方面对疏勒河与“丝绸之路”的文化关系进行描述与记录。

第一节　流域内的丝路交通线

一、汉魏南北朝时期

汉代疏勒河流域主要隶属于敦煌、酒泉二郡。为断匈奴右臂，联合大月氏夹击匈奴，张骞于汉武帝建元三年（前138年）、元狩四年（前119年）两次奉诏出使西域，开辟了汉朝通往西域诸国的道路，号为“凿空”，从此使者、商队、师旅往来不绝，河西走廊成为丝绸之路的重要通道。与此同时，汉廷加强对河西的经营，陆续设置郡县，疏勒河流域所在的酒泉郡成为河西地区最西端的堡垒。其后不久析酒泉置敦煌郡，二郡并称“戎羌道驿之途”“河西保障之襟喉”。

西汉疏勒河流域的交通线以东西延展为主，大致沿县城城址的连线分布。以自东向西的路线为例：从酒泉郡治禄福县（今流域肃州区）出发，渡北大河（呼蚕水），向西北方向行进，出玉门障峡口（今嘉峪关市西北黑山附近的石关峡），经玉门县（今玉门市赤金镇），过石油河，一路向北，经高见滩戈壁，渡籍端水（今疏勒河）支流之一的巩昌河，再向西北行至乾齐县（今玉门市玉门镇一带），亦可西行至天陕县（今玉门市东南部）。

从乾齐出发，西行可以到达渊泉（今瓜州县三道沟镇以西），即入敦煌郡境。经冥安县（今瓜州县锁阳城）宜禾都尉昆仑障（今瓜州县南岔镇六工城遗址），西出三危山，至敦煌。也可以北濒长城，西行到达敦煌，不经县城。从天陕县出发，则可以沿古冥水方向西北行至冥安县，入敦煌。

出敦煌郡治后，分为南北两道。北道偏向西北，经闸坝岔墩、赵家圈墩，转向塞防辖区，驿道隶属沿途各部都尉下的侯官管辖，经半个墩子、仓亭燧、玉门都尉府、止奸燧、玉门侯官，至玉门关。出关后过车师前王庭（今吐鲁番），沿北山（天山），西行至疏勒（今喀什）。汉武帝于太初元年（公元前104年）、太初三年（公元前102年）两次派遣李广利征伐大宛（今乌兹别克斯坦费尔干纳盆地），出玉门关，过轮台，所取即部分北道。南道向西南，沿党河北岸，经破羌亭、北工墩（清代称巴彦布喇墩汛）、龙勒县，至阳关。出关后傍南山（昆仑山），经若羌、且末等地至莎车。

东汉作为继西汉而起的大一统王朝，全面继承了前代的政治制度、统治经验，河西得以保持稳定，疏勒河流域内的交通线延续下来，并在前代的基础上有所增益。东汉将玉门关东移至冥安县境，原先在敦煌西的故玉门关遂废。东汉开通了自新玉门关到车师城的“五船道”，此即后来唐代“莫贺延碛道”的前身。其路线自新玉门关向北，穿越五船碛后，西北行至车师后王国。曹魏时沿用，《魏略》谓之“新道”。晋孝武帝太元十年（385年），苻坚遣将吕光征龟兹，大胜还师，经高昌、伊吾、宜禾（今瓜州县六工古城），亦循此路。后至隋唐而不废。东汉又新开自敦煌北经伊吾至高昌的新道，北朝时沿用，称“伊吾路”，即唐代“稍竿道”的前身。

西晋短暂统一之局崩溃后，中国北方陷入长期战乱，疏勒河流域先后为前凉、前秦、后凉、北凉、西凉等政权所统治，取道河西的丝绸之路几近中断。南朝为避开北朝及河西割据政权的控制，设法借道吐谷浑而直达西域，于是“青海道”兴起。其路线自今兰州、临夏附近西渡黄河，沿河湟道至西宁、青海湖，复西行，穿越柴达木盆地，抵若羌。青海道是在汉代羌中道的基础上发展而来的，因当时所经地域主要为吐谷浑政权，故又称“吐谷浑路”。青海道有多条分支，其中一条由伏俟城经今海西都兰，西北至今小柴旦、大柴旦，可北上敦煌，成为疏勒河流域南北方向上的重要通道。

二、隋唐宋时期

隋文帝开皇九年（589年），隋灭陈，统一南北，结束了三国已将近四百年的大分裂局面，一时国势强盛，有意西拓。隋朝在疏勒河流域所涉路线，大抵沿袭汉魏北朝之旧，重开绝路，有所发展。如自敦煌经伊吾达高昌的“五船道”（“伊吾路”）。大业四年（608年），隋炀帝命薛世雄取此道出玉门、下伊吾；五年（609年），炀帝至张掖，高昌王麴伯雅、伊吾吐屯设来朝见，皆由此路。

盛唐时期向西开拓，其规模较汉代犹有过之，河西走廊一跃成为控制西域、连通中亚的大通道，国际贸易、文化交流的大动脉。其中疏勒河流域地区，在唐代大致对应肃州、瓜州、沙州的政区。

唐之玉门关与东汉相近，较西汉东移，在今瓜州县桥子乡。唐代本区的交通线，东起肃州玉门障（今嘉峪关市北黑山附近的石关峡），西北行至唐玉门县、玉门军（今玉门赤金镇赤金堡地区），西北经池头故城（今玉门花海毕家滩附近）西南侧，西南至唐玉门关，折向南，沿葫芦河行至瓜州晋昌县城（锁阳城），或西行至常乐县。其后西向经瓜沙道抵达沙州敦煌。

瓜沙道是指唐代连接瓜、沙二州间的驿路，又分新、旧两道。旧道，自瓜州西行，经常乐、鱼泉、黄谷、空谷、无穷、其头、东泉七驿，至沙州。唐高宗永淳二年（683年），废黄谷、空谷、无穷三驿，改由鱼泉西北行，经过常乐南山（今截山子）至悬泉驿，复西行至其头、东泉、州城，抵沙州。武后天授二年（691年），因旧道“石碛山险，迂曲近贼”，在其北方开辟新道。自瓜州至常乐后，复向西北行进，先后抵达阶亭、甘草二驿，继而西行，经长亭，至白亭，折向南，至横涧、清泉，然后东南行至沙州。旧道遂废。

除了西抵沙州敦煌外，从瓜州向北出玉门关，折向西北，穿越莫贺延碛，可至伊州（今哈密），此路称为“莫贺延碛道”，又名“第五道”。因隋末及初唐与伊吾国不相交通，此道闭锁。唐朝保据此道之南段，并在所控路段递置五所警烽，其第五烽最临前线、最关紧要，故当地以此烽命名此道，称“第五道”，是东汉“五船道”的延续。凡有新井驿（今瓜州县雷墩子）、广显驿（今瓜州县白墩子）、乌山驿（今瓜州县红柳园）、双泉驿（今瓜州县大泉）、第五驿（今瓜州县马莲井）、冷泉驿（今哈密市星星峡）、胡桐驿（今哈密市沙泉子）、赤崖驿（今哈密市红山墩东）等十驿，其中二驿史失其名。

敦煌在唐代成为东西、南北汇聚交通枢纽，以敦煌为中心的交通线四通八达，除了上述的瓜沙道外，主要还有以下几条：

1. 稍竿道

又名“伊吾路”。由沙州向北，经青墩峡、碱泉戍、稍竿戍，直达伊州（今哈密）。在唐代往往与第五道交替通行。

2. 大海道

由沙州径通西州（今吐鲁番）的交通大道。唐太宗贞观十四年（640年），交河道大总管、吏部尚书侯君集率唐军取道碛口（今哈密东南），先下田地城（今鄯善西南鲁克沁），后灭高昌，以其地置西州。所经路线即大海道，亦或取稍竿道，先赴伊州，再趋高昌。

3. 于阗道

出敦煌阳关，沿阿尔金山北麓西南行，经若羌、且末等地，再沿塔里木盆地南缘西达于阗（今新疆和田市）及葱岭以西。该道早自西汉即已开辟，为当时通往西域的南道，唐代仍在沿用。

4. 大碛道

由敦煌西北行，出故玉门关，穿过白龙堆（今库姆塔格沙漠）北部，经罗布泊北岸，再沿孔雀河而上，西抵焉耆。

5. 奔疾道

又名“把疾道”。其路线出敦煌沿党河（唐甘泉水）河谷西南行，经黑山咀（唐马圈口）、西千佛洞、党河大拐弯处（存唐山阙烽残址），折而南行，经沙枣园、沙山子、沙山沟、阿克塞哈萨克族自治县县城、长草沟，逾当金山口（存唐南口烽），复经苏干湖盆地（唐五代名“西同”），直抵柴达木盆地（唐五代名“墨离川”）及其以远。其路径与今国道215线大体吻合。该道将敦煌与青藏高原直接连接起来，亦是沟通蒙新与青藏的大通道之一，在历史上发挥过重要作用。

贞观年间，玄奘西行求法，自瓜州北出玉门关，亲见五烽，越过莫贺延碛，经伊吾抵高昌，复西行，后自南道（于阗道）归，可谓是这些道路的亲历者、践行者。

安史之乱后，边兵内调，塞防空虚，河西走廊旋即沦于吐蕃。唐代宗广德年间至唐宣宗大中初年间，瓜、沙二州均被吐蕃所据。其后虽有敦煌人张议潮领导归义军起义，但随着唐政权的灭亡，疏勒河地区再次脱离中央控制，先后为西汉金山国、甘州回鹘、曹氏归义军所统治。北宋景祐三年（1036年），李元昊的西征彻底结束了曹氏归义军政权对河西的统治。宋熙宁六年（1073年），西夏占据沙州，改酒泉为蕃和郡，保留了瓜州、沙州的建置，疏勒河地区被纳入西夏统治范围。于是丝绸之路河西道断绝，宋与西域之间，不得不再次效仿南朝，通过青海道发生联系。

三、元明清时期

元代驿站制度发达，贯穿疏勒河流域的主干线是长行站道，为当时诸王、驸马、使臣、番僧、商旅乘驿长行的大道，隶属甘肃行省管辖。其路线，西出肃州后，过赤斤，达瓜州、沙州。自沙州向西南可抵斡端（今新疆和田市），向西北可抵哈密。马可波罗第二次使元时即循此路，自喀什噶尔沿南道，经斡端、鄯善，然后抵达沙州。

明代朝廷直接管辖的区域止步于嘉峪关以东，嘉峪关外仅设立羁縻性质的“关西七卫”，由当地部族首领世袭其官职，其中赤斤蒙古卫、沙州卫及几度内迁的哈密卫即位于疏勒河中下游地区。明弘治以前的交通线，西出嘉峪关，经扇马城、赤斤城抵苦峪城，自苦峪西行，分为北、中、南三道，俱抵哈密。中道最为常用，从苦峪西至王子庄四十里，然后经过袄秃六蟒来、体乾卜剌、察提儿卜剌、额失乜、羽六温、哈剌哈剌灰、召文虎都、乩失虎都、阿赤、引只克、也力帖木儿，至哈密。北道，出苦峪城，北至羽寂灭，经阿赤等地到达哈密。南道，出苦峪城西南行，至瓜州，复西行，经西阿丹、沙州到达哈密。南北二道条件较差，北道平坦但路线迂远，且无水草，南道地势崎岖，多山口、石路。

明代中期以后，疏勒河流域在事实上已完全脱离中央管辖，其线路大致与弘治前同，仅里数稍有变化。

清初本区驿道的一般路线承袭明代，从赤金湖（今玉门市赤金镇政府所在地）沿赤金河西北行至赤金峡南，西行穿过戈壁，抵达靖逆卫城（乾隆二十五年后改称玉门县，今玉门市）复西北行，依次经过十道沟河，到达布隆吉尔城，然后沿疏勒河直抵瓜州。平定准噶尔部后，疏勒河流域地区不再成为军事对抗的前线，社会局势趋于稳定，以敦煌为中心，如唐代那样四通八达的交通线分布局面又重新出现。主要线路有以下几条：

1. 东大路

敦煌东至瓜州的道路。其路线，出敦煌县城东门，东行四十里，入戈壁，复行三十里至圪塔井，经二站七十里至甜水井，再经三站七十里至瓜州口，入安西界。

2. 西大路

敦煌西通新疆的道路，有北道、南道。北道即故玉门关道，出敦煌城西门，穿过戈壁，经碱泉、大方盘城、小方盘城、西湖，至清水沟，折而西北，至芦草湖，复西行，至五棵树，西南经新开泉、甜水泉，过沙沟，即入新疆界。南道即阳关道，出敦煌西门，西南行，过阳关，西行穿过戈壁，经葫芦斯太（可北通大方盘城）、毛坝（可南通青海）、安南坝、野马泉，折而向西北，经白山泉至沙泉，入新疆界。

3. 北路

经安西北通新疆的大道。该路前段与东大路同，自敦煌先东行，经圪塔井、甜水井、瓜州口后，北入安西州城。然后出安西北门西北行，经白墩子、红柳园、马莲井，过戈壁，抵哈密。

4. 南路

敦煌南通青海的道路。其路线，出敦煌西门西南行，经通裕渠口至沙枣园，折而向南，穿过戈壁至色尔腾海，复南行，经黑山头，过阿洛山峡，至大柴坦木（今青海大柴旦）。色尔腾海可西通嘎斯口（今青海花土沟一带），该地是卫拉特蒙古诸部南下赴藏的必经之处。雍正元年

(1723年)，青海和硕特部罗卜藏丹津叛乱，抚远大将军年羹尧率军自甘州进驻西宁平叛，命副将阿喇纳驻防嘎斯，以防叛军与伊犁的策旺阿拉布坦会合。又有东南路，出敦煌，南行至千佛洞，折而向东南，沿党河，经党城、独山子、长山子、沙尔陀罗海，过奎天峡，至青海科尔录古(今青海德令哈)。

第二节　流域主要古城址

疏勒河流域堪称中国古城博物馆，具有从汉到清的近百座城址，涵盖中国除都城之外的所有等级古城。这些古城遗址是丝绸之路上的都市、驿站或堡垒，其兴衰与历史时期的灌溉耕种息息相关。有些古城甚至直接建设在河边，体现出河流与丝路城市的密切关系。

一、玉门市境内古城

1.骟马城址

位于玉门市清泉乡白土梁村东、白杨河支流骟马河旁，可能为东汉延寿县遗址。城址略呈长方形，东侧城墙有门。城址总体残破。

2.骟马西城址

位于清泉乡白土梁村东、白杨河支流骟马河旁，可能修筑于唐代遗址，紧临骟马古城。城址略呈长方形。城址总体残破。

3.赤金堡

位于玉门市赤金镇，北接赤金峡、南依赤金湖湿地。城址包括新旧二城，系清代重建。城墙多被拆除。

4.西沙窝古城

位于玉门市花海乡小泉村西5千米，推测为汉代池头县（魏晋沙头县）外围城障，位于花海古湿地范围内。城址呈正方形，破损明显。

5.北沙窝古城

位于玉门市花海乡政府北偏西约20千米，为汉长城沿线军事城堡。城址略呈正方形，破损明显。

6.上回庄古城

位于玉门市花海乡政府西13.5千米处，似为汉魏时代驿站。城址呈正方形，城内有房屋遗迹，城外有耕地遗存。

7.下回庄古城

位于玉门市花海乡政府西6.5千米处，推测为汉代池头县（魏晋沙头县）外围城障。城址略呈方形，墙体保存现状不佳，残存角墩两个，上有房屋遗址，南部有瓮城。

8.比家滩古城

位于玉门市北花海乡政府西13千米处，位于花海古湿地范围内，估计为西汉池头县城、东汉至北魏沙头县城。目前残损严重，仅残存两座角墩。

9.玉门镇古城

位于玉门市区附近中渠村东南，推测修筑于汉魏时期。遗址呈长方形，西北有角墩一个，南侧城墙有门。整体保存较好。

二、瓜州县境内古城

1.三道沟古城

位于瓜州县三道沟镇四道沟村北侧，与疏勒河中游支流四道沟毗邻，可能为汉代敦煌郡渊泉县城。城址呈长方形，保存状况较差。

2.肖家地古城

位于瓜州县布隆吉乡肖家地南侧、疏勒河中游绿洲边缘，有东西两城，相隔约150米，均呈长方形。估计建于魏晋时代，保存状况较好。

3.旱湖脑古城

位于瓜州县布隆吉乡双塔村东南11千米的疏勒河中游绿洲边缘，紧邻昌马西干渠，略呈长方形。估计系汉代城址遗存，保存状况较差，可见角墩四座。有横墙将城分为南北两部分，南城面积略大。

4.潘家庄古城

位于瓜州县双塔乡月牙墩村，古代疏勒河中游湿地“冥泽”范围之内，略呈长方形，四角有角墩，南侧城墙正中有门。为汉代至魏晋时期城址，保存状况差。

5.长沙岭古城

位于瓜州县锁阳城镇北桥子村长沙岭南7千米的风蚀台地上，古代疏勒河中游湿地“冥泽”边缘，估计修筑于汉代。城址呈长方形，西南角有角墩，整体保存状况较差，城内有芦苇堆积层。

6.羊圈湾古城

位于瓜州县锁阳城镇北桥子村东北8千米处沙丘之中，古代疏勒河中游湿地“冥泽”边缘，估计修筑于汉代。城址略呈正方形，保存状况较差，城外有耕地遗存。

7.锁阳城

位于瓜州县锁阳城镇南坝村南7千米处，古代疏勒河中游西北向河道“冥水”之侧、古代湿地“冥泽”边缘，是河西走廊现存最大古城址。城址呈长方形，分内外两重城，外城面积80万平方米，内城面积28万平方米，其中内城城垣保存完好。内城有城门五座、角墩四座，其中北门外有瓮城。此城始筑于汉代，展筑于唐代，为唐代瓜州城，元代后逐渐废弃。城外有大量古代耕地、渠道遗迹。

8.冥安故城

位于瓜州县锁阳城镇南坝村东南8千米处、古代疏勒河中游西北向河道“冥水”之侧，分新旧两座城址，彼此相距1.5千米。旧城略呈方形，保存完好，有角墩四座，西侧有城门，城外有瞭望台；新城在旧城东南1.5千米处，呈正方形，保存较好，南侧有城门。此二城先后为汉冥安县城。

9.南岔大坑古城

位于瓜州县锁阳城镇张家庄村南侧、古代疏勒河中游湿地“冥泽”边缘。城址略呈方形，保存状况较差。南侧城墙有城门，城外有卫城。城与卫城估计均建设于汉代。

10. 马圈古城

位于瓜州县锁阳城镇堡子村西、古代疏勒河中游湿地“冥泽”范围内，有大小两座城址。两城址均呈方形，保存状况差，城外可见壕沟痕迹，估计为唐代遗址。

11. 新沟古城

位于瓜州县锁阳城镇新沟村南、疏勒河支流榆林河畔。城址呈长方形，保存完好，东、北、西三面有马面，南、西、北三面有角墩，南侧城墙有城门，城门外有瓮城遗迹，估计为汉代城址。

12. 破城子古城

位于瓜州县锁阳城镇破城子村、疏勒河支流榆林河绿洲畔。城址呈长方形，保存完好，有角墩四座，北侧城墙有城门，城门外有瓮城，估计为汉代广至县城。

13. 六工古城

位于瓜州县南岔镇六工村西南 3 千米、古代疏勒河下游河道芦草沟古绿洲中。有东西两座城址，其中西城较大。西城呈长方形，东城呈正方形，保存情况较好，城垣、角墩均可见，其中大城于北、西、南三面均有城门，小城于南侧城墙有城门，均有瓮城。估计为汉代宜禾都尉驻地、曹魏宜禾县城、唐常乐县城。

14. 芦草沟古城

位于瓜州县南岔镇六工村西南 12 千米处、古代疏勒河下游河道芦草沟东侧。城址呈长方形，保存状况较差，估计为汉代遗址。

15. 老师兔古城

位于瓜州县南岔镇老师兔村北部一处花岗岩台地上，略呈正方形，南侧城墙有门。保存状况较差，估计为汉唐城址。

三、敦煌市境内古城

1. 甜涝坝古城

位于敦煌市莫高镇甜水井北 9.5 千米、古代疏勒河下游河道芦草沟古绿洲中，呈正方形，保存完好，为唐代驿站遗址。

2. 五棵树儿井古城

位于甜涝坝古城附近、古代疏勒河下游河道芦草沟古绿洲中，推断为北魏、西魏时期敦煌郡东乡县城。

3. 沙州古城

位于敦煌市西七里镇白马塔村内，为汉至唐时期敦煌主城。因清代以来大部辟为农耕区，故保存状况较差。

4. 寿昌古城

位于敦煌市阳关镇北工村、南湖绿洲所在地。该城呈长方形，保存状况差，有角墩一座。此城为汉龙勒县、唐寿昌县城。

5.小方盘城

位于敦煌市西北80余千米的疏勒河下游河道南岸，呈正方形，保存完好，西侧城墙有城门，系西汉玉门关所在。

6.河仓城

位于敦煌市西北70千米的疏勒河下游河道南岸、西距玉门关小方盘城15千米处，又称大方盘城。有内、外两重城，其中内城保存较好，系西汉玉门关地区的一座大型粮仓。

第三节　流域主要石窟

甘肃石窟的分布按地理位置来看大体可分为河西、陇中、陇南和陇东四个大的区域，而河西石窟遗存数量位居其中之首。河西佛教石窟则由敦煌石窟群和凉州石窟群两部分组成，其中分布在疏勒河流域的敦煌石窟群延续时代最长、现存数量最多，极具代表性。为了礼佛的方便，疏勒河流域所有石窟都临河滨水而建。

一、莫高窟

莫高窟俗称“千佛洞”，是甘肃省内最大的石窟群。位于敦煌市东南25千米处鸣沙山东麓、宕泉河西岸的断崖上。坐西朝东，面向三危山。洞窟密布在南北长约2千米的崖面上，岩质为酒泉系砾石岩层，由积沙与卵石沉淀黏结而成，沙层疏松，不适于雕刻，故石窟中以泥塑彩绘为主。

据唐代《李君修莫高窟佛龛碑》记载，前秦建元二年（366年），高僧乐僔开创了莫高窟第一个洞窟。莫高窟第156窟北壁晚唐墨书《莫高窟记》内容大体与《李君修莫高窟佛龛碑》一致，记述莫高窟始建于“秦建元之世”。而唐代敦煌写本《沙州地志》则记载，莫高窟始建于东晋永和九年（353年）。目前通常采用的说法为前秦建元二年（366年）。莫高窟晋时曾有“仙岩寺”之称，十六国前秦时名为“莫高窟”，隋末唐初曾名为“崇教寺”，元代称为“皇庆寺”，清末称为“雷音寺”。现存壁画45000多平方米，彩塑2000多身，唐宋木构窟檐建筑5座。窟群分为南北二区，南区编号492窟，洞窟比较密集，均有彩塑或壁画。北区编号243窟，大部分洞窟没有壁画和塑像，主要是古代僧侣生活、修行窟，埋葬僧人遗骨的瘗窟等。现从洞窟形制、壁画题材及分布时期三方面进行大致论述。

（一）洞窟形制

1.禅窟

禅窟是僧人们用以坐禅修行的洞窟。分两类，一类为单室禅窟，主要分布在莫高窟北区，现存73个，窟室较小，窟内有禅床；另一类为多室禅窟，中央有一个较大的主室，在主室周围开凿有较小的禅室，僧人们在这些仅能容身的小禅室中修行。这种形式源于印度毘诃罗窟，开凿时代较早，主要在十六国北朝时期出现，以北凉第286窟、西魏第285窟为代表。

2. 中心柱窟

源于印度的支提窟，即在洞窟中央建一座佛塔，信众们进入石窟后，围绕佛塔右旋礼拜。敦煌塔庙窟与印度稍有不同，平面为长方形，在洞窟后部有一个方形的柱子，直通窟顶，称为塔柱，这是仿照佛塔形式所建，在方形塔柱上四面都开有佛龛，龛中各有佛像。中心柱窟的窟顶后半部是平顶，前半部多为人字披顶。所谓人字披，就是指中国传统建筑中人字形屋顶的形式。

3. 殿堂窟

通常平面为方形，在洞窟正壁开一大龛。这种洞窟空间较大，如殿堂一样，所以被称为殿堂窟，因窟顶为覆斗顶形，也叫覆斗顶窟。所谓覆斗顶形，就是窟顶形状如一个倒扣下来的斗。

4. 大像窟

窟内塑巨型佛像，窟前还有相应的殿堂建筑。

5. 涅槃窟

窟中塑大型涅槃像，窟形也适应佛像而设。

6. 僧房窟

主要集中在莫高窟北区，是古代僧人起居生活的地方。洞窟较为宽敞明亮，窟中有灶、炕等生活设施。

（二）壁画题材

1. 佛像画

表现对象包括佛与弟子、菩萨、天王等，他们是被崇拜的对象。在洞窟中总处于十分重要的位置。

2. 神话画

以中国传统神话为题材，表现东王公、西王母、伏羲及女娲等中国传统神话传说中的形象。

3. 佛经故事画

包括：①佛传故事。主要讲释迦牟尼生平事迹。②本生故事。主要讲释迦牟尼前世故事。③因缘故事。主要讲与佛相关的一些因果报应故事。

4. 经变画

概括表现一部佛经主要内容，情节较多、规模较大的画。

5. 佛教史迹画

表现佛教历史、传说故事的画。

6. 供养人画像

表现出资修建洞窟之人的图像。

7. 装饰图案画

在洞窟顶部、龛沿周围、四壁交界等处绘制的图案，为了使洞窟变得华丽。

（三）分布时期

1. 十六国北朝时期

这是莫高窟营建的第一个阶段，现存石窟主要包括四个时期：①十六国的北凉（401—439年），包括第267、268、269、270、271、272、275窟等7个洞窟，是现存敦煌石窟中开凿最早的洞窟；②北魏，从太平真君六年到永熙三年（445—534年），现存洞窟10个，包括第251、254、257、259、260、263、265、273、441、487等窟，多为有人字披顶的中心柱窟；③西魏，宗室东阳王元荣家族统治敦煌时期（535—556年前后），现存11个洞窟，包括第246、247、248、249、285、286、288、431、432、435、437窟，主要有中心塔柱窟、禅窟和覆斗顶殿堂窟；④北周（557—581年），现存16个洞窟，包括第250、290、291、294、296等窟，北周洞窟主要为中心柱窟和覆斗顶殿堂窟。

2. 隋及唐前期

隋代在莫高窟营建历史上是一个极为重要的时代，具有承前启后的意义。因沟通西域之需要，处在当时丝绸之路北、中、南三条通道交汇处的敦煌便具有了无可替代的战略意义。不同地区文化艺术在此交流繁荣，也促进了莫高窟的营建。在隋一代，莫高窟兴建了80多个洞窟，再加上重修前代的洞窟，总数约100个。隋代莫高窟艺术风格和内容呈现出阶段性特点：第一期（581—589年），即隋开皇年间，开窟7个；第二期（590—612年），即隋开皇十年至大业八年间，开窟32个；第三期（613—626年），即隋大业九年至唐武德九年间，开窟43个。三期中，后两期开窟最多，以覆斗顶形为主，人字披顶次之。题材日益丰富多样，画风华丽细腻。

唐朝是莫高窟开窟造像数量多的一个时期。莫高窟唐代石窟大体分为初唐、盛唐、中唐、晚唐四个时期。习惯上又以安史之乱为界，把唐代分为前后两个时期，前期为初唐、盛唐，后期为中唐、晚唐。莫高窟初唐时期，指从唐朝建立到长安四年（618—704年）间的敦煌石窟艺术。这一时期莫高窟新建洞窟46个。初唐石窟可分为武德、贞观、武周三期：武德时期，石窟形制与绘塑沿袭隋末；贞观时期，壁画题材则多受净土思想影响，多阿弥陀经变等经变画；武周时期，洞窟兴建数量多，题材丰富，水平较高。

莫高窟盛唐时期，指唐神龙元年至建中二年（705—781年）期间的敦煌石窟艺术。这一时期莫高窟兴建洞窟97个，按艺术风格可分为三期：第一期从神龙元年到太极元年（705—712年），以第217、215、205等窟为代表；第二期从开元元年至天宝十四年（713—755年），这一时期开凿洞窟最多，以第130、41、45、46、66等窟为代表；第三期从至德元年至建中二年（756—781年），以第148、194、31、123、199等窟最为知名。

3. 唐代后期

唐代后期莫高窟，是以唐德宗建中二年（781年）河西为吐蕃所统治而划分界线的。这以后历史共126年。其间吐蕃统治67年（习称中唐），张议潮家族统治57年（习称晚唐）。天宝十四年（755年），安史之乱起，唐政府被迫调动河西、陇右精锐部队平叛内乱，河西防务空虚，吐蕃乘虚占领陇右并进攻河西，由此统治敦煌67年。由于吐蕃非常崇信佛教，加上敦煌未受中原“会昌法难”的影响，所以这一时期敦煌寺院经济膨胀，佛教文化大为兴盛，莫高窟开窟不止。中唐时期重新开凿的洞窟就有48个，再加上重修的28个洞窟和完成的盛唐未完成的9个洞窟，数量规模远超盛唐。

唐朝大中二年（848年），沙州民众首领张议潮趁吐蕃内乱率众起义，逐走吐蕃统治者并次第收复河西州郡，使西北广大地区回归唐朝，唐朝在敦煌建立了归义军，使百年受阻的丝绸之路再度畅通。自张议潮起义到李唐最后一年的66年间，是敦煌莫高窟晚唐时期。

张议潮收复河西后，被唐宣宗任命为河西十一州节度使，领归义军，驻节沙州。张氏家族笃信佛教，因此，在晚唐短短数十年间，莫高窟开凿了71个新洞窟，续建和重修了前代11个洞窟。

中唐时期的洞窟形制以殿堂窟、涅槃窟为主；晚唐时期的洞窟形制以中心佛坛式、方形深龛式、中心堪柱式为主。洞窟的内容是主体雕塑佛像和四壁及顶部的壁画。

4.五代以后

五代、北宋时期（906—1036年），敦煌处于曹氏归义军政权（914—1036年）统治之下。曹氏家族统治者崇尚佛教，继续营造洞窟的活动。在曹氏统治敦煌的120多年间，莫高窟又开凿了41个洞窟（五代开凿了26个，北宋开凿了15个），其中有明确造窟纪年题记的有第9100、256、25、61、469、53等窟和天王堂，另外还重修了248个前代洞窟（五代修建了151个，北宋97个）。这一时期洞窟形制大多沿袭晚唐中心佛坛覆斗顶殿堂窟，但洞窟规模更大，更为宏伟壮观。曹氏政权后期还出现了第377窟的梯形顶窟形和第443窟的穹窿顶窟形。此外，维修旧窟时，还给一些洞窟装修了木构窟檐和栈道。

大约在北宋天圣六年至景祐四年间（1028—1037年），归义军政权被沙州回鹘或西夏政权所取代。10世纪后期至12世纪初叶，世居瓜沙地区的回鹘人逐渐形成一股强大势力。瓜沙地区回鹘人于1030年前后掌握了瓜沙政权，史称“沙州回鹘”。沙州回鹘时期，开凿洞窟1个，重修洞窟15个。窟形因循宋制，艺术上早期沿袭宋窟遗风，后期则形成了简略粗放、构图舒朗、人物造型丰满的风格。

西夏时期，开凿洞窟1个，重修洞窟60个。窟形因循宋制。彩塑出现供养天女新题材，壁画题材主要是千佛、简略形式的净土变、高大的供养菩萨行列等。

1227年，蒙古成吉思汗灭西夏，同年三月破沙州。至元十七年（1280年）置沙州路总管府，河西走廊全为蒙古贵族控制。蒙元时期，莫高窟新开洞窟8个，重修洞窟19个。窟形有中心柱和覆斗顶窟。这段时期壁画内容可以分为汉族地区流行的显密和藏区流行的藏密两大系统。前者以第3窟和第95窟为代表，后者以第465窟为代表。

二、西千佛洞

西千佛洞为敦煌石窟群之一。位于敦煌市区西南约35千米处的党河断崖上。其因位于莫高窟及古敦煌城西，故得此名。具体位置在敦煌党河水库以东约8千米处，党河东流时在戈壁沙碛上冲出的河谷南北崖壁上。窟区东起南湖店，西至今党河水库，全长2.5千米。现存22窟中，1～19号窟群集中开凿于党河河谷北崖，后3窟则散落于顺流东下2～2.5千米的地方。

西千佛洞目前尚存有塑像与壁画的石窟共计19窟，其中最早为北魏窟，共1个，余为北周4窟，隋代2窟，初唐、盛唐3窟，中唐1窟，五代时期1窟，沙州回鹘时期3窟，西夏蒙元时期2窟，还有2窟开凿年代尚不明确。

洞窟形制与莫高窟同期洞窟基本相同，大致可分为中心塔柱窟、覆斗顶窟、平顶方形窟及敞口竖长方形大龛等四种类型。该洞窟群现存塑像共计34身，现存壁画800多平方米。其中第8窟中心柱正面龛内的佛像最具特色，为典型的“秀骨清像”式；同窟中的涅槃图与第12窟的劳度叉斗圣变为敦煌佛窟绘画中的佼佼者。西千佛洞中的劳度叉斗圣变在我国现存同类题材中绘制时间最早，也是唯一一幅绘于北朝时期的同题材彩绘。建于五代时期的第19窟塑有十六罗汉泥像，该窟是敦煌地区唯一以泥塑形式表现十六罗汉的洞窟。

三、五个庙石窟（附一个庙石窟）

（一）五个庙石窟

肃北蒙古族自治县，唐代为紫亭县，是敦煌的南大门，控制着敦煌的南边门户，而且水草丰美，宜于放牧，在政治、经济诸方面都有重要意义。五个庙石窟位于肃北县城西北约20千米处。这里党河曲折向东而流，在河的北岸分布着一片石窟群，均坐北朝南，主要因有五个洞窟，俗称五个庙（庙即石窟）。实际原有十多个洞窟，因这里气候湿润，多数洞窟已经塌毁或被积沙掩埋，现存有壁画的洞窟西区有4个，东区有2个。

从现存洞窟内容和艺术风格上看，五个庙石窟与敦煌石窟同属一个体系，但又有自身的一些特点。五个庙石窟最早开凿于南北朝晚期，大约在归义军曹氏晚期（北宋）到西夏期间，五个庙石窟经过较大规模的重修、整绘。现存大多数壁画都是这一时期重绘的。五个庙石窟壁画继承了敦煌壁画唐代以来传统，洞窟中以经变画为主，内容上显密杂陈，既有大乘佛教的维摩、弥勒变等，又有密宗的千手千眼观音及藏密曼荼罗等。

（二）一个庙石窟

五个庙石窟以东、党河东岸还有一处石窟，即一个庙石窟，现存洞窟2个，呈东西向排列。东窟为僧房窟，没有壁画塑像，西窟为礼拜窟，残存壁画遗迹。两窟是相关联的。石窟西北不远处有二层台地，曾清理出许多小泥塔，说明古代曾经在此地建有寺院或塔的建筑。泥塔的形式与莫高窟发现的极为相似。从现存的形制及壁画来分析，一个庙石窟始建于唐代，于五代、民国重修。

四、榆林窟

榆林窟，也称万佛峡、榆林寺，开凿于瓜州县西南75千米的榆林河（又名踏实河）河谷中，西距莫高窟100千米。现存洞窟42个，其中东崖有31个洞窟，西崖有11个洞窟。榆林窟现存遗迹中，有唐、五代、宋、西夏、元等朝代的绘塑作品。大多前代洞窟内又有后代重修重绘的情况，特别是清朝末至民国初，不少洞窟被重修、重绘。榆林窟与莫高窟在地域上非常接近，同属一个体系，但在洞窟形制和内容、风格上又有一定的自身特点。

榆林窟开凿年代至今尚无确切说法，目前已确定开凿于唐代中期的第332、39、44窟留存有中心柱建筑，故可大致推测，榆林窟目前开凿最早的洞窟应是在唐代早期，在吐蕃时期规模达到其极盛，至元代时停止开凿。

依据洞窟形制、塑像、壁画推断，榆林窟中建造于唐代的洞窟约有19个。榆林窟现存壁画多数经后代重画，根据壁画重绘时期可推断出4处洞窟建于唐代，类推得出五代8窟、宋代13窟、回鹘1窟、西夏4窟、元代3窟，清代修整洞窟9窟。其中清代塑像、壁画在形象与用色方面均不足以与前代比较。根据现存洞窟中文物的艺术特点，可以将榆林窟艺术发展分为三个阶段：吐蕃时期、瓜沙曹氏归义军时期、西夏及蒙古时期。

吐蕃时期的代表洞窟是第15窟与第25窟。瓜沙曹氏归义军时期开凿并重修的洞窟占榆林窟中的多数，达28个。曹氏归义军时期石窟形制与唐代基本相同，壁画可分为：经变画、供养人画像、佛像画、佛教史迹画、装饰图案画。其中经变画现存68幅，主要有药师变、西方净土变、弥勒变、文殊变、普贤变、天请问经变、观无量寿经变、报恩经变、维摩诘经变、降魔变、涅槃变、法华经变、梵纲经变等13种。西夏、蒙古时期，壁画题材主要有4类：经变画、密教绘画、尊像画、供养人画像。其中，经变画主要包括：文殊变、普贤变、西方净土变、天请问经变、弥勒经变、法华经变、维摩诘经变等。密教绘画包括汉传密教与藏传密教两类，汉传密教形象包括不空绢索观音、如意轮观音、十一面观音、千手千眼观音等。藏传密教绘画有两类：一是曼荼罗，或称坛城图，形象包括五方佛曼荼罗、十一面观音曼荼罗；二是金刚明王像。榆林窟中尊像画最为出名的题材是水月观音，部分尊像画，如元代第4窟的释迦、多宝并坐说法图，明显受到藏传佛教元素影响。供养人画像描绘的形象全部来自少数民族。

五、东千佛洞

东千佛洞位于瓜州县城桥子乡东南30千米长山子北麓干河谷，开凿在峡谷河床两岸断崖上。河水由南向北流，但早已干涸。河床宽约百余米。河滩上生长有骆驼刺、红柳等耐旱植物。该处地质稍异于莫高窟、榆林窟，虽仍属于玉门系砾石结构，但地质疏松，且多为黄黏土夹白垩土成分的土质。

东千佛洞，其中第7窟洞中绘有接引佛，又称为接引寺。在瓜州，习惯上称榆林窟为西千佛洞，此即为东千佛洞，皆因位置相对得名。现存石窟共23个，东崖9窟，西崖14窟，其中10个洞窟留有壁画及雕塑，东崖6窟，西崖4窟。两崖洞窟集中在南北长约200米的范围内，崖面坡度较大，都可以直接沿斜坡进出洞窟。东崖、西崖石窟分为两层分布。

东千佛洞现存最早洞窟开凿于五代时期，宋、西夏、元、清各代增凿洞窟，其中6个洞窟开凿于西夏，1个洞窟开凿于元代，3个洞窟开凿于清代。各窟彩绘佛教、道教主题画像共计290幅，彩塑造像42个。现存西夏及元代壁画主要为水月观音、密宗曼陀罗、净土变、药师变、涅槃变、文殊普贤变、八塔变，绘画题材以坛城、忍冬莲花为主，装饰图案以坛城壶门、火焰、双龙团凤、趺坐小佛、伎乐菩萨、飞天、羽人、金刚、力士、鸟兽、花枝花边等为主。

第四节　疏勒河十景

2017年12月，疏勒河作为全国干旱区河流代表，成功入选首届寻找十条“最美家乡河”榜单。经前期文学创作和系列采风活动，在广泛听取专家学者和文化工作者意见建议的基础上，结合疏勒河流域实际及疏勒河与丝绸之路之间密切而独特的人文与自然关系，甘肃省疏勒河流域水资源利用中心对“最美家乡河”蕴含的景观特质进行梳理分类，总结形成了“疏勒河十景”，范围从源头到尾闾，内容涵盖了历史文脉、流域美景、水利建筑、润泽民生等方面，具体如下：

1.南山涓韵

发源于祁连山脉西段托勒南山与疏勒南山之间，晶莹冰川和通透积雪日渐消融，潺潺溪水融汇交织，反映雪山冰川涓涓细流汇集成河的景象。

2.北塞荻花

随着生态输水的加大，疏勒河水已流过玉门关，尾闾与源头相呼应，融入霍去病“列四郡、据两关”的壮举，描绘玉门关巍然屹立、塞外河水萦绕、河边芦苇涤荡的场景。

3.天桥卧涧

河水流过的玉门市昌马乡天生桥处为整条河流最窄、最险的地段，配以天生桥的美丽传说，展示险崖深涧、铁桥横渡、河水激流的险胜景象。

4.昌湖映雪

隆冬，举目远眺昌马水库湖面，湖面与祁连白雪交相辉映，湖面倒影冰封，眼底白雪皑皑，阳光反射耀眼，展示出一幅“千里冰封、万里雪飘”的冬日盛景。

5.清渠激浪

河水出渠首沿昌马总干渠一路向东，宽深的渠道经纬通衢，蔚蓝的水流奔涌清澈，闸门落差处浪花飞溅，水利工程的魅力一览无余。

6.赤峡漂流

来自“西北第一漂”的生动诠释，赤金峡景区交通便利、绿树成荫、设施完善、环境优美，加上漂流、滑索、快艇等游乐设施，展示了国家4A级水利风景区的美景担当。

7.双塔玉鉴

作为甘肃省最大的平原农业灌溉水库，双塔水库库容2.4亿立方米，库区水面清澈蔚蓝，周边绿化山丘环绕，各种倒影形象生动、栩栩如生，宛如一面水天一色的玉镜。

8.望杆金屏

近年来，疏勒河流域生态环境明显得到改善，中下游河道和自然保护区焕发勃勃生机，瓜州望杆一带大片的胡杨林、红柳等乔灌木长势良好，展示出一幅融入赤橙黄绿青蓝紫等色彩的天然画卷。

9.桥湾夕照

疏勒河流域的农业灌溉历史悠久，可追溯至汉唐时期。疏勒河作为古代河水流经古城的典型代表，再加上桥湾城“康熙梦城”的历史传说，更添了一份历史厚重感。

10.黄闸春晓

疏勒河河水从古到今都是灌区生产生活的“生命之水”。重点展示疏勒河河水润泽万物、沃野千里的民生景象。

第十九章　艺文

第一节　诗歌

天马歌

汉・汉武帝

太乙沉，马天下。
沾赤汗，沫流赭。
志俶傥，精权奇。
策浮云，晻上池。
体容与，迣万里。
今安匹，龙为友。

苜蓿烽寄家人

唐・岑参

苜蓿烽边逢立春，葫芦河上泪沾巾。
闺中只是空相忆，不见沙场愁杀人。

安西杂咏四首并序・布鲁湖

清・马尔泰

设险分营控玉门，周详庙算护黎元。
巡边将士才吹角，款塞番回早断魂。
浩渺波光通弱水，高低山势接昆仑。
蒹葭芦荻秋风里，月映鸣沙见野鸳。

安西杂咏四首·昌马河

清·马尔泰

龙荒望里迥无垠，绝域河山信惨人。
万里白云常作雪，一林红柳不留春。
阴风蔽日天无色，战骨埋沙夜有磷。
幸际清时邀使节，从容揽辔问迷津。

布鲁湖和韵

清·顾之珽

甲骑森森控塞门，久安衽席惠元元。
沙场莫问前尘事，战地谁招上古魂。
百顷湖光涵布鲁，四时云气锁昆仑。
秋空潋滟残阳里，拍拍群飞遍绿鸳。

桥湾城

清·沈青崖

数雉真成一弹丸，停骖荒服且盘桓。
两山对锁东西峡，十水争流上下滩。
回鹘犁锄环塞外，廒仓刍粟入云端。
从今款贡烽烟靖，襟带清流倚槛看。

河湾野眺

清·沈青崖

其　一

清河风景不飞沙，塞草含晖乍透芽。
觅得小泓澄似镜，胡桐引火便烹茶。

其　二

活水潺潺泻柳沟，新通苏勒汇西流。
仲山到处能兴利，只少渔矶一叶舟。

即事二首·其一

清·沈青崖

屈曲青漪自蜿蜒，西流直到党河边。
因思王濬浮江梯，便向河湄试革船。

双塔堡

清·汪漋

塔影参差旧迹荒，营屯卒伍启新疆。
雪峰南耸当山阁，红日东来照女墙。
草色满郊千骑壮，河流双汇一川长。
幽情更爱禽鱼盛，闲向西林钓猎忙。

登沙州城楼出郊看千佛洞墩台二首（其一）

清·汪漋

敦煌地拓极西边，纵步高城望渺然。
远碛荒烟连异域，废垣古塔建何年。
流沙环叠千峰岫，党水遥通万顷田。
妇子芸芸编户盛，秋成麦熟乐尧天。

黄墩堡

清·汪漋

郊原四望尽平畴，壁垒新增耸雉楼。
浩淼河源来党水，嶙峋山色见沙州。
营开甲帐风清昼，戍靖烽烟月照秋。
五堡边疆推险隘，伊吾北去是咽喉。

敦煌八景·党水北流

清·苏履吉

党河分水到十渠，灌溉端资立夏初。
不使北流常注海，相期东作各成潴。

一泓新涨波痕浅，两岸平排树影疏。
最爱春来饶景色，寒冰解后网鲜鱼。

敦煌八景·绣壤春耕

清·苏履吉

周围绣壤簇如茵，翠色平铺处处新。
南陌风和青欲遍，西畴日暖绿初匀。
老农扶杖依田畔，稚子携锄立水滨。
但愿长官勤抚字，丰年屡报乐吾民。

敦煌八景·月泉晓澈

清·苏履吉

胜地灵泉澈晓清，渥洼犹是昔知名。
一湾如月弦初上，半壁澄波比镜明。
风卷沙飞终不到，渊含止水正相生。
竭来亭畔频游玩，吸得茶香自取烹。

度赤金峡

清·洪亮吉

兹山多赤云，石石悉灵异。
冥濛当月午，宝气烛天地。
丹砂亘南北，碧涧分巨细。
绝顶辟石房，玲珑逼天际。
青羊及驯鹊，一一向空睇。
稍南盘一径，石古路如砌。
森森女娲庙，客户竞私祭。
儿童聚乡塾，师出尽儿戏。
黯黯神烛昏，脂车作行计。
回坡何杂沓，足滑沙石腻。
出峡月已高，惊闻鼓声沸。

夜宿毛菰台

范振绪

杨柳青青水一湾，心尘涤尽便开颜。
我今欲问旗亭客，谁道春风不度关。
毛菰何年始筑台，芦芽独自送青来。
雁衔凤集不须问，自有幽人费剪裁。

过桥子游安西黑水桥东坝湖诗

范振绪

平沙满目尽荒田，蓦地湖光到眼前。
溪上牛羊湖畔草，水中鸥鹭镜中天。
新芦次第初留影，老柳槎芽不计年。
谁道边乡无乐土，结庐于此亦超然。

疏勒河

刚　果

静静的疏勒河哟！
风暴地吹沙不能阻拦你！
跋涉向沙原的西方流去。
像一条银灰色的大蟒；
遭遇了轻蔑和诽谤的叛逆之子，
永远被谪罚做“寂寞”的朋友

你喜欢穿皮衣戴皮帽
映红在篝火周围粗黑的面孔，
起着骆驼贩运盐和碱的蒙古人吗？
但他们却淡薄感情；
逢晚逼不得而停宿
黑夜里贪婪了瞌睡；
黎明前却又卷束起行军的帐蓬，
悄然走去。

阳光照耀牧畜的羊群，
远望草原，

点染得一片片黑白。
走近碧澄地流水喝饮，
老白羊点着凄凉底小撮胡须，
像在感谢青草的灌溉者……
这些驯良而愚蠢的动物
咀草而长大的生命
却又无辜哀泣在屠夫的手里……

智慧的你呀！
不至望短促的春天，
严霜下鲜花又要凋残；
也不哭泣寒冷的封锁
在冰层下不息的缓流！
复扬起哗哗的声音；
静静的疏勒河哟！

1945年于安西

石油河

李　季

来自四季冰封的群山深处，
流向辽阔千里的大戈壁滩。
你是祁连山宝藏热情的宣传者
你把宝库的钥匙传向人间。

炎热时节，你用浑浊的激流，
拍打着沉默的戈壁。
寒冬里，在那厚厚的冰块下面
你和砾石作着激烈的争辩。

你有着一个战士的坚定，勇敢，
千百年来，你一点也不觉得疲倦。
虽然，你的辛勤常常是换来了冷遇——
在地图上，一直是一条没有名字的黑线。

辛勤而又勇敢的河流呵，
你所盼望的日子终于来到：

我们的毛主席已经下了命令，
大地上无处不在响彻着他的号召。

千万盏电灯驱走了祁连山的黑暗，
森林般的井架竖立在你的河身两旁。
这都是为了执行他的命令，
他派我们前来开发宝库，消灭荒凉。

他要我们把祁连山钻透挖空，
在戈壁上建立起千百个繁荣的农场；
他要我们使山河都服从人的意志，
把大戈壁建造成人世间的天堂。

1953年春

白杨河

李　季

你是干涸的戈壁滩上的清泉，
你用白杨来把我们的生活装点。
谁曾说“春风不度玉门关”，
还有什么再比你更象春天。

刚刚撵走了在村边游串的黄羊，
你又匆忙地准备着迎接明天。
那时候，隆隆的火车穿过戈壁，
人们将会骄傲地指着你说：
“看哪，这就是有名的白杨河车站!”

1945年春

党水北流

闻　捷

党河在敦煌城西，党河大桥是古代通往西域的孔道。县志载：“党河北流为敦煌第四景也!”

北流的党水哪儿去了？
河上只剩下一座党河大桥，

宽阔的河床里摆开了万人长阵，
栽千行杨枝又插万行柳条……

北流的党水哪儿去了？
敦煌人摊开双手豪迈地大笑；
莫非他们扭转了东南西北，
党河改了方向改了道！

北流的党水哪儿去了？
看双龙戏珠在田间左盘右绕——
金黄的麦穗吸着敦惠渠的乳汁，
惠煌渠喂饱了碧绿的棉桃。

北流的党水哪儿去了？
它正服服帖帖地为敦煌人效劳，
明年你跨过这座古老的木桥，
请看林带汹涌的绿色波涛……

1958年于兰州

蓝色的疏勒河

闻 捷

你呵，蓝色的疏勒河，
静静地、静静地流着；
你两岸的荒滩和草地，
多么肥沃又多么辽阔！

你呵，蓝色的疏勒河，
多少年来是多么寂寞；
每天只有成群的黄羊，
从你身边轻轻地走过……

你呵，蓝色的疏勒河，
终于盼来最好的年月；
看！那是农人的足迹，
听！这是牧人的山歌。

你呵，蓝色的疏勒河，
今天也欢欣地唱着歌；
托起你那乳白的花朵，
呈现给东来的开拓者！

1958年春

疏勒河

妥清德

天空坠入蔚蓝
我的骨头被水冲散
呼吸的石头
现在，重新纳入我的呼吸之中

雪骑在鱼背上
花朵的内脏流出
我要渡河
凭借相思的舟远离此岸
我的血不安地漂浮
我听到一些植物悄悄腐烂
一只鸟
飞翔的速度超过钟声
幻想的马
在苇絮中嘶鸣
唤醒了我的白发

八月，盛开的事物冒出火焰
疏勒河从它的胡杨林中拿出最后一道虹
拿出更大的水势与涛声
为我和水底的梅
举行隆重的订婚仪式

打开翅膀的红嘴鸦
红湾寺寂静
我在草坡上和云相遇
雪与牧歌都长在岩壁上
很有色彩感的毡帽

一只鸟在白雪之下，在草色之上

红嘴鸦翅膀上的黑夜
零散地飞
从一块石头跳向另一块石头
我象经历了无数人世
只有袖子里的风
向河水猛烈地吹拂
柏枝烟仍然没有升起
雷峰和下游的大鸦
戴着同样沉默的帽子
期待着，持久地
不知道脆弱

已经遥远了的一株哈日嘎娜花
还常常在我的记忆里
开放

1996年

党河

王泽群

敦煌是党河的，党河的敦煌。
因为党河，雪山清泉流出来的党河啊，
才有了绿，才有了草，才有了树，
才有了炊烟、牛羊，村庄，咿呀的人声，孩子的欢跑。
才有了月牙泉。

党河悄然。
党河默默。
党河只是为了雪山雪的清纯的企念、五月太阳的温柔的温暖心愿；
党河，把自己流成了一道河。
从雪山、从戈壁流下来了……
党河默默。
党河悄然。
但敦煌是党河的，党河的敦煌。

党河成就了敦煌的千古奇迹，
成就了七百三十五孔中国的佛的文明与文化，
成就了许多艺术大匠与平凡工人以及善男信女、清士佛子的透明的梦。
金碧辉煌哦——党河的敦煌！
千娇百媚哟——党河的月牙泉！
万古长存啊——党河写下的生命的诗！
寺院，古木，佛卷，青灯，钟鼎，磬音，香缕，烛火，大长老的吟诵与歌……

于是，我明晓了：爱，一如党河。
在全部的默默地悄然地奉献中，看春暖花开，万红千紫……

2011 年

今夜，疏勒河流过黄闸湾

安文海

今夜，我要写一首短诗给你
生命的疏勒河很长
我用一生的黎明，都没找到
你散落的泪珠和花田往事

夏秋时节，两岸野花烂漫
一路留下的鸟鸣和虫声
以及布谷鸟的赞歌，把生命所有的诗卷
撒播在岸边。只要你蹲下来
今夜，疏勒河流过黄闸湾
新修好的水泥桥像一个智者
站在高处，看花事在行走中迷失
我企图用这首短诗，留住你
不曾走远的心事

2014 年

疏勒河以西

刘文阁

放眼望去
还有谁的血
可以这样豪奢地燃烧

红霞低垂着
火焰里的无垠戈壁
胡杨红柳芨芨草
甚至干涸河道里一颗
最小的石头
都闪耀着灼目的光
而它们身后一道道被拉得
长长的黑影
如风中的飘发
疏勒河以西一群苍茫中
最后的殉道者
夕阳熄灭之前
它们狂奔
它们追赶着最后一趟
隆隆驶向天边的列车

2015年

蓝色的疏勒河

邵永强

带着祁连山的嘱托
你从茫茫大漠中静静地流过
浇灌出一个个富饶的绿洲
撒一路繁花硕果

带着祁连山的嘱托
你从茫茫大漠中静静地流过
点亮了一盏盏油城的灯火
唱一路深情恋歌

啊　蓝色的疏勒河
我爱你的浪花　我爱你的碧波
不论是痛苦还是换了
那亲切的涛声总在我耳畔诉说

啊　蓝色的疏勒河
我爱你的温馨　我爱你的祥和

即使走到海角天涯
那熟悉的身影　总在我眼前闪烁

2016年

疏勒河

汪剑钊

祁连山，疏勒河，花儿地，
十道沟的河床沉积着隐秘的温柔，
岩石的友谊，泉水的爱情，
在任性的运动中证明自然的情感链，
世界的血液，悖逆了自西向东的惯例，
由低处朝着高地蜿蜒……
被流沙打磨过的河水闪映幽幽的蓝光，
照亮沿途的紫针茅和野雀麦，
一片浮云降落于疏勒河的水面，
在绿色涟漪的诱惑下跳舞……
秦时的明月已被浸泡成一朵莲花，
遥对峰巅单纯的雪意。
两岸，不时有骆驼和驭马奔走，
白刺与柽柳也是匆忙的过客，
葱茏的草甸仿佛时间遗留的衣冠冢，
静谧、肃穆而坚韧。
红隼鸟归巢，晚霞张开翅膀，
拂弄沙拐枣的灌木丛，弹奏嘹亮的寂静。
临风的芦苇簌簌低语，
所谓虚无，便是大片神秘的沼泽，
一面倒映蓝天的泥水镜。
但疏勒河保留了清晰的记忆：
永恒之舟曾经在黄金河畔短暂地停留，
那时，月光就是透明的压舱石。

2020年

疏勒河怀想

王若冰

鸠摩罗什翻动的经卷让遍地黄沙

在黎明的空旷中为一条在离经叛道路上
迷途不返的河流开道
远离秋天的胡杨举起的铜号
抑或是我在西行路上曾经遇见过的
黄金、流沙，和被风吹鼓的僧衣
向东或者向西，都能够让酡红的落日
拥有从一个古老国度遥望一条
与游牧和商旅结伴而行的河流的高度
然而，面对一截埋葬沙海的马骨
我可以怀想过去，却无法让一匹渴死的骆驼
背回敦煌经卷反复赞美过的疏勒上空的炊烟

2020年

第二节　散文

石油河颂

寒　波

石油河由雪山中蜿蜒奔腾下来，滔滔的向北流着，两岸被泛溢出来的石油刷得黑浓浓的，土色变黑了，河水带着油花艰难的在极目无垠的大砂原中流着，流着，渐渐的，河身被砂土吞狭了，到了甘新大道旁边，它缓缓的把油迹留在路旁，让千千万万的人去鉴赏，感叹！

于是伟大的石油矿被发现了。

油矿之母啊！你，石油河！亘古圣洁的石油河！

把蕴藏丰富的油泉献给艰苦作战中的祖国，而你自己，却被浸溢着的原油所沾污了；万年长洁的雪水如今染成了灰黄色，沾上了油味，人们替你憾惜，但你却是如何随得自傲啊！

前线作战的汽油，需要这儿生产，后方维持交通的汽油，也需要这儿生产，无数辆汽车装满了千千万万加仑的汽油向各方驶去，供给前线，供给后方，人们喊："一滴汽油一滴血，"这儿的油井却像喷泉似地终日怒放，还是你的光荣的功绩，油矿之母啊！石油河！

而你更像慈母似地哺育了我们——这几千的油矿工作者。

我们该怎样的感谢你，歌颂你呢？

没有了你，我们将活活的渴死，饥死，没有人能够生存在这片荒凉枯瘠，杳无人湮的大砂原中，那时候，在这块地方，人类将绝了迹，石油矿将无人开发，徒然浪费了油源去把漫野的砂子染马……

壮伟的石油河呵！我们幸福，你赐给我们生命，也赐给油矿以生命，我们才能在国家生死存亡的当儿开发宝贵的资源。

如今，你抬起明亮的眼睛瞧吧！

在你的身旁，坚强的井塔一座座巍然耸立起来了，炼油矿的烟囱日夜不断的冒着烟，原油迅速地在庞大的锅炉中炼成汽油，装上桶，载上车，向东南急驶；机厂，电厂，钻厂的马达声轰轰响的震撼着，人们就在密集的新建的房屋中紧张的工作，热的筹划着如何增产；几年以前，这片被雪山围住的只有狂风大学才来光顾的荒野，如今居然电灯灿亮，电线杆也无限遥远的树立起来了。骆驼，骡，马，鸡，狗，成群地活着，人工浇水的秃树也快要发芽了，小孩子们每年的增多，长大。

这一切，都是你，油矿之母的恩赐呵！

我们站在油井旁边，望着南方雪山凛冽的银光，再望着北方一览无际的大砂原，纵然风砂不时像漫天野火似地奔旋过来，纵然下一点钟就会满天飘起雪花，使人受寒挨冻，更纵然不时传说“哈萨”要来劫掠，但我们依然无所馁惧。

石油河啊！你赐给我们生存，有了你，才有这石油矿，有了你，就有了丰富惊人的油，我们只有满怀的兴奋和欣慰。

啊！油矿之母的石油河！

我舀一瓢圣水，泼向这幅魄力无边壮丽动人的巨画，祝你：万古永生，滔滔无穷尽！

1942年5月16日于矿区

西北五题（之五）

林　染

疏勒河流域

无瑕的荒野——黑戈壁和碱滩，它的汛期是一年一度的火红甘草花、骆驼刺花、罗布麻花和红柳花。在依莱柯群山之南，榆林窟所在的小小蘑菇台绿洲，一个牧羊女孩坐在冰草地上，以手托腮，凝视着面前融雪山冰而来的榆林溪水。她的狗蹲在一边抬眼看着她。女孩有十三四岁，她从清澈、跳跃而采的远野浪花中感知了初袭来的羞涩。是的，春天已经苏醒。这里是野兔和黄羊的疏勒河流域，六月。

还有狼。我在一次徒步穿越依采柯山的旅途中，同两只小狼恵结伴走过了一片山中的芦苇荡。我一直认为徒步荒野是一件快乐的事。在天高月小的旷野铺展遐思，有一种全心全意浸入家园的恬然感觉。至今我仍保留着每年深入一两次荒原的习惯。那次我听到身后的沙沙声，回过头，看到两只小狼崽毛茸茸的样子。我站住，它们也站住了。我心里说：你们认错了，我不是你们的父亲，可我非常愿意是你们的父亲。

我对疏勒河流域的野滩迷恋得近于痴情。有一位姓索的裕固族老汉从祁连山中进了城，在我的办公楼下摆了一个激光射击枪摊。我们很快成了要好的朋友。我天天免费打枪，听他聊些山野里的牧羊故事。我老是打10环，他老是随和着音响里的女声说“太棒了”。索老汉脸上的皱纹原始、深刻。我们亲热地聊着，构成了城市一角异样的风景。

在疏勒河流域，沿着压何一条不敷柏油的路一直走下去，最终只会走到砾石和刺丛里去。村庄零星得如同黎明前的天空。大门敞开，事物空虚。营巢的鸟儿，在不为人知的枝梢留下灰白的卵，寂静的、孤独的照明，宛如人生的时间。吃草的马儿在水草边伫立，它们不想改变什么。兰新线上如蜥蜴一般爬行的列车想进入一种什么境界呢?

好多年了，我依旧处在眺望列车的地方。牧羊的女孩，她的羞涩和她的狗，我的平平静静的思想，这荒凉中的诸多生动和优美，荒凉中的迷惘和悲观，离你是那么遥遥无期。

1995年

石油月令

马利军

一月，花油。千里油区下大雪。

黑褐色的原油刚刚冒出地面，就与风霜冰雪结伴，不长时间就结成了块。采油树依然孤单地伫立在旷野上，那些不怕冷的灰麻雀飞上它的肩头，留下一片清晰的鸟鸣。三五成群的抽油机（就是老百姓习惯叫的磕头机）却不知疲倦，十分虔诚地向大地行九叩大礼，把额头的雪花碰落一地。最为高大威武的是钻井工人立起的座座钻塔，在莽莽雪原上拔地通天气概非凡。手握刹把的钻工们好像忘记了这是寒冷的冬天，三两个钟头下来，竟然能把那钢铁刹把攥出汗珠子……

在荒原上，千千万万的石油人用自己的青春和热血温暖了这冷的一月。

一月，因了石油更显圣洁美丽。

二月，石油的生机早来到。一个生机显露的月令。

二月里，北方的野草和红柳尚未发芽，农人们还没有走进田野翻耕田地，但是石油人却早已走进二月并站稳了脚跟，盘算着一年之计在于春、一春之计在于早了。该勘探的区块要尽早勘探，该上的工程要尽快上，红旗飘飘战鼓擂，俨然一幅春之图景。

走进历史的二月更是春意浓浓。一九五二年二月，毛泽东主席发布命令，批准中国人民解放军第十九军第五十七师整体加盟尚属星星之火的石油队伍，成立了石油工程第一师。一九五八年二月，中共中央总书记邓小平听取了石油部汇报后，决定施行石油勘探部署的战略转移。一九六O年二月，中央办公厅发文在东北松辽地区进行一次“大会战”，从而拉开了举世瞩目的大庆会战序幕。一九六五年二月胜利油田在蛇十一井打成我国第一口日产千吨的油田一。又是一九八九年的一个二月，中国石油天然气总公司在塔里木盆地正式成立了塔里木勘探开发指挥部，掀起了沙漠勘探的滚滚狼烟……

二月里，石油的故事多，石油的希望更多。

三月，是个浪漫的月令。

如果你有机会来油田转一转，你会发现石油的三月既温柔又浪漫。萨尔图的积雪变薄了，黄河口的苇草发芽了，江南的稻苗青郁了。不管你是走向北还是走向南，油区大地都会展开胸怀迎接你，英武洒脱的石油小伙儿在钻台上挥起了有力的臂膀，采油姑娘头戴红纱巾忙碌在井场，娃儿们也蹦蹦跳跳地离开了石油基地，跟着老师去郊野游玩。

三月里，石油人脸上挂满了笑，那时的石油人最可爱。

四月，风沙油。西部油区开始了艰难的风沙战。

这时节的风沙不是闹着玩的，准噶尔和塔里木盆地的风沙像是头疯狂的斗牛，一夜间能奔蹿上千里，能把钻塔的油漆打磨掉，能让生锈的铁管恢复耀眼的光亮。沙随风走风助沙威，沙暴所到油区一片黑茫茫，然而不管风有多么狂沙有多么猛，钻井不能停抽油机不能停。我曾在塔里木油田目睹了这样的场面，身穿连体服、头戴防沙面具的钻工们顶着沙暴爬上了钻塔，他们的眼、鼻、耳、嘴全都灌满了沙，被风沙打得摇摇晃晃，可是他们却死死握住了手中的刹把。我明白他们是为了石油才和大沙暴玩命的。那是一次次生与死的真正较量。

五月，高山油，山地找油人又要进山了。

五月里，那被冰雪和严寒封存的高山终于打开了自己的门户，来自长庆大庆四川胜利等地的找油人开始了一年一度的深山施工。高山勘探不同于平原勘探，无论施工环境还是施工条件都要比平原恶劣得多。仅仅一个物探队就有数百口子人和近百辆越野汽车，日夜不停地穿行在高山峡谷中弄不好是要出问题的，也就有了山地勘探九分险的说法。所以，往往勘探队一进大山就惹得后方的妻儿老母提心吊胆，电报一封封地向山里发，信也一封封地向山里寄，说来说去只有那么几句话，如“千万注意安全呀”，如“干完活儿早些回来呀”。其实后方领导也紧张，一天听不到前线工作汇报心里就一天不踏实。然而不管怎样，山地石油勘探不能不搞，因为高山大谷里很有可能藏着大油田。

近几年，找油人已在陕北藏北内蒙古鄂尔多斯等地的高山中发现了很好的油气显示。

六月，是下海月。石油人既要高山擒虎，也要下海捉蛟龙。

海上的事大都从六月份开始，因为此后几个月的大海是比较温顺的，海洋生产受风潮浪涌的影响较小，属海洋石油施工的黄金季节。每到此时，海洋石油部门将召集各路人马，展开一场人与海的阵地战。蓝天碧海间，一条条钻井平台如同一座座钢铁的孤岛，一组组海采平台和输油管线在葵花岛埋北埋岛等海域组成了一个个海上“石油城”。

早在一九六三年的六月，我国海洋地质学家秦蕴珊在国家海洋科学考察的基础上，曾果敢判定我国的海上大陆架是“世界上最宽的含油陆棚区之一”。六十年代末，一位名叫埃默里的海洋学家在世界范围内做了大量的地质调查后，率先提出了令举世震惊的断言：“中国海将是另一个波斯湾。”

海洋，将成为中国石油的经济战略接替地带，将迎来中国石油的第二个春天。

七月，下大雨。一张张无边的雨幕笼罩了辽阔的油区。

大雨哗啦啦下，浇湿了松辽大地的草甸子浇湿了华北平原的大豆高粱浇湿了黄土高原千丈万丈的黄土层浇湿了内蒙古高原柴达木盆地准噶尔盆地。大雨也琳湿了那荒野里的井架油井和千千万万的石油人。

那雨不是细雨鱼儿出微风燕子斜，也不是随风潜入夜润物细无声，而是一场场可以杀暑可以润禾可以弥合龟裂的痛痛快快的七月雨。别担心油田会被七月的大雨琳坏，恰恰相反，七月的大雨会浇出油田的勃勃生机和活力。在黄河口荒原上，我曾骑着马儿遇上一场瓢泼大雨，荒原上前无村后无店，我只好骑着马儿漫无目的地在雨中奔跑。谁知，透过如注的雨水，我却看到一座座抽油机旁披了雨衣干活儿的采油姑娘们。那一刻我感动了，我仿佛看到了雨幕之后美丽的精灵。

我爱雨，爱石油雨里长大的大油田。

八月，进入处暑，热浪已渐渐退去。

八月是石油开采井下作业油田建设的好季节。石油人一边大讲“三老四严”（当老实人、说老实话、办老实事，严格的要求、严密的组织、严肃的态度和严明的纪律），一边抓管理保生产。

八月里，遍地的庄稼长得火，油田上的事也很火。

九月，石油河，石油终于流成河了。

说九月是石油河，源自历史上的一个重要事件。

一九四九年九月，中国人民解放军第一野战军根据彭德怀司令员的命令，迅速进军玉门解放了玉门油矿。那年九月，一张玉门石油河的照片登在了国内的大报小刊，苦于贫油的国人为自己的石油河欣喜若狂载歌载舞。

玉门在一条石油河上站立了起来成了石油工业建设的重点，玉门人立足于发展自己放眼全国，哪里有石油就去哪里战斗，形成了著名的“玉门风格”。正如著名诗人李季赞颂的那样：“苏联有巴库，中国有玉门，凡有石油处，就有玉门人。”

玉门风格的石油河是一条母亲河，浇灌出了中国石油的大庆精神，也培育出了崭新的胜利精神，汇就了中国石油的精神之河。

九月的玉门九月的石油河，将铭刻我心！

十月，是个勘探开始的月令，找油人说金秋十月好出工。

从石油月令来讲，十月才是石油勘探者的春之月，这与传统的农业月令的确不同。

勘探的十月是欣喜而农业的十月却是悲愁。打开那些农业文明映照的中国古典诗文，多为悲秋之作，如心绪逢摇落秋声不可闻，如行吟坐啸独悲秋海雾江云引暮愁，又如万事到秋来却摇落，好似秋天全是一个愁字。

然而千百万的勘探人却把十月的愁字扔掉了，捡拾起了十月的天高气爽云霞舒卷和自由自在。毕竟金秋十月那整洁爽朗纯净和硬气的自然环境满足了勘探者进行石油施工的需要，给了勘探者天时和地利。

十月里，浩浩荡荡的勘探大军走出了家门，为了石油去头戴铝盔走天涯。

十月里，中国大地上走来了真正的吉卜赛部落。

十一月，不倒的红柳守荒凉。

叶已落尽草已枯干，冬天已经到了。千里油区内，一棵棵迎风摇曳的红柳却没有枯干。说来也怪，红柳好像专为石油人生、为石油人长，大凡有石油的地方大都有红柳。所以那冻不死淹不死碱不死涝不死旱不死的红柳也就成了石油人的象征。

油区红柳在荒原上露出了它本质的红，那红好似石油人的心灵似青春热血，在荒原上形成一个个燃烧的红海洋。你如果去油区走走转转，会发现那时的油区最美丽最壮观。

红柳丛中，有钻机拔地问天。

红柳丛中，有抽油机虔诚地面对大地。

红柳丛中，有石油人勤劳质朴的身影。

…………

十二月，是结束也是开始。

尽管天已大冻地已成冰，石油人还是该坐在一起好好总结一年的事情。

他们要和自己算算账：勘探任务完成了多少？开发任务完成了多少？矿建任务完成了多少？明年的打算是什么？外面是凛冽的北风裹挟着飞舞的雪花，内心却是一团团的火。

毕竟冬天的命运快要告结束，“春”已在叩门。

1999年

党河的水（外一篇）

刘学智

1999年入夏以来，我才注意到党河的水。它就那么温柔地流过，时而清漱，时而浑浊，在宽阔的河道中间，似柔软的丝绸一般绕来绕去。我能听见它被吸进土地时的“嚓嚓嚓”的声响。它就是那样缓缓地穿过敦煌的城区。眼前掠过都市的繁华和村庄的宁静。最初，人们聚拢来，像欢迎久别重逢的朋友一样，把她圈在人群的中心。人们又一次谈论起党河的水，眼神一亮，话语先滋润起来。党河的流水对于敦煌人来说，无疑是天赐的甘露，也难怪唐代的敦煌人把党河叫做甘泉。可见党河在产`的心目中是多么珍贵，但现在谁还有心思想到唐代的党河呢？

往年的党河故道里是流不了几天水的，最多是八九月份汛期来临的时候，象征性地流上几天，证明着这条有着宽阔河谷的河流曾经是多么浩大。自从修了水库之后，我们就看不到党河的本来面目了，纵横交惜的梁道将河水引到敦煌的田间地头。而现在，谁会面对一条条人工造就的梁道而承认她是党河呢？

党河水就那样连续不断地淌了几个月之后，我才真正地深入到了这条河的内里。这是创造了灿烂的莫高窟文化，创造了阳关、玉门关、汉长城等伟大人丈录现的河流；也正是这条河流造就了鸣沙山月牙来的自然奇奇迹；这是世世代代养育了敦煌人民的母亲河啊！可知今我们能看到她的什么呢？河东岸的祈雨亭哪里去了？岸边依依的杨柳不再，亭亭的白杨不弃，只有一条干涸的河床，伟大地沉默着。

我在党河流过的敦煌生活了整整29年。在此29年之前我还没有从心灵上真正重视过这条河。当夜幕降临，我顺着古老的河谷上行。烫热的沙土炙着我的双脚，鸣沙山的热风迎面吹来，让人汗流不止，但此时我的心境一片开阔。耳边的水声不绝于耳。这些年我一直是在生活的喧嚣中度过的。有一年里竟然为生计昼夜奔波，苦不堪言，平静的书斋生活成了一种向往。那一段人生经历，使我滋生了平生第一次的悲怆：偌大的敦煌竟然放不下我一张小小的书桌。这是多么沉闷的一种压迫啊！而现在，这平静的水声就把我轻易地进入了故土，心底的坦然和热情自然而生，有了党河水，我才得以重新生活在我心目中的敦煌之中。

夏日的党河水依然流过。但那小得可怜的一股小水连松软的河床都漫不过，又能流向下游多远呢？一场大雨如期而至，使干渴的人群和干旱的土地受到一次滋润的爱抚。除了娇气的外地人，软煌人是没有打伞的习惯的。人们行走在大雨中，显得不慌不忙。我也是他们中的一员，任凭雨水渗进我的头发和身体，我全然不顾，注视若大雨浸润的党河水。这时的党河水显得活泼、欢快，在雾蒙蒙的河面背景上显得穿进力极强，勇猛地向我冲来。两岸的田开和村庄一片静谧，里现出柔和的女性线条来。一群鸽子带看鸽哨在大雨中疾飞。是水面上唯一的一群汉子。这情景我是忘不了的。

这年夏天，我的女儿玉出生在敦煌。每天我都要在党河东岸的城里忙完工作之后，乘着暮色跨过党桥回到河西岸的家中。身后的灯火闪烁，那种氛围似乎与我无关，我的心里只有河西岸的女儿。我常在夜晚来临之前抱着玉儿出门，在广阔的田野里散步，指给她远处的鸣沙山和奔流不息的党河水。而幼小的女儿又懂得些什么？有一天夜里，我又往家里赶。跨上党桥时又一次看到党河的水。党河水在夜色中与众不同，混黄的水面如镜子一般，凝重得似乎不再流动，但在夜色中掠起的小水花依然能让我感受她不息的活力。她就这样向前奔流，一直流到我们看不见的荒漠地带。只要有一丝能量，她是不会停下前进的脚步的。那夜里，我也像水，是一个匆匆的过客，还能向别人提出什么样的要求呢？我回头一看，一轮硕大的圆月早已升起在鸣沙山顶，党河水在绝响中闪着亮光。看到这情景，我不由得流下了眼泪。我被一种孤独和寂寥所袭击，只剩下北流的党河水和女儿了。党河水的气息让我终身忘不了。

2000年

永远的唳鸣

海　桀

疏勒河发源于祁连山托勒南山以西的羊浴池沼泽，向西沿山脉走向穿峡越谷，入河西走廊，渐逝于罗布泊。是一条名副其实的倒淌河。其中上游水流湍急，落差大，水量足，河床内白浪滔滔，回声滚滚，势如破竹。但在穿越一个叫花儿地的小盆地时，地势突然平坦、开阔，奔腾咆哮的急流于此骤然歇止，缓缓西移，在长满高大红柳的沙滩上，形成若干条闪闪波动的支流。大片的草滩在支流间形成狭长的绿汀，每到冰雪消融，春风浩荡，花儿地便成为鸟儿们的天堂。据说，上世纪30年代，有人曾在此开垦荒地种植罂粟，花开时节，妖娆蜿蜒，硕果累累，花儿地因此得名。

花儿地的北面，是一道千万年来被河流切割成的百多米高的坡崖，坡崖的后面是铁褐色的山岭。骄阳的照耀下，蓝天白雪，寒光凛凛。

七月里的一个星期天，我和两个朋友跑几十里路到花儿地钓鱼。

疏勒河的鱼是裸鲤的一种，头小，无鳞，背脊色浅，肚腹呈现夺目的银白。上钩的鱼一般一拃左右，偶尔能钓上大的，最重能有两斤多，肉质细嫩，异常鲜美。由于疏勒河流域气候干燥恶劣，植被稀少，河水冰冷，急流之下乱石如麻，鱼的食物极其稀少，生长得非常缓慢，能长到一斤以上的都被称为鱼精。正因为这样，在花儿地这样的地段钓鱼就十分容易，只要河湾或平坦的沟岔里有鱼，随便挂点生肉作饵，饿疯了的鱼便抢着上钩，往往一口气就可以把一处的鱼全部钓完，当然也就格外过瘾。

正当我们钓到兴头上时，抛钩的余亮发现河对面的芦苇丛里飞起一只鹤来，就在几十米开外的水面上。它通体雪白，而脖子和尾巴是黑色的，嘴里像是叼着一条鱼，双腿笔直地伸向身后，用力扇动翅膀飞向坡崖。

令人惊异的是，它居然直接飞到了崖上的一个洞穴里。

余亮说，瞧啊，那崖上的洞肯定是它的窝。能下一手好棋的老刁道：胡扯，天下哪有在崖洞里做窝的鹤。话音刚落，我看见不远处的另一片苇丛里，又腾起一只同样的鹤，它径直朝我们飞来，嘴里也像是叼着什么东西，盘旋了一圈。当崖上洞穴里有伴侣飞出来，它就以极优雅的身姿，从我们头上滑翔而过，准确地落在崖洞的边沿上，晃了两晃，隐入洞内。而那只飞出来的鹤，则贴着一条闪闪发亮的支流，飞了数百米，落入稠密丛中。

我们三个全都看呆了。

老刁说，看样子那崖上的洞真是个鹤窝，这可是个稀罕事，要是动物学家们知道了，没准还是个研究课题呢。余亮说，这有什么好研究的，疏勒河逢雨就会发洪水，洪水一来，河床就满了。这儿的地势这么低，水草全都淹没了，它们到哪做窝去？可又不想离开这有吃有喝的地方，附近也找不到更好的去处，正巧跟前的崖上有这么个洞，既能避风躲雨，又温暖朝阳，用来筑巢很自然嘛。老刁说，问题它是鹤，这种鸟从来就没有在山崖上筑巢的习惯。余亮说，那是人们没发现。老刁笑笑说，那你发现了吗？也没有嘛，谁能证明这崖上的洞就是个鹤窝，是你吗？余亮说，肯定是，我敢打赌，百分之百洞里有鹤仔！老刁说，得了吧，明明知道是拿不出证据的事，你有什么可赌的？余亮被堵得哼了几哼，死死盯着对面的崖壁，咬着嘴唇没了声儿。我问老刁这是什么鹤？他说我也不知道，看样子像是黑颈鹤。我说不可能吧！黑颈鹤多名贵啊，怎么能到这穷山恶水的地方来？老刁说，怎么不可能？你又不是没见，明明是黑脖子黑尾巴的嘛，不是黑颈鹤是什么？就在这时，仿佛是回应我们的对话，坡崖上陡然一亮，洞里的鹤像是弹出来似的，往下一沉，宽大的翅翼随即展开，朝着我们迎面飞来，空旷的河谷里顿时回荡起嘎嘎的叫声。这一次，它直接掠过我们的头顶，朝着正南方向，孤独地飞走了，很快就消失在视线之外，像是再也不回来了似的。而它的伴侣，在经过短暂的沉默后，突然从红柳丛里跃起，也发出响亮的叫声，径直向前面的那只鹤追去。它飞得很高，强光的照耀下，眨眼间就无声无息没了踪影。

真像是梦境。好半天我们都回不过神来。

说实话，到这样的地方来钓鱼，主要是为了排遣生活的单调和贫乏。在这祁连山北部的广大区域里，方圆数百里高寒荒芜，若不是为了开矿，谁会到这里来呢？事实上，上世纪30年代，就是由于在这里发现了天然硫矿，这才引来了人烟。最初的掘矿者，是骑着骆驼来的，花儿地的发现，就是在那个时候。而现在，我们所开发的硫矿，就是在当时挖掘过的矿床上。

一个星期后，矿上爆出新闻，说是余亮和两个小青年从花儿地的悬崖上掏回了一只小黑颈鹤。我一听说，拔腿就往余亮宿舍跑。在我看来，爬上那样高的悬崖，而且掏回一只鹤仔，纯粹是天方夜谭，说啥也不信，非要看个究竟。没想到却是真的。鹤就拴在余亮门口的竿子上，不少大人小孩正围着看，见我来了，他很得意。原来，那天他和老刁斗嘴，伤了自尊心，便千方百计想要证明那两只鹤的窝就在崖上的洞里，而且窝里有小鹤。可那崖是洪水切割出来的，是纯粹的沙石结构，即使世界攀岩冠军，想要上去也是枉然。余亮思来想去，突然眼前一亮，觉着那洞窟离崖顶似乎只有二十多米的样子，若是从顶上用绳子把他吊下去，待他掏到鹤仔，再把他拉上去，也许是个好主意。说干就干，性急的余亮当即找到他的两个喜欢打猎、探险的哥儿们，备好了绳索等必备之物，星期天一到，就直奔花儿地。为了避免行动的时候遭到大鹤的攻击，他们还带了只小口径步枪。事情出乎意料的顺利，在崖顶总共不到一小时，他们就胜利地掏到了这只小鹤。奇怪的是这期间两只大鹤一只也没有露面，不知到哪儿觅食去了。

小鹤站起来的高度，约有四五十公分，浑身的毛色黑白分明、光亮柔和、一尘不染，在太阳的照耀下呈现出迷人的高贵和美丽。而且它不怕人，眼睛里看不到丝毫的恐惧与不安，极有气质、极有风度、极有精神，它高高地伸着长长的黑颈，以不可思议的优雅环顾着四周。大概是拴在它小腿上的红毛线，让它感到了不适，它时不时地会用长长的尚未坚硬的喙去啄那鲜艳的线结。啄解不开，小鹤便以金鸡独立的姿势，将那只拴着的腿缩在肚子底下，像是要有意藏起来似的。而当我情不自禁地走向它时，它几乎是一动不动地迎着我，并由着我抱，温顺极了，轻盈极了，神秘极了……

那一刻，从未有过的感动深深地震撼了我。天下竟有这样令人心动、令人爱怜的鸟儿，生命实在是太神奇、太伟大了。说不出的敬畏之情油然而生，同时又伴随着难以言传的伤感和失落。毕竟，小家伙失去了父母，父母也没了孩子，这样娇贵的鸟儿，一旦没了父母的喂养，它真的能活下去吗?

我们开始为小鹤的生活操起心来。余亮还它取了个叫露丝的名字，他断定这是只雌鹤。我说凭什么？他说没理由，反正它就是雌的！雌的就雌的吧，大家对它开始进行悉心的照料。余亮甚至在宿舍的窗子底下，用竹帘为它精心圈了块空地。几乎所有的朋友都围着它转，还招来不少平时根本就不怎么搭理我们的女孩子。参观者熙熙攘攘，嘁嘁喳喳，好不热闹。矿上也尽是有关鹤的传闻。有人说，他们在疏勒河对岸，看见了两只寻仔的仙鹤，飞来飞去，叫声凄惨。也有人说，这两天，早上日出的时候，他们的确看到过沿河飞翔的鹤鸟，但不是两只，是一只。还有人说，花儿地有鹤的事，他们早就知道，某某就曾用枪打过，只不过没打着。当然谴责之声也不少，说像鹤这样通仙的鸟儿，是不能随便捉的等等。有个当过右派很有学问的老先生，看了以后直摇头，说你们不该把它抓来，因为这只鹤仔很有研究价值。见我们一个个愣愣怔怔的样，指着小鹤说，外观形体上看，这么大的鹤，应该是可以飞起来的，可它好像根本没有飞走的欲望。为什么会这样呢？就是因为它的父母把巢建在了崖洞里，使它从一开始，就失去了在水草里跟随父母学习觅食戏水以及锻炼飞行的机会。警示啊警示，想不到自然界里也有如此震撼人心的生存警示！老先生说到这里，情不自禁地指天画地，感叹不已，说你们想想，要是它仍在那个洞窟里，它的父母一直把它喂养下去，而它又始终没有机会实践本能的飞行能力，到了迁徙的季节，那将发生怎样的事？余亮说，你怎么知道它一定就会飞？老先生说，很简单啦，关在笼子里喂养大的鸭子能飞得起来吗？你瞧它的个头，都这么大了还不会飞，很说明问题嘛！这种事按说是绝对不该发生的，可毕竟是出现了，刚才我说的研究价值就在这里。你们要是没把它掏来，咱们往有关科研单位反映反映，单就黑颈鹤在崖洞里做窝这件事，没准就是个重大发现呢。我说那现在反映行不行？他说现在还有什么用，那对老鹤见窝被掏了，肯定已经远走高飞，你们连张照片都没留下，还能研究个啥，说不定根本就没人信。我说小鹤就在这里，怎么能不信呢？老先生笑笑，话中有话地说，这算什么，谁知道你们是从哪儿捉来的，十有八九会被人视为恶作剧。

这之后，余亮变得沉默了。我问他怎么啦？他说这事干得太轻率、太鲁莽了，如果可能，真想把它再送回到那个洞里去。要是那两只大鹤还在花儿地，把它放在那片草滩上也行。接着又说，算了，这他妈全是废话，既然已经这样了，只好硬着头皮把它养下去。从今天开始，无论到哪我都不会再拴它，我倒要看看它到底能不能飞。我说万一真的不能飞呢？他说那也没事，养上一阵子再说，实在不行，就把它送到动物园去，不过，我总觉得它能飞起来，只不过没到时候。

很快就发现，露丝除了疏勒河里的鱼，其他食物一概不吃。开始的时候，这并不是问题，虽说矿区附近的河段由于污染和水急的缘故，鱼并不好钓，但由于志愿者多，新鲜的小鱼足够它吃，吃不完，养在盆里，第二天再喂。然而，好景不长，也就几天吧，自愿为它钓鱼的人，就只剩下余亮和我。由于上班的缘故，我们也不能保证天天为它去钓鱼，很快这就成了大问题。有一天，下班我就去钓鱼，一直钓到天黑，竟然一条都没钓上。第二天下了场罕见的暴雨，疏勒河水位猛涨，河底里乱石翻滚，河面上状如泥浆的浪头如脱缰的野马，涛声滚滚，撼天动地。这样的河里，不要说是钓鱼，连看一眼，也头晕目眩、心惊胆寒。

露丝断顿了。一连四天，给它的任何食物，都不沾不动，连看都不看一眼，为此，余亮甚至给它专门捉了只麻雀，将新鲜的雀肉弄成小鱼的模样，在光线幽暗的傍晚，放在水盆里骗着它吃，可还是没用。我们只好无奈地看着它一天天地消瘦下去，神态越来越暗淡，羽毛上的光泽消失了，呈现出不可思议的土灰色，而且突然就不再熨贴了，尤其是颈子上的羽毛，像是被风吹起来似的龇着。偏偏它还不停地用它那长长的喙细细地梳理它，令人不忍目睹。它的体重已经很轻很轻，是那种难以置信的似有似无的轻，托在手里，像是托着一只棉花扎成的工艺品，不但没了鲜活神异的美感，连生命最基本的存在形式，也就要丧失殆尽了，只是还没有倒下。老刁来了，说这有什么难的，掰开它的嘴，强行来喂，我还不信真能把它饿死。余亮想想也是，立刻就喂。不幸的是，填在它嘴里的食物它一点也不往下咽，末了，全都给甩了出来，而且痛苦得第一次在我们面前倒在了地上，气死了似的，好一会儿才缓过来。

真是令人揪心啊。

余亮说，后悔死我了，冒了那么大的危险，给自己添这么多的麻烦，我这是干吗？和他一块儿去掏鹤的一个哥儿们说，你是自寻苦恼，不就一只鹤仔嘛，扔了不就完了。余亮说不行，谁要再说扔我跟谁急。说完，自个儿拿上钓具奔河滩去了。

两天以后，吃了顿鲜鱼的露丝恢复了一些体力，但不知是饿坏了呢，还是肠胃出了毛病，往后它突然就没了胃口，即使是我们好不容易捞来的鱼苗，它看都不看。老刁说它患的是忧郁症，是太想它的爹娘了。

大家都很泄气，知道它的死期临近了。

愁眉不展的余亮说，会不会是没晒太阳的缘故，整天关在屋子里，影响了它的情绪。老刁说，也许，要我说，把它送给工程队的老宋算了，他会制作动物标本，做个标本回来当摆设多好，将来走哪带哪，还是个永远的纪念呢。我觉得这是个好主意。可余亮还是有点舍不得。老刁就说，食堂后面有个废弃的羊圈，挺大的，围墙完好，还有个破门，不如把它关那儿，食了水了都给它放里面。这么好的太阳，又看不见人烟，没准它一高兴，忧郁症就好了呢。余亮拍着大腿高声叫好，说干就干，几个人七手八脚地把露丝安顿在了羊圈里。说来也怪，一到了野外，它还真就有了神气，我们眼看着它在蓝天下的寂静里，踩着松软的羊粪，摇摇晃晃地走向围墙边碧绿的野草，而且发出了两声沙哑的叫声，大家全都高兴得松了口气。兴奋起来的余亮，马上在四处拔了些青草，撒在水槽旁边，双手合十道，上天保佑，只要它一恢复体力，我就立刻把它带到花儿地放生。老刁怪异地笑笑，大家就都各自散了。

傍晚，我从食堂打饭出来，想起露丝，就折回身向食堂后面走去，远远看见羊圈边围着不少人，像是出了什么事。过去一看，只见余亮垂头丧气地站在羊圈里，脚边躺着骤然雪白了些许的露丝。我顿时吃了一惊。余亮说，他下班过来看了一次，露丝还是好好儿的，而且肯定吃食了。可等他打饭出来，见天上旋着一只鹰，知道不好，赶紧往这边跑，但已经晚了，眼睁睁地看着那鹰箭也似的扎下来，抓起了露丝，但在它拼命的叫喊声中，不知怎么没有抓牢，露丝就掉了下来。

露丝死了，奇怪的是一滴血都没有。

余亮没有把小鹤送去制作标本，而是在当天晚上月亮升起来的时候，独自用网兜提着它去了疏勒河边。

他是把它水葬了，还是埋在了什么地方，不得而知。我没有问过他。

后来我和老刁又去过几次花儿地，很想再见到那两只鹤，再听听那神奇的唳鸣。可除了梦境般的回忆和难以表述的忧伤，空旷的河滩里再也没有了那生命的诗情和自然的画意。不但我们见不着，所有去过花儿地的人，也都没有再看到过鹤。

数年后，有关黑颈鹤在崖洞里孵化的事，不知怎么传了出来，科技报上有个豆腐块说，这种以讹传讹的说法，是极其不负责的，根本就是无稽之谈。可我们知道，它不但确凿，而且就像正在发生一样。

我们亲历了一次永远难忘，也许永远都不可能再现的自然的真实。

2005年

疏勒河牧歌

王新军

在疏勒河中游，有那么一片地方，我们曾经叫它大褚子。印象中，出了村子顺着疏勒河向西走，一直向西走，到了有一片黑树林子的地方，再向北，过了油路、也就是312国道，再过一条大梁，从饮马农场十七队居民点的西面绕过去，向北—就是大槽子。

高处的大片荒滩被开垦耕种了以后，这一溜子低洼里的草滩湿地被夹在了中间。大楷子其实就是这么回事。它长得很，也宽得很。草好，是牛羊的天堂。泉眼一个接一个。巨大的泉眼四周，芦苇长得比房子还要高。好家伙，黑压压的，人走过去，就会有野鸭子呀水喳啦呀什么的扑棱棱从草丛里飞起来。有时是一只，有时是几只，有时候则是一大片，猛然飞起来，黑云一般，把天上的太阳都能挡住。

这里就是父亲带我放过羊的地方。因为它距离我们的村庄实在太远，跟父亲去大楷子，一年当中也不是常有的事情。正因为去的机会不多，所以经常想着去。又因为去那里的时候，父亲常常把这个不准那个不准地挂在嘴上，时刻响在我的耳边，拘束得不得了，除了能用眼睛四下里望一望，似乎并不过瘾。比如那些巨大的黑森森的泉眼，被芦苇紧紧包围着。那些泉泉相连而形成的湖沟，里面除了水草，还有野鱼。大楷子里那么多秘密，我其实什么都不知道。越是这种好地方，父亲越是不许我靠近。那时候，做父亲羊群里的一只羊，都要比我自由得多。那时候在大楷子里，能做一只羊在我看来其实也捉好的。那时候我就认为，父亲对我的约束是小题大做了。不就是放个羊嘛，把自己当成个威风凛凛的大司令似的。放羊，谁不会？羊自己有嘴有腿有眼睛，只要到了有草有水的地方，它们饿了就会吃，渴了就会喝。这难不住谁`，我这样的心思，完全被父亲看透了。

那一天，父亲很突然地时我说，他想美美地睡一觉。那意思是明摆着的，我马上就把父亲撂过来的话接上了。不接显然是不行的，这就像两个男人过招，人家都放马过来了，你不抵档就显得太那个了。我说："那我去放一天羊吧。"

父亲故作愕然地立直身子，看着我说："你……不行吧！"

我瞥了一眼被清晨的太阳映得瓦蓝瓦蓝的远空，大声说："咋不行，不就是放一天羊嘛，又不是上战场。"

父亲也把目光从我身上收回来，向远处投过去，佯作十分勉强地说："行呀，那你就硫软河牧歌试一试吧。"

父亲其实当时已经看出每一次我披起鼻子后隐藏在身体深处的那种小公牛才有的执拗了。

父亲能把那么一大群羊的心思一只只揣摩透，把我个十来岁的娃子，他是不放在眼睛里的。但我一而再再而三的执拗，就叫父亲有些受不住了。因为我的那种执拗，看上去仿佛我已经也是一个父亲了的那种样子。完全是自以为是那种的，完全是自不量力那种的。父亲当然要拿我一把了，不这样他就不是我的父亲了。当羊群里出现了那种鸽蛋羊的时候，父亲轻而易举就能把它收拾得服服帖帖。我嘛，一个碎娃子嘛，父亲根本不放在眼里。

父亲指着那一圈羊说，好，你就试一试吧。这话一下子就把我的性子激了起来。我用不惯父亲那根差不多被手上的油汗浸透了的放羊棒，相比之下我更喜欢用鞭子。鞭子好，举手向上一甩，再向下一抽，鞭梢子绕出几个麻花，嘎的一声脆响便能在空中爆炸开来，像过年时候从手里扔出去的粗炮杖，对羊是极具威恢力的。但因为是独自出牧，我还是觉得应该拿上最乘手家伙才放心一些。我把羊毛鞭，牛皮鞭，胶线鞭，麻绳鞭统统拿出来，摆弄了半天，最终还是无法确定或者说难以定夺的时候，我这样问从身边走过来的父亲："哪一种鞭子抽在羊身上，羊最疼？"

父亲在我面前停住，没有马上回答我，他用那两只揭黄色的眼珠看着我，不是看着，而是紧紧盯住我的眼睛。那一刻，我蓦地发现父亲的眼睛是那样深，比我先前看到的大楷子里最深的那只无底黑泉还要深。那两枚苹黄色的眼仁一动不动，让我在那个夏天的日子里有了一种英明其妙的寒冷。那丝寒冷从脚后跟处生起，直冲脑顶。我的头发梢子都凉庵庵的。父亲就那样看着我，事实上父亲只是看了那么一小会儿，也许几秒钟。但那几秒钟却被我的某种意识在脑海里无限拉长了。我从父亲的眼睛里，看到了一种神秘的力量。这时候父亲突然开口了，他放慢速度，低沉着声音说："娃子，鞭子抽不疼羊，能抽疼羊的是人的心——你腔子里那个心有多狠，羊就有多疼。"说完这句话，父亲就撒下我自个走了。

父亲的这句话，一直叫我琢磨到了今天。

后来当我琢磨出一些意味的时候，就开始关注起父亲手里的那根滑油油的放羊棒来。如果不是用来打羊，父亲手里老是握那么一根气势汹汹的棍子做什么呢？我甚至以为父亲当时说那句话的时候，是害怕我如果发起脾气来，会把他的羊打坏。我注意的结果是令我吃惊的：父亲经常握在手里的那根放羊棒，其实是很少在羊身上去找落点的。每一次，当羊去了它们不该去的地方的时候、我以为那肯定是父亲把棒撂过去打中它们的时候，但每一次我都失望了。父亲总是要呔——吠——或者哦——哦——地喊两声，如果羊知趣地回头走过来了，父亲脸上就落出那么一丝娇柔的欣忍。然后拄着那根放羊棒，继续向远处张望。如果羊在听到了他的警告后仍然犹豫不决，或者根本就是蹬弃子上脸的那种置若罔闻理都不理，父亲就会嗨地一声，一甩膀子，将手里的棒子撂出去。但往往这种时候，棒子落下去的地方，距羊的身体其实很远。羊被哗一下吓回来了，父亲才慢慢走过去，拾了他的放羊棒，在那里站一会儿。这时候，父亲脸上本出的也是那种带了一丝娇柔的欣慰。父亲像一个胜利者一样站在那里，显出非常伟岸的样子。

那一天，我第一次体验到了拥有权力的快乐。那么大一群羊呀，我让它们到哪里它们就得到哪里，我让它们吃草它们就得站下吃草，叫它们什么时候走它们就得马上给我走。那天的羊被我折腾坏了，我像一个高明的政治家，比现在的那些小科长小处长要高明得多。羊被我玩得团团转。但是，到了中午的时候，我却被羊美美地玩弄了一把。我的心情完全就是一个小政客冷不防被对手从政坛上一把掀翻的那种样子，我差不多都要绝望了，心情灰到了极点。那天中午，因为羊被我吹来喝去一直就没怎么正经吃草，我却还为没有走得更远而感到意犹未尽。毕竟是在大槽子嘛，大得呔嘛！

太阳已经偏西了，羊不可能空着肚子或者说只吃个半饱回家。羊固执地来到了一片湿地边，那里有一片丰美的水草，羊肯定是受到它们的诱惑了。但那片地方父亲平常是不愿意让它们靠近的。父亲曾经说，别看那里水草好，其实是一片紫泥澹子，羊到那里去，是要吃亏的。但我记起父亲那句话的时候，已经晚了。羊群像一伙囚犯突然获得了自由一样看着那片开阔的湿地就冲了过去。

起初羊只是散开在那片宽阔的湖沟一侧吃草，被羊珠浑的泥水也只没住羊的多半个小腿。我知道，这样的深度对于一只夏天的羊无足轻重。但是，有那么一只羊——黑头白鼻梁的老母羊，它吃着吃着就不自在了。它看了几眼湖沟中间的水草，张开鼻孔嗅了几下，就自以为是地向前迈了过去。它终于衔了一嘴鲜嫩的水草的同时，四只蹄子也陷进了脚下的烂泥里。仿佛底下有四只神秘的手把它们拽了下去。它挣扎了几下，非但没有走出来，反而越陷越深了。在它已纽感觉无望的时候，它就安静下来开始咀嚼衔在嘴里的嫩草。恐慌和绝望使它一时不知所措了。整个羊群就是这时候从一片惊慌中安静下来的，它们看见那只黑头白鼻梁的老母羊正站在那里津津有味地吃着嫩草呢，它们却看不到它四只蹄子下面的危险。然后，有一只不甘示弱的羊向前走了几步，还没有来得及伸出嘴巴就陷了下去，接着是第二只、第三只……

所有的羊就那样争先恐后地往前冲，它们不顾我手舞足蹈大喊大叫的挥鞭队挠，完全是慷慨奔赴奋不顾身的那种样子。它们有的甚至兴奋地跳了一跳，然后就落在湖沟中间的烂泥里不动了。

这里是大槽子深处，我已经走得很远了。我被陷入稀泥中的羊群的镇定吓呆了。

…………

当太阳落尽我赶着一群被污泥染成黑色的羊回来的时候，父亲在村西边的那座木桥上用一片祥和的目光迎接了我。我早已精疲力竭，被羊群远远地甩在后面。父亲根本不用问，看那些羊，父亲就什么都知道。

我一连睡了两天才渐渐恢复了原来的气色。

有了那次经历，或者说有了那半天在烂泥里独自对一群羊的营救，我的身体里好像多了些什么。三天后，父亲在饭桌上不经意地说了一句话，我认为这句话是专门说给我听的。父亲说："男人嘛，泥里头好好滚上一回，就啥都知道了。"母亲对父亲这话不以为然，摸了摸我的头，怜爱地说："你看嘛，把娃整的，脸都瘦下了一圈圈。"父亲说："娃子家嘛，不泥里水里滚一滚，咋长大咧？说得。"父亲这么说，母亲似乎也只有赞同了，又伸手摸了摸我的头。这一次，我把她的手档开了。我确实觉得我已经长大了。

后来，我又长大了一些的时候，又和同伴们去过几次大槽子，还在那里用农场职工从麦地里拔出来的燕麦草，烧着吃过几次青麦子。一青麦子放火堆里烧黄了，在掌心里一揉，用嘴咦地吹掉麦衣灰，呼地扬到嘴里，一嚼，嘿，绒香。吃完了，每个人嘴上都有一个黑圈圈。去泉边洗，如果不认真，有时候洗不掉。

再后来，我们家的羊就全部卖光了，我也再没去过大槽子。

大槽子，这几年听说也因为地下水位逐年下降，泉水干了，草不绿了，鸟也飞走了……这些年，听说那里已经被新的开发者垦成了大条田。只是因为碱大，缺水，一年一年闲撂着。春天，风起时，横扫河西走廊黑洞洞那一片，最先就是从那里刮起的。

这些天，因为常常想起父亲，所以想起了大楷子。于是动笔记下了这些与大槽子有关的文字。

2005年

饮马疏勒河

黄 之

汉唐泽国，明清景致。古道西风，历史弥远。雪山融而古河涌，泉水聚而大泽生。开皇渠而惠安西，湖水竭而场区成。湖以河生，场以湖成。河为场利，场因河兴。河场百年，唇齿相依。其河名之曰盛，其场兴之曰渤。河称疏勒。场名饮马。故自谓其名曰：饮马疏勒赋也。

丝路之连，襟亚欧之通衢。东达嘉峪雄关险胜；西连敦煌莫高佛窟，南望郊连雪峰皑皑，北依马鬃山峦苍苍。邻千古疏勒之河畔，居万项戈壁之边缘。疏勒潺潺，皆雪峰之甘霖，灌良田，育子民，西流而去；戈壁茫茫，系风沙之源头。侵绿洲、埋房屋、东掳而来。河西走廊之门户，丝绸古路之驿道。扼玉关之咽喉，通肃州之锁钥；连西域之羌戎，达波斯之桥梁。唐驼汉马，胡商戎贾，铃声相闻，使者不绝。兴思路之繁盛，结大秦之纽带。甘凉大道通西东，遣使通商聚汉唐。史云："当塞垣之襟带，值车马之通衡。"汉长城已无，清烽燧扰存。

名从清时，曰营马场。屯边牧战马，清军驻防时，沧海桑田，志载其变。汉史"宴泽"，唐记"大泽"，清称"布鲁，后变荒漠。昔日水乡泽国，今为边塞农场。"百项湖光涵布鲁，四时云气锁昆仓。湖光激花，波光千顷。野鸳双飞，黄芦碧苇。"无限明湖生秋水，满目芦苇获花白。雪峰融融，疏勒有声。水突泉涌，齐汇布鲁。时布鲁湖为"西方百川所汇，极望无际"；"东西二百六十里，南北六十里。"远望澄波连昆仑，一湖苇花飞鸳鹭。宛是戈壁水乡之景色，时有塞北江南之美誉，遂成"布鲁春望"之形胜，乃属柳沟古卫之胜景。雍正五年，督建沙洲，工部侍郎，马尔泰也。临布鲁，望祁连，野鸳戏，诗兴发。明湖秋水，印渚留连。吟《布鲁湖》诗曰："设险分营控玉门，周详庙算护黍元。巡边将士才吹角，款赛番回早断魂。浩渺波光通弱水，高低山势接昆仑，蒹葭芦获秋风里，月映明沙见纤鸳。"

清雍正，开皇渠。引布鲁。至西安。"汇疏勒大河，方得畅流，以资灌溉。"曾几何时：湖光波影顿失，蒹葭获获湮灭。胜景无，飞鸟逝。湖底出，盐泽生。湿地存，草场成。清屯军马，遂成场名，百年风云之洗礼，春夏秋冬之更替。水失草衰，沙起尘扬。昔时草丰水美，终成湖盆盐漠。

"东风吹，战鼓擂！"拓荒者，赴河西。一日之间，亘古荒原人鼎沸，月升之时，戈壁深处炊烟起。转业官兵，放下长枪扶犁把，知识青年，胸存壮志来军垦。人既五湖四海，音亦大江南北，旗映雪山战歌亮，水洗沙尘篝火红。屯垦戍边，开荒造田。天做铺盖地做床，月是灯光星是房。地窝数星星，渴饮盐碱水。日晒蚊虫咬，冰浸排梁中。青稞搅团，棒子面；萝卜白菜，洋芋蛋。铁铣，饭盒，黄棉袄；通铺，火墙，号子院。艰苦何至若此，豪情壮志不减。狂风与黄沙肆虐，秋霜加冬雪凛冽。"苦不苦，想想红军二万五，累不累，比比革命老前辈！"建设农场，曾洒几多热血；保卫边疆，又添几堆黄土。老战士，新农垦，建设农场几辈人；挖排渠，造良田，戈壁绿荫颂军垦。喜看麦浪滚滚，农垦功高垂成。沙枣花开马莲香，红柳精神农垦人。想当年，房无一间，地无一今；看垅朝，楼群耸立，良田万项；变新颜，屋仿欧美，院成别墅；望未来，安居乐业，小康豪迈。

祁连飞雪，酒花飘香，引四海酒厂；疏勒扬，波大麦，金黄招天下客商。紫花苜蓿，牛羊兴旺，图牧业发展；工业兴场，建材水泥，稳基础力量。奋力开拓，曾为排头兵；产业经营，又做领头雁；科技辐射，亦是带头人。农工牧商，齐头并进。改革开放，再添新彩。“两自理”，双层经营承包制；“四到户”，明确责权双得利。奔市场，调整种植开先河；抓效益，结构合理数第一。建龙头，带动产业富一方；改旧貌，戈壁建成小城镇。岁月和大地铭记，农垦与祖国同在！特色农业，产业经营，品创名牌，质求一流。天南地北，有口皆碑。名特优新，脚跟站稳。斯哉农场，何愁不旺。

开发西部，千载难逢。市场经济，信息社会，甘新经济带，欧亚大陆桥；进入新世纪，发展恰逢时，抢抓机遇，做好调整再创业，增加收入，加强经济铸辉煌。发挥区域优势，拓展特色经济。惠泽后世，疏勒亦颂丰收。建西部水泥，产千吨酒花，种万亩荀萄，育千头种羊。兴产业“订单”，进风险市场。一招一式，皆富场强民之良策；亦工亦农，均农垦发展之举措。干群同心，共谋大业。全面小康，胜利在望。甚喜五十华诞，雄心壮志不减；磋陀岁月，还付锦绣山河，饮马腾飞，古地新辉，疏勒扬波，世纪高歌。壮思逸飞，歌以咏之。

饮马农场建场五十周年，作此赋以志之。甲申年之冬。

2005年

遥寄疏勒河

姜兴中

海陆跌岩生祁连育雪山大漠，
天人和契点昌马缀绿洲良田。
——引子

我时常想起那一条疏勒河，那一溜胡杨。

我的出息，都是从这里开始的——我不会忘记这一条疏勒河。一条很老，老得如坛陈酒的河；还有河边那一溜一溜活着一千年不死，死后一千年不倒，倒下一千年不朽的胡杨。老得传说樊梨花西征在那胡杨林里建过养马场哩。

疏勒河里的水是澄清的，疏勒河边的树是碧绿的。春天到来的时候，河里就会发出轰轰隆隆的涛声，呼唤着像我这样的顽童之心。

疏勒河，你也曾感到过寂寞吗?

那一溜一溜似柳非柳，似杨非杨的胡杨林，是疏勒河滩里最常见的耐寒、耐旱、耐盐碱的植物。风刀霜剑改变了叶儿的形状。秋高气爽，寒霜初降。萧瑟中闪烁出耀眼的金光，一棵棵胡杨举起一把把火炬，把苍凉的河滩烘热照亮。它还抗风抗沙抗祸殃，根深十几米汲取营养，雨后三四年枝发叶长，即使旱死二十几年，遇水又有新芽绽放。高擎生命的旗帜，终年与漫漫黄沙对抗，甘愿在茫茫戈壁驻防。啊，胡杨！物竞天择，天道有常。适者生存，弱者自强。在荒无人烟的大漠深出，胡杨展示出生命的瑰丽画卷。在寸草不生的戈壁尽头，胡杨高挺着永不弯曲的脊梁。村人有俗语：松了松是个男人，弯了弯是个胡杨。就是比喻胡杨跟男人一样坚强。春风习习，甘霖普降，悄然荡漾出一抹绿浪。秋风飒飒，大雁高翔时，顿时灿烂成一片金黄。无论春秋与冬夏，枝枝叶叶总是高高地昂扬着。“沙尘暴”袭来时，首先挺起金盾般的胸膛。扎根河滩扎根戈壁，总是高耸钢铁般的肩膀。耗尽精力，坚守不放。如锚似虬的劲根紧抠地床，宁折不弯，捐躯沙场。

如矛似箭的遒枝刺破穹苍。耐住寂寞，耐住清贫，只需要几滴雨露，一片阳光。守住家园，守住村庄，只期盼山川碧绿，花卉芬芳。苦了也是那样的荣光，乐了也是那样的荣光啊！

儿时，不懂得贫瘠干旱，自然条件恶劣得近乎苛刻的戈壁边缘绿化的重要，常高高兴兴蹦蹦跳跳去折一束刚刚绽开新芽的、毛茸茸的胡杨枝，在疏勒河滩上飞奔着、雀跃着、嬉戏着，连自己也说不清为啥那样高兴，仿佛是为了它独力挺身抗击严寒，且保持自然的微笑露出新芽，也仿佛是为了将要浇灌贫瘠土地的疏勒河的开冻。

胡杨枝头展叶，河床石头缝缝里露草芽的时候，就是我们下水的时节。一只手抓着胡杨枝，一只手去摸小鱼，摸到五六条，放胡杨枝燃起的火上烧着吃，焦香焦香的。肚里有了油水，兴冲冲地将肩上的粪筐子拾满，或拣一捆干柴，每天都是满载而归的。

胡杨枝的丫杈间忽而有小鸟筑了窝，一对小鸟“吱啾吱啾”欢叫着从老远老远的地方衔来干树枝，花了半个月的时间筑成了一个黑乎乎圆丢丢的窝。村里大人说这种小鸟一旦发现有人动它的窝就会重新寻找地方搬迁的。我们不敢去惊动它，光是在树下看，看小鸟玲珑的身子怎样在枝间跳动。后来实在手心发痒，忍不住便上树看个究竟，哪知柔弱瘦细的枝杆骨肉相连也肩不起我的折腾，一下子断了，我和鸟窝一起摔到了水里……

那天傍晚，一对小鸟在胡杨树上空盘旋了好几圈，高声啼叫，声音凄凉。我也有点儿心疼了。今夜，它们住到哪儿去呢？而且这鸟窝里的几只有着花纹的小蛋，也都打烂了，那是它们的子孙啊！从那时，我就再没摸过一次鸟窝。胡杨、小鸟都是疏勒河滩上的生灵，它们从来没有自我标榜过，也从来没有邀功请赏过。现在，当“沙尘暴”再次铺天盖地袭来时，我们可曾想起殊死搏斗在疏勒河滩上的胡杨？

疏勒河上，有一排排小磨房。

随着夜晚的深入，伴着哗哗的水声，和着呕荡哐荡的萝面声，那越来越近越来越分明的呼噜声，同每座磨房里那上下两扇厚重的石磨吱吱呀呀的口里不知诉说些什么的声音，把疏勒河滩的夜晚，打点的不得安宁。

一个夏日的傍晚，火烧云把疏勒河里的水染成了金黄与桔红色——疏勒河里也有一个天——我有趣地看着、想着。

疏勒河里的天抖动了，夕阳与云彩顷刻间都变形后化开了。一排排小磨房的影子正漫漫地清晰起来。

那时候每个村庄在疏勒河上都有一间磨房。三十多个村，就有三十多间磨房。那些磨房大多经风吹雨淋显得又破又旧散发出一种古老与安祥的气息。磨房里光线很暗，顶棚与墙角上蜘蛛网粘着面粉尘絮。支撑磨盘和房顶的柱、檩都朽枯了，被虫咬蛀了好多窟窿眼，朽木粉沫儿不时掉下来，落人一头一脸的。有的石磨上下两扇不知磨了多少年，薄薄的一层失去了重量。每日清晨各村急需磨面的人，像赶集一样，车拉驴驮涌向疏勒河滩的磨房。

村里的磨房，是由一名下放改造分子看守的。我要上中学了，去磨一袋面。

他帮我把麦子堆到磨盘上，磨眼里插几根红柳棍棍，红柳棍棍随磨盘周而复始地转动就左右不停地抖起来，发出吱吱的响声，磨盘上的麦粒随红柳棍棍的抖动就一颗儿一颗儿流进磨眼，从磨缝缝中一缕缕儿一缕缕儿地淌出，形成麦麸和面粉混合的一圈。待麦粒磨完，磨麦麸时，那几根红柳棍棍就无用了，换上一根叫磨拔子的铁棒子，铁棒子便随磨盘周而复始地转动，在麦麸上画出无数圆。他帮我磨面，我望着他那弯着的腰，永远像背着一袋沉重的东西，看起来是那么的笨重。我真为他担心，怕他有个闪失掉进水里。他教我怎么上麦怎么筛面，一袋麦子磨完，我第一次因为出大力而流了很多的汗。是夜，我同他坐在磨房门口的石板上，看天上的星，听那一排排磨房发出的呼噜声。当他夜里停了磨，带我在水坝后面洗浴之后，他才有一点属于他自己的自由思维的驰骋。他走过湿漉漉的，夜露很重的草地，让清凉的小风儿吹着，他便长长地舒上口气，向着前方那河床黑黝黝的地方眺望。那如同深蓝色钢板的夜空，有个倒挂着的七星勺一闪闪地，始终定着北方的方位。

我看着他凝目大胆地瞅着，似唤起了童年般的热烈的回望。一天疲累便消尽了，心里的那颗祈愿照亮了他的全部的生活。

忽悠忽悠的日子如推磨转圈，忙忙碌碌打发的很快。故乡拆了磨房，建成小水电站，接着电磨代替了石磨，石磨作为历史的象征，被七零八落搁在疏勒河滩的草丛里。

红柳叶是绿的，花是红的。

红柳从根到梢几乎是亭亭的一根，项间楚楚的。小花，恰好红妆女头顶佩着的花环。它们坚韧而富有弹性的身躯彼此拥抱，遍地洋溢红的光柳棍棍，红柳棍棍随磨盘周而复始地转动就上下泽，那青春的美便似永不消褪了。

春暖花开的时候，沉寂了一冬的红柳渐次苏醒过来。有的灰白，有的淡绿，有的粉红，有的微微发紫。红柳花稠稠密密，米粒大小，粉红色的花蕾，喧喧嚷嚷，沸沸扬扬。蜜蜂飞来了，嗡嗡嘤嘤，啜饮吸食花蜜。蝴蝶飞来了，五色斑斓，翩翩起舞，翩跹于花丛之间，缠缠绵绵，爱恋着红柳的花苞。红柳的花绚丽多彩远远望去，似少女招摇的红头巾，又像是一簇簇燃烧的火焰，在疏勒河滩上蹦蹿。花期过后，红柳结出细小的果实，像是无限缩小的朝天椒。有的红艳艳，有的绿茵茵，给单调的河滩添了一抹醉心的虹彩。清风吹过，散发出幽幽的芳香，颤微微的，在平和的空气中流荡。

红柳又叫柽柳或叫三春柳，古代所谓“降龙木”。相传红柳原为天上的神仙，是玉皇手下听换的红娘，贤惠而坚韧。玉皇俯察人间备受黄龙凌掠，农田庄园被黄沙埋压，甚为怜悯。就下嫁红娘做黄龙的妻子，一慰其心，镇住黄沙。于是红柳就在戈壁沙滩安了家，一如骆驼，一生也不走出戈壁沙滩。有戈壁沙滩的地方就有红柳，忠贞不二，一心一意坚守戈壁沙滩。红柳有两种，枝条紫红的谓之“紫红柳”，质地坚韧，枝繁叶茂，躯干盘曲如虬龙，据传是为了缚住戈壁流沙而气紫了脸。淡黄色者谓之“沙红柳”，茎直中空，少有枝蔓，亭亭玉立，修长如竹，宛若处女。红柳最大的功劳是防风挡沙。枝条编席编筐盖房烧饭，经济价值也很高。

我在小的时候，似乎从未注意过红柳花是几时开，又是什么颜色的？有时候十几个伙伴，用红柳柔软的枝条编成一个个草帽戴在头上，身背红柳枝做成的枪，列队前进，也很是壮观。在红柳丛中来回地走，来回的冲杀呐喊，可算是很有气派了！现在想来，那时因为幼小，心灵没有重压，这红柳丛中的冲杀呐喊声，大概也是轻松愉快的。当然，也常常编织一些只有我们自己才稀罕的奇形怪状的小玩意儿，遍进童心才有的天真与神秘。上学以后不能那么随心所欲了，却还记得在落英时节的秋天，跟着老师从红柳丛深处挖来红柳根，一捆一捆堆放在门前和一房顶上。一冬天，教室里架上了红柳火，就暖烘烘的。可以说：故乡的娃托了红柳的福，冬天上学不挨冻。长大了谁不对红柳怀着感激之情呢？

现在，我想这是一支绿色的乐队，这是一群幼小的歌手，故乡啊，我曾经为你歌唱过许多的歌。

春阳瑟瑟，大地乍暖还寒的时候，在疏勒河的红柳丛下，蒲公英的叶片却已经豪迈地摆动着。

蒲公英，因是春的使者，绿色的生命，给人的感想是一位周身播满鲜花，头上戴满簪樱的欣快少女，自自然然而又无忧无虑。春天到来，它破土而出露出嫩芽时，又脆又甜，任凭缺衣少食的村人摆上饭桌添饱肚子，它都喜悦的承受，快乐的答应。可以说它在苦难的日子里救了一代故乡人的命。无论叶子由新绿变成翠绿，然后生黄，看起来都显得那样永远年轻，永远美丽，永远富遮，默诵着生命的壮歌，像母亲呵护儿女一样等待成熟和收获。

很快，下起了鹅毛大雪，村野上一片银白色。我们奔到疏勒河滩的红柳丛中，用一双小手把雪扒开，我担心蒲公英会冻死，但，我终于看见：它们依然挺立着，偎依着红柳根，依然是那种随时破土而出的样子。

土地冻结了，硬的石块一样。

呵！冬天的一个温柔的梦，一个关于春天的梦，在雪被下悄悄地隐蔽着。

这个梦，唯独这个梦，不会在大地醒来的时候逝去；相反，那绿色会破土而出露出嫩芽，带着又甜又脆的味儿走到故乡人的饭桌上，飘进故乡人们的心里头。呵！疏勒河，你是一首歌，歌里有春天，也有秋天。

昌马石窟，其实在疏勒河岸边水峡村西端的崖壁之上存在了一千五百多年了。但是，我们不知道。我们知道敦煌的莫高窟、安西的榆林窟、天水的麦积山石窟……但是不知道王之涣《凉州词》中“春风不度玉门关”中的玉门昌马水峡村西端的崖壁之上，还有这样一个一点也不比它们逊色的昌马石窟。

昌马石窟只是一任自己孤独无邻的遥望，看眼前的疏勒河夏季赤身裸体敞高而痛快淋漓的流：冬季枯水季节里瘦变了腰肢，嫦娥的绸飘带一样袅娜地淌。和寂寞时无主的山间野花一样，花开花落不间断，春来春去不相关。

这些灿烂的历史文化，像一颗闪烁着奇异色彩的珍珠，点缀着疏勒河两岸苍茫而雄浑的大地，为开发的昌马增光添彩。

昌马是一个四周环山的盆地，疏勒河蜿蜒曲折，自南向北缓缓流去·照壁山屏障于北，祁连山脉的香毛山横枕于南·环境十分幽雅。窟高距地面约30米到50米不等。依山崖形势，基本可以分为南北中三段，为创建这些石窟，如今昌马还流传着这样的传说很久很久以前，有云游天下的师徒二僧，来到千里河西走廊各地传播和弘扬佛法。长途跋涉中，师徒二人走散。师父一路化缘来到昌马。他被这里和平宁静、山清水秀、水草丰美的自然环境和质朴的民情风俗所深深地感染，决定在山崖上开凿洞窟，塑造佛像，以成为他修行和宣扬佛教的道场，决心下定后，他便独自在悬崖绝壁上开挖洞窟。日子一天一天过去，老师父的洞窟也逐渐开，他在窟内展开想象的翅膀，认真设计并塑造佛像，塑完每一尊佛像后便予以彩绘装饰。当他看到用自己勤劳的双手创造出来的这些造像与壁画，是那样的绚丽多姿和光彩照人时，满心欢喜，心灵上得到了极大的安慰。当他继续开挖另一个洞窟时，眼瞅着即将全部完工，但却感到周身不适“.“.过度的疲劳，使得他的身体变的极度虚弱，他不愿就此停止，半途而废，而是咬紧牙关，用超人的顽强意志，完成了佛窟的收尾工作。当他克服了重重困难，画完最后一笔画时，长叹一声，在欣慰中与世长辞。他的徒弟闻讯赶来，在昌马善男善女帮助下，继续开凿石窟——

昌马石窟绝非一两个人所能完成的，更不是出于同一时代，它们应是历代的功德主们与当时的工匠共同努力完成的。石窟最早开创于十六国时期的北凉（公元397年——439年），据今约有一千五六百年的历史。西夏时期得到重新修缮并重绘，该窟绘画浓笔重彩，具有很高的艺术水平。绘画的墙面上，不施白粉，直接绘于泥皮之上，似一副副绢画，柔美鲜丽，别具特色，后来当地人为使石窟佛教旺盛，在悬崖绝壁下的一块平地上修建了一座寺庙。石窟同寺庙形成呼应对照之势互相衬托，香烟缭绕，烛光惶惶·泓散出一种肃穆的氛围。

当你沿着山路，经过水库大坝，看见路越走越宽，两边的山峰，一座座忽然变的好看，五颜六色的挽着手迎面走来，山脚下清澈而不带一点污染杂质的疏勒河快活流淌，河边长满婀娜多姿的红柳和柳树，昌马石窟就在眼前不远的地方，爬上石窟，头顶是一片水洗一般洁净的近乎透明的蓝天，身后是壁立千仞雄奇的千里屏障，怪石嶙峋，惊险万分。极目远望，昌马全貌一览无余，万亩婆娑田野，绿意盈盈。祁连山雪峰在阳光下熠熠生辉，流光溢彩。疏勒河从遥远的祁连山峰像嫦娥的飘带被抛了下来，蜿蜒曲折，自南向北缓缓淌在山川之间，真乃疑是银河落九天。如果昌马大坝一旦蓄水，汪洋一片，那美丽壮观的景致将无法比喻。眼前的昌马田野上，阡陌纵横，黄的油菜花、蓝的胡麻花、绿的小麦、大豆。屡屡青烟冉冉而升，烟树远村的景致尽收眼底。有牧童放牛，牛在前，人在后，牛鞭一抽，劈劈啪啪一片响，牧童们互相嬉闹，抛石激起串串回户在石窟上空的崖壁间久久回荡。

立马潺潺流淌的河边，河水浅处及膝，水翻白花，深处二三米，清澈见底，掬一捧润喉，再咕咕灌一肚子，清凉洁净，微甜·沁人心脾，坐在石窟下的寺庙门前台阶上，看暮色由淡渐浓，云蔼由轻转厚，听疏勒河水声叮咚四起，凉风由东串西，真是山峰无语，万籁皆寂，美哉！入夜，月亮圆圆一轮，不明亮，罩着一圈昏黄薄纱，碧天如水，夜云轻浮，山峰深暗，柳林摇曳·野花野草幽香浮动，蛙鸣噪声似鼓。

月亮是一位农家女儿，把光辉分给田野，分给疏勒河，分给石窟及寺庙……坐着看纯白透明的夜雾从哪儿起，弥漫过来又消退而去，或是特有的地貌原因？没有杂声、没有人音，静静坐在秋凉里，任冷意从头至踵，你试图与一棵树、一株草、一朵花对话，试图与一块石、一股泉、一粒沙交谈，你果真这样做时·清晰的回应之语便会细细响起。你专注而沉默，平和而心静，不知不觉中，月亮就隐到石窟后面的悬崖下了。

疏勒河在我的心中流淌了三十又复几载。

如今，她还是蓝蓝的，蓝蓝的，泛着白白的泡沫，走得很急很急，河的两岸一面是青青胡杨，一面是火红的红柳，胡杨一边摇拽，边拂水。我曾光着脚丫在胡杨轻拂的水面提篮逐鱼，而后放火上将鱼烤的焦黄流油，含到嘴里只听吱吱响。烫的嘴唇直颤抖。那时的我无忧无虑，放浪不羁，回味中多想这段时光，正因为没有忘记，从此便埋下了思念。红柳丛中的水窝泉眼能当镜子，冲着它，我们不止一次地欢乐过，当时至高无上的就算这火红的红柳花丛了。不懂什么叫信奉，不懂什么是尊重，这蓝蓝的河是我心中惟一不灭的灯。没有想过它是从祁连山雪峰哪座山头流淌下来的，没有想过我要报答些什么，只有一种无言的思恋，静静地，静静地躺在我的心中。

做为疏勒河岸边长大的儿子，我没有理由忘记她。也不能会轻意忘记她。这是世界上最为纯洁的思恋，这是自然与人最为朴素的相思。

记忆中珍藏的，我永远不会忘记。

2005年

永远的疏勒河

姜兴中

我看见在河滩上蔓生的红柳枝很多很密，在它们周围多了些许车轴辘大的石头。

那时，我一个人踯躅在疏勒河滩上，感受着从疏勒河水面吹来的风中那透彻肺腑的凉意。这是一条静静流淌的大河，河水清澈明净。

疏勒是蒙语“水丰草美”的意思，汉时称南藉端水，唐时称冥水，元、明、清时叫苏来河，民国以来称疏勒河，是河西走廊四大河流之一。

疏勒河曾是一条咆哮的河，波涛汹涌不息。发源于祁连山疏勒南山与托来南山之间纳嘎尔当大纵谷东端的纳嘎尔当，流域面积三万九千四十七平方千米。河流长六百二十七千米，由河源至我居住的村庄水峡口为山区段，以高峡出平湖的雄姿流向山外。如今，大部分河床已经干洞，裸露出龟裂的地皮。上面布满了卵石。此刻，阳光满满当当地铺呈在河床上，映亮了那些光滑的卵石而这条大河沐浴在丰厚的光波里，几乎庄重而平稳地流着，远处，有蹲在河边洗衣服、满河滩转游着拾柴草拾牲畜粪的人她们扭动着壮实的腰身，露出庞大的臂部，使我想到这里曾经生活过的先祖们—他们驰骋在马背卜的雄姿，烈火般燃烧的情爱之火，旺盛的生殖力，伴随着不尽的西征，杀伐和接踵而至的灾难。

生活在这块土地上的人，几乎都是沉默的，仿佛在他们的个性中，承接着先祖们的隐忍和默然。

应该有一首深沉、雄浑的歌声来表现这条河，表现它的历史和梦想，然而没有。尽管它日夜奔流，实际土它是沉默的甚至是孤独而忧伤的。或许，只有人才能使一条河激荡起来。我看到有人在那里抓鱼，有人背着沉重的东西，将裤腿挽到大腿根处，涉水过河，走向对岸。那粗壮的，劲腔满布，黑毛满腿的躯干就像壮硕的蒙古族摔跤手。是的。只有疏勒河的水，土地，阳光才能养育出这样的人：沉默、坚韧，怒时像洪流，柔时像红柳。看重情义，鄙夷轻狂。

不断有牛、马、驴、骡、羊吃饱了肚子将嘴伸向水面俯下身来喝水，它们的眼前是不停闪烁的激淞光波。喝足了水的牲畜们偶然抬起头来，停一下，那时它们的目光里有和人一样深的茫然和忧郁。这时，有水鸟、鸭、鹅从河面上飞起，不停地聒噪着，抖碎了河水之上的阳光。

深夜，我总是听见这条河在喧哗，仿佛它突出于夜色之中，在一条宽阔的光带里流着。有时候，我的脑子里会出现这样一幅画面，一辆马车正奔驰在疏勒河宽阔的河滩上，或拉着柴草，或拉着粮食。而那时，天空阴云密布，一阵阵连续的雷声，伴着隆隆的水磨声，在河滩上炸响。

我来到河滩一眼望不到边的红柳丛中，体验到一种有别于它处的更深的幽静。红柳是疏勒河滩的特产和骄傲。有的灰白，有的淡绿，有的粉红，有的微微发紫。红柳的花穗稠稠密密，开满黄米大小，粉红色的花蕾，远远望去，恰似少女招摇的红纱巾，又像是一簇簇燃烧的火焰在疏勒河上蹦蹿。花期过后，红柳结出细小的果实，像是无限缩小了的朝天椒，有的红艳艳，有的绿茵茵，给单调的疏勒河滩平添了一抹醉心的彩虹。河风吹来，幽幽的芳香颤巍巍地在河滩上空的空气中飘荡。

我来到一处红柳茂密的地方，蹲下身，仰起头来，看到被茂密的柳枝分割的杂乱的天空，和从柳枝中漏下的迷离的点点光斑。我伸手摸了摸一棵如胳膊腕粗，长得苍黑而披裂的红柳根。突然一阵战栗。曾几何时，一丛红柳守住了一大片河滩，与此同时，沙层里的根也在不断向四面八方扩张，在沙堆里龙蟠虎踞。红柳以自己微弱的生命，终于长成巨大的身躯，筑起巍峨如山的沙堆。

那天一场山洪暴发，我们一大群人，站在疏勒河岸上看着疏勒河上咆哮汹涌的洪水。洪水喧嚣着迅猛地冲刷着岸壁，还有离岸壁不远的一棵白杨树，洪水一直旋尽了它的根茎。我看见那棵白杨树在洪水的冲击中不断地颤抖，摇晃，然后，缓缓倾斜—在它轰然倒地的那一刹那，我闭上了眼睛。过了一会儿，我看见那里空了，洪水正卷着那棵白杨树向下游缓缓移动。很远了，我还看见那棵白杨树在翻滚的波涛上沉沉地颠簸。

我陷入某种恍惚的沉思。我想这场洪水肯定把整个疏勒河河滩都卷走了。

呵。仿佛有神灵在保佑。洪水过后，疏勒河滩浮出水面。我看见在河滩上蔓生的红柳枝很多很密，在它们周围多了些许车轴辘大的石头。石头的周围红柳有的挺拔玉立，昂首向天，一如苗条少女；有的老态龙钟，佝偻伏地，有的虬枝盘绕，密密匝匝，匍匐于地，把一片片河滩地面封锁固守。

我恍惚。我沉思。小小红柳能固沙砾几十万吨，甚至数千万吨哩！猛地，我看见在红柳的躯干深处，燃着一盏灯，那米粒大的红柳花蕊，就是灯芯，它火红的花穗就是火焰，照亮了它的内部。我想这是一片具有佛性的红柳。或许，在它的躯干里真的隐藏着一位能防风固沙，保持水土不被流失的佛——红柳燃烧的火焰灯佛。

2008年

那一条向西奔流的河

孙 欣

那是一条河，当几乎是所有的河流都“百川东到海”的时候，它淡定而又执拗地向西奔流，日复一日，不停不息；那是一条河，向西奔流的她养育了六万平方千米的人口，不求名，不邀功，静默着，流过兴衰更迭，流过大漠沧桑，一流就是数千年；那是一条河，它守着西北不离不弃，它在戈壁沙漠中，谱写着传奇，关于生命、关于文明、关于文化、关于信仰和精神；那是一条河，它造就了伟大的汉长城，也造就了敦煌文明。它平静地站在敦煌身后，站在文明的后方沉默着流淌。它就是疏勒河，一条传奇伟大却也多灾多难的河。

这条河不仅关乎着生命、文明。品味和解读它，又不难发现它又是一场关于精神世界的问询；它也是一种精神一种人的象征和隐喻。同时它又悲悯地闭上眼，用叹息的调子低诉生态的恶化所带来的灾难和毁灭。

疏勒河与其流径的文明和记忆一样，既让人欣喜若狂又让人无端感伤。让人在惊叹之余，又忍不住扼腕叹息。

惊叹的是什么？惊的是在疏勒河沿岸屹立的绵绵不绝雄伟壮观的汉长城，历经两千年的风沙与雨雪却依然历久弥新，叹的是这宏伟坚固的汉长城竟不用一砖一石，完全是用红柳、胡杨与泥沙所建造；惊的是三危山的佛光普照和为信仰而付出一生的人们，叹的是敦煌莫高窟的辉煌文明与其艺术价值；惊的是疏勒河流域高度发达的古文明，叹的是大河两岸留下了一百多座古代城市的遗迹。

让人感伤的是虽然曾经用红柳、胡修造的汉长城可以千秋万代屹立不倒，不论是一个两千年，还是更多个两千年。但那些芦苇，那些红柳与胡杨如今却早已无迹可寻。由于用水过度和不合理的开发，以及风沙的侵袭，曾经的水光山色，那时的芦苇荡红柳丛已成了一缕浮烟，萦绕在心头，让人心痛。疏勒河两岸一百多座古代城市遗址，固然很有价值，但是它们却成了一座座脱水的城堡，被风沙掩埋，辉煌与记忆，一起被吞噬。当用手去触及沙砾和砖瓦，仿佛听到呜咽之音。敦煌的文明绚烂了整个天宇，反弹琵琶的飞天倾倒了整个世界，可是我们在享用古人留给我们的辉煌的敦煌的同时，却也在大肆破坏着环境，精神文明与物质文明齐头并进的喜悦，让我们忽略了疏勒河的哭声。北京一位林学教授在2001年也曾发出了警告：“如果得不到遏制，50年内，敦煌将成为第二个楼兰。”而这一切又足以让我们感伤心痛，并予以沉思和反省了。

疏勒河又是一条精神和信念的河，疏勒河成就了敦煌，它养育着生命与文化，也守护着人们的精神家园。它成就了文明，文明却也吞噬着它。功与名人们留给了敦煌，对它渐渐遗忘。它只是一如继往地平静流淌，继续养育着生命，传承着文化。我们不该忘记疏勒河，更不该忘记疏勒河边上那些穷其一生在拯救敦煌文化的苦旅中上下求索、倾其所有的人们。玄藏、法显在前，拎着信仰的长明灯风雨兼程。

常书鸿、纪永元……沿着他们的足迹，在疏勒河边，莫高窟前写下了新的传奇。常书鸿放弃了在巴黎的优越生活，而把一生都奉献给了敦煌，他不仅一生致力于保护敦煌文明繁荣敦煌，还让他的儿子接着走他未完的路。我突然想起池田大作与常书鸿的一段对话，顿时明了他们与疏勒河竟是那么相像：无私、睿智，深恋故土。池田大作如果还有来生，您下一世准备做什么？常书鸿：如真有下一世，我还将是常书鸿，我还将来到莫高窟。阳关博物馆馆长纪永元本是一位画家，可是他不忍看到阳关——这个无数文人或旅人的精神家园，就只剩一座土墩，在如血残阳下形单影只苍白孤伶，他不忍看到阳关只成为一种回忆，一种只靠想像才能捕捉到的只言片语，在凄婉悲凉、如泣如诉的《阳关三叠》乐曲中，他做出了抉择：放弃绘画，用尽所有积蓄并借贷建成了阳关博物馆。他牺牲了自己，只为将一个有生命的阳关还给那些慕阳关之名于千里之外赶来的文人旅客们。

那一条向西奔流的河，承载得太多，却依然静默而又淡定地向西流淌，不舍昼夜。

2010年

第二十章　人物

张守珪(684—740年)

字元宝，陕州河北县（今山西省平陆县）人。唐朝著名将领，参与了玄宗时期对突厥、吐蕃、契丹的多场战争，谙熟边疆军政事务。

张守珪魁梧俊美，善于骑射。初以良家子从军，建立功勋，授平乐府别将。跟随北庭都护郭虔瓘，抵抗突厥入侵。迁幽州良社府果毅，受到幽州刺史卢齐卿敬重，迁建康军使。打退吐蕃入侵，迁瓜州都督。开元二十一年（733年），迁御史中丞、营州都督，镇抚奚族和契丹等。足智多谋，胆略过人，治军有方，战功卓越，累迁辅国大将军、御史大夫、右羽林大将军、幽州（范阳）节度使，册封南阳郡公，对开创“开元之治”做出贡献。

开元十五年（727年），吐蕃进掠河西地区，攻陷疏勒河流域重镇瓜州（今甘肃省瓜州县锁阳城）后退走，河西节度使王君㚟阵亡。玄宗急调张守珪为瓜州刺史。张守珪仅有少数部队，而瓜州城池业已残破，民众多战死逃亡。张守珪用计击破吐蕃反扑，带领军民积极修复城防、恢复生产。连年战乱中，瓜州附近疏勒河灌区的闸门、堰坝都遭到破坏，但一时缺乏供修复用的木材。史载张守珪对天祈祷，当夜疏勒河山洪暴发，冲下祁连山中无数木材，水利设施得以修复。

晚年张守珪发现并向玄宗推荐了安禄山，为“安史之乱”的爆发埋下伏笔。后因虚报军功，被贬为括州刺史。开元二十八年（740年），张守珪在括州官舍去世，享年五十六岁，被追赠凉州都督，葬于洛阳北邙山。

岳钟琪(1686—1754年)

字东美，号容斋，四川成都人，原籍凉州庄浪（今兰州永登）。岳飞二十一世孙，四川提督岳升龙之子，清代康熙、雍正、乾隆时期名将。曾任川陕总督、四川提督。参与平定西藏、招抚青海、平定大小金川，战功卓著，且在任期间积极推行摊丁入亩和改土归流。

岳钟琪深沉刚毅而足智多谋，历经康熙、雍正、乾隆三朝，政治、军事上皆有建树。康熙五十年（1711年），由于边地战事频发，为平息战乱，加之自幼喜爱军事，便请求改为武职，开始了戎马一生。康熙五十六年（1717年），准噶尔汗国大汗策妄阿拉布坦与沙俄勾结，进占拉萨，西南其他藏族首领也趁机反清，岳钟琪被派往平叛，抚定西南各地后，他与当地土司联系活捉噶尔丹使者，并一举击败叛军，各随叛部落皆归顺。后赶往西藏平定噶尔丹叛乱，被擢升为四川提督。雍正年间罗布藏丹津叛乱，岳钟琪跟随年羹尧挥师西征，率立战功，于雍正二年（1724年）剿灭罗布藏丹津及其叛军余党。雍正帝下旨，再授岳钟琪兼甘肃巡抚，督办甘肃、青海军务政要。后被贬，于乾隆十三年（1748年）平定大金川叛乱时被再召复出。

岳钟琪是清代疏勒河屯田事业的重要推动者。雍正初年，岳钟琪接替年羹尧主持西北军政大局，持续推进在疏勒河流域的屯田事业。吐鲁番维吾尔族群众主动要求内迁，岳钟琪经过细致考察水土条件及地缘要素后，选择瓜州作为安置地。为减轻群众协助转运军粮的负担、降低军队后勤补给，岳钟琪疏导疏勒河、党河河道，试图在敦煌、玉门之间以皮筏通航，并一度取得成功，旋因两河交汇处水流过急、易致倾覆而作罢。岳钟琪由此成为疏勒河流域推动内河航运事业的第一人。

乾隆十九年（1754年），岳钟琪抱重病出征镇压陈琨时，病卒于四川资州，时年六十八岁，乾隆帝赐谥襄勤，赞其为“三朝武臣巨擘”。著作有《姜园集》《蛩吟集》等。

王全臣(生卒年不详)

字仲山，号清渠。清代湖北钟祥人，康熙三十三年（1694年）进士。历任汲县知县、河州知府、宁夏府水利同知、平凉知府、安西兵备道。任职期间，勤于务职、改革弊政，所在卓有政声。

王全臣为官，特重水利，深谙浚河凿渠之法。康熙四十一年（1702年），王全臣奉命至河州（今甘肃省临夏市）赴任知州。其时河州经历战乱不久，民生凋敝。王全臣深知水利之重要，遂兴修北乡碱土川甜水渠、大苦水渠、小苦水渠等水利设施，浇灌良田。其中甜水渠长15里，源取银川河，设五坝，灌田1620多亩；大苦水渠长10里，取陈徐家头顶半山内家泉（今莲花乡境内水库区）为源；小苦水渠取墩沟泉水，沟上架木槽，引泉水过沟。大小苦水渠与甜水渠配套成系，统灌一川。王全臣还制定了一套完整合理的水规条例，按坝分班、不偏贫富，按序灌溉、昼夜不息，充分发挥了水利工程效益，使灌区五谷丰登。康熙四十六年（1707年），王全臣与监督同知郭朝佐重修土门关至九眼泉的水渠。

康熙四十七年（1708年）春，王全臣出任宁夏水利同知，经严密踏勘，新开干渠“大清渠”70里并在渠首设置大闸，补汉延渠、唐徕两大干渠引水不足之弊。因渠首选择得当、渠道选线合理，新干渠引水效率高、控制灌溉面积大，取得很大成功。其后通过“束水攻沙”法缓解了唐徕渠的淤塞问题，通过改建涵洞解决了汉延渠的运行隐患。针对宁夏黄河灌区渠道易淤塞的问题，王全臣系统改革了宁夏灌区的春修制度，通过详细计算每段渠道清淤的人工需求，编制“工册”，确保清淤工作的正常运行。

离任宁夏后，王全臣改任平凉知府，遭诬陷下狱。后随副都统范时绎往瓜州屯田，任安西兵备道，统筹疏勒河流域水利建设。其时从吐鲁番主动内迁的维吾尔族民众被安置在瓜州一带，灌溉水源不足。王全臣经过详细踏勘，从双塔堡疏勒河河道开三渠向瓜州垦区输水；同时，在今玉门市附近新开“皇渠”三道，将原先注入中游布鲁湖的大部分疏勒河径流及泉水向西北引至桥湾一带，并经双塔堡使之流入瓜州新渠。王全臣在疏勒河流域的水利修造规模浩大，开凿渠道三百余里，修建各种拦河或导水堰坝千丈，新增灌溉面积近五万亩，形成今日昌马、双塔两大灌区的雏形，代表了疏勒河流域传统水利修造的最高水平。此番水利修造也深刻改变了疏勒河中下游水系格局，形成了现代疏勒河中下游的基本水系结构。

乾隆初年，王全臣在兰州病逝。著作有《河州志》六卷、《大清渠录》二卷。

黄万里（1911—2001年）

中国现代著名水利工程学家，清华大学教授。祖籍为川沙县（今上海），是近代著名教育家、革命家黄炎培的第三子；1932年毕业于唐山交通大学（现西南交通大学），1937年获得美国伊利诺伊大学香槟分校工程博士学位，成为第一个获得该校工学博士学位的中国人。曾于1947年至1949年4月出任中华民国水利部河西水利工程总队队长、甘肃省水利局局长兼总工程师、黄河水利委员会委员。1953年调至清华大学任教，之后的时间里编写了学术专著《洪流估算》《工程水文学》。黄万里在水利工程建设方面一直主张从江河及其流域地貌生成的历史和特性出发，认识和尊重自然规律，在同时代工程专家中独树一帜。

黄万里在甘肃任职期间，在原甘肃水利林牧公司酒泉工作总站、敦煌工作站多年调查勘测的基础上，推动并审定了疏勒河流域第一部现代水利规划《疏勒河流域灌溉工程规划书》。黄万里不主张在疏勒河流域修筑水库，试图通过渠系改造与地下水利用解决疏勒河流域灌溉用水匮乏的问题。

葛士英（1920—2007年）

直隶（今河北省）曲阳县人。中国共产党优秀党员。中国人民政治协商会议甘肃省第六届委员会主席，中共甘肃省顾问委员会原副主任，中共甘肃省委原副书记，甘肃省人民政府原常务副省长、党组副书记，第五届全国人大代表。

葛士英1937年参加抗日宣传活动，于同年10月加入中国共产党，1939年任中共曲阳县农民抗日救国会宣传部副部长。1942年10月，他配合抗日民主政府共同组织曲阳县第四、第五区运粮队，突破日军一线，人背畜驮，连续40多个夜晚将10万余斤公粮运往边区根据地。后于1944年4月任中共曲阳县委书记兼八路军曲阳支队政委。抗日战争胜利后，他到晋察冀中央分局学习，并先后任晋察冀军区第四纵队政治部部长、华北野战军第四纵队政治部部长、第二兵团工作团主任，参加了冀中清风店战役和解放石家庄战役。又于1948年9月任中国人民解放军第十九兵团政治部工作团主任，先后参加解放北平（今北京）、太原、兰州、宁夏等战役。

中华人民共和国成立后，历任甘肃省泾川县县长、定西县县长、银川军管会政务处处长、宁夏省（后改称宁夏回族自治区）政府秘书长。1954年调甘肃省，先后任省计划委员会副主任、省委常委、副省长兼省计委主任、省人民委员会党组副书记、常务副省长等职。“文革”期间，被打成“走资派”遭批斗。1973年恢复工作后，先后任中共兰州化学工业公司党委副书记，甘肃省革委会副主任、省委常委、常务副省长、省委副书记，中国人民对外友好协会甘肃分会会长，政协甘肃省委员会主席，甘肃省顾问委员会副主任等职。2007年8月22日于深圳逝世。

葛士英在任职期间，为使甘肃脱贫，总结出了推广陇南“一人一亩基本田，一户一亩果林园，一户一年出售一头商品畜，一户转移一个劳动力”的“四个一”扶贫路子，并获得了第一届“中国十大扶贫状元”称号。改革开放初期，时任甘肃省副省长的葛士英兼任“两西”建设指挥部总指挥，特别注重疏勒河流域对全省扶贫工作中的地位，提出变“军垦”为“移民扶贫开发”的流域规划思路，并较早提出借用国际力量进行开发的设想。葛士英在思想和实践上推动了1985版疏勒河流域规划的编制，对于世纪之交的流域水利开发工作特别是疏勒河项目的实施产生了重要的影响。

1.锁阳城灌溉遗址(王亚虎　摄)

2.桥子东坝(赵小龙　摄)

3.阳关渥洼池(巨有玉　摄)

4.月牙泉(赵志成　摄)

5.苜蓿峰(狄灵　摄)

6.锁阳城遗址(赵小龙　摄)

7.锁阳城(张洪忠　摄)

8.湿地峰燧(王亚虎　摄)

9.玉门关遗址全景(张洪忠　摄)

10.桥湾城遗址(有河道)(高瑞博　摄)

11.敦煌莫高窟北区石窟群(孙志军　摄)

12.位于榆林河峡谷的榆林窟（孙志军　摄）

13.党河河道西千佛洞附近（孙志军　摄）

14.南山涓韵(巨有玉　摄)

15.北塞荻花(王亚虎　摄)

16.天桥卧涧（巨有玉　摄）

17.天桥卧涧（文彦祥　摄）

18.昌湖映雪(符全　摄)

19.清渠激浪(王金　摄)

20.赤金漂流(巨有玉　摄)

21.双塔玉鉴(王金　摄)

22.望杆金屏(王亚虎　摄)

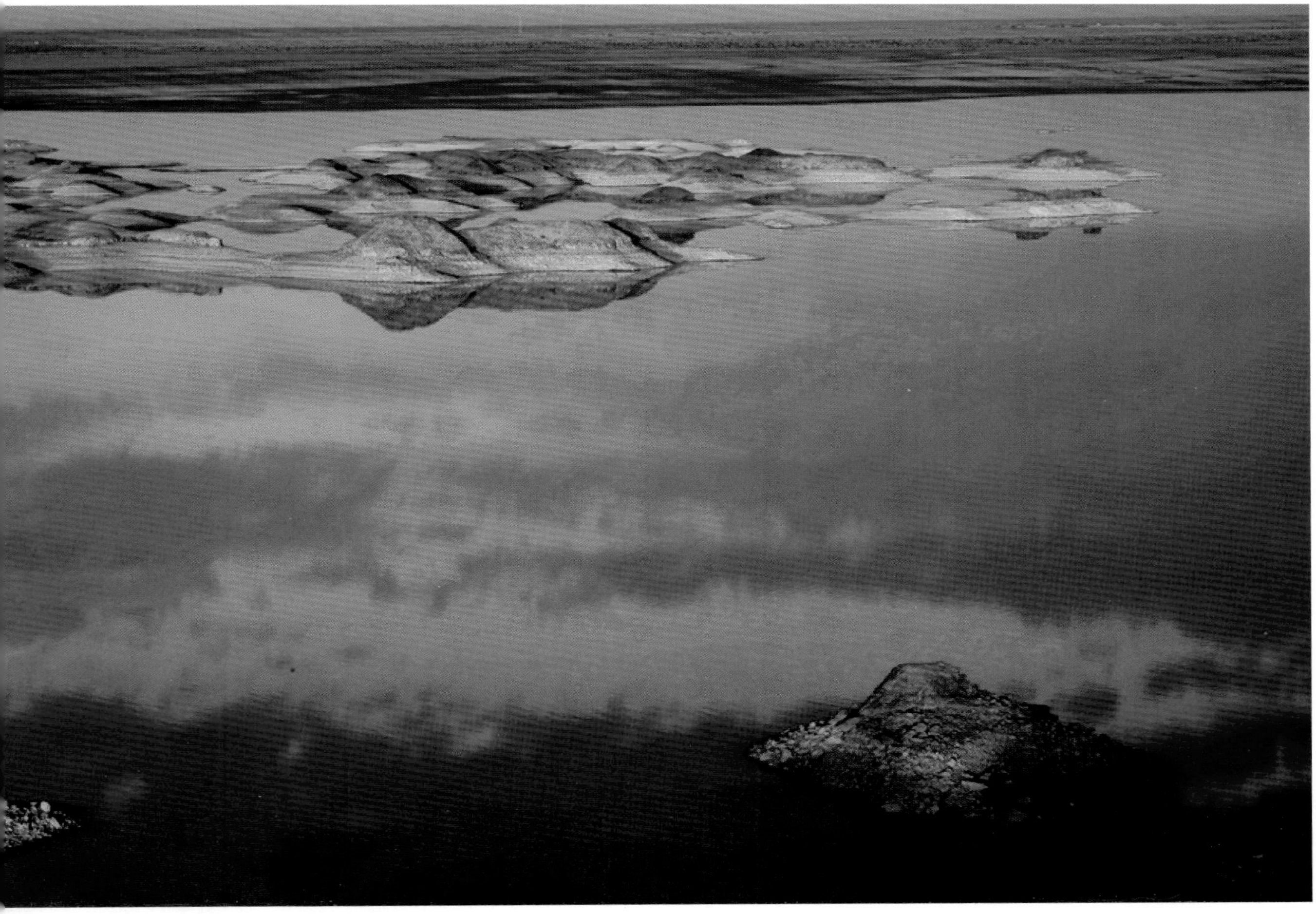

23.桥湾夕照(王亚虎　摄)

24.黄闸春晓(王亚虎　摄)

辑　录

沙州敦煌县行用水细则

（前残）

』渠，佛图渠。/两支口著，则水有加减，先进两支欠少。/［龙］勒乡东、灌进、官渠。右件渠，两支口/水满即放向上，利子即减多少。/

利子口：沙渠、利子、汜渠、三支、下瓜渠、拎渠。/右件渠，若两支以下水多不受，已次放/利子等渠。已放两支，如其两支渠水减少，其利/子等渠水还塞向上，先进（尽）下用，不得向/上。剩少过则千渠口：千渠，右件渠利子口下/过则满即放，前件渠减塞向下，先进（尽）下/用。河母不胜，渠口较多，三节用水，名为三/大河母。从两支口至利子口，为一丈；从利子口至千渠口，为/二丈；从千渠口至平河口，为三丈。从下收用，蕃（蟠）堰向上。

辛渠、赵渠、上八渠、张桃渠、张填渠、曹家渠、张冗渠、刘家/渠、六尺渠、上瓜渠、索总同渠、吴家渠、马其渠、/王家渠、廉家渠、小第一渠、神威渠、中瓜渠。/右件子渠并三支渠，大河两畔水，若千渠口已下水多不受，即放/河南北辛、赵渠，以减急。若其滔少，还塞向下。

下灌亲渠、大壤渠、迠康渠、涧渠、多农渠。右件子渠，若千渠口已下水破了，即放灌亲等子渠，/亦用两罔等渠水承漏，依次收用。

两罔渠，大邑寺渠、/忧渠、两罔北支渠、神农渠、员家渠、阳开渠、/阳开北支渠、尾曲渠、南支渠、南白渠、李口横渠。/右件渠水从河南北千渠等了，即放前件等渠，/依次收用。

都乡大河母依次承阳开、神农了，即放/都乡东支渠、西支渠、宋渠、仰渠、解渠、胃渠、/懸（悬）廨渠、塚总渠、李总渠、索家渠。/右件已前渠水，都乡河下尾依次收用。若水［多］不受，即向减入阶和宜谷等渠。

阶和、宜谷渠、双树渠、/曹总同渠、麴家渠、翟总同渠。右件渠承次宜谷等渠后，依次收用。若水多不受，即放阴安等渠收用。/

阴安渠、平渠、坞角渠。右件渠次承宋渠、八渠后/依次收用。如水多［不］受，即放宜秋。几口：西支渠、东圆浮/图渠、西员浮图渠。右件渠，次承宜秋大河母下尾收/用。如水多［不受］，即放后件渠。

平都渠、夏交渠，右件渠承/宜秋东西支了后收用。水多不受，便放北府。

北府大/河母五渠口：北府渠、神龙渠、大渠、辛渠、宜谷渠。/右件五渠，承北府河下尾收用。若水多不受，依次放/后件渠。

临泽渠、抱壁渠。右件渠，次承北府等了后。/水多不受，即放前件渠。

无穷口：八尺渠、王使渠、马子渠、皆和渠。右件渠，次承鲍壁渠了后收用。/如水［多不］受，即减放东河。循环浇溉，其行水时，具件/如后：

一每年行水，春分前十五日行用。若都乡，宜秋不/遍其水，即从都乡不便处浇溉用，以次轮转/向上。承前以来，故老相传，用为法则。依向前代平水/交（校）尉宋猪，前掾（旅）帅张诃，邓彦等，行用水法，/承前已来，遆（递）代南众用。春分前十五日行水。从/永徽五年太岁在壬寅，奉遣行水用历日勘会，/春分前十五日行水为历日，雨水合会。每年依雨水日/行用，尅须依次日为定，不得速迟。如天时温暖，河水消/泽，水若流行，即须预前收用，要不待到期日，唯/早最甚，必天温水次早到。北府浇用周遍，未至/塌苗之期；东河以南百姓即得早浇，系地后浇。/商塌苗日，水大疾，亦省水利。其次春水浇溉，至/平河口已北了，即名春水一遍。轮转次当浇塌苗，其/行水日数曰承水日数，承水多少。若逢/天暖水多，/疾得周遍；如其天寒水小，日数即迟，全无定/准。

一每年浇塌苗，立夏前十五日行用。先以东/河两支乡东为始，依次轮转向上。其东河百姓/恒即诉云：麦苗始出，小未堪浇溉。如有此诉，必不得/依信。如违日不浇，容一两日，向后即迟，校十五日已上，/即趁前期不及神农、两罔、阳开、宜秋等，即不得/早种床粟，亦诸处苗稼交即早干。每年立/夏前十五日浇塌苗，亦是古老相传，将为/定准。同前问旧人勘会同怜为历日：谷雨日，浇塌苗日。从两支渠已南至都乡河，百姓种床粟/等地随苗浇了。宜秋一河百姓麦粟等麻地，前水/浇溉，其床粟麻等地还与塌苗同浇，循还/至平河口已下，即名浇塌苗遍。其水迟疾，由水多/少，亦无定准。

一每年重浇水，还从东河两支乡东/为始。行水之日，唯须加手力捉搦急催，粟等苗/才遍即过，不得迟缓失于时，周遍至平河北下/口已北了，即名两遍。其水迟疾，由水多少，无有准定。

一每年更报重浇水，麦苗已得两遍，悉并成就，堪可收刈，/浇床粟麻等苗，还从东河为始。当之时，持须捉搦。令/遣床粟周匝，不得任情。其东河百姓欲浇溉麦人/费水，必不得与。周如复始以名三。

一每年更重报浇麻/菜水，从阳开、两罔已上循还至北府河了。即放东河，随/渠取便，以浇麻菜，不弃水利。当行水，将为四遍。/

一每年秋分前三日，即正秋水同勘会，即无古典可凭，环（还）/依当乡由老相传之语，遆（递）代相承修，持为节度。/其水从东河、两支、乡东为始，轮转浇用，到都乡河，当/城西北角，三蘘口已下浇了，即名周遍。往日水得遍到城/角，即水官得赏，专知官人即得上考。约勘从永徽/五年已来至于今年，亦曾经水得过都乡一河了，亦有/水过三蘘口已上。随天寒暖，由水多少，亦无定准。但秋水/唯浇豆麦等地，百姓多贪，欲浇床查等，诸恶』妄称种豆，咸欲浪浇，淹滞时日，多费水利。/』智之人，水迟不遍。但前后官处分不同。时

』地即与秋水时准丁均给，今百姓别各给

』各随时节早晚木同，只如豆麦二色

』床粟麻等春浇溉者，春种请白

』亩，余十五由留来年春溉。宜
』口前后省水，春秋二时俱
』裨益。
』每年入小暑已后，日渐加多，
』热风有水下如有云，在南，
』防，待水预开河口，拟用
』分已前，亦须于四大口加人，
』于所来之处，
』烽如

（后缺）

（摘自法藏敦煌文献P.3560V⁰）

三道沟昌马水口历年定案碑记

【雍正十年孟冬月定案】

柳沟地方设立于康熙五十六年，招户守土，耕种为生，其地皆分资昌马河引流灌溉。考该昌马河发源于南山，由睡佛洞前西北一带散漫隔壁。自康熙五十八年，境逆招徕屯户，于睡佛洞前高筑渠坝，竞将河水堵向东南，独灌靖民地亩，而三、四道沟田地，遂无点滴，以致柳民岁遭干旱。雍正七年，有柳沟卫汪公，目击柳民苦旱情形，毅然具详，径请肃州道宪齐，亲诣察勘，从公分水。蒙断在睡佛洞下，龙王庙上为柳民水口，昭垂久远。由此，柳民方得分告河润，国赋日增，民生水遂实，是为记。

【乾隆五十六年仲夏月特授安西直隶州正堂李定案】

查雍正九年，因安、玉两处互争水利，经前督宪批饬前肃州道光齐，踏勘明白。在睡佛洞下，龙王庙上定为水口，其水东北流者六分，玉门临城各渠，西北流者四分，灌头、二、三、四道沟各渠。详明督、提各宪立案并载志乘。此原定之渠口水分章程也。嗣于乾隆四十七、八、九等年，因玉门农约相继为奸，希图多沾水利，将原定西渠水口强行堵塞，蒙混本官，饬令西渠百姓，另于睡佛洞上山麓处所另开新渠。各该管官受其愚弄，不查档案，遂竟指原定之渠口为新冲，另开之渠口为原定，以致玉县奸民得计。而安西良民受害。［今］本州细查案卷，翻阅志乘，此案原委遂得水落石出。集讯之下，两造各皆倾心输服，仍照旧案书立合同，各执一张，永远遵守。外又备两张，于安、玉衙门备案。从此以后，民既无所逞其奸计，官亦无所用其偏私矣，此判。

【道光十四年仲夏月，特授安西直隶州正堂罗定案】

查此案水利，前州主李，极费苦心，亦甚公允。所立合同四张，仍照旧案在睡佛洞下，龙王庙以上开分水口，按四六分水，上、下水口不得改移，至为明晰。是当日水口原在坝之近中段，故云，上下不得改移。现在水口，两不相安，则唯有仍在龙王庙又三百四十丈之上，卧佛洞三十九丈之中开分水口，永息争端。此皆照历年旧案细细查出，亦非本州已见也，此判。

道光十五年二月，蒙上宪宫保杨大人批伤，肃州道宪金当堂提究，集讯之下，仍照历年旧案定为章程。安、玉两造，同具甘结，其睡佛洞以下三十九丈，任凭安民开分浇洲，玉民不得搅阻。其龙王庙以上三百四十丈，任凭玉民开分浇灌，安民不得侵沾，从此各分各水，永息争端，所具甘结是实。生员谢象厚敬书。道光十五年八月，三道沟众户、职员谢脊桂、生员朱启聪、农约许业基、陈三福、张勋，户民徐贵禧、谢葆华。

（摘自《安西县采访录》）

疏勒河神庙碑

国家德被遐方，威宣绝漠。不惟师武臣力，亦实有神灵之助，用能厚集士众，克成大勋。惟嘉峪关本酒泉古郡，素称天险。关门外而戈壁地，沙碛弥望，澶漫逶迤。向因艰于水泉，行旅重困。朕荡平西域，诛其一二苞孽之不顺命者，爰整六师，深入其阻。初虑士马万众，绠汲或缺于供。及行其地，而甘泉随地涌出滃滃然，汩汩然，渟泓渗漉，不特荷殳之士，漱濯清流，而马驼骆绎，赴饮不匮。按酒泉城下，旧有金泉，泉味如酒，汉氏以为名郡。兹泉出自沙漠，瑞应尤异，守土之吏以告，朕惟祭法。德施于民则祀之，当疆事方殷，而泉流肆溢，天人协应，灵贶聿臻，其事非偶。爰封神为“助顺昭灵龙神”，命守臣经营高敞，建立神庙，春秋事祀惟谨。绣栋云楣，崇岩巨镇，屹峙关外。神宗既成，尚建碑纪述神之功烈，守臣锲石以请。稽诸古人君，为政太平则醴泉通，朕嗣守鸿业，图大冠艰，命将出师，龚行天罚，扫百年逋诛之寇，用以缵承先绪，式廓丕基。计自今边圉静谧，屯牧安恬。其所以荷天庥而迓神祐者，万祀靡有纪极、爰系以铭。铭曰：嘉峪之山，岩关峨峨，六师于征，后舞前歌。宛宛流沙，迢迢远道，天戈所临，地不爱宝。连岩滋液，并醒疏甘，光澄冰镜，洁比秋潭。汲之日新，挹之无竭，士饱马腾，霜清月澈。乃营高敞，乃建甍标，春秋载荐，丹荔黄蕉。斟酌灵泉，惟神之庇，洗兵万载，锡我繁祉。龙飞乾隆二十五年岁次庚辰六月十五日立。

（摘自《创修安西县志》）

赤金断水碑

具遵结赤金营旗队等今□大老爷案下。情因旗队等前在遵宪辕下，呈控赤金峡户民一……纠众夺水一案，已蒙批委。恩主亲诣该处勘验明确，青山坡东……西北原有大泉一处，先年引灌长疏地水沟一道。因近年天旱水……相争。今蒙旗令，长疏地□□□有宽□□，将此泉之水每月给青……浇灌十五昼夜，长疏地□灌十□□日□□如□永不争执□□……内有土庄一座止□耕于长疏地□□□□□□□□□再有□□……之水，许长疏地长流浇灌。西北小泉之□□□□□□□两□□□……愿息讼，再无异词。所具遵结是实。

赤金营马步兵：张　连　张兴仁　高玉成　曹　洵　马明溥　杜天□
于云峰　钱大荣　石进禄　梁殿元　杨大才　杨来□
潘　得　谈永伏　曹　喜　张得才　杨　乐　徐兆□
马　荣　张天禄　王得祥　□正武　吕学和　胡大兴
鲁敦礼　盛　魁　罗成得　张世锐　裴元吉　郭复林
陈　仁　陆永仓　张伏禄　于清云　沈大秀　刘　孝
曹一明　翟登奎　席　成　李务本　任得元　李□春
马化文　王有榆　杨凳青　罗彦国　孙太成　邹元榉
马明贵　潘　有　李　梅　李吉成　李元禄　颜登奎
樊　春　刘进伏　马　滋　杨得昌　梁永清　□纶曾
李　成　张天伏　李应禄　李起伏　徐　奎　杨学贤
李元柱　季大德　雒顺元　□　元　祁　得　李得才
杨　伏　刘　奎　梁　耀　席　荣　李迎春　谈　林
谷天佑　张得生　张明川　徐　武　石登奎　王有机
赵良才　刘　举　苏　寿　谈进元　王其禄　席　林
王成明　王　存　曹　荣　朱其存　曹成喜　刘　祥
邓学有　沈　□　杨□隆　杨得润　赵永清　刘　胜
刘吉安　李目祥　梁永忠　胡应恬　党　有

（原碑藏玉门市博物馆，王玉福、惠磊抄录）

民国敦煌县十渠水利规则

总　则

第一条　本规则以规定水利平均灌溉，上裕国用，下则利民生为宗旨。

第二条 十渠排水应仍照归例，按春、夏、秋、冬、雨水、谷雨、清明、立夏、白露、寒露、霜降、立冬四季八节轮流灌溉之。

水量分派

第三条 每年立夏之日，由渠长、渠正、排水、水利人等请县知事、警佐及水利监察会带领兵役至党河口黑山子分水渠，正指挥掌管天河，渠长头量河口宽窄、水底深浅合算尺寸，按户数多寡、平口长短摊就寸数，公平分水。其排水尺寸如下：

（一）通裕渠，平口六尺，分水三寸五分；

（二）普利渠，平口一丈，（分水）四寸五分；

（三）庆裕渠，平口四尺，分水三寸；

（四）上永登渠，平口六尺，分水三寸五分；

（五）下永登渠，平口丈五尺，分水七寸；

（六）大有渠，平口四尺，分水三寸；

（七）窑沟渠，平口四尺，分水三寸；

（八）伏羌、庄浪、新伏羌三渠，平口二丈四尺，分水七寸；

（九）十渠，平口六丈均，仍旧例每户按三分推算；

（十）七渠，水寸数暂照去年来源摊分，此后得按水势大小随时酌量增减以照公允。

防　洪

第四条 通、普、庆、上四渠，应在本平口以上各镶退水闸二道；下永登、新伏羌、庄浪、大窑六渠应在本平口官闸以上，西崖□方各镶退水闸一道，以防永患。遵照规定地点，不得擅行改移。

第五条 十渠渠水应遵照旧例一律划归平口，所有私开支渠妨害水利者全行取消。

灌溉次序

（夏水）

第六条 每年立夏之日，十渠渠长按排水分数开放平口。除下永登一渠自上而下，其余九渠均自上而下额派灌溉：以庆裕、上永登、普利、下永登四渠为头，大有、窑沟、新旧伏羌、通裕、庄浪六渠收尾浇水一次，至迟不得过三十日。周而复始，轮流灌溉。

第七条 泰家湾渠户□，于四级浇水时随同庆余渠口灌溉。但须在十日以内浇足一次，由渠正指挥封闭渠口，不得重浇乱溉，有犯渠规。

（秋水）

第八条 秋季白露之日，通、普、庆、上、大窑六渠已将秋水浇过。听由渠正指挥，即将六渠之水完全退清，由下永登、庄浪、伏羌四渠分配灌溉，是谓浇秋水。

（冬水）

第九条　十渠冬水应由渠正会同水利监察人员，邀请警察、稽查跟同该渠渠长并排水人员等，按水势大小、渠份多寡合算寸数，依左列规定时期轮流派浇之：

（一）寒露节为普、通二渠尽量开浇冬水之期，如有余水时，得由庆、上二渠酌量分流。但通、普派浇之水尽量灌溉，至迟不得过八日以后，该渠平口之水应于庆上二渠平均分流配之；

（二）寒露第九日为庆余、上永登渠开流冬水时期，该渠平口之水应于通、普渠平均分流，如有余水时期，得由下永登两渠酌量分浇之；

（三）霜降节为下永登、大有两渠开流冬水之日，该渠平口之水应与通、普、□、上四渠平均分流，如有余水时，得由窑沟渠酌量分浇之；

（四）霜降节后五日为窑沟渠开挖冬水时期，该渠平口之水应于通、普、庆、大、上、下永登六渠平均分浇，如有余水时，得由庄浪、新、旧伏羌酌量分浇之；

（五）立冬节为庄浪、新、旧伏羌三渠开流冬水之日，所有流过冬水之七渠平口应即一律对闭，将水退交下三渠平均分浇；但上七渠水量减少，确有特别情形，在春冬退水时得延长五日或十日，至下渠于清明节退交春水时亦得按日延长之。

（春水、混水）

第十条　春季雨水之日水消河开，因由下永登、庄浪、新、旧伏羌四渠引水灌溉；至清明之日，上六渠始得开口灌溉，是谓之灌春水；至谷雨之日，上六渠将水退清，由下四渠开渠灌溉；至立夏前三日，下四渠将水退清，上六渠开灌溉，是谓之浇混水。其混水规则如下：

（一）十渠混水仍照旧□，每地三分灌溉一分；

（二）混水应由某处为头，每处为尾及某户应浇若干，其详细办法由各渠另定之；

（三）十渠关于节后灌溉细则由各渠另定之。

管理通则

第十一条　十渠有下列情形之一者均属防害水利，不得开渠，私自灌溉迟则议罚。

（一）各渠每逢秋□，凡献戏讽经，藉放吃水私浸沙地者；

（二）挖渠至竣浸润渠道者；

（三）凡夏水吃紧之际，有先灭苗而后麦田扰乱换浇，致防嘉禾者。

第十二条　各渠如有渠脱坝倒，须将渠水闸归退水，不得藉端截留，达者罚办。

第十三条　十渠平口得照故列渠分，互相看守之：

（一）下永登看守通裕平口；

（二）上永登看守普利平口；

（三）窑沟渠看守庆余平口；

（四）大有渠看守上永登平口；

（五）新伏羌看守大有平口；

（六）庄浪看守窑沟平口；

（七）旧伏羌看守下永登平口。

第十四条 通、普、庆、上、大窑六渠原名活水，坪口足于立夏之日，照依所分水量将开板济，不得擅动，违则以重处罚。

第十五条 通裕、普利渠开上游为十渠，毋须设置妥人严重看守，水利方能平均，其看守方法如下：

（一）县公署派遣警兵二人，常年驻扎通普平口，专司看守事宜，不得状同作弊，致于究办；

（二）县公署委派水利稽查员一人，不得视察通、普二渠平口并兼察各渠平口；

（三）上、下永登两渠应照渠长额数，推举本渠妥实者二人为排水，按日轮流宿通、普平口，加意看守，不得代用，傕互仍蹈前辙；

（四）窑沟、大有、庄浪、新、旧伏羌五渠，宜依渠长额数推举本渠妥实者为排水。除照第十一条第一项至第七项之规定互相看守外，并于四季渠水吃紧之时得在通、普二渠轮流住宿看守。

渠道修理

第十六条 十渠修理渠道时期如下：

（一）白露节，为各口六渠挖渠时期；

（二）寒露，下四渠；

（三）谷雨，上六渠。

第十七条 每备挖渠时期，各渠户民无论绅耆农约，均须一律供给夫役修理渠道。

第十八条 各渠渠长已经优定薪金，此后不得□□渠夫从中获利。

第十九条 各渠起夫之日，宜遵守下列之时期：

早八点钟（即辰时）起互

晚六点钟（即酉时）散互

第二十条 各渠渠长于会茶之日，即公同绅番将渠夫、渠规先行议定。并推举经众数人，将某日挖某渠共起夫若干人，于前三日报告县政府警察所及水利监察会、十渠公所听候按日稽查，但支渠夫每年每户至多不得过十人。

管理机构

（权限）

第二十一条 县署为十渠监督总构关，警察所得辅助协理之：

（一）警察所协理水利事宜，应由县署委仕警佐为水利监察员；

（二）水利监察员承县知事之命督饬渠正、渠长、排水、水利等按照规定协理水利一切事宜。如各渠发生违犯条规诸事，得由监察员照章分别惩办，其情节重大者须呈明县知事执行之。

（数额）

第二十二条　十渠设渠正二人，渠长十五人，水利无定类。

第二十三条　渠正总理十渠水利事务，按规定督率渠长并水利等劳动服务。

第二十四条　渠正非具有下列资格之一者不得公举：

（一）应在上下渠分轮流之列者；

（二）曾任渠长、排水者；

（三）曾任地方水利监察会会员者；

（四）办理乡区公益三年以上著有声望者。

第二十五条　渠长非具有下列资格者不得被选：

（一）充当排水一年以上者。

第二十六条　排水非具有下列资格之一者不得充任：

（一）家道殷实者；

（二）在本渠有田地半户以上者；

（三）在本渠坊会素孚声望者；

第二十七条　公举渠正、渠长、排水、水利人等办法如下：

（一）渠正由（各区长区员）六隅农长联名呈县署；

（二）渠长、排水由本渠绅农户民公同选举，呈请县署委任之；

（三）水利由本渠绅农公同选举之。

第二十八条　选出渠正、渠长、排水时期如下：

（一）夏历正月十五日以前为选举时期；

（二）夏历正月十六日为新任任事时期，但旧任须将手续交代清楚方准脱离关系；

（三）渠正任期一年；

（四）渠长、排水任期一年，但得连任一次或二次；

（五）水利无定期。

（经费）

第二十九条　看渠警兵及渠正、渠长、排水薪金，水利互食依照左列数由十渠按户支给之：

（一）县署派守通、普平口警兵二名，年支饷洋一百九十二元；

（二）渠正二人，年支薪水洋四百一十元；

（三）渠长十五人，年支薪水洋三十六百元；

（四）排水十五人，年支薪水洋一千零五十元；

（五）水利无定额，应支互食由各渠渠户照旧支给；

（六）十渠杂费无定额，临时概由各户摊支，但渠正须将经常、临时各费于年终结账时开列项目册，报水利监察会查核；

（七）十渠应摊经常临时各费，如遇渠户有拖欠情事，由警察所督收之。

（奖惩）

第三十条 渠正、渠长、排水、水利人等犯下列事实之一者，得受除名□授之罚则：
（一）贿赂公举运动充任者；
（二）请托放水受人酬宴者；
（三）不遵时令，混乱节序者；
（四）串通卖水，翻板乱规者；
（五）贻害渠防，致伤人民生命财产者；
（六）藉章滥罚，诈骗有据者；
（七）不服从长官依法命令者；
（八）纵容强渠，防害水利者；
（九）才有庸务，不勤职务者；
（十）簇众强浇，扰乱渠规者。
第三十一条 渠正如有下列事之一者，得受罚薪记过处分：
（一）派水不公，致起交涉者；
（二）约束不严，紊乱秩序者；
（三）视察不力，惰慢户位者；
（四）失察所属过犯而不举发者；
（五）手续未清，擅离职守者。
第三十二条 渠长、排水、水利等有下列事之一者，得受罚金或体罚：
（一）扶同作弊，不顾名誉；
（二）免揽民夫，贻误渠工者；
（三）私营平口，损人利已者；
（四）私收成规，苛索乡愚者；
（五）本渠渠户如有贻误渠防，将水灌湖滩，波及官道，民团知情而不纠举者；
（六）失守平口，放弃责任者（排水）；
（七）视察不力，渠脱坝倒者（水利）；
（八）传集渠夫，逾期不到，托故袒护者（水利）。
第三十三条 凡渠户有犯下列各款行为之一者，人则按律治罚，□则照数充公：
（一）反对渠规，破坏水利者；
（二）聚众要挟，强覆灌溉者；
（三）当浇水吃紧之际，有暗作渠堤，藉□乱水倡首混浇；
（四）决水侵害他人建筑物或土地者；
（五）妨害水利，致荒他人田亩者。
第三十四条 凡渠户有犯下列各款行为之一者，将所浇地亩全数充公：
（一）不守节段抢坝截浇者；
（二）不遵守时令重浇乱灌者；
（三）脱渠倒坝截藉故混浇者。

第三十五条　渠户有犯下列各款行为之一者，得受拘役或罚金：

（一）凡不慎防堤将水流入滩道，防害他人之田地或道路者；

（二）应搭桥梁坐视不理，或毁坏壅塞，有碍交通者；

（三）凡挟公聚众，又捏造人名更换渠正、渠长、排水者；

（四）藉端欧□渠正、渠长、排水者；

（五）不供给临时经常各费者；

（六）不供支渠夫者；

（七）不听从水利人员照章指挥，自行开渠灌溉者；

第三十六条　依本规则应受罚则者由县长执行之：

（一）凡渠户受地亩充公，则罚者得按照时价交纳银洋。但上六渠每亩不得逾五十元，下四渠每亩不得逾三十元；

（二）凡受罚款在无力交纳时，由县署令行水利监察会，遵照充公亩数按时价出卖之；

（三）各渠罚款由县署如数令发，水利监察管理补勘。水利一切需要不得移作他用，但开支时须经县知事之许可。

其　他

第三十七条　本规则应由县署公布后随时呈报首长及本管道尹公署备案。

第三十八条　本规则于县署公布呈报后，应由水利监察会印刷多张张贴，各坊俾知遵守，并得勒碑，以重永久。

第三十九条　本规则自县署公布之日施行。

第四十条　本规则如有未尽事宜，随时请县知事修正之。

（据酒泉市档案馆藏原件抄录）

民国三十五年安西玉门分水规程

第一条　本规程依据历年水案及三十四年七月四日至六日两县分水联席会议之决议编合核定之。

第二条　每年开始分水日期依历年成案定为农历四月十五日，不得提前推后。

第三条　每年春季解冻以后，即由安西县政府派定水利员负责人员携带县政府公文，率领分水民夫驰赴玉门县政府报道；缴验公文，并由玉门县政府派遣饿负责水利人员会同前往各分水地点，修理坪口及渠道，最迟须于四月十三日以前修理完毕。

第四条　安西县长年没至迟须于四月十三日以前到达玉门县政府，由两县县长亲自会同检查分水准备情形，如有问题立即会同解决。至迟须于十四日以前完成一切准备工作，自十五日起确切实行分水，并电报省政府及专员公署备查。

第五条　分水地点为昌马大坝及皇渠，各道渠岸均以历年有案各地点为限。此外不准私开渠口。

第六条 昌马大坝分水地点在睡佛洞以下三十九丈，龙王庙以上三百四十四丈之间，彼此不得任意改易地点，其分水比例为安西四、玉门六；至柴坝庙分水比例原无成案，依三十四年七月五日两县水利联席会议之决定定为平均分水，各得百分之五十，自民国三十五年春季实行，永为定案。

第七条 皇渠各道渠岸分水办法综合历年成案重加规定，其各道渠岸分水日期及分水比例，分列如下（日期均照农历）：

第一道口岸皇闸湾，系定量分水口岸。安西分水七成，玉门分水三成。

第二道口岸芨芨台，系定量分水口岸。安西分水六成，玉门分水四成。

第三道口岸湖水沟，系安西长流口岸，玉门不得阻挡。

第四道口岸果子沟，系定期分水口岸。玉门黑沙窝户民自每月初一卯时起五昼夜，又自十五日卯时起四昼，共九昼夜。其余时间水入疏勒河，归安西灌溉。

第五道口岸鄧槽沟，系定期分水口岸。玉门自每月初一日卯时起五昼夜，又自十五日卯时起四昼夜，共九昼夜。其余时间水入疏勒河，归安西浇灌。

第六道口岸双桥儿，系定期分水口岸。玉门自每月初一日卯时起五昼夜，又自十五日卯时起四昼夜，共九昼夜。其余时间水入疏勒河，归安西浇灌。

第七道口岸蓝旗上，系定期分水口岸。玉门自每月初一日卯时起五昼夜，又自十五日卯时起四昼夜，共九昼夜。其余时间水入疏勒河，归安西灌溉。

第八道口岸泉水沟，系定期分水口岸。玉门自每月初一日卯时起五昼夜，又自十五日卯时起四昼夜，共九昼夜。其余时间水入疏勒河，归安西浇灌。

第九道口岸蘑菇滩，系定期分水口岸。玉门自每月初一日卯时起五昼夜，又自十五日卯时起四昼夜，共九昼夜。其余时间水入疏勒河，归安西浇灌。

第十道口岸蔡家关，系安西属户民口岸。其坪口定为宽一尺八寸，高八寸，余全归大河。又三县茨泉水一道，系玉门长流口，其退水归安西浇灌。

第八条 黄花营铁车坝，玉门人民于光绪三十四年所开渠口，屡兴大讼。应遵照民国十六年之决定：铁车坝准予分水十分之一，其余十分之九仍归大河灌溉，安西地亩均系长流口岸。

第九条 玉门人民各道渠岸所开私口如黑沙窝（即梁子沟），刘举、何永泰、刘得爵、梁正科等所开各私口鄧槽沟（又作橙槽沟），王玉才等所开私口均经查明，填闭以后不得再行开放，亦不得在任何渠岸另开新口。

第十条 玉门人民在各道口岸架设水磨不免妨害水利，经两县水利联席会议议决，由玉门县政府随时查明严加取缔，督令一律折卸。嗣后非经两县同意并呈经专员公署或省政府核准，不得在任何渠岸加设水磨。

第十一条 各分水坪口由两县水利负责人员会同镶修，妥适后不准私自移动或位置抬高压低，遇有争执时由两县县长会同解决之。

第十二条 各分水坪口及沿岸渠道由安西派遣水夫常川坐守逡巡，安西人民并得在十道口岸之适中地点购置地皮或向玉门县政府承领荒地建修龙王庙，以为水利员夫居留之用。

第十三条 两县人民如遇水利发生问题时，依据国民政府颁布之水利法及其他有关水利法令解决之。

第十四条　每届分水时期如遇有聚众滋扰、叫嚣、斗殴等情事，由玉门县政府员处理，必要时送由当地司法机关依法办理之。

第十五条　负责分水员夫各案：沿渠人民如有分水不公及私开渠口或其他妨害水利行为，以致影响各渠下游收获者，准由被害人指名告发。一经查实，即责令被告人等赔偿损失。

第十六条　一切水利纠纷先由玉门县政府会同处理，具报备查，其情节重大不能就地解决者，得由一县或两县政府据实呈报，听候省政府或专员公署核示遵行。

第十七条　本规程程经甘肃省政府核定施行之，由第七区专员公署印刷颁发，安西、玉门两县政府存案，并分发两县水利委员会及地方士绅收执，永远遵行。

（据酒泉市档案馆藏原件抄录）

修纂后记

修纂一部简明扼要反映疏勒河自然人文状况的江河志、梳理保存流域水利建设的历史，是疏勒河水利人多年以来的夙愿，也是包括学术界在内的社会各界的期盼。早在20世纪80年代，修纂《疏勒河志》的有关动议即已浮现，但由于种种原因，最终未付诸实施。2019年5月，经中共甘肃省疏勒河流域水资源局党委研究决定，正式启动《疏勒河志》修纂，委托兰州大学负责技术工作，由甘肃省疏勒河流域水资源局、兰州大学相关同仁组成联合修纂团队全面承担修纂事宜。

作为中国干旱内流区第一部江河志，《疏勒河志》的修纂工作得到了水利与地方史志部门的大力支持。在北京举行的《疏勒河志》的修纂启动仪式上，水利部办公厅原主任顾浩教授级高工、宣教中心纪委书记王乃岳研究员、水利部江河水利志指导委员会秘书长谭徐明教授级高工、中国水利报社副社长唐瑾同志、中国地方志指导小组办公室研究员张英聘教授等对修纂工作提出了具体要求与指导性意见。在兰州举行的专家咨询会上，时任甘肃省水利厅办公室主任的李龙同志受厅党组委托，对修纂工作启动表示了祝贺，并转达了厅领导的有关期望；甘肃省地方史志办公室李振宇副主任、贺红梅处长，兰州市地方史志办公室原副主任邓明先生对方志体例提供了重要建议。修纂过程中，疏勒河流域各级水务机构也为疏勒河志的修纂提供了多种形式的帮助。

《疏勒河志》经过两年的修纂，于2021年6月完成初稿并通过验收，其后又进行了一系列修订工作。其间，甘肃省疏勒河流域水资源局（2021年更名为甘肃省疏勒河流域水资源利用中心）与兰州大学相关同仁精诚合作、共同攻关，克服了诸多困难尤其是“新冠”肺炎疫情的不利影响。《疏勒河志》修纂委员会名誉主任、甘肃省疏勒河流域水资源局原局长栾维功同志推动《疏勒河志》修纂启动，并对体例与大纲的确定提出一系列原则性意见；《疏勒河志》修纂委员会主任、甘肃省疏勒河流域水资源利用中心主任陈兴国同志全面领导修纂工作，就若干关键修纂问题提出重要意见。兰州大学张景平研究员与甘肃省疏勒河流域水资源利用中心王玉福副主任作为总修纂，在《疏勒河志》有关工作的全过程中保持密切沟通，统筹文献调研、体例确定、专家咨询、章节撰写、后期统稿、初稿修订等环节。甘肃省疏勒河流域水资源利用中心下属各单位在繁忙的业务工作之余，积极为《疏勒河志》修纂工作提供文献资料，为修纂团队的调研提供方便，特别是办公室王治泉主任、规划计划处惠磊处长，周到细致地保障了修纂工作各环节的积极推进；办公室康建坤副主任、宣传科王亚虎科长，于严寒之中驱车上千公里，赴兄弟单位搜集有关资料，其工作精神令人动容。兰州大学历史文化学院苗冬老师、王兴振老师为《疏勒河志》修纂提供了积极帮助，研究生阶段负笈兰州的宋若谷、晁芊桦、王瑞雪、陈智威、王申元、汪梦媛等同学直接参与修纂工作，付出了心血与汗水。

《疏勒河志》修纂始终得到学术界的高度关注，来自水利、历史、生态等学科的前辈时彦在修纂工作的不同阶段都曾给予重要支持。兰州大学黄建平院士在获悉《疏勒河志》修纂启动后，主动约见总修纂张景平研究员，将修志活动中的部分研究工作纳入兰州大学西部生态安全省部共建协同创新中心开放课题的框架下，给予了全方位支持。兰州大学历史文化学院杨红伟院长、马树超书记多次过问《疏勒河志》修纂进度，积极协调解决各种问题。北京大学韩茂莉教授、清华大学王忠静教授与梅雪芹教授、南开大学王利华教授、中国人民大学夏明方教授、厦门大学钞晓鸿教授、兰州大学王希隆教授与王乃昂教授、西北师范大学李并成教授与潘春辉教授、甘肃农业大学孙栋元教授、河西学院谢继忠教授与闫廷亮教授、中国水利学会张卫东编审等专家、学者，都曾以不同方式对《疏勒河志》的修纂提供重要帮助，在此谨向他们致以深挚的敬意。

志书的修纂离不开丰富的历史文献支撑。清华大学、甘肃省疏勒河流域水资源利用中心、甘肃省档案馆曾共同编纂100万字的《河西走廊水利史文献类编•疏勒河卷》，为《疏勒河志》的修纂创造了有利条件。《疏勒河志》修纂过程中，文旅、社科、档案等部门又提供了更丰富的文献予以支持。在此，特别向甘肃省文旅厅一级巡视员周奉真先生、甘肃省社会科学院副院长王俊莲女士、甘肃省档案馆二级巡视员陈乐道先生、酒泉市档案馆馆长韩稚燕女士表示由衷的感谢。

逝者如斯夫，不舍昼夜。为横亘于大漠戈壁深处的伟大河流奉献一部志书，《疏勒河志》的所有修纂者自忖才具难符、心怀惶恐，朝乾夕惕之劳虽不遑多让，鲁鱼亥豕之误亦不能全免。其不当之处，由总修纂承担责任，敬请广大方家、读者批评指正。

张景平、王玉福代表联合修纂团队谨识

2021年9月20日

地名索引

1. 本索引中所录地名包括山、河、泉、湖、水利工程、遗址以及县级以下地名；

2. 县以上地名及“疏勒河”因出现频率过高，不列入索引；

3. 原始文件中，地名常有音近字异者、形近字异者，可以判断为一地者合并处理；古今地名存在差异者保持原貌，一律两存之。

A

B

C

D

E

G

H

J

K

L

R

T

W

X

Y

Z

疏勒河流域图

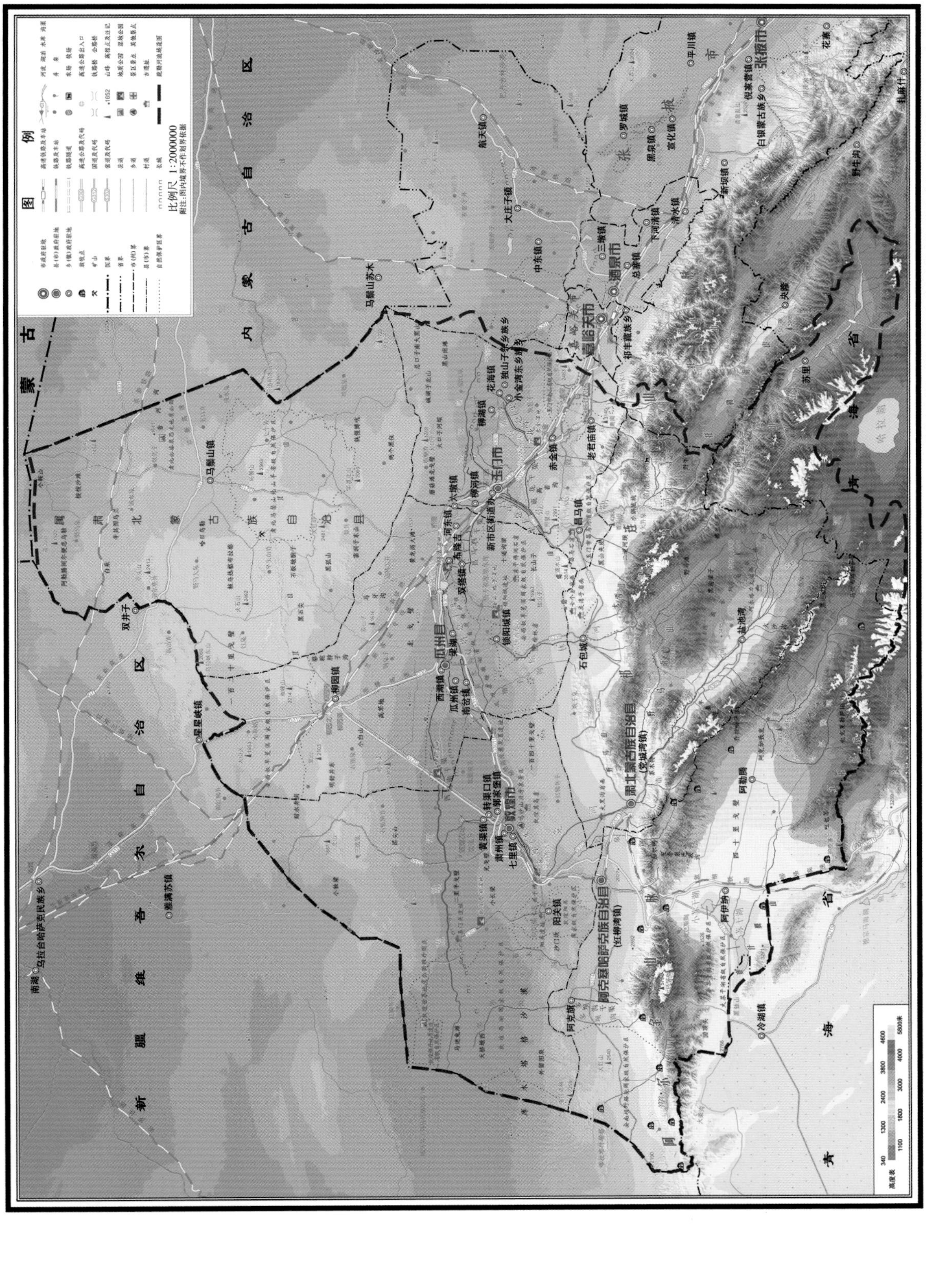

审图号：甘S(2021)6209001号

甘肃省疏勒河流域水资源局　甘肃省基础地理信息中心　联合编制　二〇二一年四月